生 物 地 理 学

陈克龙　苏　旭　编著

科 学 出 版 社
北　京

内 容 简 介

本书从生物学和地理学入手，介绍生物地理学的基本理论和研究方法。基本理论方面，本书首先重点阐述生物群落的地域规律和地球表层的生物分布，研究方法方面重点介绍生物地理学模型。然后还结合上述理论和方法，对青藏高原展开生物地理学领域的研究。最后详细介绍生物地理野外方法和标本制作。

本书突出实用性、创新性和实验技能的培养，适合地理科学、生物科学、环境科学和生态学相关专业的研究人员阅读，也可作为高等院校教师、研究生和高年级本科生的专业教材。

图书在版编目(CIP)数据

生物地理学 / 陈克龙，苏旭编著. —北京：科学出版社，2013（2021.1重印）

ISBN 978-7-03-037337-3

Ⅰ. ①生… Ⅱ. ①陈… ②苏… Ⅲ. ①生物地理学 Ⅳ. ①Q15

中国版本图书馆 CIP 数据核字(2013)第 079601 号

责任编辑：莫永国 王 翔 / 封面设计：王 锋
责任校对：彭 映 / 责任印制：罗 科

科学出版社 出版
北京东黄城根北街16号
邮政编码：100717
http://www.sciencep.com

四川煤田地质制图印刷厂印刷
科学出版社发行 各地新华书店经销
*
2013 年 5 月第 一 版 开本：787×1092 1/16
2021年1月第四次印刷 印张：22
字数：510 000

定价：65.00 元

序

生物地理学(Biogeography)是地理学和生物学的交叉学科，是研究生物有机体地理分布的科学，它不仅要解释生物的分布规律，还要寻求生物分布的成因。生物地理学既古老又年轻，在地理学学科体系中，它与地貌学和气象气候学一起成为自然地理学最早和最重要的分支学科，对地理学的发展做出了重要贡献。近年来，由于生物多样性保护成为科学研究与社会实践关注的热点问题，生物地理学因其能够解释生物分布格局及其历史缘起，成为学界和社会更加关注的学科。由青海师范大学生命与地理科学学院陈克龙教授等编著的《生物地理学》一书，近期由科学出版社正式出版发行，全书共约51万字，是一部中国高等院校生物地理学教材的力作，也是中国生物地理学教学与研究领域的又一项新成果。

此书知识体系主要包括三个方面：首先，作为一部教材，侧重从生物地理学的基本概念、发展历程、生物分类的基本知识、生物与地理环境的关系、生物群落的基本特征、地球表层的生物分布、生物地理区系和生物多样性保护等方面，清晰系统地介绍现代生物地理学的基本理论体系；第二，作为一部生物地理学研究性著作，此书汲取了作者多年对生物地理学的研究认识，系统地阐述了地球表层的生物种类组成、生物特征及其与自然环境的关系，特别论述了地球表层的生物分布特点、地域规律特征，以及现代生物地理学理论和模型等，并凭借其临近高原的区位优势及丰富的科研成果，将青藏高原生物地理的时空特征融入到教材中，彰显出教材鲜明的地域性特征；第三，此书将现代生物地理学的理论和模型、生物地理学的野外调查方法与生物标本的制作分章编入教材，使教材的结构更为完善与合理，突出了实用性、创新性和实验技能的培养，也使此书具有理论研究、定量分析、标本制作和实习指导的功能。

作为教学用书，陈克龙教授等编著的《生物地理学》具有以下特色：

首先，知识体系框架完整。本书的知识体系和内容安排系统而完整。作者长期从事高校生物地理学的教学与研究工作，对生物地理专业教学体系和知识架构有深刻的认识与体会。因此，本书虽与同类书籍有着相近的结构安排，但在植物地理学和动物地理学的内容选取上，体现出教材所特有的知识的内在联系与统一，适宜于学生对生物地理知识体系的学习和掌握。

其次，内容整合度较高。本书不是将植物地理学与动物地理学的知识进行简单排列，而是试图将两者融合为一体，形成生物地理学的学科体系。为此，作者做了不少开拓性工作，进一步突出对生物群落系统和地域规律的研究，强调生物进化与地球演化的同步、现代生态和过去历史的共融，这些尝试将有益于生物地理学的学科建设和发展。

第三，实用性与可读性较强。此书的显著特点是体系新颖、图文并茂、结构合理、条理清晰、语言流畅，具有科普性专著的行文风格。对于相关专业研究人员和高校学生，涉猎了历史生物地理学和生态生物地理学诸多领域，内容系统全面翔实，科学性强；对于生物地理学爱好者，内容生动有趣、通俗易懂，有助于拓展知识面。

诚然，生物地理学发展涵盖几个相对独立的分支，国外版本的生物地理学专著和教科书，也是有的侧重于区系历史与生物进化途径；有的侧重于环境与生态地理。尽管此书也试图将以植物地理学和动物地理学为主体的生物地理学学科进行更好地整合，但目前要解决的问题仍有很多，其中包括一些概念的适用性问题。然而，瑕不掩瑜，该书内容丰富，结构合理，体系完整，是一部具有独特体系的生物地理学专著和优秀教材。正如作者所言，出版这本《生物地理学》的目的是想把人们带进生物地理学领域，其付梓发行将进一步促进中国生物地理学教学与科研的发展。

李双成

2013年5月1日于北大燕园

前　言

生物地理学（Biogeography）是一门古老的学科，早在19世纪中叶，探险家亚历山大·冯·洪堡(Alexander von Humboldt)就首先使用了这一词汇。生物地理学是研究有机体地理分布的科学。它不仅要解释生物的分布规律，还要寻求生物的分布起因。它是一门既古老又年轻的学科，早期分为植物地理学和动物地理学，后来才形成生物地理学。生物地理既是一种生物现象，也是一种地理现象，其研究具有明显的生物学特征和地域性特征，而成为当代科学研究的焦点之一。特别是20世纪60年代以来，隔离分化生物地理学理论和方法的提出，强调了生物进化与地球演化同步概念，使其从现象描述走向对过程的解释，生物地理学成为引人注目的新的交叉学科。

通过这本生物地理学教科书，期望可把读者带进生物地理学领域。20世纪90年代初，作者曾有幸前往东北师范大学进修学习，师从景贵和教授、陈鹏教授，系统学习了综合自然地理学、动物地理学的理论和方法，尤其是向陈鹏先生学习的过程中对生物地理学有了直接的体会和认识。生物地理学这门学科跨越了传统的地理学、地质学、生物学等学科，研究内容广泛，研究方法多样，不同版本的生物地理学由于侧重不同而差异明显。本书最初形成于1999年，当时因我系教学改革的需要，将动物地理学和植物地理学合并开设生物地理学，由于缺少参考资料，临时根据东北师范大学学习笔记编写讲义提纲。此后又在十多年的本科生教学实践和精品课程建设中不断修改和补充，在编写的过程中力求体系新颖、图文并茂，尽可能引用新资料、新方法和新观点，突出实用性和可读性。

全书共分十章。第一章为绪论部分，从生物学和地理学入手，介绍生物地理学；第二章至第七章为生物地理学的基本理论，重点介绍生物群落的地域规律和地球表层的生物分布；第八章为研究方法部分，重点介绍相关生物地理学模型；第九章为生物地理学在青藏高原的研究成果；第十章主要是生物地理野外方法和标本制作。具体编写分工如下：第一章陈克龙，第二章苏旭、常华进、何懿菡，第三章朱锦福、冯晓航、吴雪丰，第四章陈克龙、杨晓云、陈亮，第五章陈克龙、程雷星、韩艳莉，第六章陈克龙、王记明、廖振军，第七章曹生奎、刘玉萍、刘志凌，第八章陈克龙、苏旭，第九章陈克龙、王锋、芦宝良，第十章陈克龙、卢慧、马进。

本书得以顺利出版要感谢科学出版社，要特别感谢东北师范大学的陈鹏教授、景贵和教授、殷秀琴教授、刘惠清教授。在此还要感谢北京大学李双成教授，中国科学院植物研究所杨元合博士，中国科学院西北高原生物研究所青藏高原生物标本馆吴玉虎研究员，中国科学院地理与资源环境研究所张镱锂研究员，中科院寒区旱区研究所刘晓宏研究员为本书提供了宝贵的资料和建议。

因为生物地理学这门学科涉及的知识面很广，学科发展很快，编写时作者虽不敢懈怠，但深感学识之不足，书中难免出现疏漏和错误，敬请读者批评指正。

陈克龙

2012 年岁末于高原古城西宁

目　　录

第一章　绪　　论

生物地理学（Biogeography）是记载和理解生物多样性空间格局的科学，主要研究地球表层生物的分布及其分布规律。生物地理学本身跨生命科学和地球科学，是在生物学和地理学基础上发展起来的一门新的交叉学科。本章在对生物学和地理学进行一般介绍的基础上，阐述生物地理学的概念、发展历史、研究范畴和发展趋势。生物地理学的发展，无论是对现代生物学，还是对现代地理学，其作用和意义都非常重大。

第一节　生　物　学

一、生物学及分支学科

生物学(Biology)是研究生命现象及其机理和规律的科学，地球上各种生物及其运动都是生物学的研究对象。而地球上生物种类繁多，形态结构和生活习性千差万别，所以生物学所研究的范围极为广泛复杂，生物学在发展过程中形成了很多分支学科。

1. 按研究对象的不同

植物学(Botany)：研究植物的形态结构与功能、分类、生理生化、分布、发生、遗传、进化、植物和周围环境或其他生物之间关系等方面的学科。

动物学(Zoology)：研究动物的形态与功能、分类、生理生化、分布、发生、遗传、进化、动物和周围环境或其他生物之间关系等方面的学科。

微生物学(Microbiology)：研究微生物的分类、生理生化、分布、发生、遗传变异、微生物和其他生物之间相互作用规律等方面的学科。

2. 按研究内容的角度不同

形态学(Morphology)：研究生物的形态结构及其形成规律的学科。

分类学(Taxonomy)：研究各种生物起源、进化及彼此之间差异和亲缘关系的学科。

生理学(Physiology)：研究生物体各种机能发生的原理、条件、规律以及机体内外环境变化对这些生理机能影响的学科。

生态学(Ecology)：研究生物与周围环境相互关系和作用规律的学科。

遗传学(Genetics)：研究生物遗传和变异的学科。

3. 按研究范围的不同

可分为生物化学(Biochemistry)、生物物理学(Biophysics)、仿生学(Bionics)、细胞生物学(Cell Biology)、分子生物学(Molecular Biology)、种群生物学(Population Biology)和生物地理学(Biogeography)等。

4. 按理论和应用的不同

可分为基础生物学(Basic Biology)和应用生物学(Application Biology)(图 1-1)。

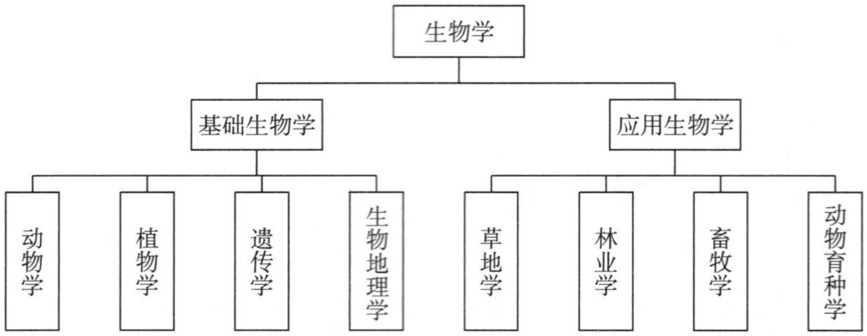

图 1-1　生物学的分类

二、生物学的发展简史

生物学产生于人的生产实践，并随着社会生产力和人对自然认识的提高而发展。在古代就有许多关于动植物形态、习性、栽培、饲养、功能等方面的研究记载。我国春秋战国时期的《诗经》记载了 200 多种动植物；《管子·地缘篇》论述了植物生长与土地质地之间的密切关系；《内经》、《伤寒杂病论》提出了经络、血液流动循环、脏腑的概念；明朝李时珍的《本草纲目》记载了约 1800 种药用植物，并指出改变营养条件、嫁接可导致变异的产生；《齐民要术》较系统地介绍了耕作制度、弃耕、栽培、畜牧、兽医等农业知识。在西方，古希腊和古罗马在当时就已开始了部分生物学实验性研究。德莫克利特(Demokrito)认为生命不是神创的，而是一种自然现象；亚里斯多德对生物学原理有较系统的论述，在动物分类、形态结构、繁殖、遗传、进化等方面均有观察和研究。从 5 世纪开始，由于宗教对自然科学的禁锢，生物学的发展非常缓慢，直到 15 世纪，欧洲文艺复兴使自然科学从神学的桎梏中解脱出来，自然科学进入了一个全新的历史发展时期。维萨里(Vesalius)开创了解剖学；列文虎克利用显微镜第一次看到微生物；俄国的乌尔夫提出了器官发育学说；瑞典的林奈(Linnaeus)创立了生物命名的双名法和生物七级分类系统(界、门、纲、目、科、属、种)；法国拉马克(Lamarck)提出了关于物种进化的“用进废退”和“获得性遗传”等观点。

19 世纪是生物学发展史上的一个里程碑，在这一时期，比较解剖学、胚胎学等很多领域都取得很大成果。俄国学者贝尔创立了胚层学说；德国学者施旺(Schwann)和施莱登(Schleiden)创立了细胞学说；达尔文发表了《物种起源》并创立了进化论学说。

20 世纪生物学更是突飞猛进，孟德尔(Mendel)建立了染色体遗传学说；摩尔根(Morgan)创立基因论；艾弗里(Avery)用肺炎双球菌作为材料进行了转化试验，第一次证明了 DNA 是遗传信息的载体。50 年代，沃森(Walson)和克里克(Crick)发表了生物科学最伟大的成果——DNA 双螺旋结构模型的学说，开创了从分子水平上研究生命活动规律的新时代。

三、现代生物学的发展趋势

21 世纪的现代生物学已发展成为内容广泛、分支极多、研究手段多样以及和其他学科相互渗透交叉的综合性学科。

在微观方面，一是继续借助物理、化学和现代分子生物学实验方法和技术，研究生命现象及其机理和规律，主要集中在核酸、蛋白质和多糖等生物大分子结构和功能以及这两者之间相互协调关系等方面，基因组结构(特别是人类基因组)从更深层次揭示生物遗传、生长、分化、免疫、神经传导和人脑思维等许多生命现象的奥秘，寻找和克隆新的基因和功能蛋白，以分子生态手段研究生物多样性；二是应用分子生物技术来制造高新产品，服务人类，主要集中在基因工程、酶工程、细胞工程、基因测序、基因检测和基因药物等方面。

在宏观方面，生物学发展了生态系统生态学和综合生态学。生态系统生态学主要研究方向是自然生态系统的保护和利用，生态系统自我调控机制，生物多样性，生态系统退化的机理、恢复模型及其修复，生态系统的可持续发展。而综合生态学的热点是和地球科学相互渗透交叉，研究生物圈各层次之间相互作用规律以及污染物全球性迁移和由此引起的全球变化等生态问题。因此可采用卫星遥感(RS)、全球定位系统(GPS)、地理信息系统(GIS)及生态系统研究网络(ERN)等技术对全球生态系统进行跟踪监测。生物地理学不仅是一门基础生物学，还是一门交叉学科，其重要性日益突出。

第二节　地　理　学

一、地理学的研究对象

地球表层是人类赖以生存的地理环境，地理学是研究地球表层的科学，是地球表层系统科学的核心学科。主要研究地球表层自然要素与人文要素相互作用及其形成演化的特征、结构、格局、过程、地域分异与人地关系等。地球表层是一个多种要素相互作用的综合体，这决定了地理学研究的综合性特点。

现代地理学已形成了完整的学科体系，其思想方法与步骤如图 1-2 所示。现代地理

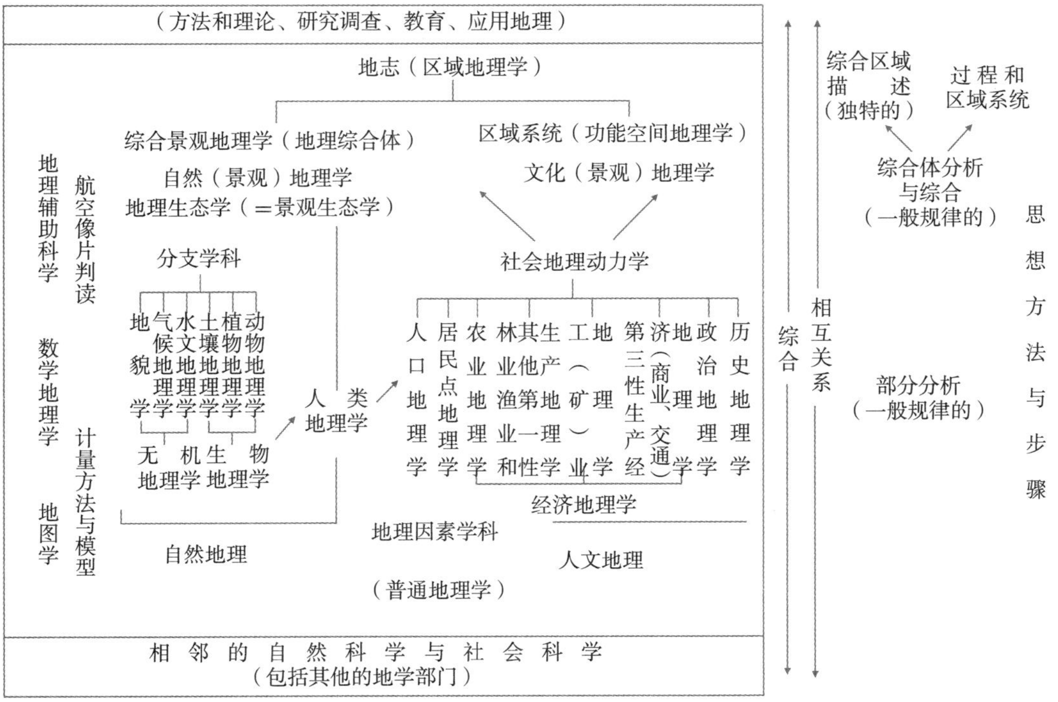

图 1-2　地理科学的组织和系统图(蔡云龙，1999)

学涉及三个组织水平：①研究整个地理环境综合特征的区域地理学；②研究自然地理环境、社会文化环境综合特征的综合自然地理学和综合人文地理学；③研究自然地理环境、社会文化环境的各个成分的部门地理学。如部门自然地理学包括地貌学、气候学、水文学、土壤地理学、植物地理学、动物地理学等；部门人文地理学包括人口地理学、政治地理学、历史地理学、产业地理学、居民点地理学和经济地理学等。

从地理学的学科体系来讲，以二分法观点占优势。西方国家将地理学分为自然地理学和人文地理学，认为经济地理学是从属于人文地理学的。苏联则将地理学分为自然地理学和经济地理学，认为人文地理学的某些内容(如人口、聚落等)附属于经济地理学。我国老一辈地理学家大多赞成西方的二分法观点，新中国成立后的地理学家则常倾向于苏联的二分法观点。

目前，地理学分科发生了根本变化，现代地理学作为一个科学体系，可以从四个方面划分学科：①三分法(分为自然地理学、经济地理学和社会文化地理学即狭义人文地理学)；②三层次(包括部门地理、一级综合地理和二级综合地理三个组织水平)；③三重性(分为理论、应用理论、区域实践研究三个程序)；④三时段(分为古地理学、历史地理学、时间地理学即现代过程的地理研究)。按三分法来研究地理学是现代地理科学研究的一个新趋势，不论是“二分法”还是“三分法”，生物地理学都属于部门自然地理学的一个重要分支。

二、地理学的发展简史

从地理学的发展历史来看，可划分为三个阶段即古代地理学阶段、近代地理学阶段和现代地理学阶段。远古至18世纪末，是古代地理学时期，主要以描述的方式记载地理知识，在早期，以中国和古希腊的成果最显著。中国的《尚书·禹贡》、《管子·地员》、《山海经》、《水经注》等著作都是世界上较早的地理学史料。到了后期，欧洲地理大发现涌现出了哥伦布、麦哲伦等地理探险家，他们的探险发现极大地推动了地理学的发展。19世纪初到20世纪50年代，是近代地理学时期。这个时期的标志是德国洪堡的《宇宙》和李特尔的《地学通论》。近代地理学是产业革命的产物，是随工业社会的发展而成熟起来的。这一时期，各学说分起，学派林立。地理学各部门学科都在这时期出现和建立，也是部门地理学蓬勃发展的时期。洪堡德为自然地理学、植物地理学奠定了基础，以后德国的李希霍芬、法国的德马东为自然地理学的发展做出了重要的贡献；美国的戴维斯和德国的彭克分别创立了侵蚀轮回学说和山坡平行后退理论，标志着地貌学的建立；奥地利沃汉恩的《气候学手册》、俄国沃耶伊科夫的《全球气候及俄国气候》、德国柯本的世界气候分类，为气候学奠定了基础；英国的华莱士对世界动物区划分为动物地理学奠定了基础；俄国道库恰耶夫的土壤地带学说为土壤地理学奠定了基础；李特尔和德国的拉采尔建立了人文地理学等。20世纪60年代至今，是现代地理学时期，现代地理学是现代科学技术革命的产物，并随着科学技术的进步而发展，其标志是地理数量方法、理论地理学的诞生和计算机制图、地理信息系统、卫星等应用的出现。

三、现代地理学的发展趋势

现代地理学已从近代地理学的简单解释性描述水平发展为具有理论、法则、应用技术一体化的研究体系，具备以下特点：①将人类和环境、空间看作统一的复合系统，其结构和体系趋向一元化；②把环境作为人类生存的物质基础来研究；③从对地理环境的描述、解释、归纳分类过渡到理论演绎、实验反馈和模式化方法；④开拓了地理学的应用技术领域，如遥感地理技术、信息地理技术、生态建设技术、规划技术。

现代地理学发展主要趋于五个方面的研究：①应用地理学的兴起(传统地理学注重区域的描述与理论的论述，在科学文化上贡献较多，但在应用方面贡献较少，目前已从记述地理学、解释地理学发展为预测地理学，应用地理学、建设地理学、地理学的数量化、理论化和新技术的广泛应用将成为现代经济和社会建设的重要手段)；②统一地理学的研究(把人类、环境、空间看成一个统一系统，探求区域、类型、法则、问题和方法的统一性)；③生态环境的研究(现代地理学的根本转折是从形态化转向生态化，微观上主要是进行景观生态设计，宏观上主要是研究全球环境变化及预测)；④空间结构的研究(是最具地理学特点、发展最快的研究领域，无论是微观还是宏观，空间秩序越来越得到人们的重视，已从静态空间研究转向动态的过程研究)；⑤社会文化的研究(地理学已从过去只重视人的生产活动研究转变为开始注重人的生活方式的研究，尤其是人类自身的行为心理研究、政治地缘、人类文化与环境)。

四、自然地理学

自然地理学是研究地球表层自然环境的特征、结构、地域分异的形成和演化规律的学科，是研究地球表层自然环境的学科，也是地理学两个基本学科中的一个。自然地理学用系统、综合、区域联系的观点与方法，去审视与研究人类赖以生存的地球表层自然环境的组成、结构、区域分异特征、形成与变化规律以及人与环境相互作用，从而对地表自然环境进行评估、预测、规划、管理、优化和调控。

从系统科学的角度，可将地球看做一个巨大的系统——地球系统，将研究地球系统的科学称为地球系统科学或地球科学。地球系统又可划分为地球表层系统、地球内部系统和地球外部系统(图 1-3)。研究地球表层系统的学科可称为地球表层系统科学，地理学就是研究地球表层系统科学的核心学科。地球表层系统又可进一步划分为地球表层自然系统与地球表层人文系统。研究地球表层自然系统的核心学科是自然地理学，研究地球表层人文系统的核心学科是人文地理学(图 1-4)。

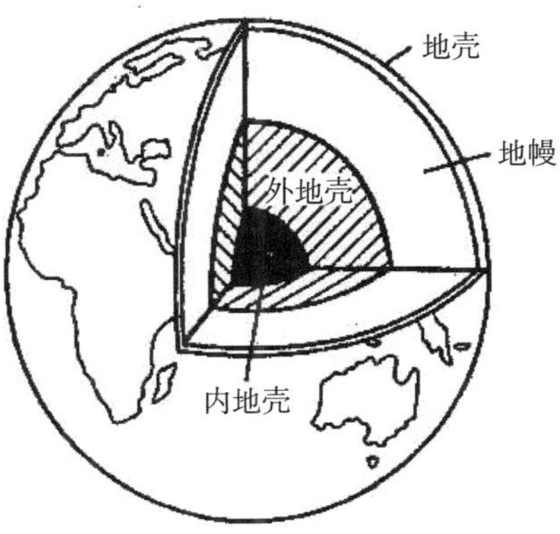

图 1-3 地球系统结构图(伍光和)

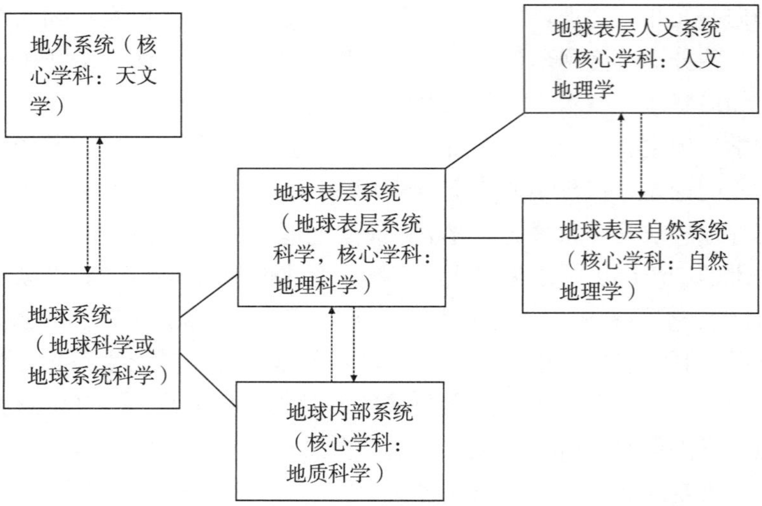

图 1-4　地球表层自然系统学科图

地球表层自然系统是由大气圈、水圈、岩石圈、生物圈相互作用而构成的。研究大气圈、水圈、岩石圈、生物圈的核心学科分别是大气科学、水文学、地质学与生物学。生物地理学是建立在自然地理学、生物学、水文学和地质学基础之上，且有机交叉、融合在一起的一门新的交叉学科(图 1-5)，其重要性将会随着各学科研究的深入越发明显。

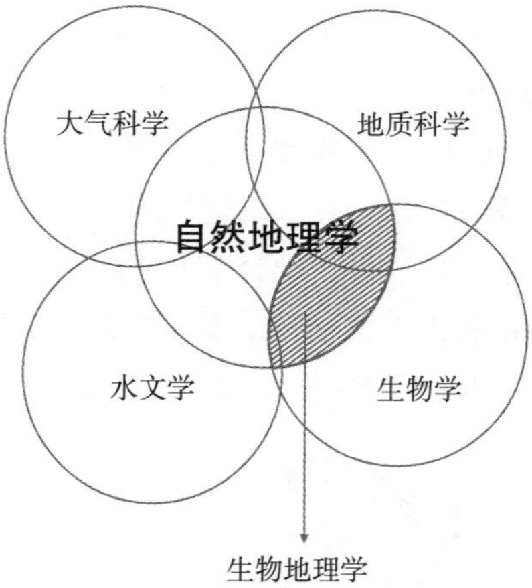

图 1-5　生物地理学和其他学科的关系图

第三节　生物地理学

一、生物地理学的研究对象

生物地理学属于生物学和地理学的二级分支学科，是两者之间的交叉学科。生物地理学主要研究地球表层生物的分布及规律，研究的主要对象是地球表层的生物群落，范围是地球表层各结构单元内生物种类组成、生物特征及其与自然环境之间的相互关系。

研究地球表层生物的分布特点和地域规律是生物地理学的基本任务，内容包括：地球上各自然景观生物群落的组成结构、时空变化和地域规律，生物群落与地理环境各要素间的关系，生物种的分布区和生物区系的形成与演变等。通过研究、掌握生物分布的特点及其地域规律，为减少有害生物、保护有益生物、定向地改变生物群落，从而合理利用生物资源及其生物多样性的保护提供理论依据和实践方法等，使之有利于国民经济的发展，有利于维持生态系统的动态平衡，更有益于人类的生活与健康。

二、生物地理学的发展简史

生物地理学的产生可追溯到远古时代。当时，人们在生产活动中注意到地球上具有不同种类的生物，如树木、草地和各种动物，并且开始探讨它们周围环境条件之间的关系。后来，人们开始把在野外劳动或外出旅行考察中遇到的动植物，进行采集、记录，然后分门别类、汇集整理，进而考察它们的生活环境和分布地区，这就是生物地理学的萌芽。

我国早在周代(公元前1066年～前403年)的《诗经》里就记载了100多种动物，并且对植物的分布有了比较详细的描述："山有枢，隰有榆……山有漆，隰有栗"（山上分布有刺榆，低地分布有榆树……山上分布有漆树，低地分布有栗树)。当时人们就已注意到了不同环境条件下生长着不同的植物。在《尚书·禹贡》里将当时的中国分为九州，并且描述了各州自然概况，并对生物分布作了一定记载。

在西方，生物地理学资料的积累始于亚里斯多德(公元前384年～前322年)时代。亚里斯多德记载了520种动物，并把动物分为两大类——有血动物和无血动物，有了原始生物分类思想。而亚氏的学生提奥夫拉斯特(Theophrastus，公元前372年～前287年)通过对植物的研究提出了植物分布的地理变化，并著有《植物历史》和《关于植被的论文》。但以上这些记载都是零零星星的，没有形成系统。自从林奈(1707～1778)的《自然系统》问世以后，生物种的记载才有了科学的基础，生物学的发展产生了质的飞跃，生物学形成了很多分支学科。18世纪后半叶，科学的生物地理学开始初步形成，当时主要从动物和植物两方面分别研究，分为动物地理学和植物地理学。

最早从事动物地理学研究的是齐麦尔曼(Zimmermann)，在1777年著有《哺乳动物分布》；其次是菲布利休斯(Fabricius)，在1778年著有《昆虫区系》，将世界昆虫的分布划分了8个区；帕拉斯在1811年著有《俄罗斯－亚洲动物区系》，记述了各类脊椎动物的地理分布；提得曼(Tiedemann)在1818年著有《鸟类分布及其决定其分布的自然环境》。这些著作可视为早期动物地理学文献。

植物地理学的奠基人是亚历山大·洪堡(1769～1859)，他将植物地理学中的一些个别事实和零碎资料，进行汇总分析，使之系统化、科学化，进而形成一门独立的学科。他在1807年出版的《植物地理学知识》一书，是世界上第一部植物地理学专著，书中首先提出了"植物地理学"这一科学概念。丹麦人斯考(1789～1852)在1822年著有《普通植物地理学基础》，他整理总结了各国学者所搜集的有关资料，并着重讨论了外界因素对植物的影响。阿·德·康多(Alphonse De Candolle，1806～1893)于1855年著成的《植物地理学》，是对当时植物地理学知识的全面系统总结。以上学者对最初植物地理学的发展起到了巨大的作用。

1859年达尔文的巨著《物种起源》问世后，在生物科学中确立了进化论思想，生物学的发展又发生了一次质的飞跃。他将进化论的思想引入生物地理学中，用进化论的观点阐明生物的地理分布并解释其原因。从此，生物地理学有了理论依据。

19世纪末，影响最大的是植物生态地理学，最有影响的是丹麦学者瓦尔明(Eugene Warming)1895年所著的《以植物生态地理学为基础的植物分布学》和德国学者辛伯尔(A. F. W. Schimper)在1898年所著的《以生理为基础的植物地理学》，这两部著作对后来生态学的研究起到了推动作用，现代植物生态学和植物群落学主要是在这两部著作的基础上发展起来的。道库恰耶夫(1846～1903)的“自然地带性”学说被确立以后，对生物地理学的发展具有特殊意义。使人们从广泛的地理科学的背景上来研究和认识生物界。贝尔格(1876～1950)在自然地带性学说的基础上创立了景观学说。自然地带性学说和景观学说是研究生物地理规律的重要基础。

20世纪初，随着对生物区系的进一步了解及生物学中生态学的兴起，生物地理学的研究重点也从区系历史方向转向现代生态因素的分析，着重研究现代生物的分布规律及生物与环境之间的关系，并从生态学观点来解释这种关系。卡什卡洛夫(КашкароВ)1945年著有《生态学和生物群落学问题》，波布林斯基1951年著有《动物地理学》，奥德姆(Odum E.)1952年著有《生态学基础》，沙菲尔(W. Szafer)1956年著有《普通植物地理学原理》，阿略兴1957年著有《植物地理学》，道尔迈(Daubenmire R.)1968年著有《植物群落——生态学教程》，史密森(Simmons I. G.)1979年著有《生物地理学》，布朗(Brown J. H.)1983年著有《生物地理学》，英国皇家学院生物科学学院出版了《生物地理学》等。这些著作对现代生物地理学的发展都有较大的影响。

中国的生物地理学在19世纪末才开始进入科学研究阶段。但当时仅限于对某些生物形态和分布的描述，没有做全面的野外调查工作，有关生物地理方面的著作极少，高等学校也未曾开设生物地理课。新中国成立以来，随着国家大规模经济建设事业的发展，生物地理学研究也取得了很大进展。开展了大规模的生物资源、生物区系普查和区系、生态地理学研究，积累了大量资料，基本上摸清了我国的生物分布情况。在此基础上进行了许多生物类群的区划工作。20世纪50年代，竺可祯先生所领导的中国自然区划工作，更推动了生物地理区划的研究，生物地理学在我国有了一定的发展。具有代表性的著作包括《中国植被区划草案》(钱崇澎等，1956)、《中国动物地理区划》(张荣祖，郑作新，1959)、《植物学基础与植物地理学》(南京农学院，1961)、《动物学基础与动物地理学》(张銮光，1965)，《中国自然地理·动物地理学》(中国科学院，1979)、《中国自然地理·植物地理学》(中国科学院，1983)、《植物地理学》(武吉华，张绅，1979)、《植物地理学》(北京大学等，1980)、《植物地理学》(张金泉，1989)、《动物地理学》(陈鹏，1986)、《生物地理》(陈鹏，1989)、《中国动物地理》(张荣祖，1999)、《生物地理学》(殷秀琴，2004)等论著。

近年来，生物地理学在原理和方法上均有了较大发展。这与20世纪60年代以来，历史生物地理的“替代学派”向传统的“扩散学派”的挑战以及生态生物地理方面“岛屿生物地理均衡论”的创立有密切关系。近20年来，由于理论研究的深入(特别是系统论在生态学中的应用)和新技术、新方法(数学方法、精密仪器测试分析、孢粉分析、遥感技术、电子显微镜等)的使用，使生物地理学的发展获得了前所未有的推动力，其发展之快，为以往任何时代所不及。生物地理学的发展，为人们展示了令人鼓舞的前景。应在生物系统学的基础上，从物种分布事实的整理着手，加强生物学与地理学的联系，循序渐进地探讨生物地理规律性问题，创造性地应用新的理论与方法。生物学的最新发展，依据线粒体 DNA 及微核随体 DNA 矢量分析等提高了信息分析的精度，使得深入探讨生物分布类型、扩展途径、分布历史等对地质、地理事件的反应有了可能。当然，不同的类群，探讨问题的方法有所差别，研究的方法与手段是多种多样的。目前国内生物地理学现阶段的工作在基础研究上，应着重若干关键性地区如青藏高原、台湾海峡的研究，要以历史与生态相结合的综合观点，加强生物学与地学的相互渗透，为揭开地球演变与生命分化的秘密作出贡献。在应用研究上，应与生态建设方面密切联系，特别要选择各类“岛屿状”环境，包括自然保护区，要加强与社会经济学及地方建设者的沟通，使其在实践中得以更快更好的发展。

三、生物地理学的分支

生物地理学是生物学和地理学之间的交叉学科，核心问题是生物在空间和时间上的分步格局，它企图回答：为什么 x 生物分布在 y 地区？而回答这个问题可以从两方面去探讨：一是从环境变化即过去历史或现代生态条件来研究；二是从生物种的角度即从植物学、动物学或微生物学去研究(图 1-6)。正是由于这种学科的综合与交叉，生物地理学从最初的发展分化成几门独立的学科，主要有植物地理学、动物地理学。其中每门学科又分为若干独立的分支，如：植物地理学分为研究植物种类和类群在世界上的区域分布及其规律的植物区系地理学；研究外界环境因素对植物影响的植物生态地理学；研究植物在地质历史上变迁的植物历史地理学等。动物地理学也分为研究分布区和动物区系及其形成历史的历史动物地理学，和研究动物群结构特征及其与现代自然环境之间相互关系的生态动物地理学(图 1-7)。上述生物地理学的这些分支，各自形成一门独立的学科，都有各自的研究对象、任务和研究方法，解决各自的特殊矛盾。然而，生物群与环境以及生物群之间相互依存和影响，要想解决一个具体的生物地理学问题，单靠一个学科是很难办到的，必须以全面综合的观点来考虑问题。

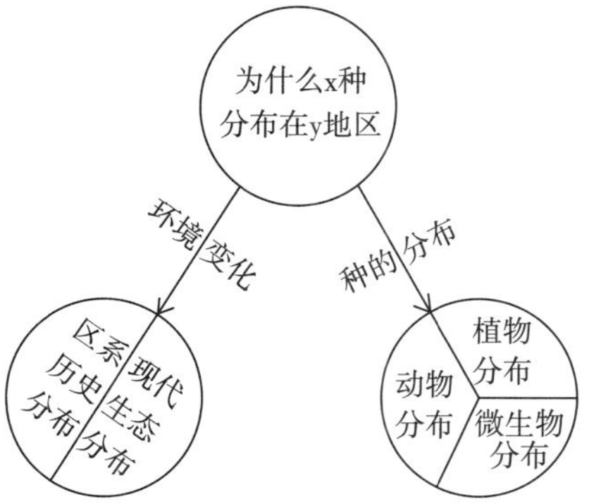

图 1-6　生物分布的研究角度

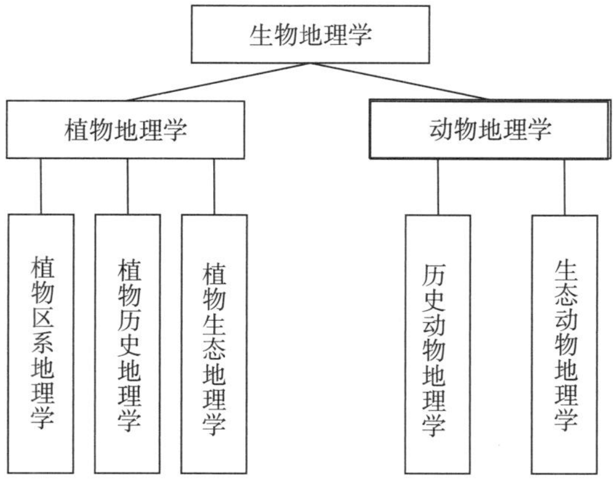

图 1-7　生物地理学的主要分支

四、生物地理学研究在国民经济建设中的意义

1. 生物地理学是农、林、牧、副、渔业的基础

无论是作物栽培、人工林的营造，还是人工饲料地的建立，都必须了解生物的生态习性和分布规律。要创造稳产、高产的栽培群落，不能不考虑各成分之间的相互关系以及在空间上的最优结构和在时间上的最佳选择。对于天然的森林和牧场，只有详细研究其类型、结构、分布、产量、主要生物的特征，才能制定出合理的经营措施，保证长期利用。在驯化和饲养野生动物、发展水产养殖、增加工业原料和人们的副食以及防治农林病虫害等方面，都需要生物地理学知识。

2. 生物地理学为获取动植物资源提供科学依据

植物为人类提供粮食、蔬菜、木材、药材、能源及工业原料；动物为人类提供肉、蛋、禽、奶、鱼、虾等食品和蚕丝、毛皮、药物等。为了保护和合理利用野生生物资源，必须对其进行调查和估算。生物地理学的研究有助于测定不同群落的生物量和生长量：测定重要树木、牧草和其他经济植物的果实、种子的收获量；了解重要经济动物的种类、数量、分布范围及变化状况等，从而为预测产量、确定最佳收获及捕获季节提供科学依据。

3. 生物地理学是地质勘探的重要手段

植被不仅能反映气侯特征、指示土壤类型，还能指示地下水的深度和矿化程度。近几十年来，在地质测量和有用矿物的勘探上采用了地植物学法做辅助方法，取得了很好的效果。特别是有不少金属矿床就是利用地植物学方法或生物地球化学方法发现的。

4. 生物地理学知识是开展生物防治和综合治理的前提

农业生产为防治病虫害，大量施用农药，在杀死害虫的同时，也杀死了、土壤中的生物（如有益的昆虫、害虫的天敌等），并且会使农作物体内含有不同程度的有毒物质。因此目前多采用生物防治法来进行，一个地区的生物防治和治理，必须首先掌握该地区的生物地理学知识。

5. 生物地理学资料是国民经济发展规划的科学依据

生物地理学资料，特别是动物分布图、植被图等被广泛应用于国民经济规划、区域生物资源利用和保护及各类工农业生产中，一个区域的生物地理学资料为该区域国民经济整体发展提供了科学依据和保障。

6. 生物地理学是生物学和地理学的专业基础课

学习生物地理学可为学习自然地理学、生物学，特别是为区域生物资源开发利用和保护，以及地理教育、生物教育、乡土调查等打下坚实的基础，具有一定的综合性和实用性。

第二章　地球上的生物界

球上最早的生命从哪里来？自然界中形形色色的物种又是怎样演化而来的？这一系列让人们好奇的问题，通过科学家的研究逐渐揭开了它们神秘的面纱。目前地球上已记载的生物大约有250多万种，但是每年仍有新的物种被发现，实际上地球上的生物物种决不止此数，生物界之谜还有待于人们继续研究和探索。因此，要认识众多的生物物种，就必须首先对它们进行归类，就如同人们去超市买东西，只有找对地方才能挑选自己需要的商品。

第一节　生物的分类

一、生物分类的方法

地球上的生物到底有多少种？准确的数字很难说清。通常认为，现存已知的生物大约有250多万种，其中动物约200万种，植物约40多万种，微生物约10万多种。面对如此繁多的生物，只有分门别类地搞清楚，才不会混乱。所谓生物的分类，就是通过比较生物形态结构与生理机能方面的异同了解物种之间的亲缘关系，然后进行汇同辨异，分门归类，并按生物的进化过程，建立起能够反映生物界由原始到低等、由低级向高级、由简单到复杂的有规律性的系统，使各种生物在分类上均有所属，这就是生物的分类。

19世纪中期以前，人们仅以生物的形态、习性或用途等一个或少数几个性状作为分类的依据，对生物进行分类，根本不考虑生物间的亲缘关系和演化关系，这种分类方法称为人为的分类法(artificial method)。譬如，将生物分为自养生物和异养生物，动物分为无血动物和有血动物等。以此建立的分类系统，称为人为的分类系统(artificial system)。然而，自达尔文的进化理论产生以后，人们开始在进化论思想的引导下对生物进行分类，试图建立能反映生物演化历史和生物间亲缘关系的分类系统，这种分类方法称为自然的分类法(natural method)。相应建立的分类系统，称为自然的分类系统(natural system)。自然分类法是应用现代自然科学的先进手段，从比较形态学、比较解剖学、古生物学、生物化学、生物生态学和细胞学等不同的角度研究生物，力求建立物种的亲缘关系和演化过程。随着对自然界认识的不断提高，新的分类系统强调把分类学、遗传学和生态学方面的知识结合起来，以生物的生殖隔离为主要标准来划分生物物种，像被子植物的花，某些昆虫的外生殖器等常常被用作生物分类的重要依据。此外，也有人用生物体内染色体的数目和形态来鉴别不同物种的差异，认为这样更能反映出遗传上的特征。随着现代分子生物学的发展，通过核酸序列的差异鉴别生物物种成为近些来研究物种分类学和进化的热点。如有人采用DNA（脱氧核糖核酸）分子杂交技术来验证生物物种之间的亲缘关系。通过分析核苷酸序列，预测物种的分离分化年代。现在研究物种的条形码也成为研究的热点，人们似乎渴望能够找到一条或几条具有能够反映物种差异的基因或序列片段，这样一来，分辨一个物种将不再是繁琐的工作，而就像去商场买商品，走向柜台，只需要机器验证产品条形码就可以知道是什么产品多少钱一样简单。最近，还有人使用数值分类法，对生物进行分类。数值分类法是一种机械的方法，它把分类整理出的结果数值化后编入程序，然后利用电子计算机来代替人的脑力劳动。目前，已有不少人在生物各种类群的分类上，尝试这种方法。

二、生物分类的单位和阶层系统

生物阶元的划分主要是界、门、纲、目、科、属、种(表 2-1)。这些分类等级的划分，能够体现出分类单位的从属关系和亲缘关系。也就是说，分类等级越低的单位，生物物种彼此间的亲缘关系越近；分类等级越高的单位，则彼此间的亲缘关系越远。比如，同一个属不同种间的亲缘关系比同一个科而不同属的各个种间的亲缘关系要近。

表 2-1　生物分类的单位和等级

分类的等级	英文	拉丁文	植物分类举例
界	Kingdom	Regnum	植物界(Regunm Vegetable)
门	Division	Divisio，Phylum	被子植物门(Angiospermae)
纲	Class	Classis	双子叶植物纲(Dicotyledoneae)
目	Order	Ordo	蔷薇目(Rosales)
科	Family	Familia	蔷薇科(Rosaceae)
属	Genus	*Genus*	蔷薇属(*Rosa*)
种	Species	*Species*	野蔷薇(*Rosa multiflora Thunb*)

在实际分类工作中，七个基本分类等级往往不够，通常在两个相邻等级间再加上一些过渡性等级。比如在门与纲之间加入亚门。以此类推，有亚纲、亚目、亚科、亚属、亚种等。有时还在某一等级之上加上“超”、“总”、“上”等中间等级，例如：超纲、总目、上科等。

在上述等级系统中，种是物种分类的基本单位，是自然界实际存在的客体，是具有一定自然分布区和一定生理、形态、特征的生物群，是生物进化与自然选择的产物。而种以上的其他等级单位，则是人为地划分出来的。种有一定的客观标准，凡是同一种的生物群体，必须是起源于共同的祖先，它们在形态构造和生理特征上也极其相似，且具有相同的遗传性状。同种的两个个体，可自然交配并能产生具有生殖能力的后代。一般不与其他物种的个体交配，或交配后不能产生有生殖能力的后代，这就是生殖隔离。生殖隔离现象在动物界中是很明显的，不过在植物界中远缘杂交的现象则常有发生。如蒙古马和阿拉伯马在自然界可进行交配，它们产生的后代有正常的生殖能力，因此蒙古马和阿拉伯马是同一个种。而马和驴虽然也能自然交配，但它们所生出的后代骡却没有生育能力，所以马和驴是两个不同的种。种是生物进化过程中从量变到质变的一个飞跃，是自然选择的历史产物。

三、生物物种的命名法

同一种植物在不同的国家、不同的民族、不同的地区往往有不同的叫法。如番茄，在我国南方称番茄，北方称西红柿，英语称 tomato 等，这种现象称为同物异名。由于名称不统一，往往造成许多混乱，为了防止这种混乱，国际上对生物种的命名作了统一的规定，即采用世界通用的科学名称(scientific name)来命名，一般采用双名法表示。

双名法是由瑞典植物分类学大师林奈创立的，他用拉丁文给植物的种命名，每一种生物的种名都由两个拉丁词或拉丁化形式的字构成。第一个词是属名，相当于“姓”，表示这个种所在的属；第二个词是种加词，相当于名，用它来表示种的本名，且多为形容词，两者加在一起构成一个种的学名。一个完整的学名，要求在种本名之后写上最早为这个生物命名的作者名。此外，双名法还规定，属名第一个字母必须大写，种本名字母一律小写，命名人第一个字母也必须大写或可以缩写(表 2-2)。

表 2-2 几种常见植物的双名法命名规则

植物名称	拉丁名
台湾扁柏	*Chamaecyparis obtusa* Endl.
家猫	*Felis domestica* L.
大青杨	*Populus ussuriensis* Kom.
水稻	*Oryza sativa* L.

当生物种出现了亚种分化时，就要用三名法来表示。即在双名的种本名之后加上一个亚种的拉丁单词，亚种名字母也一律小写，也就是用三个拉丁词来表示亚种的学名。例如，大蟾蜍(*Bufo bufo*)在我国有两个亚种，其学名分别为：

岷山大蟾蜍 *Bufo bufo minshanicus*

华西大蟾蜍 *Bufo bufo andvewsi*

另外，在日常写法上，很多人习惯不写命名人的姓氏名，并常在外部加上括号。例如：

麻 雀(*Passer montanus*)

小家鼠(*Mus musculus*)

第二节 生物界的基本类群

对生物界的划分，主要有二界系统、三界系统、四界系统、五界系统和六界系统等方法，其中应用最广泛的是三界系统。它将地球上的生物划分为三大类，即原核生物界(Prokaryotae)、植物界(Plantae)和动物界(Animalia)。

一、原核生物界

原核生物是一种体形微小、结构简单、无细胞核的单细胞生物，细胞内没有任何带膜的细胞器，需借助显微镜观察。生活方式上，原核生物分为两种：一种是能进行光合作用，自身制造有机物的自养型；另一种是不能进行光合作用，靠分解有机物而获得营养的异养型。原核生物包括细菌和以前称作“蓝绿藻”的蓝细菌，即细菌门(Bateriophyta)和蓝藻门(Cyanophyta)是现存生物中最简单的一群，以分裂生殖繁殖后代。原核生物曾是地球上唯一的生命形式，曾独占地球长达 20 亿年以上。如今原核生物还是很兴盛，而且在营养盐的循环上扮演着重要角色。原核生物界至少包括 4000 种生物，主要包括蓝藻、细菌、放线菌、支原体、螺旋体、立克次氏体等。

1. 细菌门

(1)一般特征。细菌是一群微小的单细胞原核生物，在高倍显微镜或电子显微镜下才能够观察清楚。有细胞壁，没有真正的细胞核，隶属于原核生物。细胞壁的主要成分是胞壁酸和二氨基庚二酸，一般不具有纤维素壁；绝大多数细菌不含叶绿素，是异养生物；其繁殖方法为细胞分裂，不进行有性生殖。

(2)地理分布。细菌分布极广，几乎遍布于地球的各个角落，如空气、水和土壤中，生物体的内外和一切物体的表面等。在一些极端环境下也有它们的身影，寒冷地方，分布着嗜冷杆菌；在酷热的场所，多分布嗜热细菌；在无氧环境下，多分布着厌氧细菌。

(3)代表种类。细菌是细菌门的代表，约有 2000 种。它们是微小的有机体，平均体长 2～3 μm，宽 0.5 μm。在形态上通常分为球菌、杆菌和螺旋菌 3 种类型。细菌具细胞壁、细胞膜、细胞质、核质和内含物(图 2-1)。某些细菌具有荚膜、芽孢和鞭毛(图 2-2)。

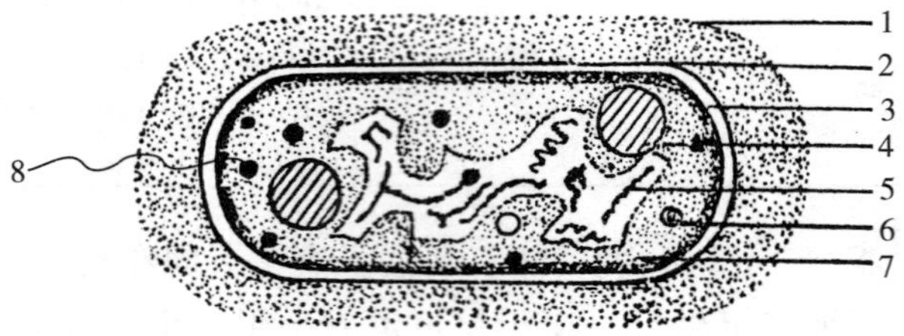

图 2-1　细菌的形态

1. 荚膜；2. 细胞壁；3. 细胞膜；4. 液泡；5. 核质；6. 颗粒；7. 细胞质；8. 鞭毛

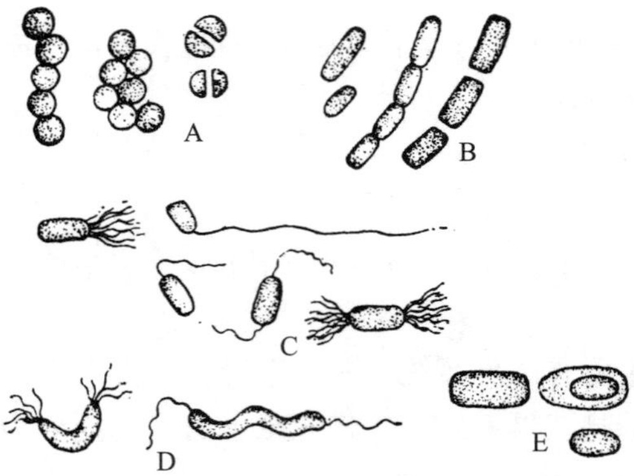

图 2-2　细菌的细胞构造示意图

A. 球菌；B. 杆菌；C. 带鞭毛的杆菌；D. 弧菌及螺菌；E. 芽孢的形成

(4)在生物界中的地位。自然界中分布着大量的腐生细菌，和其他腐生真菌联合起来，把死亡的动植物以及动物的粪便和排泄物等分解为 H_2O、CO_2、NH_3、H_2S 或其他无机盐类。它们不仅是自然界的“清道夫”，还是植物和农作物生长能源的补给者。此外，细菌在工业、医药卫生等方面的应用也很广。工业上可利用细菌生产多种工业产品，如枯草杆菌生产蛋白酶和淀粉酶，可用于皮革脱毛、丝绸脱胶和棉布脱浆等；乳酸杆菌、醋酸杆菌可分别产生乳酸、醋酸等化工原料；谷氨酸短杆菌生产谷氨酸(谷氨酸钠即味精)和肌苷酸，用于食品及医药。医药卫生方面，利用细菌生产预防和治疗疾病的疫苗、抗病血清、代血浆以及各种抗生素，例如常见的链霉素、四环素、土霉素、氯霉素等，都是从放线菌的代谢物中提取出来的抗生素药物。

当然，细菌的有害方面也不容忽视。寄生细菌能引起人、畜、禽及植物发生病害甚至死亡，如痢疾、霍乱、白喉、破伤风等病菌；水稻叶枯病、棉花角斑病、蔬菜软腐病等病原菌；腐生细菌常致使肉类等食品腐烂，工业生产中常因污染了杂菌而使发酵停止等。

2. 蓝藻门

(1)一般特征。蓝藻又称蓝绿藻、蓝细菌，是原核生物。蓝藻有单细胞体、群体和丝状体三种类型(图 2-3)。其细胞壁主要由肽聚糖组成。蓝藻是单细胞生物，没有细胞核，但细胞中央含有核物质，通常呈颗粒状或网状，染色质和色素均匀分布在细胞质中。原生质体大体上分为中央质和周质两部分：中央质在细胞中央，内含 DNA，不具核膜包裹，也无核仁，但具有核的功能，故称为原核；周质，又称色素质，位于中央质的周围，含有光合色素，但无叶绿体。蓝藻的光合色素为叶绿素 a、β-胡萝卜素和黄胡萝卜素、蓝藻黄素和蓝藻叶黄素、藻胆素，分布在光合作用片层结构上，储藏营养物质的地方主要为蓝藻淀粉。

绝大多数蓝藻以细胞直接分裂的方法繁殖。其中，单细胞类型是细胞分裂后，子细胞立即分离，形成单细胞；群体类型是细胞反复分裂后，子细胞不分离，而形成多细胞的大群体，群体破裂，形成多个小群体；丝状体类型是以藻殖段的方法繁殖。少数蓝藻还可产生无性孢子(如厚壁孢子、外生孢子、内生孢子等)进行无性繁殖。在蓝藻中至今尚未发现真正的有性生殖。

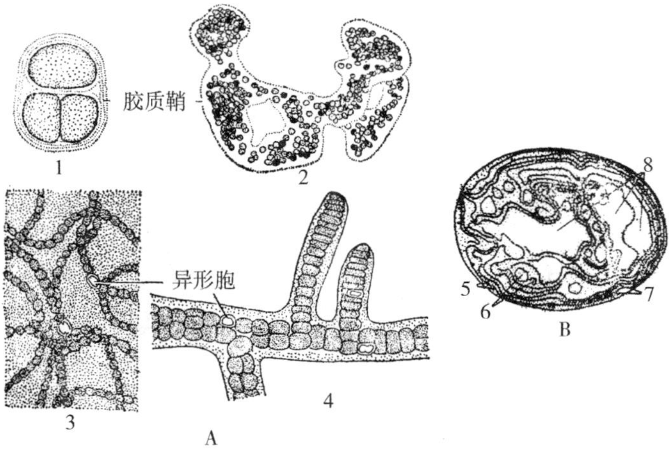

图 2-3 蓝藻的外形(A)和蓝藻细胞的亚显微结构(B)

1. 色球藻；2. 微胞藻；3. 念珠藻；4. 真枝藻；5. 油滴；6. 多角体；7. 光合膜；8. 核质

(2)地理分布。蓝藻的分布很广，两极到赤道、高山到平原、陆地到海洋，到处都有生长，但仍以生活在水中的居多，淡水中的多，海水中的少。特别是在富含有机质的水体中，蓝藻的生长十分旺盛，在夏季常大量繁殖，漂浮水面形成水华。

(3)代表种类。蓝藻约有 150 属，1500 余种，全部包括在蓝藻纲(Cyanophyceae)中，一般分为 3 个目：色球藻目(Chroococcales)、管胞藻目(Chamaesiphonales)和颤藻目(Osillatoriales)。

(4)在生物界中的地位。蓝藻细胞构造的原始性，说明蓝藻是地球上最原始、最古老的一种生物，化石记录也可以说明这一点。蓝藻在生态系统中的作用主要有较强的固氮能力，在缺氧条件下，可释放氢气；也可以食用，如螺旋藻、发菜、地木耳。当然，蓝藻也具有有害的一面，大量繁殖对水产业造成危害，如水华、赤潮。

二、植物界

植物具有真正的细胞核，有核膜、线粒体、质体和其他细胞器的分化。营养体的细胞具有细胞壁。除少数低等植物是异养生活外，绝大多数的植物体内都含有叶绿体，能进行光合作用，营自养生活。

现存的植物按其性质归纳为 15 个门，即绿藻门、褐藻门、红藻门、裸藻门、黄藻门、金藻门、甲藻门、硅藻门、黏菌门、真菌门、地衣门、苔藓植物门、蕨类植物门、裸子植物门和被子植物门。前 11 个门为低等植物，后 4 个门为高等植物(图 2-4)。

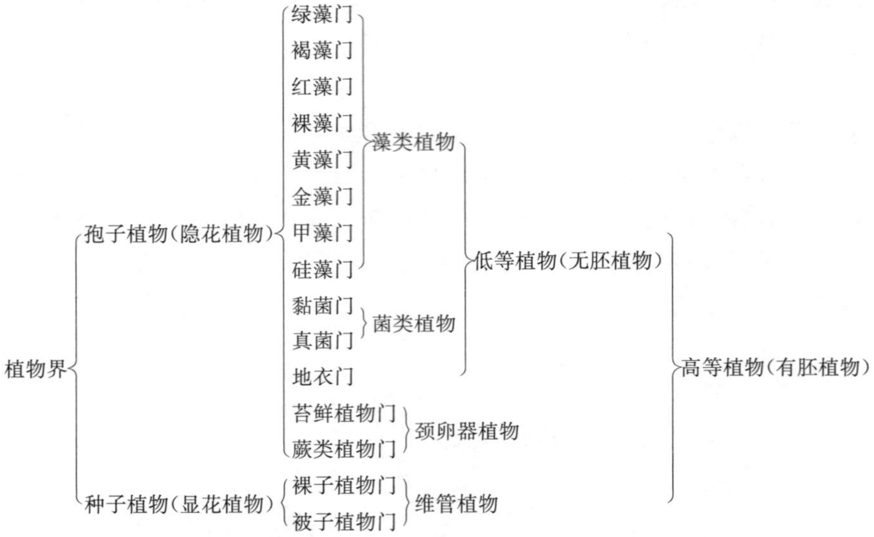

图 2-4　植物分类的阶层系统和命名

真核藻类大约距今 15 亿～13 亿年前开始出现，藻类植物一般都具有进行光合作用的色素，能利用光能把无机物转化成有机物，供自身需要，是能独立生活的一类自养原植体植物(Autotrophic thallophyte)。藻类植物体在形态上是千差万别的，小的只有几微米，必须在显微镜下才能见到；体型较大的肉眼可见，最大的体长可达 60m 以上。尽管藻体有大和小、简单和复杂的区别，但是它们基本上是没有根、茎、叶分化的原植体植物。生殖器官多数是单细胞，合子不在母体内发育成胚。

藻类在自然界几乎到处都有分布，主要是生长在水中，在潮湿的岩石上、墙壁和树干上、土壤表面和下层也都有分布。藻类植物对环境条件要求不高，适应环境能力强，可以在营养贫乏，光照强度微弱的环境中生长。在地震、火山爆发、洪水泛滥后形成的新鲜无机质上，它们是最先的居住者，是新生活区的先锋植物之一。

藻类植物种类繁多，目前已知的有三万余种。根据它们的形态、细胞核的构造和细胞壁的成分，载色体的结构及所含色素的种类，储藏营养物质的类别，鞭毛的有无、数目、着生位置和类型，生殖方式及生活史类型等，一般将它们分为 8 个门。

1. 绿藻门(Chlorophyta)

(1)一般特征。绿藻最显著的特征是植物体呈绿色，质体中所含的色素有叶绿素 a、叶绿素 b、类胡萝卜素和叶黄素，与高等植物相同。但绿藻细胞内的叶绿素(又称载色体)数目仅有几个，因种类不同而有不同的形状，如杯状、带状、星状等。细胞壁一般由纤维素和果胶质构成，细胞通常为单核，储藏的养料主要是淀粉，积聚在淀粉核周围。绿藻个体的体型是多种多样的，有单细胞，如衣藻(图 2-5)；有呈球状群体，如大团藻；多细胞类型有丝状体，如水绵等。

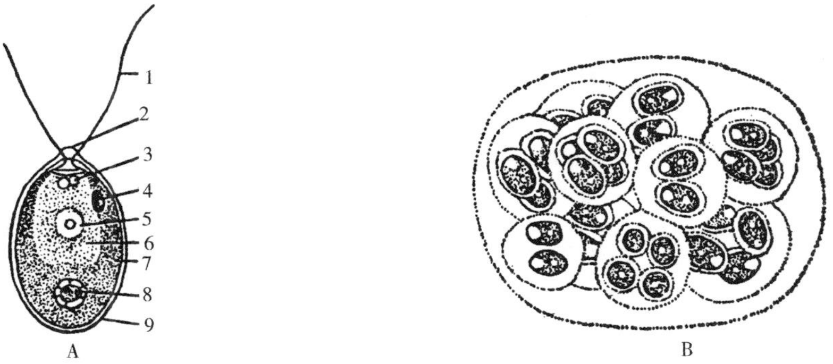

A. 衣藻细胞的构造　B. 不定群体

图 2-5　衣藻细胞

1. 鞭毛；2. 乳突；3. 伸缩泡；4. 眼点；5. 细胞核；6. 细胞质；7. 载色体；8. 蛋白核；9. 细胞壁

绿藻有营养繁殖、无性生殖和有性生殖三种生殖方式。营养繁殖在单细胞个体中是细胞分裂，在多细胞个体中是藻体断裂，形成新个体。无性生殖可形成游动孢子(zoospore)或静孢子(aplanospore)。游动孢子无壁，其他构造与衣藻属的细胞相似；静孢子有细胞壁，无鞭毛，不运动。有性生殖是在藻体上形成单细胞的配子囊，在配子囊内产生配子，两性配子结合形成合子，经过休眠后可萌发为新个体。根据配子的性别、形状和行为，有性生殖可分为三种类型：同配生殖、异配生殖和卵配生殖(图 2-6)。

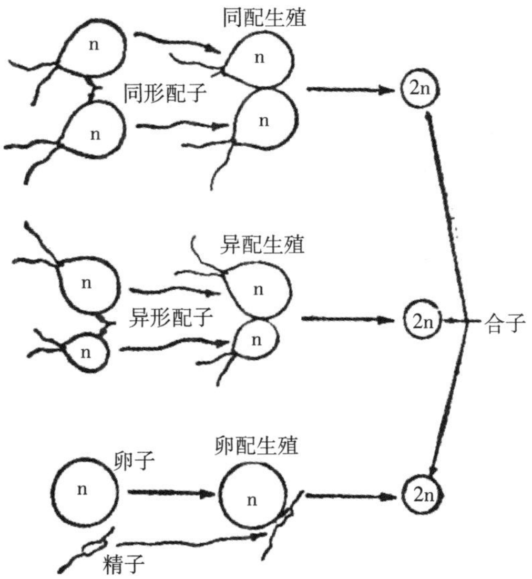

图 2-6　绿藻门植物有性生殖的三种类型

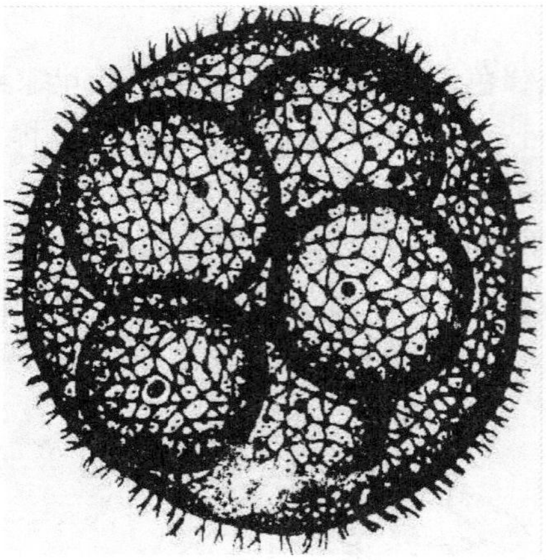

图 2-7　团藻目(带子群体的母群体)

(2)地理分布。绿藻分布于淡水(90%)和海水(10%)中。丝藻目(Ulotrichales)是淡水种占优势，而石莼目(Ulvales)和管藻目(Siphonales)是海产种占优势。此外也有不少种生活在半咸水中。海产种多分布于海洋沿岸，往往附着在深度为 10 m 以内的浅水中的岩石上。淡水种的分布很广，江河、湖泊、沟渠、积水坑中以及潮湿的土壤表面、墙壁、岩石、树干、花盆四周，甚至在冰雪中都可找到。

(3)代表植物。绿藻是藻类植物中最大的一门，约有 350 个属，6800 种。分成绿藻纲和轮藻纲两个纲。我国一般将绿藻纲分为 13 个目，即团藻目(图 2-7)、四孢藻目、绿球藻目、丝藻目、胶毛藻目、石莼目、溪菜目、鞘藻目、刚毛藻目、管藻目、管枝藻目、绒枝藻目和双星藻目。轮藻纲中只有轮藻目。

(4)在植物界中的地位。绿藻和高等植物之间有很多相似之处，它们有相同的光合作用色素，光合作用产物都是淀粉，鞭毛类型都是尾鞭型。因此，多数植物学工作者认为高等植物的祖先是绿藻。绿藻门在植物界的系统发育中，居于主干地位。然而高等植物究竟是从哪一类绿藻发展来的，还没有直接答案。

2. 褐藻门(Phaeophyta)

(1)一般特征。褐藻在藻类植物中进化水平较高，多为大型藻类，绝大多数为海产。褐藻的植物体没有单细胞类型，全为多细胞的结构，基本上可分为三大类：①异丝体，是褐藻中较简单而原始的类型；②假薄壁组织体；③薄壁组织体，是褐藻中进化水平最高的类型。

褐藻的细胞壁分为两层，内、外层分别是由纤维素和藻胶组成，细胞壁内含有一种碳水化合物——褐藻糖胶；细胞单核，有核膜、核仁，染色质网中有一个明显的中心体，细胞中央有一个或多个液泡；色体一到多数，粒状或小盘状，含有叶绿素 a 和叶绿素 c、β-胡萝卜素和 6 种叶黄素；叶黄素中含有一种墨角藻黄素，色素含量最大，掩盖了叶绿素，使藻体呈褐色；细胞光合作用积累的储藏物主要是褐藻淀粉和甘露醇。

褐藻的繁殖有三种类型，即营养繁殖、无性生殖和有性生殖。营养繁殖是以断裂的方法进行，断裂的每个部分发育成一个新的植物体；无性繁殖是以游动孢子和静孢子繁殖；有性生殖是在配子体上形成一个多室的配子囊，配子结合有同配、异配和卵配。多数褐藻门植物生活史中具有世代交替，如鹿角菜(图 2-8)，有些种类的孢子体和配子体在形态上不同，称为异形世代交替，如海带是孢子体发达的异形世代交替(图 2-9)。

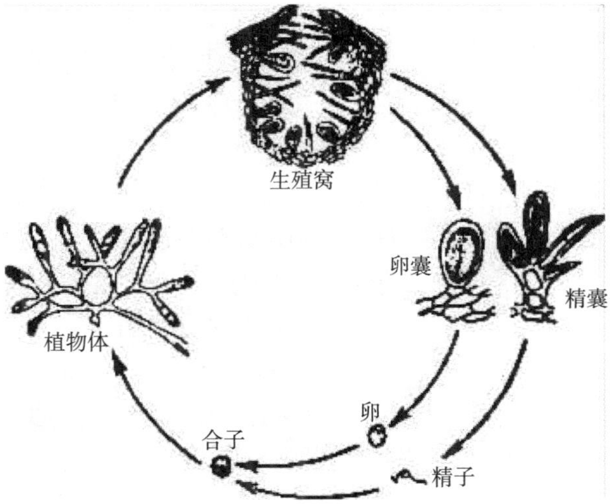

图 2-8　鹿角菜生活史

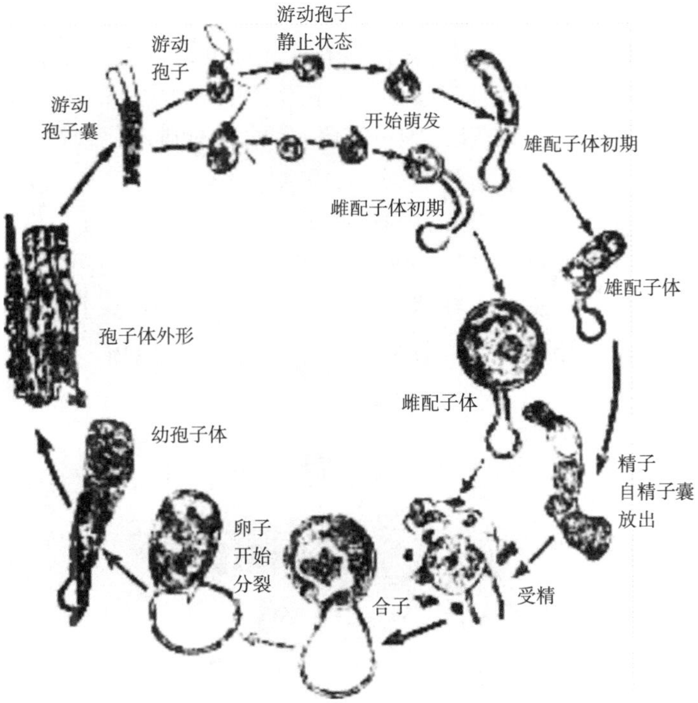

图 2-9　海带生活史

(2)地理分布。褐藻一般附着在其他物体上生活，绝大部分生活在海洋中，仅有几个罕见种生活在淡水中。褐藻是构成海底森林的主要类群，属于冷水藻类，寒带海中分布最多。其分布与海水的盐度、温度以及海潮起落时暴露在空气中的时间长短都有密切关系，因此在寒带、亚寒带、温带、热带分布的种类各有不同。

(3)代表植物。褐藻门大约有 250 属，1500 种。根据它们世代交替的有无和类型分为三个纲，即等世代纲(Isogeneratae)、不等世代纲(Heterogeneratae)和无孢子纲(Cyclosporae)。褐藻多为海生，为冷温性海藻，常分布在寒带和两极海中。常见种类除海带

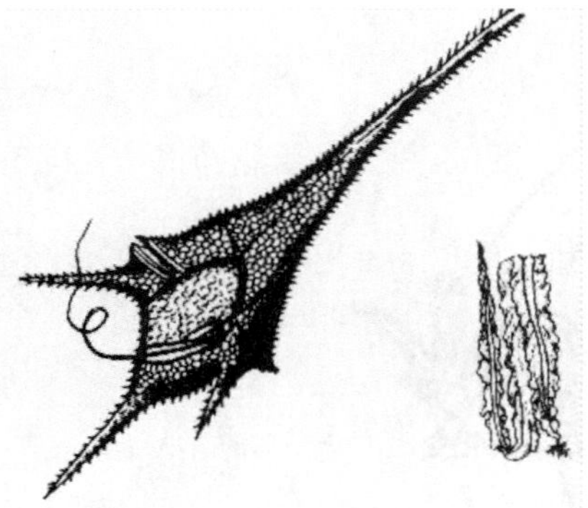

图 2-10　褐藻门代表植物

外，还有裙带菜、鹿角菜等(图 2-10)。

(4)在植物界中的地位。褐藻是古老的植物，在志留纪和泥盆纪的沉积物中，发现有类似海带植物的化石，最可靠的化石发现于三叠纪。褐藻具侧生不等长双鞭毛的运动细胞，其形态和构造与金藻门黄藻纲的运动性细胞相似，所含色素也相似，因此有学者认为褐藻可能是由单细胞的具两条不等长侧生鞭毛的祖先进化来的。

3. 红藻门(Rhodophyta)

(1)一般特征。红藻是藻类植物中进化水平较高的类群之一。红藻门的植物体大多是多细胞的，也有少数是单细胞的。藻体一般较小，高约 10 cm，少数可超过 100 cm。藻体有简单的丝状体和具假薄壁组织的叶状体或枝状体。

红藻细胞壁分两层，内层为纤维素质，外层是果胶质。红藻的原生质体中一般只含一个细胞核，少数红藻幼时单核，老时多核；中央有液泡；载色体一至多枚，颗粒状；原始类型的载色体一枚，中轴位，星芒状，蛋白核有或无；电镜下，光合作用片层有一个类囊体；载色体中含有叶绿素 a 和叶绿素 b、β-胡萝卜素、叶黄素类、藻红素及藻蓝素，一般藻红素占优势，故藻体多呈红色；红藻细胞中储藏一种非溶性碳水化合物——红藻淀粉。

红藻的繁殖方式主要有以下几种类型：①细胞分裂，存在于低等的红藻中；②无性生殖是以多种无鞭毛的静孢子进行，有的产生单孢子，如紫菜(图 2-11)，有的产生四分孢子，如多管藻；③有性生殖，红藻一般为雌雄异株，有性生殖的雄性器官为精子囊，内产生无鞭毛的不动精子，雌性生殖器官为果胞，内含一个卵，其上具有受精丝，当果胞受精后，立即进行减数分裂，产生果孢子，发育成配子体植物。

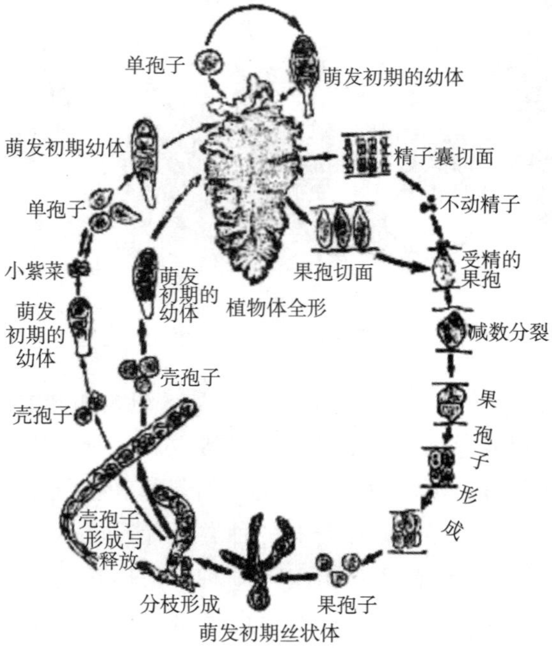

图 2-11　紫菜生活史

(2)地理分布。红藻门植物绝大多数分布于海水中，仅有10多属，约50余种是淡水种。淡水种多分布于急流、瀑布和寒冷空气流通的山地水中；海水种由海滨一直到深海100 m都有分布，海产种的分布受海水水温的限制，并且绝大多数营固着生活。

(3)代表植物。红藻门约500属，近4000种。常分为红毛菜纲和红藻纲，常见的经济红藻有石花菜、江蓠、海螺、角叉藻、鹧鸪菜等(图2-12)。

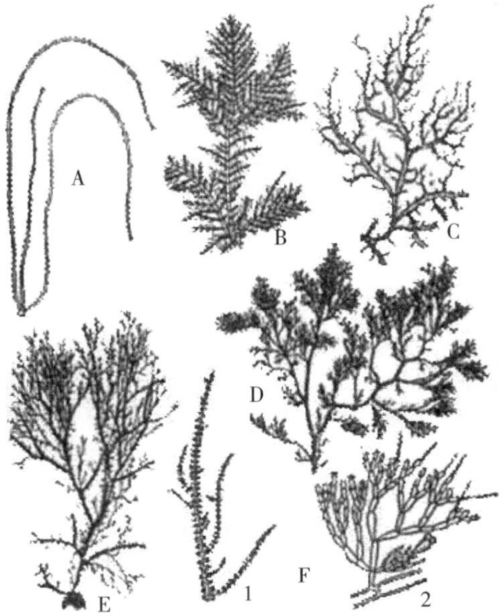

图2-12　红藻中常见的藻类

A. 海索面属；B. 珊瑚藻属；C. 石花菜属；D. 松节藻属；E. 仙菜属；
F. 串珠藻属(1. 植物体；2. 植物体的部分放大)

(4)在植物界中的地位。红藻是一类古老的植物，它的化石是在志留纪和泥盆纪的地层中发现的。红藻和蓝藻有相同的特征，但也有显著的差别。

4. 裸藻门(Euglenophyta)

(1)一般特征。裸藻门除胶柄藻属外，都是无细胞壁、有鞭毛、能自由游动的单细胞植物。裸藻细胞的最外层是原生质膜，质膜内是由蛋白质构成的周质体；藻体前端有胞口和狭长的胞咽，胞咽下部为膨大的储蓄泡，周围有一至多个伸缩泡；鞭毛1～3根；细胞内有许多载色体，内含有叶绿素a和叶绿素b、β-胡萝卜素和三种叶黄素；裸藻淀粉是裸藻的特有产物，只存在于细胞质中，绝不在载色体中。

裸藻以细胞纵裂的方式进行繁殖(图2-13)。细胞分裂可以在运动状态下进行，也可以在胶质状态下进行。分裂开始，着生鞭毛一端发生凹陷，同时细胞核开始有丝分裂，鞭毛器和眼点也分裂。这些过程结束后，细胞本身发生缢裂，缢裂的结果，叶绿体和裸藻淀粉粒在每个子细胞中各保留一半，一个子细胞保留原有的鞭毛，另一个子细胞长出一条新的鞭毛。在胶质状态下，细胞分裂时首先失去鞭毛，并分泌厚的胶被，细胞在胶被内反复分裂，形成许多细胞的胶群体，环境适宜时，每个细胞发育成一个新的个体；有时细胞停止运动，分泌一层厚壁，变成胞囊，胞囊可承受恶劣环境；环境好转时原生质从厚壁中脱出，萌发成新个体。裸藻没有无性生殖，有性生殖尚不能确定。

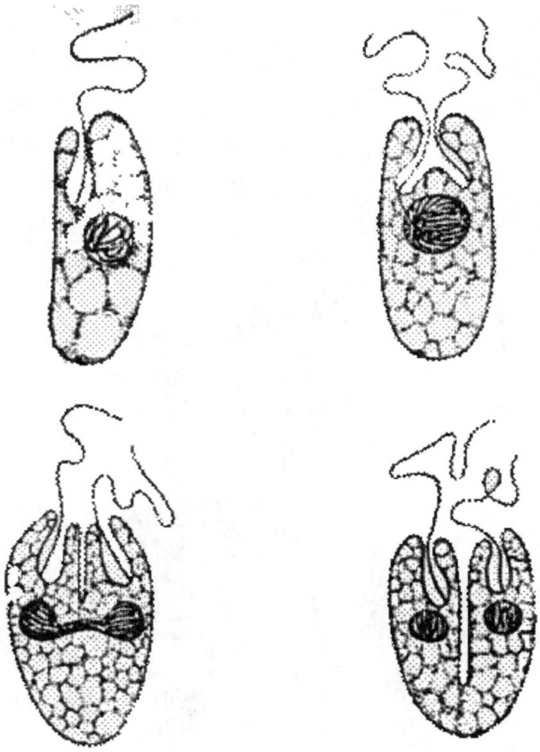

图 2-13　内弯杆胞子藻细胞的纵裂

(2)地理分布。裸藻大多数分布在淡水，少数生长在半咸水，很少生活在海水中，特别是在有机质丰富的水中，生长良好，是水质污染的指示植物。夏季大量繁殖使水呈绿色，并浮在水面上形成水华。

(3)代表植物。裸藻门约有 40 属，800 多种，全部包括在一个纲即裸藻纲(Euglenophyceae)中，主要包括裸藻属和柄裸藻属(胶柄藻属)。

(4)在植物界中的地位。裸藻门中，多数种在营养时期具有鞭毛，鞭毛藻的构造和习性兼有动物和植物的特征，因此人们把鞭毛藻作为动植物的共同祖先。在植物界的自然发展中，有些植物学家认为，鞭毛藻是无鞭毛藻类和其他植物进化发展的中心，因为大多数藻类在营养时期没有鞭毛，但到生殖期(除红藻和蓝藻外)都能产生具鞭毛的生殖细胞。不仅如此，菌类、苔藓、蕨类和裸子植物的铁树，在生殖时产生的雄性生殖细胞也都有鞭毛。因此，鞭毛藻类既是藻类的祖先，也是其他植物的祖先。

现存裸藻的色素和绿藻相同，两者关系密切。但两者运动型细胞的原生质体结构显著不同，储藏的营养物质、鞭毛的数目及类型和绿藻都不同。目前，没有任何资料能证明哪一种藻类是从裸藻发展进化来的，也没有哪一种藻类在发展史上与裸藻有亲缘关系，因而裸藻和绿藻的关系是模糊不清的。从裸藻门藻体的形态结构看，也有从自由游动到不游动、从单细胞到群体的进化趋势。

5. 黄藻门(Xanthophyta)

(1)一般特征。黄藻植物体为单细胞、群体、多核管状体和丝状体。黄藻细胞多数都具有细胞壁，单细胞和群体的个体细胞壁是两个“U”形半片套合组成的，丝状体的细胞壁是两个“H”形的半片套合而成。主要成分是果胶质，某些种类的细胞壁内沉积有 SiO_2；细胞中载色体一到多数，盘状、片状或带状，呈淡绿色或黄绿色；载色体中的色素有叶绿素 a、β-胡萝卜素和叶黄素；多数黄藻以产生游动孢子和不动孢子进行无性生殖，少数种类具有有性生殖。

(2)地理分布。黄藻门植物多数分布于淡水，有些种生活于土壤中，少数种生活于海水中，如顶刺藻属(棘球藻属)(*Centritractus*)。在淡水中生活的黄藻，有的生于钙质多的水中，有的生于少钙的软水中，还有不少种生于酸性水中，大多数黄藻在纯净、贫营养、温度比较低的水中生长旺盛。

(3)代表植物。黄藻门只有一个纲，根据黄藻植物体进化的不同阶段，一般分为 6 个目：异鞭藻目(Heterochloridales)、根黄藻目(Rhizochloridales)、异囊藻目(Heterogloeales)、柄球藻目(Mischococcales)、异丝藻目(Heterotrichales)、气球藻目(Botrydiales)。黄丝藻、气球藻和无隔藻是本门的代表植物。

(4)在植物界中的地位。在 19 世纪，黄藻门作为一个纲包括在绿藻门中，19 世纪末(1899 年)，鲁得尔(Luther)将它从绿藻门中分出来，称作不等鞭毛藻(Heterokontae)。由于黄藻在某些构造上与金藻相似，有的学者将它列入金藻门。但根据两者在色素等方面的差异，目前不少人将黄藻独立为门，本书也采用此观点。黄藻的起源是悬而未决的问题。在黄藻门中可以看到与绿藻和金藻中各进化阶段相同的植物体，即平行进化，人们认为它和金藻门可能都是由含有叶绿素的原核藻进化而来。

6. 金藻门(Chrysophyta)

(1)一般特征。金藻门的植物体是单细胞、群体或分枝丝状体；金藻细胞有的具细胞壁，有的无细胞壁，细胞壁是由原生质体分泌的纤维素和果胶质组成。原生质呈透明的玻璃状，常有 1～2 个载色体，少数种为多个，载色体中含有叶绿素 a 和叶绿素 c、β-胡萝卜素和墨角藻黄素；有些单细胞和群体的种类，营养细胞前端有鞭毛，终生能运动。

金藻单细胞运动型的繁殖常以细胞纵裂的方式形成两个子细胞；群体运动的种类常以群体断裂成两个或两个以上的段片，每段片发育成 1 个新的群体；不能运动的种类以游动孢子进行生殖，游动孢子有 1～2 条鞭毛。

(2)地理分布。金藻多数分布在淡水，少数分布在海水和咸水中，其主要在透明度大、温度较低、有机质含量少以及 pH 4～6 的微酸性水和含钙质较少的软水中生活。一般在较寒冷的冬季、晚秋和早春等季节生长旺盛。

(3)代表植物。金藻门仅有 1 个纲，约 200 属，1000 种左右。根据从单细胞到丝状体的进化阶段分为 5 个目：金胞藻目、根金藻目、金囊藻目、金球藻目和金枝藻目。黄群藻属、锥囊藻属和金枝藻属是本门的代表植物。

(4)在植物界中的地位。在 20 世纪前，人们将金藻门列入动物界原生动物门。21 世纪初，发现了具有典型植物性细胞壁构造的金球藻类和金枝藻类，其原生质体和生殖细胞的构造与具鞭毛的金藻类相同，从而将它们置于一个纲中，并将它们从动物界移到植物界。

金藻门的起源问题没有解决，由于发现了原绿藻，人们推论金藻可能由原核的、具叶绿素 a 和叶绿素 c 的藻类进化而来；藻类学家们还认为金藻门和黄藻门有密切的亲缘关系，因为两者在鞭毛、细胞壁及色素等方面相似。

7. 甲藻门(Pyrrophyta)

(1)一般特征。大多数甲藻是单细胞，少数种类是球胞型或丝状体；细胞球形、长椭圆形，细胞裸露或具细胞壁；载色体多数呈盘状、片状、棒状或带状，多周生，电镜下载色体有 3 层膜包围，含有叶绿素 a 和叶绿素 c、β-胡萝卜素、多甲藻素等。

甲藻的运动细胞有两条顶生或侧生鞭毛，主要的繁殖方式是细胞分裂，有些种产生游动孢子、不动孢子或厚壁休眠孢子；仅在少数种中发现有性生殖，为同配生殖。

(2)地理分布。大多数甲藻是海产，淡水产种类较少，也有极少数种寄生于鱼类、桡足类和其他脊椎动物体内。淡水中春秋两季生长旺盛，海水则在暖海中种类较多。甲藻是重要的浮游藻类，是水生动物主要饵料之一，但是甲藻过量繁殖，常使水色变红，形成“赤潮”，发生腥臭气味；形成赤潮时，水中甲藻细胞密度过大，藻体死亡后滋生大量腐生细菌，由于细菌的分解作用，使水中的溶氧量急剧下降，并产生大量有毒物质，同时有的甲藻也分泌毒素。因此赤潮发生后，造成鱼虾贝类大量死亡，对渔业危害很大。

(3)代表植物。甲藻门约有 1000 种，分纵裂甲藻纲和横裂甲藻纲两个纲。多甲藻属、角藻属和枝甲藻属是常见的代表植物。

(4)在植物界中的地位。甲藻当初被列入动物界原生动物门，当发现球胞型和丝状藻体之后，才将其列入植物界。在色素方面，甲藻与硅藻相似，但同化产物和形态等构造明显不同，由于甲藻的构造与其他藻类区别较大，因此甲藻是一群自然的植物类群。

8. 硅藻门(Bacillariophyta)

(1)一般特征。植物体为单细胞(图 2-14)；细胞壁由两个套合的壳组成，外面的为上壳，里面的为下壳，上、下壳由果胶质和硅质组成，无纤维素；硅藻载色体一至多数，小盘状或片状；载色体中含有叶绿素 a 和叶绿素 c、β-胡萝卜素和 α-胡萝卜素；硅藻营养体中无游动细胞，仅精子具鞭毛；硅藻以细胞分裂进行繁殖，分裂方式如图 2-15 所示。

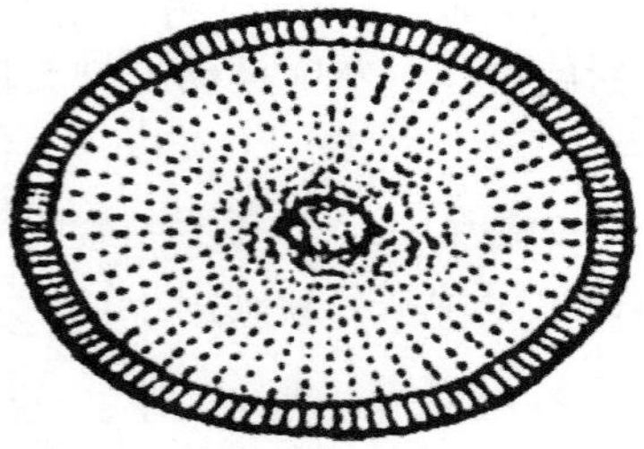

图 2-14　硅藻细胞的形态

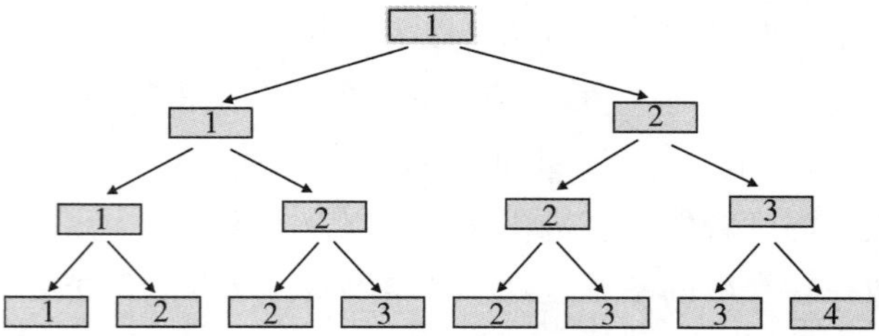

图 2-15　一个硅藻细胞连续分裂三次的图解

(2)地理分布。硅藻分布极广，在淡水、半咸水、海水和陆地上都有分布。在水中生活的硅藻浮游或着生在其他物上；陆地上，凡潮湿的地方，如土壤、岩石、墙壁、树干及苔藓植物间均有它们的生长。硅藻春秋两季生长旺盛，是鱼类、贝类及其他动物的主要饵料之一。

(3)代表植物。硅藻种类很多，有 200 属、5000 多种，分为中心硅藻纲(Centricae)和羽纹硅藻纲(Pennatae)，前者有 3 个目，后者有 5 个目。小环藻和羽纹硅藻是其代表植物(图 2-16)。

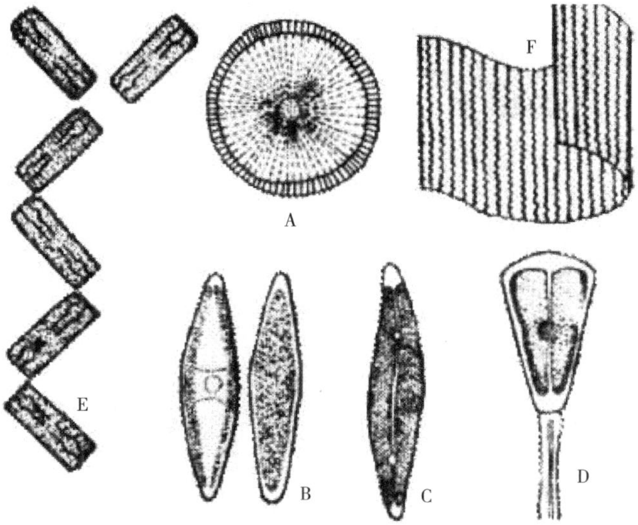

图 2-16　硅藻的各种类型

A~D. 单细胞　E，F. 群体

(4)在植物界中的地位。硅藻出现于白垩纪，上白垩纪和新近—古近纪是其发展的鼎盛时期。在漫长的历史发展进程中，没有向多细胞方向发展，而是停留在单细胞和群体的阶段。硅藻和多种藻类具有结构和形态的相似性，因而也是研究其他藻类的良好证据。

菌类植物是一个庞大的家族，它无处不在。现在，已知的菌类大约有 10 多万种。菌类植物结构简单，没有根、茎、叶等器官，一般不具有叶绿素等色素，大多营异养生活；菌类植物可分为细菌门、黏菌门和真菌门，三大门之间彼此并无亲缘关系的生物。其中，黏菌是介于动物和真菌之间的生物，它在营养期为裸露的、无细胞壁、多核的原生质团，称变形体(与变形虫相似)。但在繁殖期，它可产生具纤维素细胞壁的孢子，又具有真菌的性状。

9. 黏菌门(Myxomycophyta)

(1)一般特征。黏菌门是一种介于动物和植物之间的真核生物，营养体无细胞壁，用孢子繁殖，孢子具纤维素壁。

(2)地理分布。黏菌门中的种类大多数生于森林中阴暗和潮湿的地方，在腐木上、落叶上或其他湿润的有机物上。

(3)代表种类。黏菌在全世界约有 500 种，一般分为三个纲：黏菌纲(Myxomycetes)、集胞菌纲(Acrasiomycetes)和根肿菌纲(Plasmodiophoromycetes)。其中，黏菌纲是最常见且种类最多的一纲。

(4)在生物界中的地位。黏菌的起源和亲缘关系，迄今仍不明确。从它的特性来看是属于动物和真菌之间的；就其灯笼菌结构和生理方面看，好像巨大的变形虫动物；从它的繁殖方面看，产生具细胞壁的孢子，又是真菌的性质。有人认为，黏菌是从一种与原生动物相类似的祖先进化而来的，因而对研究原生动物的进化具有重要价值。

10. 真菌门(Eamycophyta)

(1)一般特征。真菌门是一群具有真正的细胞核，能产生孢子的生物；营养体常为分枝的丝状体——菌丝体；多数具有甲壳质(几丁质)的细胞壁，少数低等种类具有纤维素成分的细胞壁；真菌细胞不含叶绿素和质体，为典型的异养生物；营养方式为寄生和腐生。此外，某些真菌在环境条件不良或繁殖时，菌丝体变态成菌丝组织体，常见的有根状菌索、子座和菌核(图 2-17)。

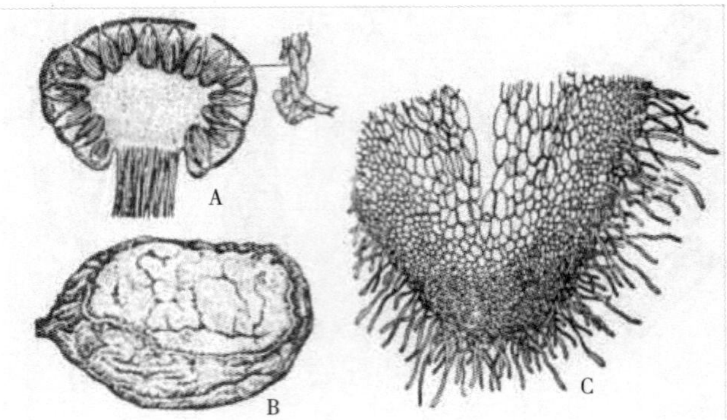

图 2-17　常见的菌丝组织体

A. 麦角菌的子座；B. 茯苓的菌核；C. 根状菌索尖端纵断面

真菌的繁殖通常有营养繁殖、无性生殖和有性生殖三种：①营养繁殖，少数单细胞真菌通过细胞分裂产生子细胞，大部分真菌的营养菌丝可以产生芽生孢子、厚壁孢子和节孢子(图 2-18)；②无性生殖，真菌通常进行无性生殖，可产生游动孢子、孢囊孢子和分生孢子(图 2-18)；③有性生殖，低等的真菌为配子的配合，有同配生殖和异配生殖之别，有些真菌形成卵囊和精囊，由精子和卵配合形成卵孢子。

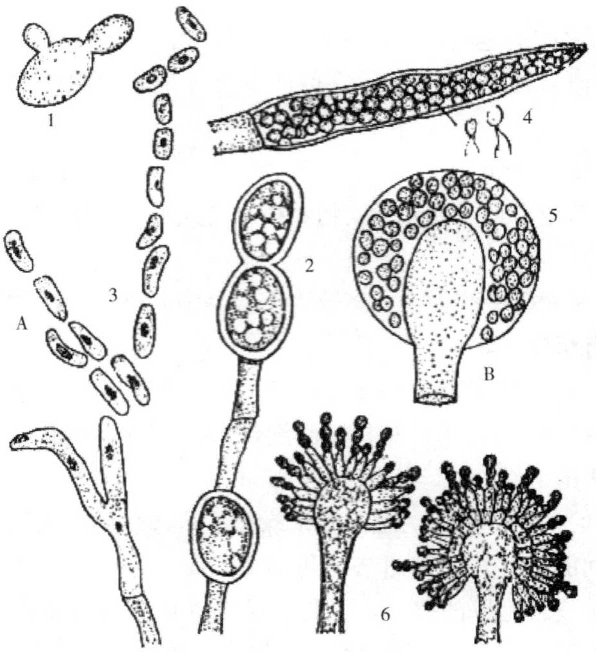

图 2-18　营养繁殖和无性生殖的各种孢子

A. 营养繁殖的各种孢子(1. 芽生孢子；2. 厚壁孢子；3. 节孢子)；

B. 无性生殖的各种孢子(4. 游动孢子；5. 孢囊孢子；6. 分生孢子)

(2)地理分布。真菌分布极广，在陆地上、水中、大气中、土壤中皆可见到。

(3)代表种类。真菌是生物界中较大的一个类群，也是菌类中最发达的一个类群。据统计，世界上已被描述的真菌约有 10000 属，120000 余种。据真菌学家戴芳澜教授估计，我国约有 40000 种，分为五纲：古生菌纲(Archimycetes)、藻菌纲(Phycomycetes)、子囊菌纲(Ascomycetes)，担子菌纲(Basidiomycetes)和半知菌纲(Deuteromycetae)。譬如，子囊菌纲的冬虫夏草，担子菌纲的蘑菇、木耳等(图 2-19)。此外，由于真菌的种类极其繁多，生活史类型自然也较多，主要生活史类型如图 2-20 所示。

图 2-19　蘑菇与虫草

从检索目录中，可以说明真菌各纲之间的主要区别。

1. 完全无菌丝体，或菌丝体极不发达，通常是菌体全部形成子实体 ………… 古生菌纲
1. 菌丝发达，通常由菌体的一部分形成子实体。
  2. 菌丝无隔膜 ………… 藻菌纲
  2. 菌丝具隔膜。
    3. 具有性生殖阶段。
      4. 有性生殖产生囊孢子 ………… 子囊菌纲
      4. 有性生殖产生担孢子 ………… 担子菌纲
    3. 无有性生殖阶段 ………… 半知菌纲

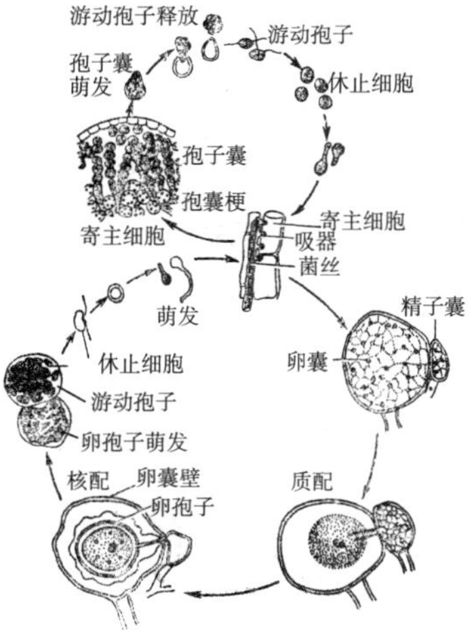

白锈菌生活史

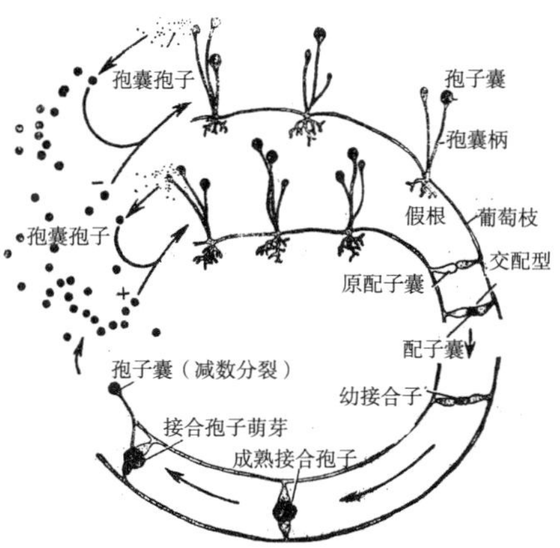

黑根霉生活史

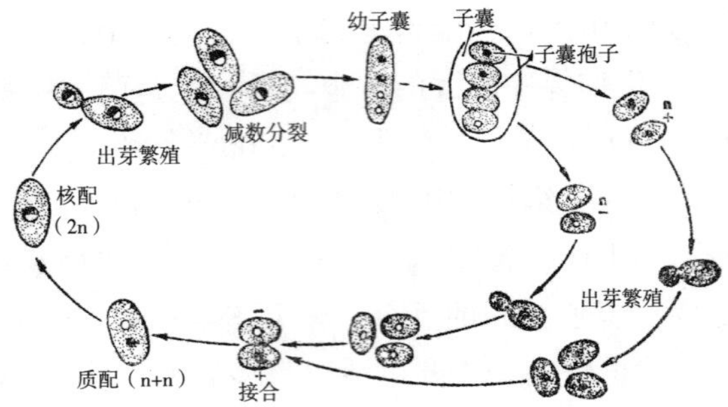

酵母菌生活史

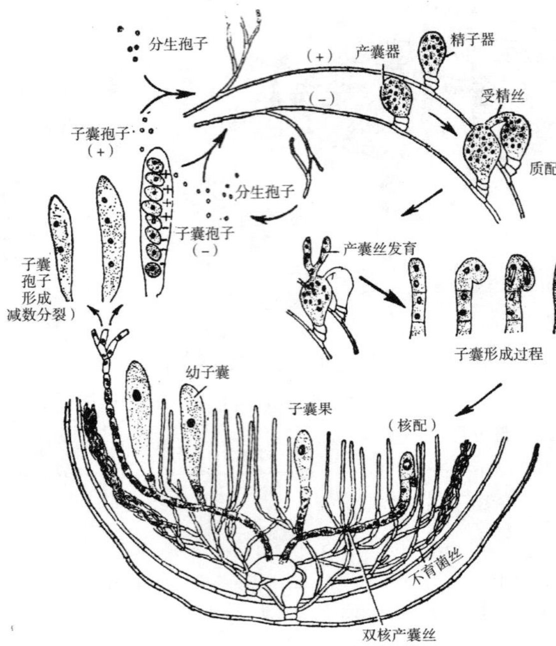

火丝菌生活史

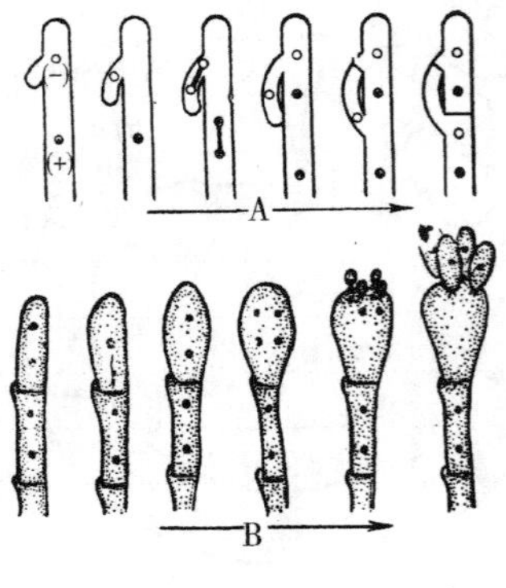

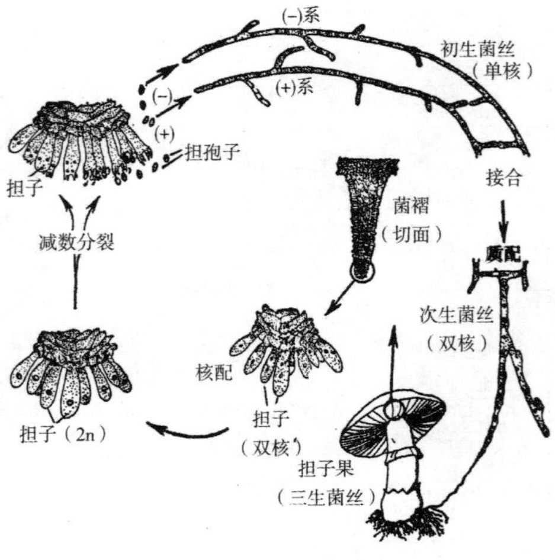

锁状联合(A)和担孢子(B)形成　　香菇生活史

图 2-20　真菌的各种生活史类型

(4)在生物界中的地位。许多大型真菌是滋味鲜美的食用菌，其不仅能应用于酿造工业和食品工业，而且可用于化学工业。真菌和人类的关系密切，在自然界中的作用是不容忽视的。

11. 地衣门(Lichenes)

(1)一般特征。地衣是多年生植物，是植物界中最特殊的一类，植物体不是单纯的一种植物，而是由一种真菌和一种藻组合成的复合有机体。根据外部形态不同，地衣可分三大类：叶状地衣、壳状地衣和枝状地衣(图 2-21)，如石蕊属(*Cladonia*)、松萝属(*Usnea*)等。

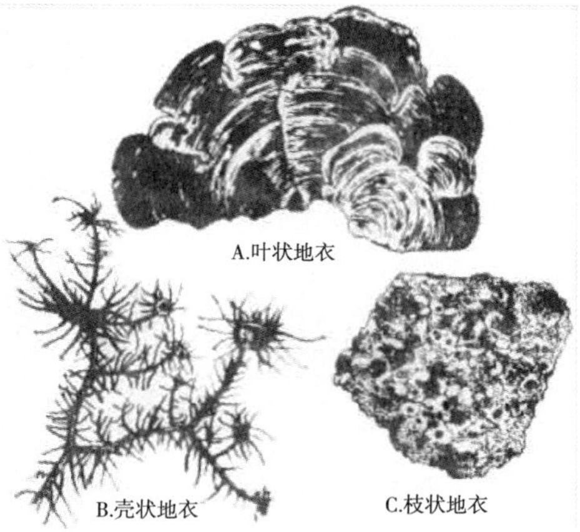

图 2-21　地衣

地衣的繁殖方式主要有营养繁殖和有性生殖。地衣较普遍的营养繁殖方式是地衣体的断裂，即地衣体断裂为若干裂片，每个裂片都可发育成新地衣体。有性生殖是由共生的真菌完成的，组成地衣的真菌不同，其有性生殖方式也随之变化。

(2)地理分布。地衣分布很广，适应力很强，可生长在其他植物不易生长的地方，如冻原、荒漠、土表、树皮、树枝，乃至岩石的表面都能生长。

(3)代表种类。地衣门植物全世界有 500 余属，25000 余种，可分为子囊衣纲、担子衣纲和半知衣纲。

(4)在生物界中的地位。生长于峭壁和岩石上的地衣，能分泌地衣酸腐蚀岩石，使岩石表面逐渐龟裂和破碎，再加上自然界的风化作用，使岩石表面变为土壤，为以后高等植物的分布创造了条件，因此认为地衣是植物分布的先导。

地衣体中含有淀粉和糖类，多数可供食用，如石蕊、石耳等。同时，有些种类也可用于医药、香料等，与人类的关系十分密切。

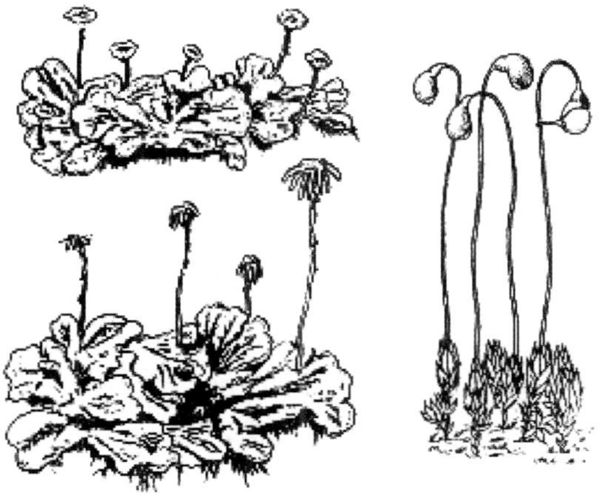

图 2-22　苔藓植物的形态

12. 苔藓植物(Bryopyta)

(1)一般特征。苔藓植物是一类小型多细胞的绿色高等植物，高约几毫米至十多厘米(图 2-22)。植物体有假根和类似茎、叶的分化，不具维管束；生活史中具有明显的世代交替现象，即有性世代(配子体)和无性世代(孢子体)交替，其中以配子体(营养体)占优势；有性生殖器官如精子器和颈卵器都是由多细胞组成的，有性生殖产生的合子，先经过胚胎阶段而后发育为新个体(图 2-23)。

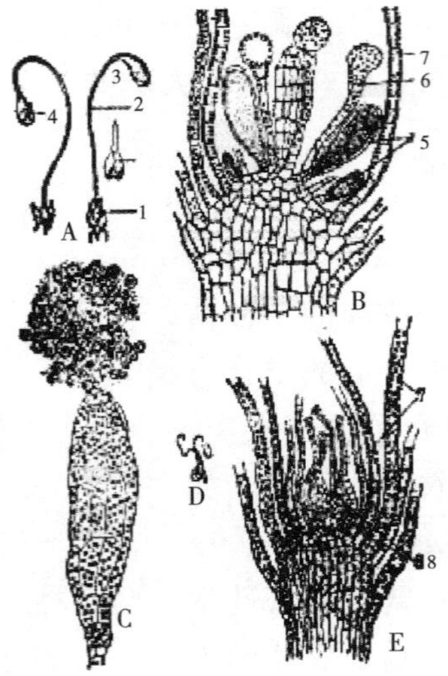

图 2-23　葫芦藓的配子体和两性器官

A. 植物体外形；B. 雄配子体顶部纵切；C. 精子器放出游动精子；D. 游动精子；E. 雌配子体顶部纵切

1. 配子体顶部；2. 蒴柄；3. 孢蒴；4. 蒴帽；5. 精子器；6. 隔丝；7. 叶；8. 颈卵器

(2)地理分布。苔藓植物分布很广，多在阴湿的土地、岩石，潮湿的树干，背阴的墙壁，温暖多雨地区等。苔类植物耐低温，在温带、寒带、高山冻原、森林和沼泽环境中常能形成大片群落。

(3)代表种类。苔藓植物约有 23000 种，我国约有 2800 种。根据其营养体形态结构的不同，分为苔纲(Hepaticae)和藓纲(Musci)，如地钱(*Marchantia polymorpha* L.)和葫芦藓(*Funavia hygrometria* Hedw.)。

(4)在生物界中的地位。苔藓植物能生活于荒漠、冻原地带及裸露的石面或新断裂的岩层上。它在生长的过程中，能不断分泌酸性物质，溶解岩面，从而为高等植物创造了生存条件，是植物界的拓荒者之一。此外，苔藓植物在防止水土流失、医药等方面也均具有重要的作用。

13. 蕨类植物门(Pteridophyta)

(1)一般特征。蕨类植物又称羊齿植物，是植物界中进化水平最高的孢子植物，也是最原始的维管植物。孢子体发达，有了真正的根、茎、叶的分化；体内有了较原始的维管组织，隶属于维管植物；配子体又称原叶体，在形态上都很微小，结构简单，生活期也较短，是由孢子萌发产生的，大多数蕨类植物的配子体生于湿土表面，有背腹之分，多为陆生；配子体弱小，多为绿色自养，可独立生活；性器官为精子器和颈卵器，精子皆具鞭毛，受精过程离不开水，生活史为孢子体发达的异形世代交替(图 2-24)。

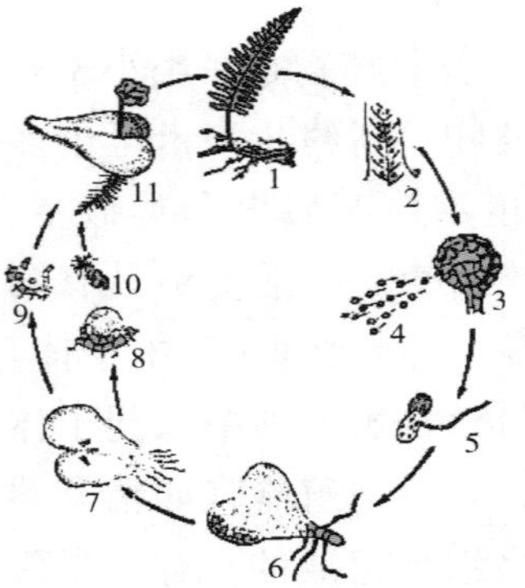

图 2-24　水龙骨的生活史

1. 成熟孢子体；2. 孢子叶的一部分；3. 孢子囊；4. 孢子；5. 孢子萌发；6. 幼配子体；7. 成熟配子体；8. 精子器；9. 颈卵器；10. 精子；11. 幼孢子体

(2)地理分布。蕨类植物广布于世界各地，除海洋和沙漠外，无论在平原、森林、草地、岩缝、溪沟、沼泽、高山或水域中都有分布；蕨类植物大多为土生、石生或附生，少数为水生或亚水生，一般表现为喜阴湿和温暖的特性。

(3)代表种类。蕨类植物的分类系统，各植物学家意见颇不一致，过去曾经将蕨类植物作为一个门，其下划分为五个纲，即松叶蕨纲、石松纲、水韭纲、木贼纲(楔叶纲、有节纲)和真蕨纲。前四纲是一些较原始而古老的小叶型蕨类植物，现存较少；真蕨纲是最进化的大型叶蕨类，也是现代极其繁茂的蕨类植物。1978 年，中国蕨类植物学家秦仁昌将蕨类植物门分为五个亚门，即石松亚门(Lycophytina)、水韭亚门(Isoephytina)、松叶蕨亚门(Psilophytina)、楔叶亚门(Sphenophytina)和真蕨亚门(Lycophytina)，且被广泛应用。

蕨类植物门各亚门分类检索表

1. 植物体无真根，仅具假根，孢子囊形成聚囊 …………………… 松叶蕨亚门
1. 植物体均具真根，不形成聚囊，孢子囊单生，或聚集孢子囊群。
  2. 植物体具明显的节和节间，叶退化成鳞片状，不能进行光合作用，孢子具弹丝 …………………… 楔叶亚门
  2. 植物体非如上状，叶绿色，小型叶或大型叶，可进行光合作用，孢子均不具弹丝。
    3. 小型叶，幼叶无拳曲现象。
      4. 茎多为二叉分枝，叶小形、鳞片状，孢子叶在枝顶端聚集成孢子叶穗，孢子同型或异型，精子具 2 条鞭毛 …………………… 石松亚门
      4. 茎粗壮似块茎，叶长条形似韭菜叶，不形成孢子叶穗，孢子异型，精子具多鞭毛 ………… 水韭亚门
    3. 大型叶，幼叶有拳曲现象，孢子囊在孢子叶的背面或边缘聚集成孢子囊群 ………………… 真蕨亚门

蕨类植物五个亚门有以下特征。

(1)石松亚门的一般特征为：古老；孢子体有根、茎、叶的分化；不定根生于根托上；茎多数二叉分枝，通常具原生中柱，木质部为外始式；小型叶，仅 1 条叶脉，无叶隙存在，为延生起源，螺旋状或对生排列，有的具有叶舌结构；孢子囊单生于叶腋或近叶腋处；孢子叶通常生于分枝的顶端，形成孢子叶球；孢子同型或异型，配子体两性或单性。主要分布于热带、亚热带，一般生长于岩石、草地上。现存植物约有 700 种，中国有 70 多种。常见种类有石松、卷柏、江南卷柏等(图 2-25)。本亚门植物的起源是比较古老的，在石炭纪时最为繁茂，有草本和高大的乔木；到二叠纪时多数石松植物相继灭绝，当今遗留下来的只是少数草本类型，在研究植物的起源方面有重要地位。

图 2-25　江南卷柏

A 植株；B. 主茎的一部分；C. 分枝的一部分；D. 侧叶；E. 中叶

图 2-26　中华水韭

(2)水韭亚门的一般特征为：植物体为草本，有根、茎、叶的分化；具根托(属于茎)，先端生不定根；茎块茎状，原生中柱，有次生生长结构；叶条形丛生，具叶舌；孢子叶有大小之分，孢子异型；配子体极度简化，有雌雄配子体之分；游动精子具有鞭毛。本亚门植物多数是亚水生或沼泽地生长，在中国普遍分布于长江下游地区。本亚门植物约有 70 多种，中国有 3 种，最常见的是中华水韭(图 2-26)。该亚门植物在研究蕨类植物的进化方面具有重要的意义。

(3)松叶蕨亚门的一般特征为：植物体为草本，有茎、叶的分化；无真根、具单细胞假根；茎分为根状茎和二叉分枝的气生枝；叶鳞片状，小型叶，无叶脉和气孔；孢子三个聚生，生于叶腋，孢子同型；配子体小，雌雄同株。本亚门植物多数分布于热带和亚热带地区。现存的本亚门植物约包含两个属，即松叶蕨属和梅溪蕨属，中国只有松叶蕨 1 种(图 2-27)，是我国的珍稀物种，可以为研究蕨类植物的进化提供一定的理论依据。

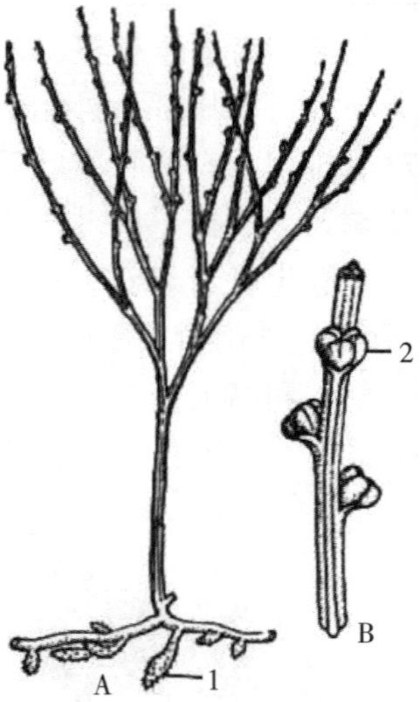

图 2-27　松叶蕨外形

A. 松叶蕨孢子体全形；B. 放大的具有聚囊的小枝

1. 假根；2. 孢子囊

(4)楔叶亚门的一般特征为：植物体有根、茎、叶的分化；有不定根；茎有节和节间之分，有时生块状茎，管状中柱到具节中柱，木质部内始式；叶小型，不发达，轮生成鞘状；孢子叶又称孢囊柄，孢子同型或异型；配子体具背腹性。本亚门植物在古生代石炭纪时曾盛极一时，有高大的乔木和矮小的草木，多数生长于沼泽地区。楔叶亚门的植物现今多数绝迹，仅有木贼属和问荆属。

(5)真蕨亚门的一般特征为孢子体发达，有根、茎、叶的分化；根为不定根；茎的表皮上常有具保护作用的鳞片或毛；配子体小，多数种类为腹背性叶状体，心脏形，具假根；精子器和颈卵器均生于腹面，精子螺旋状，具多数鞭毛。真蕨亚门植物是现代最繁茂的一群蕨类植物，广布于全世界。现今生存的真蕨植物约有 10000 多种，中国有 56 科，2500 多种，分为厚囊蕨纲、原始薄囊蕨纲，常见的种类有桫椤、海金沙、瓶尔小草、紫萁、贯众、蕨、槐叶草、满江红(图 2-28)等。真蕨亚门植物的起源很早，在泥盆纪时已经出现，到石炭纪时极为繁茂，而到二叠纪时都已绝迹，在植物分类方面具有十分重要的作用。

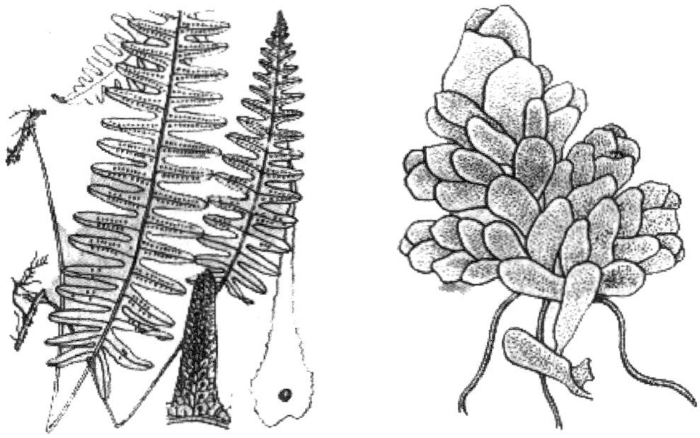

图 2-28　水龙骨和满江红

14. 裸子植物(Gymnospermae)

(1)一般特征。裸子植物是一类介于蕨类植物和被子植物之间，保留着颈卵器，具有维管束，能产生种子的高等植物。其特征主要有：孢子体发达；胚珠裸露；配子体简化，具有颈卵器；传粉时花粉直达胚珠；具有多胚现象。

(2)地理分布。裸子植物出现于古生代，当时广泛分布于世界各地，特别是在北半球亚热带高山地区及温带为主，常组成大面积的森林。由裸子植物组成的森林约占全世界森林总面积的 80%，也是我国各地区针叶林或针阔属混交林的主要树种。

(3)在生物界中的地位。裸子植物的种系在漫长的历史过程中，随着地史气候多次的重大变化，也随之多次演替更新，老的种系相继灭绝，新的种系陆续演化出来，并沿着不同的进化路线不断地更新、发展、繁衍至今。

(4)代表种类。裸子植物在中生代最繁盛，至今大都已灭绝。现代裸子植物的种类分属于 5 纲 9 目 12 科 71 属，约 800 种，即铁树纲(苏铁纲)(Cycaclopsida)、银杏纲(Ginkgopsida)、松柏纲(球果纲)(Coniferopsida)、红豆杉纲(紫杉纲)(Taxinae)、买麻藤纲(倪藤纲、盖子植物纲)(Gnetopsida)。我国是裸子植物种类最多、资源最丰富的国家，有 5 纲 8 目 11 科 41 属，236 种。其中引种栽培 1 科 7 属 51 种。有不少是第古近—新近的孑遗植物或称“活化石”植物。

图 2-29　苏铁

裸子植物的的五个纲有如下特征。

(1)苏铁纲一般的特征为：常绿木本植物，茎干粗壮，通常不分枝；叶螺旋状排列，有鳞叶和营养叶，鳞叶小、密披褐色毛，营养叶大、羽状复叶、集生于茎的顶部；孢子叶球生于茎顶，雌雄异株；游动精子具多数纤毛。苏铁纲植物是原始的裸子植物，主要分布于热带和亚热带地区。本纲现存仅 1 目 1 科 9 属，约 110 种，主要分布于南北两半球的热带和亚热带地区。我国仅有苏铁属 1 属，约 8 种，最常见的是苏铁(又称铁树)(图 2-29)。

(2)银杏纲的一般特征为：落叶乔木，枝条具长短枝之分(图 2-30)；单叶扇形，先端 2 裂或波状浅缺刻，具分叉的脉序，长枝上的叶互生，短枝上的叶簇生；球花单性，雌雄异株，雄球花呈柔荑状，生于短枝顶端的鳞片腋内；精子具多纤毛；种子核果状。本纲植物仅存 1 目 1 科 1 属 1 种，即银杏，为中国特产，是著名的孑遗植物，是裸子植物进化中的一枝，在生物界中具有重要的作用。

(3)松柏纲的一般特征为：常绿或落叶乔木，茎多分枝，常有长短枝之分；茎的髓部小，具树脂道；叶单生或成束，多为针状或鳞片状，稀为条形；孢子叶球单性，同株或异株；孢子叶常排列成球果状；精子无鞭毛；种子有或无翅。本纲植物主要分布于南、北半球，以北半球温带、寒温带的高山地区最为普遍。本纲植物是现代裸子植物中数目最多、经济价值最大、分布最广的一个类群，有 44 属，400 多种，隶属于 4 科，即松科、杉科、柏科和南洋杉科。我国有 3 科(表 2-3)，23 属，约 150 种。常见的种类有油松、水杉、侧柏、冷杉(图 2-31)等。

图 2-30　银杏

图 2-31　冷杉

表 2-3　松科、杉科和柏科三科的分类依据

	松科	杉科	柏科
苞鳞与珠鳞	分离	半合生	合生
胚珠数目	2 个	2~9 个	3~4 个
珠鳞排列方式	螺旋状	螺旋状	交互对生

中国是松柏纲植物最古老的起源地，也是松柏纲植物最丰富的国家，并富含特有属、种和古近—新近纪孑遗植物；松柏纲植物在我国乃至世界植物起源研究问题上具有十分重要的意义。

(4)红豆杉纲的一般特征为常绿乔木或灌木，多分枝；叶通常为线形、披针形；孢子叶球单性、异株；胚珠生于盘状或漏斗状的株托上，或由囊状或杯状的套被(珠鳞发育来的)所包围；种子具肉质的假种皮。本纲植物主要分布热带和亚热带地区，有14属，约162种，隶属于3科，即罗汉松科、三尖杉科和红豆杉科。中国有3科7属33种。三尖杉科为我国特有种(图2-32)，粗榧和香榧是中国特有的新近—古近孑遗植物。

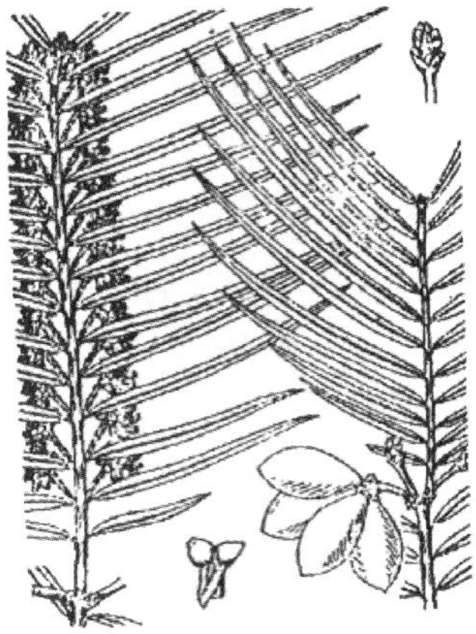

图2-32　三尖杉

(5)买麻藤纲的一般特征为：灌木或木质藤本；次生木质部常具导管，无树脂道；叶对生或轮生；孢子叶球单性，异株或同株，具假花被；胚珠1枚，珠被1～2层，具珠孔管；精子无纤毛；种子包于假种皮中，形似果实；胚具2片子叶。本纲植物共有3目3科3属，约80种。中国有2目2科2属，约19种几乎各地区都有分布。常见的种类有草麻黄、买麻藤和百岁兰(图2-33)等。本纲植物起源于新生代，有多核胚囊而无颈卵器，是裸子植物中最为进化类群的形状，可能与被子植物具有密切关系。

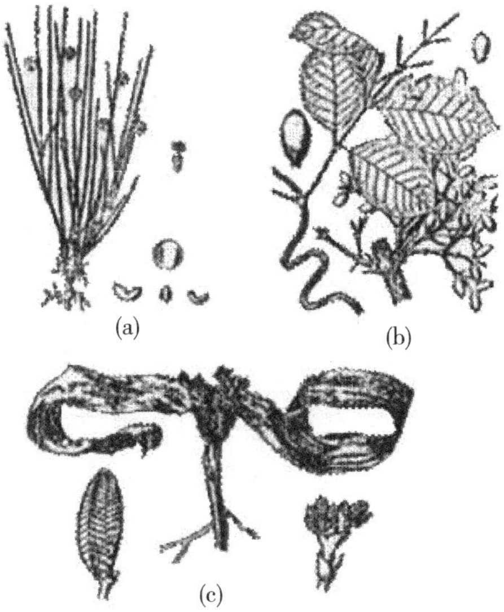

(a)　(b)　(c)

图2-33　草麻黄(a)、买麻藤(b)和百岁兰(c)

15. 被子植物门(Angiospermae)

(1)一般特征。被子植物是植物界中进化的佼佼者，种类最多、演化水平最高、结构和机能最复杂、分布最广。被子植物之所以能有如此众多的种类和广泛的适应性，与它结构的复杂化、完善化是密不可分的，尤其是繁殖器官的结构和生殖过程的特点，为它适应、抵御各种环境创造了条件，使它在生存竞争、自然选择的过程中不断发展进化。被子植物的主要特征可概括如下：具真正的花；具雌蕊，胚珠包藏在由心皮构成的子房内，子房形成果实，种子包被在果皮之内；具有双受精现象；孢子体(植物体)高度发达，在生活史中占绝对优势；配子体进一步简化；生长形式和营养方式多种多样。

(2)地理分布。被子植物的分布遍及全球，从北极圈到赤道都能生长，海拔 6000 m 以上的高山以及江河湖海、沙漠和盐碱地均有它们的踪迹。

(3)代表种类。全世界已知被子植物有 200000 种、100000 属、分 300 多个科，占所有植物总数的一半以上；中国有 250 余科、2700 多属、30000 种左右。

被子植物分为双子叶植物纲(木兰纲)和单子叶植物纲(百合纲)，基本区别如表 2-4 所示。前者有 64 目 318 科，约 165000 种；后者有 19 目 65 科，至少 35000 种。

表 2-4 双子叶植物纲与单子叶植物纲的主要区别

双子叶植物纲	单子叶植物纲
胚具 2 片子叶	胚具 1 片子叶
主根发达，直根系	主根不发达，有多数不定根形成须根系
茎内维管束排列成一圈，具形成层	茎内维管束散生，无形成层
网状叶脉	叶具平行或弧形脉序
花部通常 5 或 4 基数，少 3 基数	花部通常 3 基数，少 4 基数，无 5 基数
花粉具 3 个萌发孔	花粉具单个萌发孔

以上两纲的区别特征只是相对的、综合的，实际上有交错的现象，一些双子叶植物纲的植物也有 1 片子叶的现象，如毛茛科、罂粟科、伞形科等。双子叶植物纲中也有许多须根系的植物，如车前科中的大车前。叶脉和维管束的排列也是如此，如单子叶植物纲的百合科、天南星科中有些植物的叶脉是网状叶脉；双子叶植物纲的毛莨科、睡莲科等植物，有些植物的茎具有星散排列的维管束。花的基数也不是绝对的，如双子叶植物的樟科、木兰科、毛莨科中也有 3 基数的花。

(4)在生物界中的地位。被子植物是当今植物界中属、种极为繁多而庞杂的一个类群，在生物界占有极其重要的地位，并且与人类的关系极为密切，食物来源、地球植被组成主要由其提供。因而，了解被子植物应首先对其进行系统的分类，这将有助于分析和推断最古老的被子植物的形态特征，进而探索它们的起源和祖先等。

1)双子叶植物纲(Dicotyledoneae)

(1)木兰科(Magnoliaceae)。主要特征：木本，单叶互生，有托叶；花常为单生；花被 3 基数，两性，整齐花；常同被；雄蕊及雌蕊多数，分离，螺旋状排列于伸长的柱状花托上，子房上位，每心皮含胚珠 1～2(或多数)；蓇葖果，有胚乳。如玉兰(*Magnolia denudata*)(图 2-34)、鹅掌楸(*Liriodendron chinense*)、白兰花(*Magnolia alba*)、辛夷(*Magnolia liliflora*)等。

(2)樟科(Lauraceae)。主要特征：木本，有油腺；单叶互生，常为革质；两性花，整齐，轮状排列，花被 3 基数；花被 2 轮；雄蕊 4 轮，其中 1 轮退化，药瓣裂；雌蕊由 3 心皮所成，子房 1 室；核果，无胚乳。如樟树(*Cinnamomum camphora*)(图 2-35)、楠木(*Phoebe zhennan*)、肉桂(*Cinnamomum cassia*)等。

图 2-34　玉兰

图 2-35　樟树

(3)毛茛科(Ranunculaceae)。主要特征：草本；叶分裂或为复叶；花两性，整齐，5基数；花萼和花瓣均离生；雄蕊和雄蕊多数，离生，螺旋状排列于膨大的花托上；聚合瘦果。如铁线莲(*Clematis fusca*)、银莲花(*Anemone cathayensis*)、毛茛(*Ranunculus japonicus*)(图 2-36)、白头翁(*Pulsatilla chimensis*)、华北乌头(*Aconitum soongaricum*)、唐松草(*Thalictrum aguilegifolium*)、黄连(*Coptis chinensis*)。

(4)罂粟科(Papaveraceae)。主要特征：多为草本；植物体常有白或黄色汁液；叶通常互生，多分裂，无托叶；花单生或成花序，两性，辐射对称，萼片 2 或 3，早落；花瓣 4～6，分离；雄蕊多数，分离；子房上位，侧膜胎座；蒴果。如白屈菜(*Chelidonium majus*)、荷青花(*Hylomecon japonica*)、山罂粟(*Papaver nudicaule*)(图 2-37)等。

图 2-36　毛茛

图 2-37　山罂粟

(5)十字花科(Cruciferae)。主要特征：草本，有辛辣汁液；花两性，整齐；萼片 4；十字形花冠；四强雄蕊；子房 1 室，有 2 侧膜胎座，具假隔室；角果。如荠菜(*Capsella bursa-pastoris*)、独行菜(*Lepidium apetalum*)、诸葛菜(*Orychophragmus violaceus*)、白菜(*Brassica pekinensis*)(图 2-38)、萝卜(*Raphanus sativus*)等。

(6)石竹科(Caryophyllaceae)。主要特征：草本，节膨大，单叶对生；花两性，整齐，二歧聚伞花序或单生，5 基数；萼片 4～5，分离或结合成筒状，具膜质边缘，宿存；花瓣 4～5，常有爪；雄蕊 2 轮 8～10 枚，或 1 轮 3～5 枚；子房上位，1 室，特立中央胎座或基底胎座；蒴果。如石竹(*Dianthus chinensis*)(图 2-39)、康乃馨(*Dianthus caryophyllus*)等。

图 2-38　白菜

图 2-39　石竹

(7)蓼科(Polygonaceae)。主要特征：多为草本，节膨大；单叶，全缘，互生，有托叶鞘；花两性，单被；花序穗状、圆锥状等；萼片花瓣状；子房上位，1 室，1 胚珠；坚果，三棱形或凸镜形；种子具胚乳。如红蓼(*Polygonum orientale*)、何首乌(*Polygonum multiflorum*)、酸模(*Rumex acetosa*)、荞麦(*Fagopyrum esculentum*)(图 2-40)等。

(8)藜科(Chenopodiaceae)。主要特征：草本，具泡状毛；花小，单被；雄蕊对萼；子房 2～3，心皮结合，1 室，基底胎座；胞果，胚弯曲。如藜(*Chenopodium album*)、猪毛菜(*Salsola collina*)、盐爪爪(*Kalidium foliatum*)、甜菜(*Beta vulgaris*)、菠菜(*Spinacia oleracea*)(图 2-41)等。

图 2-40　荞麦

图 2-41　菠菜

(9)葫芦科(Cucurbitaceae)。主要特征：草质藤本植物；常具卷须；单叶互生，具掌状脉，无托叶；花单性，腋生，5 基数；聚药雄蕊；雌蕊 3 心皮；侧膜胎座；子房下位，1 室；常为瓠果。如黄瓜(*Cucumis sativus*)、西瓜(*Citrullus lanatus*)、丝瓜(*Luffa cylindrica*)(图 2-42)、南瓜(*Cucurbita moschata*)等。

(10)大戟科(Euphorbiaceae)。主要特征：草本、灌木或乔木，常具乳汁；单叶互生，具托叶；花通常单性，常成聚伞花序；子房上位，3 室，中轴胎座，胚珠悬垂；蒴果常成熟时分裂成 3 个分果，种子具胚乳。如狼毒大戟(*Euphorbia fischeriana*)、油桐(*Vernicia fordii*)(图 2-43)、蓖麻(*Ricinus communis*)等。

图 2-42 丝瓜

图 2-43 油桐

(11)蔷薇科(*Rosaceae*)。主要特征：乔木、灌木或草本，常具刺；叶互生，常有托叶；花两性，整齐；花托凸隆至凹陷；花部5基数，轮状排列；花被与雄蕊常结合成花筒；子房上位，少下位；种子无胚乳。

该科根据花托、花筒、心皮数目、子房位置和结合情况以及果实类型分为四个亚科(表2-5)，即绣线菊亚科(珍珠梅)(图2-44)、苹果亚科(苹果)(图2-45)、蔷薇亚科(草莓)(图2-46)和李亚科(桃)(图2-47)。

图 2-44 珍珠梅

图 2-45 苹果

图 2-46 草莓

图 2-47 桃

表 2-5　蔷薇科四个亚科的主要区别

科	锈线菊亚科	蔷薇亚科	李亚科	苹果亚科
托叶	无	发达	有	有
心皮	5	∞	1	2～5
子房	子房上位	子房上位	子房半下位	子房下位
花托	花托浅盘状	花托隆起成头状或凹下成袋状	花托凹陷	花托深凹，参与果实形成
果	聚合蓇葖果，稀蒴果	瘦果、小核果	核果	梨果

(12)含羞草科(Mimosaceae)。主要特征：多为木本；一或二回羽状复叶；花辐射对称；花瓣镊合状排列；雄蕊常多数；荚果。如含羞草(*Mimosa pudica*)(图 2-48)、合欢(*Albizzia julibrissin*)等。

(13)云实科(Caesalpiniaceae)。主要特征：多为木本；通常为偶数羽状复叶；花两性，两侧对称；萼片 5；花瓣 5，常成上升覆瓦状排列；荚果。如紫荆(*Cercis chinensis*)、皂荚(*Gleditsia sinensis*)(图 2-49)等。

图 2-48　含羞草

图 2-49　皂荚

(14)蝶形花科(Fabaceae)。主要特征：草本、灌木或乔木；根具根瘤；羽状复叶或三出复叶；花两性，两侧对称；萼片 5，常合生；花瓣 5，形成蝶形花冠；二体雄蕊；荚果。如豌豆(*Pisum sativum*)、槐(*Sophora japonica*)、大豆(*Glycine max*)(图 2-50)等。

(15)杨柳科(Salicaceae)。主要特征：落叶乔木或灌木；单叶互生，具托叶；花单性，雌雄异株，柔荑花序；无花被，有蜜腺，侧膜胎座；蒴果。如山杨(*Populus davidiana*)、垂柳(*Salix babylonica*)、小叶杨(*Populus simonii*)(图 2-51)等。

图 2-50　大豆

图 2-51　小叶杨

(16)壳斗科(Fagaceae)。主要特征：木本；单叶互生；羽状脉直达叶缘；雌雄同株，无花瓣；雄花柔荑花序；子房下位，3～7 室；坚果。如蒙古栎(*Quercus monolica*)、白栎(*Quercus fabric*)(图 2-52)、板栗(*Castanea mollissima*)(图 2-53)等。

图 2-52　白栎

图 2-53　板栗

(17)桦木科(Betulaceae)。主要特征：落叶木本；单叶互生，羽状脉；雌雄同株；柔荑花序下垂，无花被；子房下位，2 室；坚果。如白桦(*Betula platyphylla*)、水科瓜(*Alnus sibirica*)、川榛(*Corylus heterophylla*)(图 2-54)等。

图 2-54　川榛

(18)榆科(Ulmaceae)。主要特征：木本；单叶互生；花小，单被；翅果、核果或有翅坚果。如榆(*Ulmus pumilacv*)(图 2-55)、朴树(*Cellis sinensis*)(图 2-56)。

图 2-55　榆

图 2-56　朴树

(19)桑科(Moraceae)。主要特征：木本，常有乳汁；单叶互生；花小、单性，聚成各种花序；单被花，4 基数；坚果、核果聚合为各式聚花果。如桑(*Morus alba*)(图 2-57)、无花果(*Ficus carica*)、木菠萝(*Artocarpus heterophyllus*)。

(20)芸香科(Rutaceae)。主要特征：多为乔木、灌木；有芳香的油腺；叶为复叶或单生复叶；花多两性，子房上位，外轮雄蕊常和花瓣对生；果常为蒴果、柑果和蓇葖果。如黄檗(*Phellodendron amurense*)、野花椒(*Zanthoxylum simulans*)、橘(*Citrus reticulata*)、橙(*Citrus sinensis*)(图 2-58)、柠檬(*Citrus limon*)。

图 2-57　桑

图 2-58　橙

(21)槭树科(Aceraceae)。主要特征：木本；单叶或复叶，对生，无托叶；花两性或单性，辐射对称；子房上位，2 室；双翅果。如色木槭(*Acer mono*)、鸡爪槭(*Acer palmatum*)(图 2-59)等。

(22)胡桃科(Juglandaceae)。主要特征：落叶乔木；奇数羽状复叶；花单性；雌雄同株，花成柔荑花序；子房下位，1 室；坚果核果状或具翅。如胡桃(*Juglans regia*)(图 2-60)、山核桃(*Carya cathayensis*)、枫杨(*Pterocarya stenoptera*)。

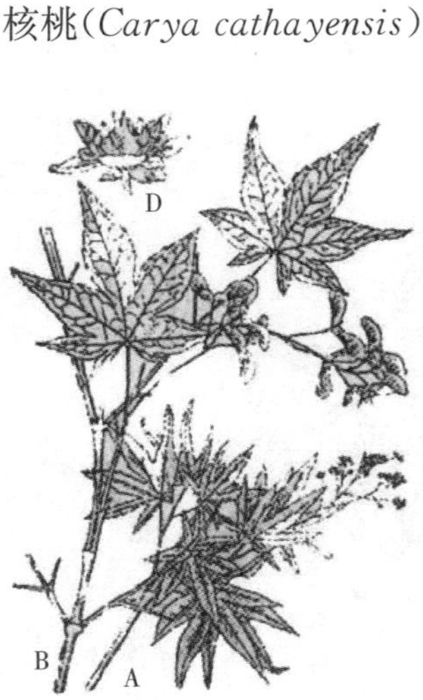

图 2-59　鸡爪槭

图 2-60　胡桃

(23)椴树科(Tiliaceae)。主要特征：乔木或灌木，稀草本；常具星状毛或簇生短柔毛；茎皮富含纤维；单叶互生，稀对生；花两性，整齐，5 基数；子房上位；蒴果、核果状果或浆果。如紫椴(*Tilia anurensis*)、华东椴(*Tilia japonica*)(图 2-61)等。

(24)五加科(Araliaceae)。主要特征：多为木本；通常为掌状复叶或羽状复叶；花两性，稀单性，辐射对称，单伞形花序，5 基数；子房下位，每室 1 胚珠；常为浆果。如人参(*Panax ginseng*)、五加(*Acanthopanax gracilistylus*)(图 2-62)。

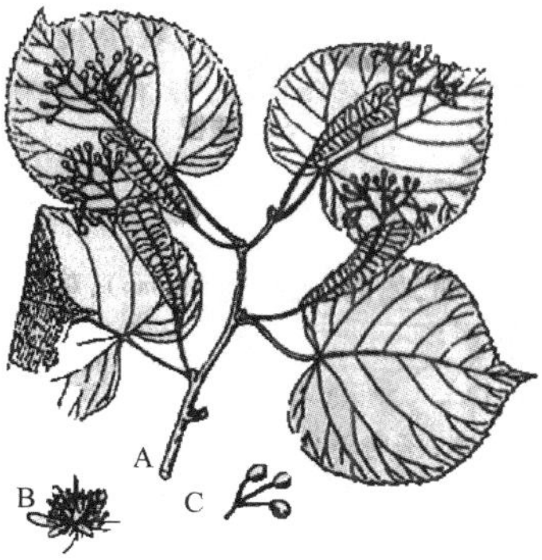

图 2-61　华东椴

A. 花枝；B. 花的全形；C. 雄蕊

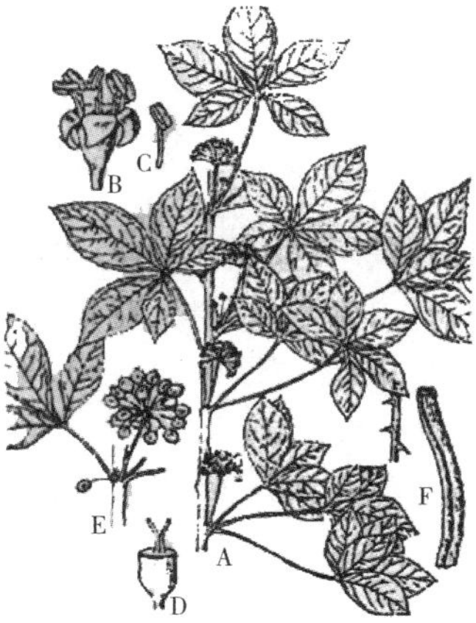

图 2-62　五加

A. 花枝；B. 花的全形；C. 雄蕊；D. 雌蕊；E. 果枝；F. 树皮

(25)伞形科(Umbelliferae)。主要特征：草本，具分泌腔，常含芳香油；叶互生，通常为复叶，叶柄基部膨大，常呈鞘状；通常为复伞形花序，5 基数；子房下位；双悬果。如毒芹(*Cicuta virosa*)、胡萝卜(*Daucus carota*)(图 2-63)、茴香(*Foeniculum vulgare*)等。

(26)杜鹃花科(Ericaceae)。主要特征：常为灌木；单叶互生；花两性，常为辐射对称；花冠常整齐；中轴胎座；子房上位，胚珠多数；多为蒴果。如牛皮杜鹃(*Rhododendron chrysanthum*)(图 2-64)、羊踯躅(*Rhododendron molle*)等。

图 2-63　胡萝卜

图 2-64　牛皮杜鹃

(27)木樨科(Oleaceae)。主要特征：乔木或灌木；单叶或复叶，对生，无托叶；花通常两性，整齐；花被常 4 裂；雄蕊 2；子房上位，2 室；浆果、核果或翅果。如连翘(*Forsythia suspensa*)、水曲柳(*Fraxinus mandshurica*)、女贞(*Ligustrun lucidum*)(图 2-65)等。

(28)茜草科(Rubiaceae)。主要特征：叶对生，全缘，具托叶；花整齐，4 或 5 基数；子房下位，2 室；浆果、核果或翅果。如猪殃殃(*Galium aparine*)、栀子(*Gardenia jasminoides*)(图 2-66)等。

图 2-65　女贞

A. 花枝；B. 果枝；C. 花；D. 雄蕊；E. 雌蕊；F. 种子

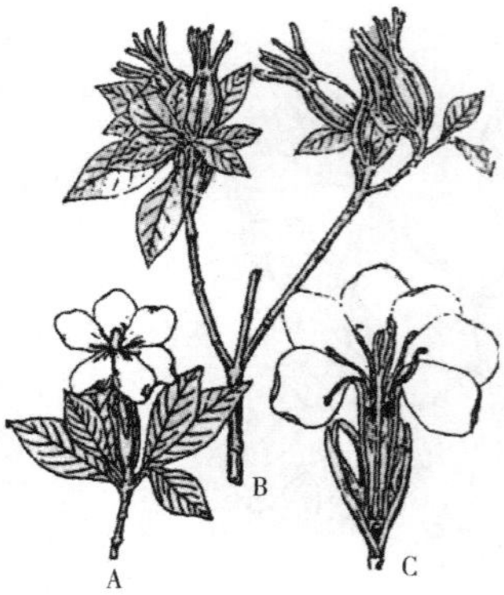

图 2-66　栀子

A. 花枝；B. 果枝；C. 花

(29)忍冬科(Caprifoliaceae)。主要特征：木本，稀草本；叶对生，单叶或复叶，无托叶；花两性，5 基数；聚伞花序；花冠常覆瓦状排列；子房下位，常 3 室；浆果、核果或蒴果。如蓝锭果忍冬(*Lonicera caeurulea*)、接骨木(*Sambucus williamsii*)、忍冬(*Lonicera japonica*)(图 2-67)等。

(30)龙胆科(Gentianaceae)。主要特征：常草本；单叶对生；花两性，整齐，具腺体或腺窝；心皮 2，1～2 室，胚珠多数；蒴果，如龙胆(*Gentiana scabra*)(图 2-68)等。

图 2-67　忍冬

图 2-68　龙胆

(31)唇形科(Labiatae)。主要特征：常为草本，植株常含挥发性芳香油；茎通常四棱形；叶对生，无托叶；轮伞花序；花两性，两侧对称；唇形花冠；雄蕊为两强雄蕊或2枚；子房上位，四分子房；小坚果。如益母草（*Leonurus sibiricus*）（图2-69）、藿香（*Agastache rugosus*）、丹参（*Salvia miltiorrhiza*）。

（32）茄科（Solanaceae）。主要特征：木本或草本，具双韧维管束；单叶互生；花两性，整齐，5基数；花冠折扇状；浆果或蒴果。如茄（*Solanum melongena*）、龙葵（*Solanum nigrum*）、枸杞（*Lycium chinensis*）、马铃薯（*Solanum tuberosum*）（图2-70）、辣椒（*Capsicum annum*）。

图2-69　益母草

图2-70　马铃薯

（33）菊科（Compositae）。主要特征：常为草本；叶互生、对生；无限头状花序，有总苞；合瓣花冠；聚药雄蕊；子房下位，1室，1胚珠；连萼瘦果，屡有冠毛。如向日葵（*Helianthus annuus*）（图2-71）、蒲公英（*Taraxacum mongolicum*）和菊花（*Dendranthema morifolium*）等。

（34）锦葵科（Malvaceae）。主要特征：木本或草本；茎皮纤维发达，具黏液；单叶互生；花常两性，辐射对称；萼片5；单体雄蕊；子房上位；中轴胎座；蒴果或分果。如陆地棉（*Gossypium hirsutum*）（图2-72）、木槿（*Hibiscus syriacus*）等。

图2-71　向日葵

图2-72　陆地棉

（35）葡萄科（Vitaceae）。主要特征：木质或草质藤本，具茎卷须；单叶或复叶，互生；花两性，辐射对称，花序聚伞状或圆锥花序；子房上位，2室；中轴胎座；浆果。

如葡萄(*Vitis vinifera*)、爬山虎(*Parthenocissus tricuspidata*)(图 2-73)等。

(36)玄参科(Scrophulariaceae)。主要特征：常为草本，具双韧维管束；花两性，常两侧对称；花冠合瓣，二唇形；雄蕊 4，2 强；子房上位，2 室；中轴胎座；蒴果。如地黄(*Rehmannia glutinosa*)(图 2-74)等。

图 2-73　爬山虎

图 2-74　地黄

2)单子叶植物纲(Monocotyledoneae)

(1)天南星科(Araceae)。主要特征：草本，常具草酸钙结晶；具根状茎或块茎；叶基生，或茎生叶互生，单叶或复叶，网状脉；花小，两性或单性，肉穗花序，花序外或下具有 1 片佛焰苞；雄蕊 4 或 6；雌蕊由 3 心皮组成；子房上位，1 至多室；常为浆果。如半夏(*Pinellia ternata*)(图 2-75)、马蹄莲(*Zantedeschia aethiopica*)、龟背竹(*Monstera deliciosa*)。

(2)莎草科(Cyperaceae)。主要特征：秆三棱形，实心，无节，由封闭的叶鞘；叶 3 裂；雄蕊 3；子房 1 室，1 胚珠；坚果。如香附子(*Cyperus rotundus*)(图 2-76)、水葱(*Scirpus validus*)、荸荠(*Eleocharis dulcis*)。

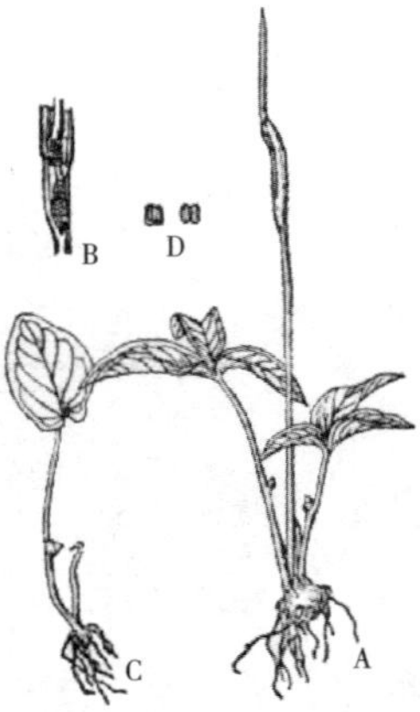

图 2-75　半夏

A. 植株；B. 佛焰苞剖开后，示佛焰花序上的雄蕊(上)和雌花(下)；C. 幼块茎及幼叶；D. 雄蕊

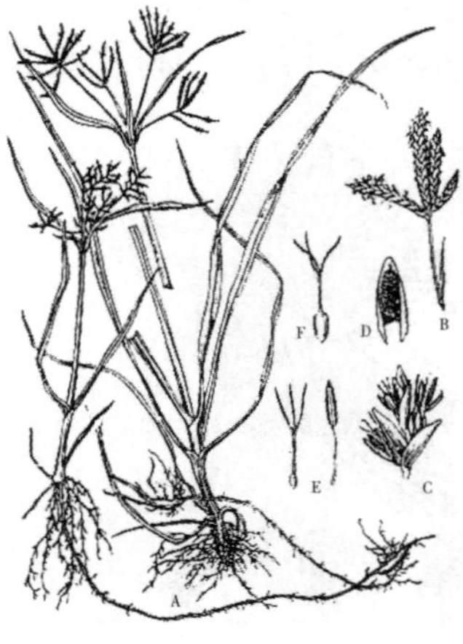

图 2-76　香附子

A. 植株；B. 穗状花序；C. 小穗顶端的一部分，示鳞片内发育的两性花；D. 鳞片正面观；E. 雌蕊及雄蕊；F. 未成熟的果实

(3)禾本科(Poaceae)。主要特征：茎圆柱形，中空，有节，叶2裂，叶鞘开裂，常有叶舌、叶耳；在子房基部具内外稃；雄蕊通常3；雌蕊1，由2～3心皮构成；子房上位，1室，1胚珠；颖果。如稻(*Oryza sativa*)、玉蜀黍(*Zea mays*)(图2-77)、小麦(*Triticum aestivum*)、大麦(*Hordeum vulgare*)等。

图2-77 玉蜀黍

A. 开花的植株；B. 雄花(2朵)；C. 雌花；D. 果序

(4)百合科(Liliaceae)。主要特征：通常为草本；较原始的种类具根状茎，多数种类具鳞茎；叶通常为单叶，互生或基生；通常为风媒花，花大而显著，总状花序或伞形花序；花两性，辐射对称；花3基数，花被花瓣状；子房上位；中轴胎座；蒴果或浆果。如百合(*Lilium brownii* var. *viridulum*)(图2-78)、葱(*Allium fistulosum*)(图2-79)等。

图2-78 百合

A. 植株；B. 雄蕊和雌蕊

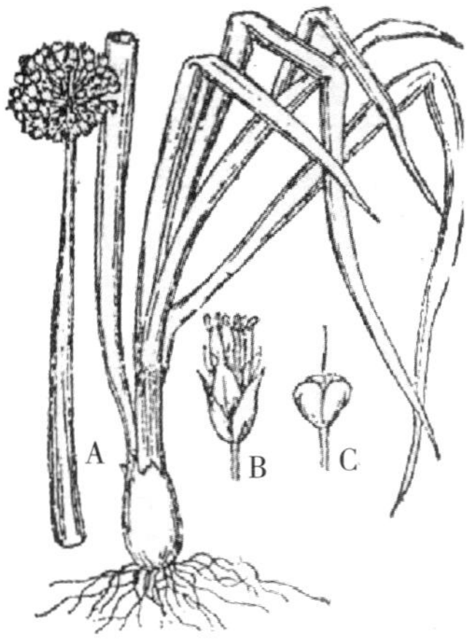

图2-79 葱

A. 植株；B. 花；C. 果实

(5)兰科(Orchidaceae)。主要特征：多年生草本；有陆生、附生和腐生三种类型；花常大而美丽，两侧对称；花被2轮，内轮中央的1片特化为唇瓣；花粉结合成花粉块；雄蕊和花柱结合成合蕊柱；子房下位；侧膜胎座。如天麻(*Gastrodia elata* Blume)(图2-80)、建兰(*Cymbidium ensifolium*)、春兰(*Cymbidium goeringii*)。

(6)棕榈科(Palmae)。主要特征：木本；茎不分枝；叶常绿，互生，大型掌状裂或羽状复叶；肉穗花序；花小，通常呈淡绿色；两性或单性；雄蕊6；子房上位；浆果、核果或坚果。如棕榈(*Trachycarpus fortunei*)(图2-81)、椰子(*Cocos nucifera*)等。

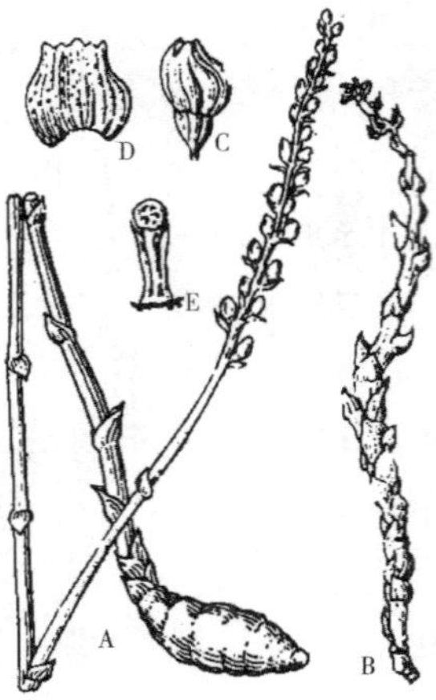

图 2-80　天麻

A. 植株；B. 地上茎；C. 花；D. 内花被；E. 蕊柱

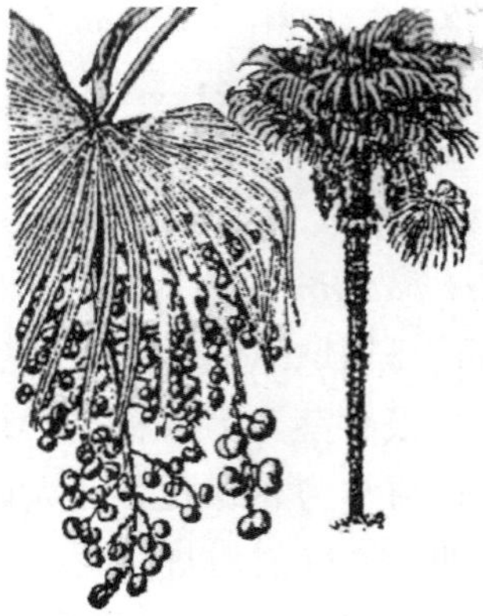

图 2-81　棕榈

三、动物界

动物具有真正的细胞核，有核膜、核仁、线粒体及其他细胞器的分化，无质体和细胞壁。一般来说，动物都能积极主动地运动，只有少数种类营固着生活。动物获取营养的典型方法是主动摄食，隶属于异养生物。现存动物依据结构水平的不同，可分为两个亚界：原生动物亚界（*Subkingdom Protozoa*）和后生动物亚界（*Subkingdom Metazoa*）。原生动物亚界主要有原生动物门；后生动物亚界根据动物体型、卵裂方式、胚层数量等的不同，主要分为十个门（表 2-6）。

表 2-6　后生动物亚界分门

各门的名称	代表动物
海绵动物门	穿贝海绵
腔肠动物门	水螅
扁形动物门	直口涡虫
线形动物门	铁线虫
环节动物门	水丝蚓
软体动物门	河蚌
节肢动物门	蜻蜓
棘皮动物门	海燕
半索动物门	柱头虫
脊索动物门	金龟

1. 原生动物门（Protozoa）

（1）主要特征。原生动物是动物界最原始、最低等、最微小、最简单的单细胞动物，生理活动是由各种细胞器官来执行和完成的；群体各个细胞在形态和功能上一般是无分化的，具有营养和生殖功能，并且保持着较大的独立性，能脱离群体后继续生活；具有无性生殖（如二分裂、孢子生殖等）和有性生殖（配子生殖和接合生殖）两种生殖方式。

（2）地理分布。原生动物分布较广，海洋、湖泊、池塘、土壤、小溪以及沼泽中均有分布。另有不少原生动物生活于其他动物体内或体表，形成共栖、共生或寄生的关系。

(3)代表种类。原生动物现存约 30000 种。根据运动器官的不同，可以划分为四个纲：鞭毛纲(Mastigophora)(图 2-82)、肉足纲(Sarcodina)、孢子纲(Sporozoa)和纤毛纲(Ciliata)。

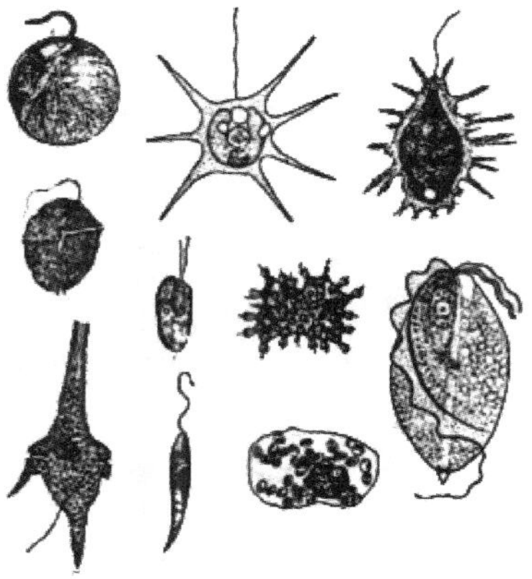

图 2-82　鞭毛纲代表动物

(4)在生物界中的地位。原生动物在污水的生物处理方面具有十分重要的作用，如可以利用原生动物消除有机废物、有害细菌以及对有机废水进行絮状沉淀等。由于原生动物具有取材容易、培养方便、生命周期短、容易观察等优点，因而很早就用作生命科学领域各学科的重要研究材料。更为重要的是，原生动物同时也是真核细胞细胞器起源研究中的重要材料。

2. 海绵动物门(Spongia)

(1)一般特征。海绵动物是最原始、最低等的多细胞动物。体制不对称或辐射对称；细胞无组织分化；身体由皮层和胃层两层细胞构成，皮层是单层扁平细胞，胃层由领鞭毛细胞构成；胚胎发育有逆转现象；具有独特的水沟系统；无神经系统；海绵动物无消化腔，只有细胞内消化，无细胞外消化；具有无性生殖(出芽生殖和芽球生殖)和有性生殖(配子生殖)两种生殖方式(图 2-83)。

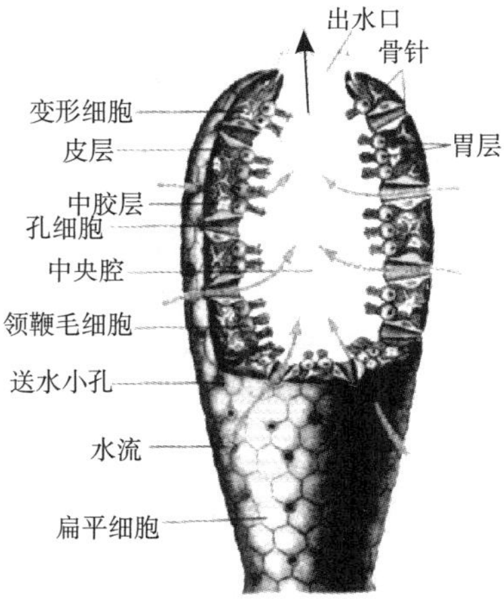

图 2-83　海绵动物的基本结构

(2)地理分布。海绵大多生活在海洋中，少数生活在淡水中，皆营固着生活；分布较广，从赤道至两极不同深度的海洋中均有海绵动物分布，某些种类可生活于半咸水环境中。

(3)代表种类。迄今已知海绵动物有5000余种，其中150余种生活在淡水里。根据海绵动物骨针的质地和形状、水沟系统的类型，其可分为三个纲：钙质海绵纲、六放海绵纲和寻常海绵纲。常见类型为各种海绵(图2-84)。

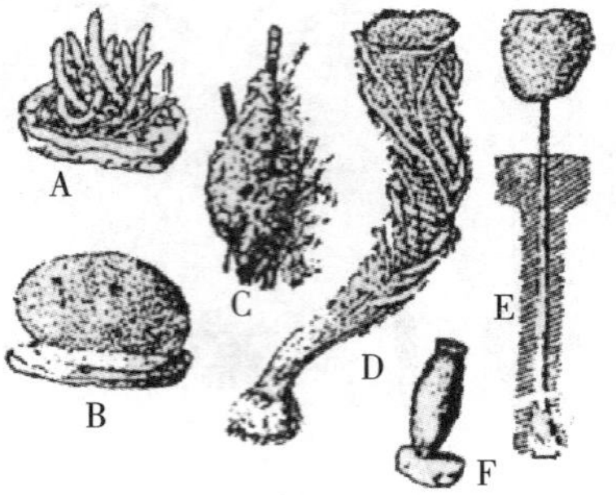

图2-84　各种海绵

A. 白枝海绵在木块上；B. 浴海绵在木片上；C. 淡水海绵在木柱上；D. 偕老同穴；E. 佛子介；F. 樽海绵

(4)在生物界中的地位。海绵动物为多细胞动物，具有独特的水沟系统。此外，海绵动物的胚胎发育等方面与其他多细胞动物显著不同，一般认为海绵动物是多细胞动物进化中的一个侧支。

3. 腔肠动物门(Coelenterata)

(1)一般特征。腔肠动物的体制是辐射对称；身体具有两层细胞；体壁由内、外两胚层组成，内胚层围成的腔为原始消化腔，称为腔肠；有刺细胞；具神经细胞和网状神经系统；身体能够自由运动；消化腔只有一个开口；腔肠动物的无性生殖通常是出芽生殖；有性生殖是雌雄异体，少数为雌雄同体(图2-85)。

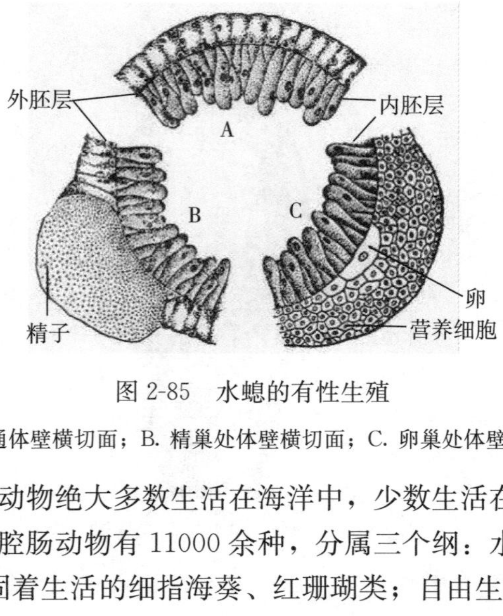

图2-85　水螅的有性生殖

A. 普通体壁横切面；B. 精巢处体壁横切面；C. 卵巢处体壁横切面

(2)地理分布。腔肠动物绝大多数生活在海洋中，少数生活在淡水中。

(3)代表种类。现存腔肠动物有11000余种，分属三个纲：水螅纲、钵水母纲和珊瑚纲。常见的种类，如营固着生活的细指海葵、红珊瑚类；自由生活的海蜇(图2-86)。

海葵　　红珊瑚类　　海蜇

图 2-86　常见的腔肠动物

(4)在生物界中的地位。腔肠动物身体出现了固定的辐射对称或两侧辐射对称体制；具有两个胚层；并出现了组织分化和简单的器官。因此，认为腔肠动物是多细胞进化中的一个侧支，并为最原始的一类。

4. *扁形动物门*(Platyhelminthes)

(1)一般特征。扁形动物是原始低等的蠕虫类，身体背腹扁平，不分节，两侧对称，三胚层；体壁由表皮和肌肉层共同形成皮肌囊结构；消化管与体壁间为实质；身体出现了器官、系统，消化管有口无肛门，无体腔；神经系统为梯状神经系统，具多种感觉器官；排泄系统为原肾型；营自由生活或寄生生活(图 2-87)。

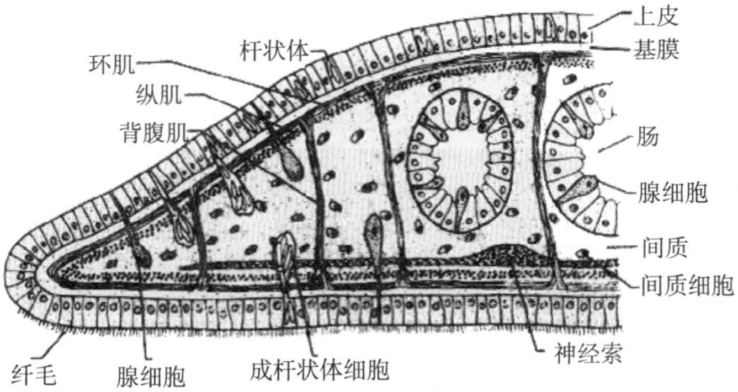

图 2-87　涡虫的体壁结构

(2)地理分布。扁形动物中自由生活的种类广泛分布于海洋和淡水中，其中少数在陆地上的潮湿土壤中生活。大多数扁形动物是寄生生活的种类，有的寄生于寄主的体表，有的寄生在寄主体内。

(3)代表种类。已知全世界的扁形动物约有 12000 种，中国目前发现近 1000 种。可分为三个纲：涡虫纲(Turbellaria)、吸虫纲(Trematoda)和绦虫纲(Cestoidea)。常见的扁形动物有涡虫、血吸虫、绦虫(图 2-88)。

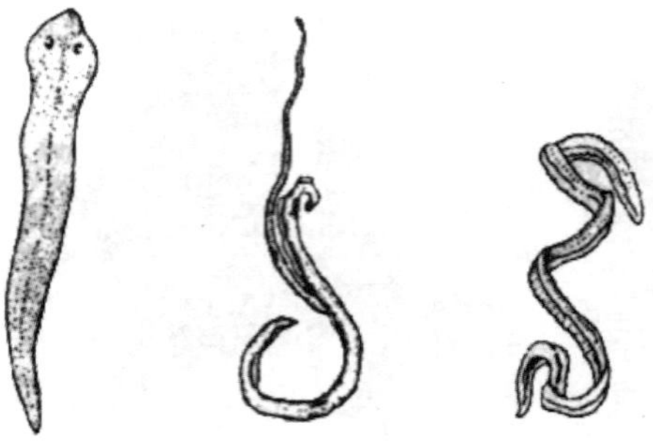

图 2-88 常见的扁形动物

(4)在生物界中的地位。扁形动物的身体开始成为两侧对称的体制，具有外胚层、内胚层和中胚层三个胚层；在体壁和消化管间无体腔；身体出现了器官、系统。扁形动物是动物进化中的一个新阶段。

5. 线形动物门(Nemathelminthes)

(1)一般特征。线形动物为假体腔动物，可自由运动；一般体细长而圆，两端稍尖，两侧对称；体不分节，外包一层半透明的角质膜；身体可自由运动；体腔内出现简单的流动循环和有口、有肛门的完全消化道；多为雌雄异体(图 2-89)。

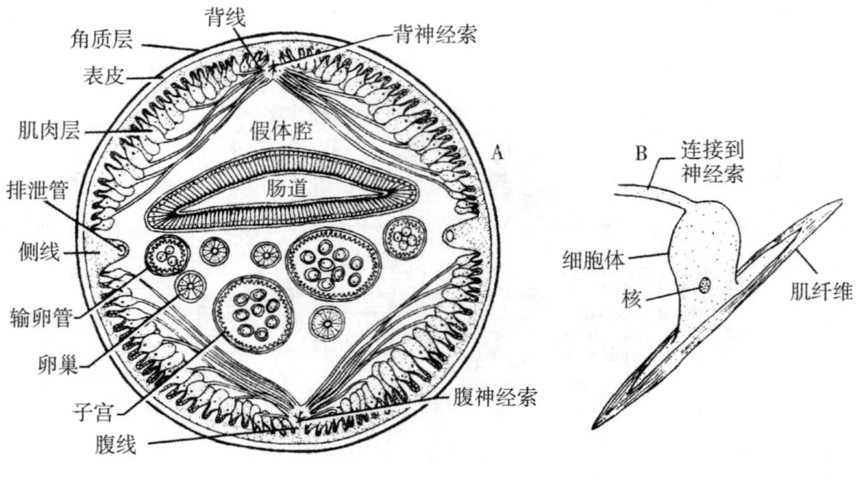

图 2-89 线虫的横切(A)及肌细胞(B)

(2)地理分布。线形动物是假体腔动物中种类最多的一个门，生活在淡水、海水和土壤中，且数量巨大；该门许多动物寄生于动物、植物体内。

(3)代表种类。线形动物是假体腔动物中种类最多的一类，已记录的约有 15000 种，主要分为线虫纲(Nematoda)、轮虫纲(Rotifera)、腹毛纲(Gastratricha)、线形纲(Nematomorpha)。常见的线形动物有铁线虫、蛔虫(图 2-90)。

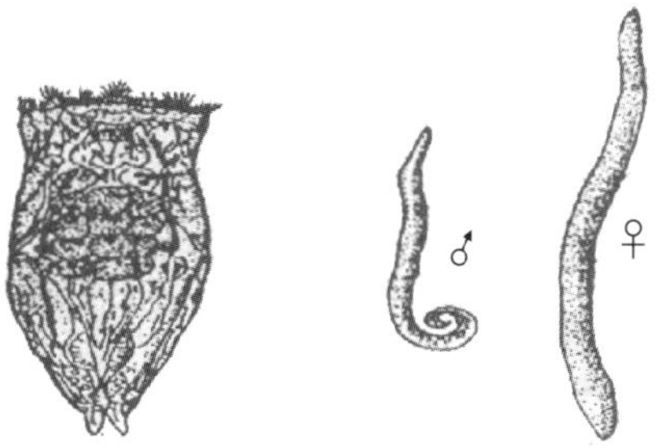

图 2-90　常见的线形动物

(4)在生物界中的地位。线形动物具有假体腔，因而被认为是动物进化中最早出现的一种体腔类型。

6. 环节动物门(Annelida)

(1)一般特征。环节动物身体两侧对称；具有 3 个胚层；具发达的真体腔和闭管式的循环系统(图 2-91)；身体除头部外各体节相同(同律分节)；同时体壁向外延伸成扁平的疣足和刚毛；身体腹部神经系统链状，每体节有一个神经节；雌雄同体或异体；间接发育的种类均有担轮幼虫期。

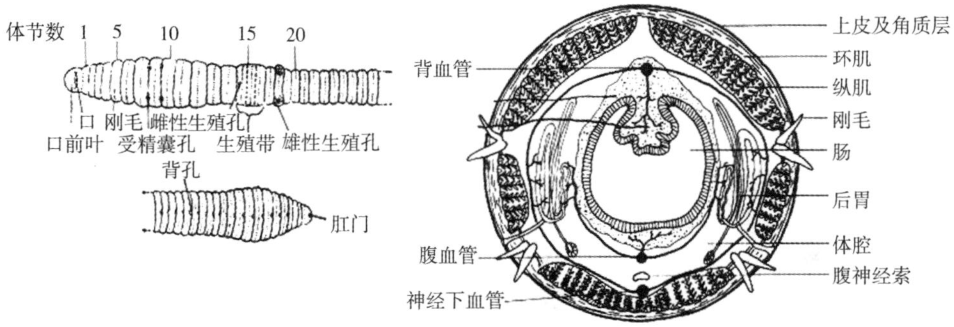

图 2-91　环节动物的体腔

(2)地理分布。环节动物在海水、淡水、潮湿的土壤上均有分布。

(3)代表种类。环节动物约有 9000 种，分为多毛纲、寡毛纲、蛭纲和蠕纲等四个纲。常见的种类有蚯蚓、沙蚕、蛭类(图 2-92)等。

(4)在生物界中的地位。环节动物身体出现原始分节；普遍具有发达的真体腔和闭管式的循环系统；身体出现扁平状的疣足。这些均表明环节动物是介于软体动物和节肢动物之间的一个过渡类群。

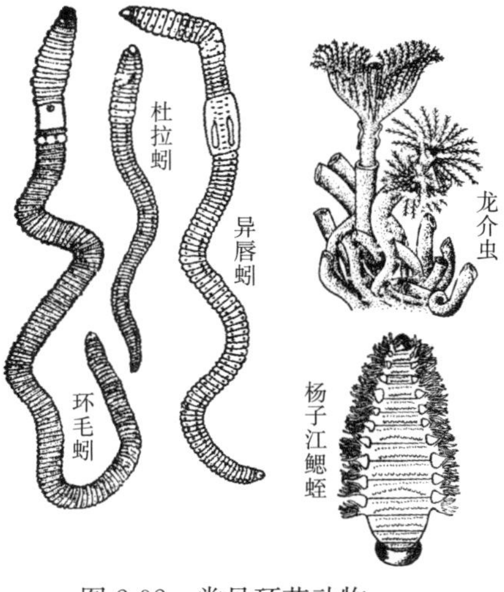

图 2-92　常见环节动物

7. 软体动物门(Mollusca)

(1)一般特征。软体动物是动物界的第二大门类，已知种类 115000 种，仅次于节肢动物门。软体动物身体柔软；不分节；两侧对称；一般分为头、足和内脏团三部分，并常有外套膜分泌的石灰质贝壳；软体动物的消化管发达，少数寄生种类退化；具有三胚层和真体腔；软体动物的次生体腔极度退化，仅留围心腔、生殖腺及排泄器官的内腔；排泄系统为后肾型；出现了循环系统和呼吸器官；间接发育的软体动物有担轮幼虫期。

(2)地理分布。软体动物大都栖于海水、淡水和潮湿的陆地中，少数种类营寄生生活。

(3)代表种类。世界上已发现的软体动物约有 115000 种。根据身体结构的不同，分为七个纲：单板纲(Monoplacophora)、多板纲(Ployplacophora)、无板纲(Aplacophora)、腹足纲(Gastropoda)、瓣鳃纲(Lamellibranchia)、掘足纲(Scaphopoda)和头足纲(Cephalopoda)等。常见的软体动物有腹足纲的红螺、蜗牛，瓣鳃纲的河蚌、牡蛎，头足纲的章鱼、乌贼(图 2-93)、角贝等。

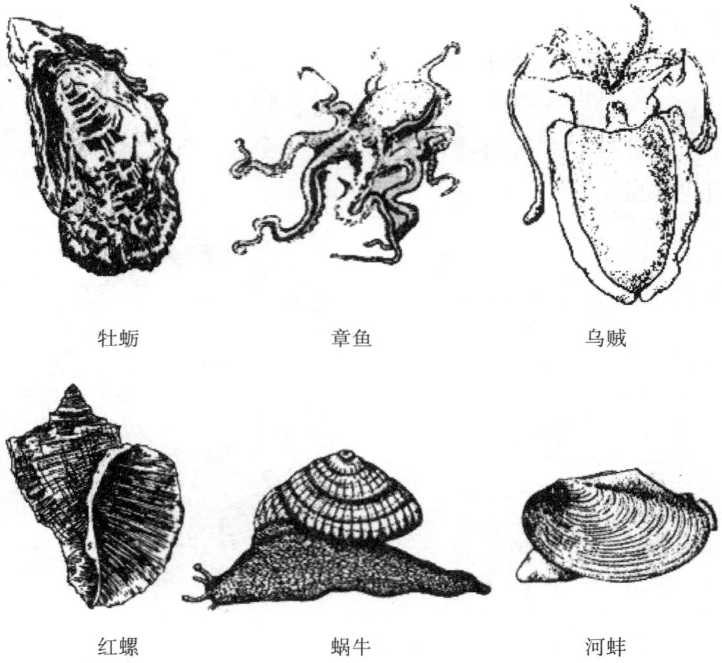

图 2-93　常见的几种软体动物

(4)在生物界中的地位。软体动物是重要的真体腔动物，隶属于原口动物，出现了所有的器官、系统，而且均较发达，所有在海洋中生活的软体动物都有担轮幼虫期。

8. 节肢动物门(Arthropoda)

(1)一般特征。节肢动物是动物界中的第一大门，已知种类约有 1000000 种。身体分节(异律分节)；左右对称；一般可分为头、胸、腹三部分，也有头、胸愈合为头胸部的；附肢成对而且分节；体表具几丁质壳；生长过程中有蜕皮现象。

(2)地理分布。分布极其广泛，在海水、淡水、高山、极地、空中以及土壤中均能找到。

(3)代表种类。根据其异律分节、附肢、呼吸和排泄器官的情况，现存的节肢动物可被划分为三亚门七纲。

有鳃亚门(Branchiata)：绝大多数水生，用鳃呼吸，触角 1～2 对，分为三叶虫纲

(Trilobita)和甲壳纲(Crustacea)。

有螯亚门(Chelicerata)：头胸愈合，无触角，附肢 6 对，1 对螯，分为肢口纲(Merostomata)、蛛形纲(Arachnida)(图 2-94)和海蜘蛛纲(Pantopoda)。

气管亚门(Tracheata)：用气管呼吸，触角 1 对，附肢单肢型，主要分为原气管纲(Prototracheata)、多足纲(Myriapoda)和昆虫纲(Insecta)。

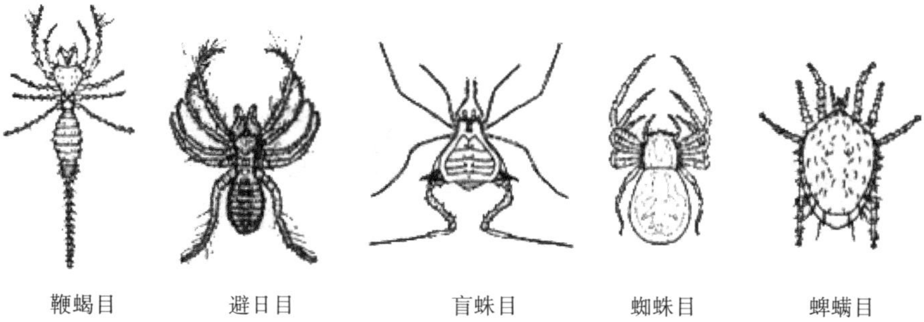

图 2-94　蛛形纲几个代表目

(4)在生物界中的地位。节肢动物身体异律分节；具有带关节的附肢；具混合体腔和开关式循环系统；有几丁质外骨骼；某些种类具有对陆生生活的高度适应；是原口动物中最进化的一个类群。

9. 棘皮动物门(Echinodermata)

(1)一般特征。棘皮动物是最高等的构造特殊而全部海生的无脊椎动物。棘皮动物的成体全部是五辐射对称，即沿身体的中轴可以分成五个相等的部分；幼体两侧对称；体表有棘状突起，具有中胚层形成的内骨骼；真体腔发达；具有特殊的水管系统；神经系统和感觉器官不发达；雌雄异体；个体发育过程中有多种幼虫：羽腕幼虫、短腕幼虫、海胆幼虫、蛇尾幼虫、樽形幼虫、耳状幼虫、五触手幼虫等。

(2)地理分布。棘皮动物全部营海洋底栖生活，广泛分布在从浅海到数千米的深海中。

(3)代表种类。已知现存的棘皮动物约有 6000 种，化石种类多达 20000 多种，包括海星纲、海胆纲、海蛇尾纲、海参纲和海百合纲。常见的有海星类、海胆类、海参类等(图 2-95)。

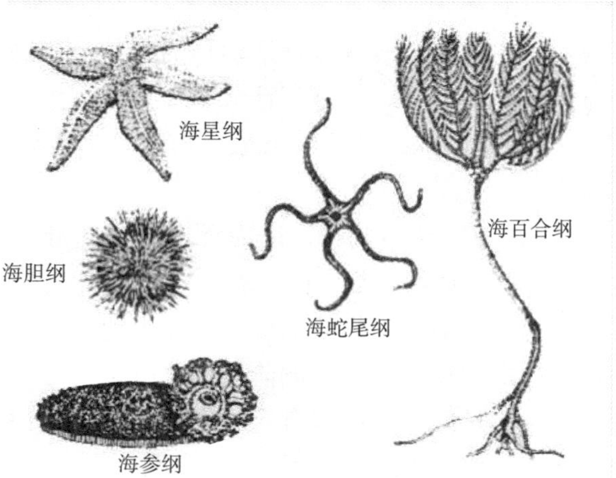

图 2-95　常见的棘皮动物

(4)在生物界中的地位。棘皮动物是辐射型卵裂，具有中胚层起源的钙化骨片形成的内骨骼，是最原始的后口动物。

10. 半索动物门(Hemichordata)

(1)一般特征。半索动物全部海生；身体呈蠕虫状；消化管具有鳃裂，直通于体外；具有腹神经索；开放式循环系统；肛门位于身体末端。

(2)地理分布。半索动物分布在浅海和潮间带，多穴居在泥沙中。

(3)代表种类。半索动物是动物界中很少的一类，全世界约 50 种。常见的种类如柱头虫(*Balanoglossus gigas*)。

(4)在生物界中的地位。从胚胎发育和具有鳃裂来看，半索动物与棘皮动物和脊索动物相似，说明它们有着某种亲缘关系关系。但半索动物还有无脊椎动物的特征，因此现在多数动物学家将半索动物类划为无脊椎动物中的一门。

11. 脊索动物门(Chordata)

(1)一般特征。脊索动物门是动物界中最高级的一个门，结构复杂，形态多样，适应各种生活环境，其共同特点是：具有脊索、背神经管和鳃裂。

(2)地理分布。动物界中大约有 5%的动物隶属于脊索动物门，分布极其广泛，在海水、淡水、高山中均能找到。

(3)代表种类。已知现存的脊索动物有 70000 多种，分为三个亚门，即尾索动物亚门(Urochordata)〔如海鞘(*Styela clava*)〕、头索动物亚门(Cephalochordata)(如文昌鱼)和脊椎动物亚门(Vertebrate)(如青蛙、家鸽等)。

(4)在生物界中的地位。脊索动物是动物界所有门类中最高等的一门动物，包括尾索动物、头索动物和脊椎动物。脊椎动物即是“神经系统获得最充分发展”的动物，并由此最后演化出具有意识的人，其是由无脊椎动物演化而来的，与棘皮动物和半索动物具有共同的祖先。由于脊椎动物亚门和人类的关系极为密切，并且极为重要，因此将重点讨论其相关问题。

脊索动物起源有两个假说。

环节动物假说(annelid hypothesis)，认为脊索动物起源于环节动物。理由：两类动物都是两侧对称和分节的，都有分节的排泄器官和发达的体腔，都是密闭式的循环系统。如果把环节动物背腹倒置，则腹神经索就和脊索动物的背神经管的位置一样，心脏的位置以及血流的方向也与脊索动物相同。但是，环节动物背腹倒置以后，口在背侧，脑在腹侧，这些位置显然与环节动物不同；而且，脊索、鳃裂以及胚胎发育等方面存在差异。目前，该假说已被大部分学者遗弃。

棘皮动物假说(echinoderm hypothesis)，认为脊索动物起源于棘皮动物。理由：棘皮动物的胚胎发育过程属于后口动物，且以体腔囊法形成体腔，与脊索动物相同。此外，棘皮动物的幼体——短腕幼虫和半索动物的幼体——柱头幼虫在形态结构上相似，半索动物是处于无脊椎动物与脊索动物之间的过渡阶段。生物化学方面的研究也证明棘皮动物和半索动物有较近的亲缘关系，其肌肉都含有精氨酸和肌酸，而其他无脊椎动物仅含有精氨酸，脊索动物仅含有肌酸。大部分学者认可该假说。

脊椎动物是脊索动物门中的一个亚门，与其他两个亚门动物具有共性，即在胚胎发育早期出现脊索、背神经管和腮裂，但它又是结构最复杂、进化最高等的一个亚门。已知最早的脊椎动物是无颌类，化石出现在5亿年前美洲和亚洲的海洋沉积中，其中最早的种类是牙形石动物。现在人们一致认为它属于脊索动物，并在系统分支系统中将它与无颌类现存的盲鳗联系起来，为确立脊椎动物的起源提供了极为有用的证据。

(1)圆口纲(Cyclostomata)的一般特征为：它是最原始的无颌脊椎动物；身体鳗形；无上下颌；无成对附肢；具裸露的、黏液腺发达的皮肤；背神经管分化为脑和脊髓，但脑的分化程度较低；有不完整的头骨，头部有集中的嗅、视、听感觉器官；脊索终生存在，有雏形的脊椎骨；原始肌节；营寄生或半寄生生活(图2-96)。本纲动物生活于海水或淡水中，营寄生或半寄生生活；有些种类具有洄游生殖习性。现存的圆口纲动物大约有75种，分为2个目，即盲鳗目(*Myxiniformes*)和七鳃鳗目(*Petromyzoniformes*)。圆口纲是现存脊椎动物中最低等、最原始的一个纲，是由原始有头类发展出的一支无上下颌的无颌类。最早的脊椎动物化石发现于寒武纪晚期，约5.1亿年前，生活于淡水中，被称为甲胄鱼类。基于甲胄鱼特征，推测甲胄鱼类是有一定游泳能力的底栖动物，与圆口类有许多共同特点，它们可能具有共同的祖先。甲胄鱼类经历了奥陶纪、志留纪、泥盆纪时期，繁盛了约1.5亿年，最终在泥盆纪绝灭。

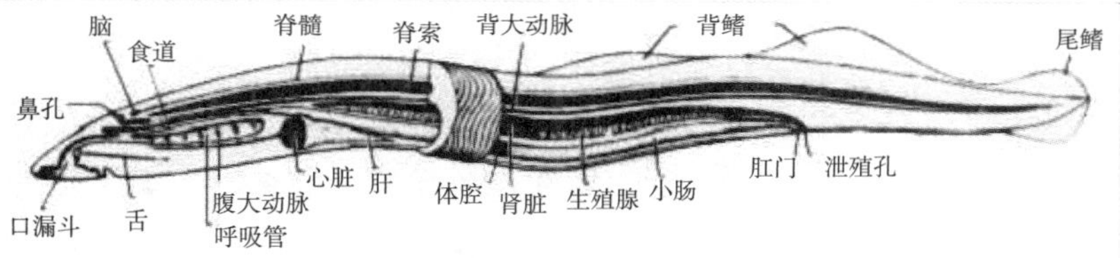

图2-96　七鳃鳗成体解剖

(2)鱼纲(Pisces)的一般特征为：本纲动物具有上下颌及成对的附肢(偶鳍)；骨骼为软骨或硬骨；脊索功能由脊柱替代；头骨更完整；脑和感觉器官更发达；身体分为头、躯干和尾，体被骨质鳞片或盾鳞，体表具侧线；鳃为呼吸器官；单循环(图2-97)；具调节体内渗透压机制。地球上70%以上的咸水或淡水中都有其分布；从5000m的高山至太平洋10km深处，从52℃的热泉到0℃以下的南极洋中均有其踪迹。据统计，现在江河湖泊中生活着22000多种鱼类，超过其他所有脊椎动物数量的总和。鱼类60%生活在海水中，40%生活于淡水中。其分类系统如图2-98所示。常见的种类有大黄鱼(*Pseudosciaena crocea*)、黄鳝(*Monopterus albus*)、带鱼(*Trichiurus haumela*)、黄花鱼(*Pseudosiaena crocea*)等。

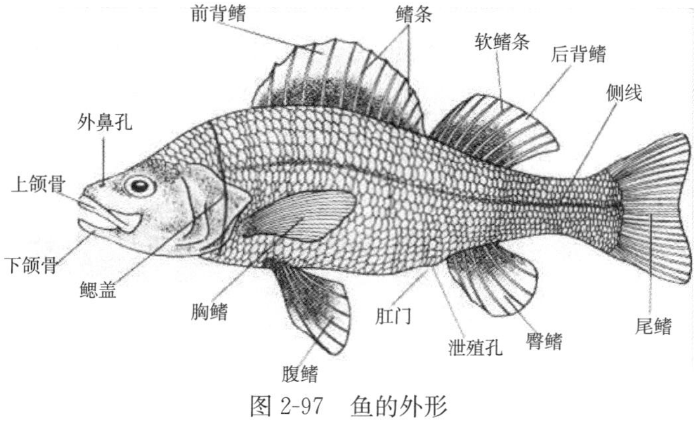

图2-97　鱼的外形

- 鱼类
  - 软骨鱼纲
    - 板鳃亚纲
      - 鲨总目
      - 鳐总目
    - 全头亚纲
  - 硬骨鱼纲
    - 总鳍鱼亚纲
    - 肺鱼亚纲
    - 辐鳍鱼亚纲
      - 硬鳞总目
      - 全骨总目
      - 真骨总目

图 2-98　鱼的分类

鱼纲是最低等的有颌、变温脊椎动物，在志留纪由原始有头类发展出一支具有上下颌的脊椎动物，即鱼类的祖先，进而产生出适应于水生生活的形形色色的两大鱼类：软骨鱼类和硬骨鱼类。鱼类的进化中最重要的事件是颌这一特征的出现，即从最靠前部的鳃弓向颌弓的演变；化石记录显示，在泥盆纪已出现了鱼类的主要类群，但颌的出现和最早的鱼类可能要追朔至奥陶纪，可能由原始有头类在进化中的一支发展而来，一支向无颌类(甲胄鱼和圆口类)发展，另一支为有颌类即鱼类的祖先。

①软骨鱼类的特征：内骨骼全为软骨，海生鱼类；多数体表被盾鳞，(极少数无鳞)；鳃孔 5～7 对，鳃间隔发达；鳍末端附生皮质鳍条；无鳔或肺；歪形尾；肠内具螺旋瓣；生殖腺与生殖导管不直接相连，雄鱼有鳍脚，体内受精，卵生或卵胎生。全世界已知的现存软骨鱼类约有 800 种，其中鲨类约 340 种、鳐类约 430 种、银鲛类约 30 种，它们广泛分布在印度洋、太平洋和大西洋。我国的软骨鱼类有 190 多种，大多数分布在热带和亚热带海域，缺乏寒带性种类，其分布的种类以南海最多，东海次之，黄渤海最少。可分为两个亚纲，即板鳃亚纲和全头亚纲，代表动物如宽纹虎鲨、黑线银鲛(图 2-99)等。

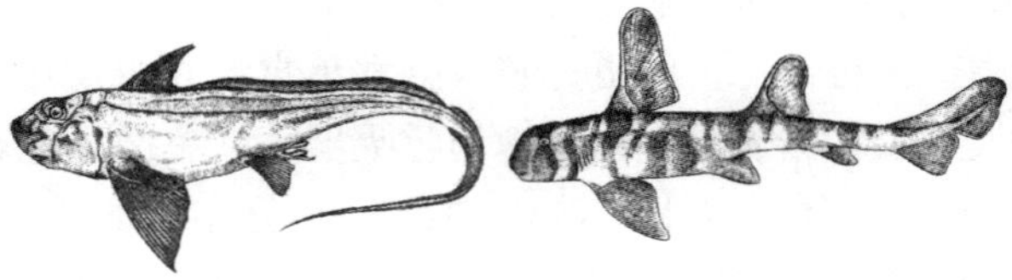

A. 黑线银鲛　　B. 宽纹虎鲨

图 2-99　鱼纲的软骨鱼类(刘凌云，2009)

②硬骨鱼类的特征：内骨骼为硬骨(及少数除外)；体表被硬鳞或骨鳞；鳃裂外有骨质鳃盖，鳃间隔退化，多数有鳔；鳍内有骨质鳍条支持，多为正型尾；肠内无螺旋瓣；生殖腺外膜延伸成生殖导管，二者直接相连；无泄殖腔和鳍脚，多体外受精，卵生。其可以划分为内鼻孔亚纲和辐鳍亚纲，代表动物有鳜鱼(*Siniperca chuatsi*)、鲇鱼(*Silurus asotus*)(图 2-100)等。

A. 鳜鱼　　B. 鲇鱼

图 2-100　鱼纲的硬骨鱼类(刘凌云，2009)

(3)两栖纲(Amphibia)的一般特征为：本纲动物为变温动物；幼体用鳃呼吸，成体用肺呼吸，并辅以皮肤呼吸；皮肤裸露，并轻微角质化；心房具隔，血液为不完全双循环(图 2-101)；具原脑皮；体外受精、发育，幼体经变态转化为成体(图 2-102)。两栖纲动物在自然界的分布极其广泛，美洲、非洲、亚洲的热带森林，北半球以及北极圈等都可见到。全世界现存的两栖纲动物约有 4300 种，可划为 3 个目：无足目(Apoda)、无尾目(Anura)和有尾目(Urodela)。常见种类有无足目的鱼螈，有尾目的大鲵、蝾螈，无尾目的青蛙、蟾蜍(图 2-103)。两栖纲动物是脊椎动物进化历程中的一个重要类群，处于从水生到陆生过渡的中间地位，由古总鳍鱼类在泥盆纪晚期演化而来，初步完成了由水栖向陆栖的转变，基本具备了陆生脊椎动物的结构模式，但未能完全脱离水的限制。

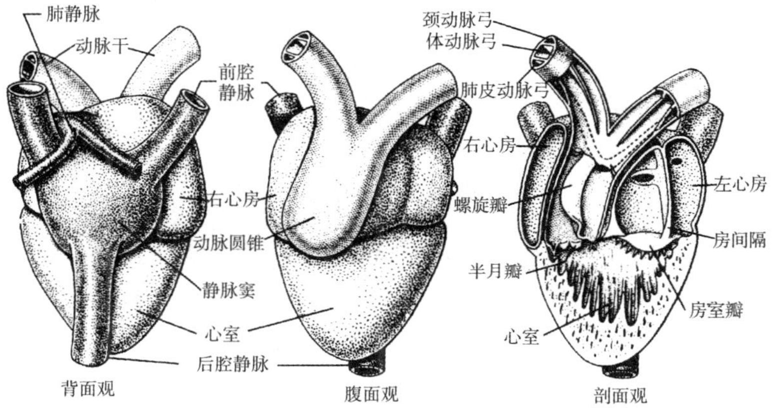

图 2-101　青蛙心脏的解剖结构

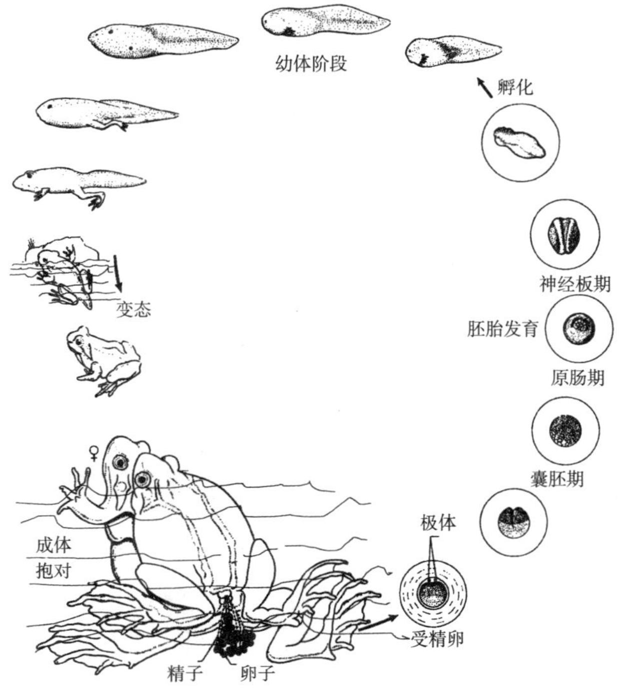

图 2-102　青蛙的生活史

图 2-103 常见的两栖类动物

(4)爬行纲(Reptilia)的一般特征为：变温动物；体表被以角质鳞，皮肤缺少皮肤腺；具典型五趾型四肢，并具爪；完全用肺呼吸；血液为不完全双循环，心室具不完全分隔；大脑开始出现新脑皮，脑神经 12 对；以尿酸排泄；体内受精，产生羊膜卵(图 2-104)。爬行纲动物在中生代占领地球上的多种生态环境，统治地球多达 1 亿年之久，现代爬行类动物仍然生活在地球的多种生态环境中。全世界现存的爬行类约有 6300 种，分为四个目：喙头目(Rhynchocephalia)、龟鳖目(Chelonia)、有鳞目(Squamata)和鳄目(Crocodilia)。常见的种类有乌龟(*Chinemys reevesii*)、海龟(*Chelonia mydas*)、巨蜥(*Varanus salvator*)、眼镜蛇等(图 2-105)。本纲动物由石炭纪末期的古代两栖类进化而来，为真正的变温脊椎动物，并由此产生出恒温的鸟类和哺乳类两大类动物。爬行纲动物不仅在成体结构上进一步适应陆地生活，而且繁殖也脱离了水的束缚，其与鸟类、哺乳类共称为羊膜动物。

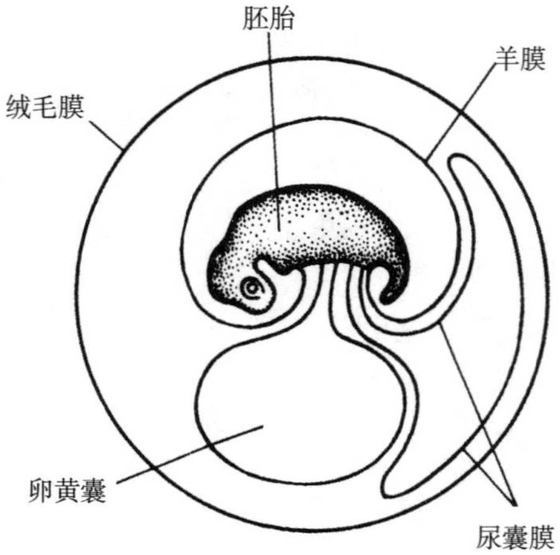

图 2-104 羊膜卵的结构

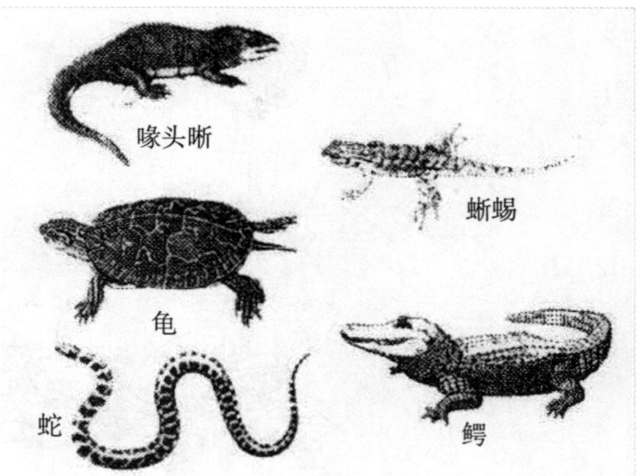

图 2-105 常见的爬行类动物

(5)鸟纲(Aves)的一般特征为：身体呈流线型，颈长；具角质喙，无齿；体表被羽，皮肤薄而干，缺少腺体；前肢变为翼；具气质骨和发达的龙骨突及胸肌；用肺呼吸，具气囊，为双重呼吸；心脏完全分割为4室，血液为完全双循环；恒温；体内受精，产生大型羊膜卵；大脑纹状体发达，视觉发达；具复杂的生殖行为；尿酸为主要排泄产物。鸟类几乎占据了地球上每一个地区，从南极的冰岸到灼热的沙漠，从山区、平原、森林到稠密的城市，乃至包括极深的海洋。现存鸟类有9700余种，且平均每年发现4个新种，分为3个总目33目，约200科，即平胸总目(Ratitae)、企鹅总目(Impennes)和突胸总目(Carinatae)，约有28个目。它们的代表动物分别为鸵鸟(Struthio camelus)、企鹅以及突胸总目的各种鸟类(图2-106)。

A. 鸵鸟(平胸总目)　　B. 企鹅(企鹅总目)

C. 小鹈鹕(突胸总目)　　D. 信天翁(突胸总目)　　E. 鹈鹕(突胸总目)

图2-106　鸟纲的代表动物

根据鸟类的生态习性和构造特征，大致分为八个主要的生态类群，即走禽类、游禽类、涉禽类、鸠鸽类、鹑鸡类、猛禽类、攀禽类和鸣禽类。有时也把鸠鸽类和鹑鸡类合称为陆禽类。除走禽类以外，中国具有7个生态类群的鸟类。

鸟类生态类群检索表

1. 脚适于步行；蹼不发达或缺 ………… 2
   脚适于游泳；蹼较发达或缺 ………… 游禽类
2. 颈和脚均短；胫全被羽；无蹼 ………… 3
   颈和脚均长；脚适于涉水；胫的下部裸露；蹼不发达 ………… 涉禽类
3. 嘴爪均特强壮和弯曲；肉食性 ………… 猛禽类
   嘴爪形或平直或稍弯曲；若弯曲，也非肉食性 ………… 4
4. 足呈离趾型(阔嘴鸟科除外) ………… 5

足不呈离趾型 …………………………………………………………………… 攀禽类

5. 嘴基柔软，仅嘴端具角质；嗉囊能分泌乳状液 …………………………………… 鸠鸽类

嘴全被角质；嗉囊存在时也不能分泌乳状液 ………………………………………… 6

6. 嘴脚均强，雄常具距；嘴有蜡膜；通常营巢于地面 ……………………………… 鹑鸡类

嘴脚均弱，无距；嘴无蜡膜；通常营巢于树上 ……………………………………… 鸣禽类

本纲动物由爬行类中初龙类演化而来，与恐龙具有共同的祖先，其是一支高等羊膜类脊椎动物，在自然界的所有生态系统中形成了一个较大的环节，是人的生产生活中绝对不可或缺的伴侣。

(6)哺乳纲(Mammalia)的一般特征为：全身被毛，体温恒定；胎生，具胎盘(单孔类除外)；哺乳(具乳腺)；四肢经扭转位于身体腹面；头骨合颞窝型，双枕髁，具完整次生硬腭和肌肉质软腭；齿骨生有槽生异型齿，为再生齿；颈椎恒为 7 块；具汗腺；血液为完全的双循环，成体红血球无核，保留左体动脉弓；肺泡是气体交换的最终场所；具肌肉质横膈；有外耳廓，听小骨 3 块；大脑发达、机能皮层化(图 2-107)。哺乳纲动物从数百万年前到现在一直在地球上占有绝对优势，并且分布极为广泛，向北到北极冰盖的边缘，经过温带、沙漠地区和热带地区，直至南极洲边缘，同时也占据了海洋和主要河流。现存哺乳纲动物约有 5400 种，可分为三个亚纲：原兽亚纲(Prototheria)、后兽亚纲(Metatheria)和真兽亚纲(Eutheria)。其中原兽亚纲的代表动物为鸭嘴兽(*Ornithorhynchus anatinus*)(图 2-108)，后兽亚纲的代表动物为袋鼠(*Bettongia tropica*)(图 2-109)，真兽亚纲的代表动物有大熊猫(*Ailuropoda melanoleuca*)、猕猴(*Macaca mulatta*)、蝙蝠(*Vespertilio superans*)、刺猬(*Erinaceus europaeus*)、犀牛、非洲狮、非洲象、兔、旱獭、大熊猫、虎、梅花鹿、藏羚羊(*Pantholops hodgsoni*)、长颈鹿(*Giraffa camelopardalis*)(图 2-110)等。

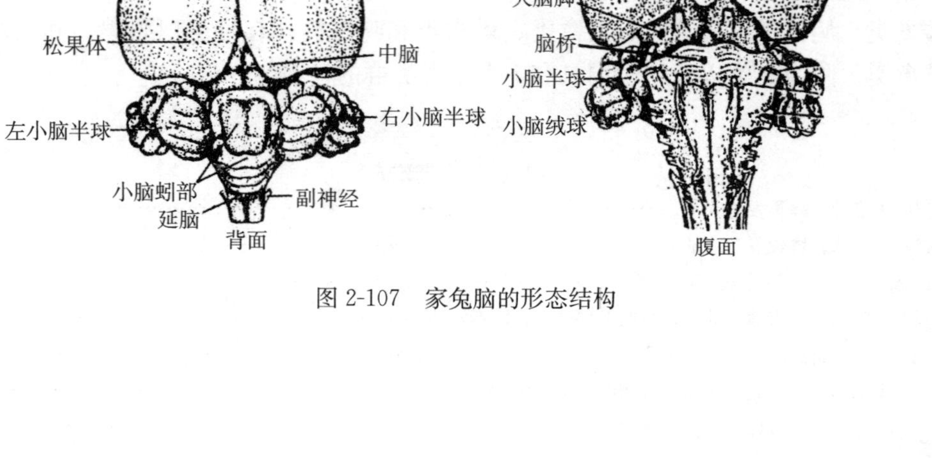

图 2-107　家兔脑的形态结构

图 2-108　鸭嘴兽(原兽亚纲)

图 2-109　袋鼠(后兽亚纲)

猕猴

兔

旱獭

大熊猫

虎

梅花鹿

羚羊

长颈鹿

图 2-110　真兽亚纲的代表动物

哺乳纲动物由颌颞窝类的一支古代爬行类即兽齿类中生代三叠纪末期进化而来，是脊椎动物中最高等的一类；同时由哺乳类中的灵长类进化出直立行走、大脑高度发达的人类。本纲动物和人的关系极为密切，对人的生活、经济发展具有十分重大的影响。

第三节　生命的起源和进化

一、关于生命起源的几个假说

关于生命的起源，一直以来，有下述几个假说。

(1)特创论(或神造说)。这一假说认为，现在地球上的各种生物都是由神创造出来的，生命是上帝或神按照一定的目的，一次性地创造出来的。这一假说极为简单地把生命的起源推到了一个不可知、也无法证明的上帝和神的身上，这是在有科学之前，由于人类的愚昧无知而提出的。这一假说把生命起源的问题，划归神学的范围，因而是极不科学的。

(2)自生论(或自然发生说)。这一假说是很多人根据一些错误的观察而提出的，认为生命是自然而然地由非生命物质产生的，而且是从非生命物质中突然产生出来。例如，中国古代有“腐革化萤”、“朽木化蝉”、“白石化羊”等说法；希腊有“泥土变鱼”的传说；17 世纪欧洲有“腐肉生蛆”的说法等。这一假说本来出自原始社会人类的自然观，认为生命来自非生命物质，具有朴素的唯物主义因素，但因为是观察粗糙、错误而得出的结论，所以这一假说实际上又否认了生物与非生物之间的转化条件，因而否认了生物与非生物之间的界限。

(3)生源论(或生生说)。法国微生物学家巴斯德用一系列实验证明了这样一个结论：生命是不可能自然发生的，生命只能由同类生物通过繁殖而产生。这一假说虽然证明了“自生论”是错误的，但又否认了非生物转化为生物的可能性，因此，这种假说否认了生物与非生物之间的联系。按照这一假说的看法，生命是不能够自然发生的，只能以繁殖的方式产生，那么，地球上最初的生命又是怎样产生的呢？这一假说是无法解释的，因此也是不成立的。

(4)宇宙生命论(或泛生说)。这一假说提倡的是“一切生命来自生命”的观点，认为地球上最初的生命都是来自宇宙间的其他星球，即“地上生命，天外飞来”。这一假说认为，宇宙太空中的“生命胚种”可以随着陨石或其他途径跌落在地球表面，即成为最初的生命起点。现代科学研究表明，在已发现的星球上，自然状况下是没有保存生命的条件的，因为没有氧气，温度接近绝对零度，又充满具有强大杀伤力的紫外线和宇宙射线等，因此任何“生命胚体”是不可能保存的。这个假说的实际在于把生命起源的问题推到了无边无际的宇宙中去了，同时这个假说对于“宇宙中的生命又是怎样起源”的问题，仍是无法解释的。

(5)新自生论(或化学进化说)。这个假说也是主张生命是由非生命物质产生的，但与“自生论”不同的是，该假说认为生命是在漫长的宇宙进化中发生的，生命是宇宙进化到某一阶段的产物，而不是在现有的条件下由非生命物质产生的。近几十年来，随着现代科学技术的发展，对于生命起源的化学进化问题，从天文学、地质学、物理学、化学、生物学、古生物学、古生物化学等多学科多领域，进行了综合研究，取得了很大进展。这一假说提出：在几十亿年的漫长岁月中，地球上由没有生命的无机物逐步发展成今天的生命世界。这一化学进化的说法，具备一定的科学依据，已经为广大的学者所接受和承认。

二、地球上生命的起源

现代科学已经证实，地球上的生命是由非生命物质产生的，生命的起源是一个从非生命物质演变为原始生命的化学进化过程。

大约在35亿年前，最初的无机小分子是在原始地质条件下渐渐生成有机小分子的，然后再聚合成蛋白质、核酸等生物大分子，进而形成多分子体系，最终演化成原始生命(图2－111)。

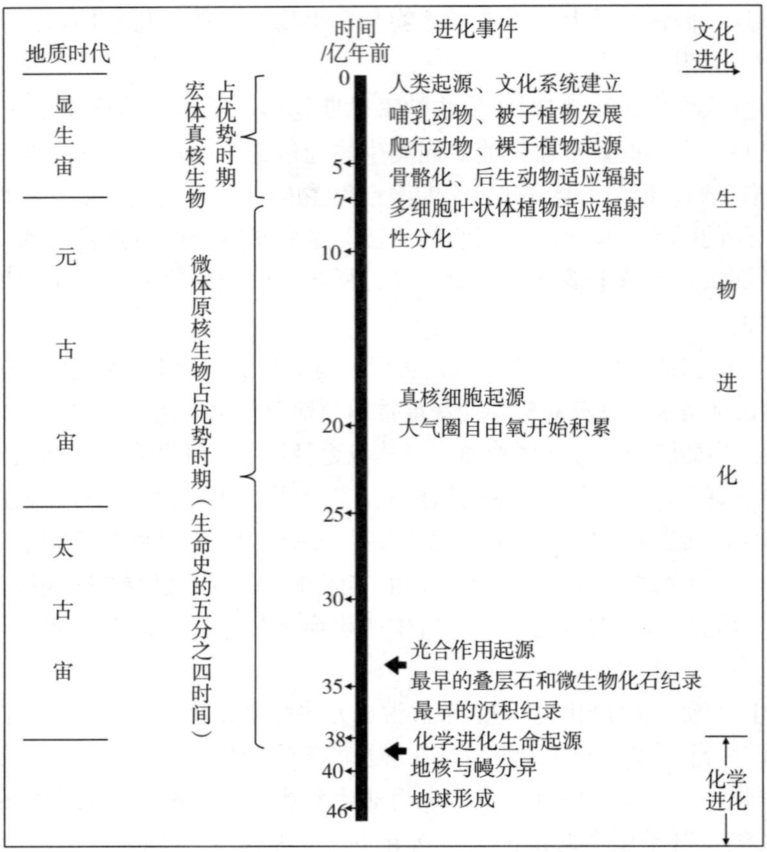

图 2-111　地质时代及生命史划分

地球生命的起源经过极其复杂的化学过程，逐渐演变成最初的生命。一般认为这个过程可分为四个阶段(图 2-112)。

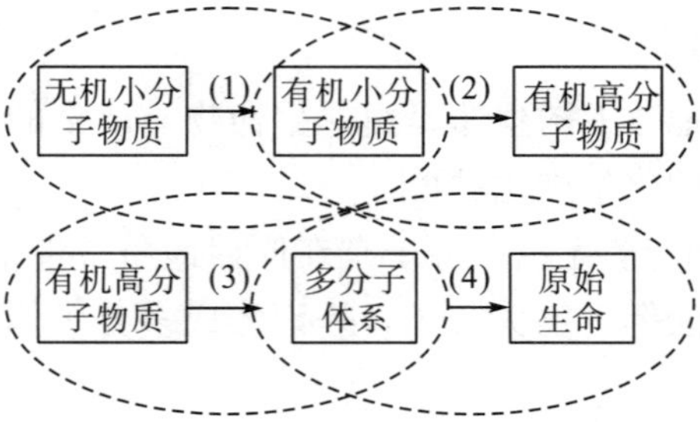

图 2-112　生命产生的四个阶段

1. 第一阶段：由无机物质生成简单的有机物质

据推测，在地球形成初期，地球表面的温度虽然降低了，但内部的温度仍然很高，火山活动极其频繁，火山喷出的许多气体，形成了地球原始大气的一部分。一般认为，原始的地球大气，在自然界产生的宇宙射线、紫外线、雷电、局部高压、火山爆发等外界高能作用下，会自然合成一些比较简单的有机物。这些有机物不断溶解在海洋中，使海水成为高温而富含有机物质的溶液。这些有机物为生命的产生提供了必要的物质条件。

2. 第二阶段：由简单的有机物质形成复杂的有机物质

所谓复杂的有机物质，是指蛋白质、核酸等一些高分子有机物。有些学者认为，这些高分子有机物的形成，经过长期积累、互相作用，在适当的条件下，通过缩合或聚合作用而形成结构比较原始、有序度比较低、功能也不够专一的物质。后来经过若干亿年的不断进化，结构才更加有次序，功能才更加完善，最后发展成今天所见到的蛋白质和核酸。蛋白质和核酸的出现，标志着化学演化过程一次重大的质变。因为蛋白质和核酸是组成生命的必要的物质基础。

3. 第三阶段：由复杂的有机物组成多分子体系

目前，多数学者认为原始海洋是生命的摇篮。据推测，在分子进化阶段，蛋白质、核酸、多糖、类脂等重要的高分子有机物，在原始海洋中越积越多，浓度越来越大。它们经过浓缩之后便分离出来，凝成许多类似“团聚体”的多分子体系，并显示出某些生命现象。这种多分子体系就是原始生命的萌芽。

4. 第四阶段：由多分子体系演变为原始的生命

这种多分子体系漂浮在原始的海洋中，互相吸附，并在海水和空气的作用下形成最原始的界膜，从而把多分子体系包围起来，形成一个独立的体系。通过不断地进化和自然选择，这个独立体系的结构逐渐复杂化，并能从周围环境中吸取养料，扩充改造自身，同时排出一些废物。最后，终于产生了生命的基本特征——新陈代谢和繁殖。于是，原始的生命就诞生了。从此生命的演化就从化学进化阶段进入到生物进化阶段。

生命的产生，在地球历史上是一个重大的飞跃。由于生命的出现，把地球历史从化学进化阶段推进到生物进化阶段，使地球除了无机界以外又增加了有机界。

三、生物的进化

生物的发展、进化，通常认为是经过了由非细胞到细胞、由原核细胞到真核细胞、由单细胞到多细胞的复杂、曲折道路。现在看到的高等动植物身体都是由许许多多细胞组成的。就是说，组成它们身体的基本单位是细胞。但是，原始的生命并没有细胞结构，它们是由非细胞—细胞—单细胞—多细胞一步一步地逐渐发展演变的。上述所谓“团聚体”，最初只具有许多和细胞相似的特点，如有一个双层的界膜，能通过分裂进行繁殖。尽管当时地球上的大气是缺氧的，但由于“团聚体”有相对稳定的内环境，能够与周围环境进行物质交换，也能进行繁殖和遗传，因而发展成为最原始的单细胞。这种原始的细胞，经过不断地进化，形成了最原始的生物——原核生物。

据古生物学记载，认为原核生物出现在距今 31 亿年以前，后来大约又经过了 17 亿～19 亿年，才由原核生物发展到真核生物。真核生物具有真正的细胞核，即细胞核的外面有核膜。真核细胞的产生，是生物由简单到复杂的一个转折点，是生物进化史上的一个重大的突破。有了真核细胞，必然引起生殖方式的改变，结果出现了有性生殖，为生物进化开辟了新的道路。

一般认为，多细胞的动物和植物，具有共同的祖先，它们是由原始的单细胞生物分化而来的。原始的单细胞生物，一方面可以在水中游动进行异养生活；另一方面因体内含有光合色素，又能进行自养生活。在长期演化过程中，朝着两个方向发生分化：一是自养功能加强和运动功能退化，演化为单细胞绿藻类，由此再发展为多细胞的绿色植物；二是运动功能加强，自养功能退化，演化为单细胞原生动物，由此再发展成为多细胞的动物。

生命现象在地球上的出现，是地球历史发展到一定阶段的必然产物。伴随着环境的变迁，大自然在无情淘汰那些不能与之相适应的生物种的同时，为那些进化迅速、适应能力更强的生物种展示了繁荣的前景。生物与环境的协同演变，贯穿在整个生命进化的历程中，并由此推动着生物界从简单到复杂、由低级向高级、由水生到陆生不断地向前发展(表 2-7)。

表 2-7　生物进化主要阶段概略表

代、纪、世		植　物	年代/百万年	动　物
新生代	全新世	草本植物占统治地位		人类、哺乳类占统治
	更新世	草本植物增加		大型哺乳类灭绝，如猛犸、早期人类
		乔木减少		
		被子植物时代		
	上新世	草本植物为主		哺乳动物时代
	中新世	草地	2	哺乳动物种类繁盛
	渐新世	热带森林		现代哺乳类出现
	始新世	现代被子植物	65	哺乳类急剧进化
中生代		被子植物和昆虫平行	136	大型爬行类和菊石类灭绝、硬骨鱼类繁盛
		进化、裸子植物减少		传粉昆虫发展
	白垩纪	被子植物出现	190	爬行动物时代
	侏罗纪	苏铁类植物占统治		爬行类统治海、陆、空、
	三叠纪	裸子植物时代	225	鸟类和哺乳类出现
		裸子植物占统治地位		
古生代	二叠纪	古代植物减少	280	爬行动物取代两栖动物并辐射发展
		裸蕨类灭绝		两栖动物时代
		鲜类和裸子植物出现		
		大量热带成煤森林	345	
	石炭纪	孢子生殖的蕨类时代		两栖类辐射、爬行类出现，
		苔类、石松、木贼、蕨类和	395	昆虫增加，鲨鱼和海百合繁殖
	泥盆纪	裸鲜类出现形成各种乔木		两栖类出现、鱼类早期辐射，大多生活
	志留纪	植物登陆	440	在淡水中
		海生藻类占统治地位		鱼类时代
	奥陶纪	藻类时代	500	节肢动物登陆，无脊椎动物广泛扩张
	寒武纪	各种各样的藻类孢子出现		具上下颌的披甲脊椎动物出现，腕足类
		孢子出现		和头足类占统治地位
前寒武纪		细菌、真菌、藻类痕迹（30 亿年） 蓝绿藻(35 亿年)	570	无脊椎动物各门出现 三叶虫占统治地位 虫迹和虫穴，水母自养生物出现(无自由氧)

资料来源：Archer at el.，1976.

参 考 文 献

陈阅增．1997. 普通生物学．北京：高等教育出版社．

陈鹏．1988. 生物地理．吉林：东北师范大学出版社．

陈灵芝．1993. 中国生物多样性现状及其保护对策．北京：科学出版社．

黄厚哲．1983. 生物学概论．北京：高等教育出版社．

侯宽昭，吴德邻．1982. 中国种子植物科属词典(修订版)．北京：科学出版社．

胡人亮．1987. 苔藓植物学．北京：高等教育出版社．

胡玉佳．1999. 现代生物学．北京：高等教育出版社．

李正理，张新英．1983. 植物解剖学．北京：高等教育出版社．

李星学，等．1981. 植物界的发展和演化．北京：科学出版社．
任淑仙．1990. 无脊椎动物学(上、下). 北京：北京大学出版社．
王所安，和振武．1991. 动物学专题．北京：北京师范大学出版社．
吴国芳，冯志坚，等．1992. 植物学(第二版)下册．北京：高等教育出版社．
汪劲武．1985. 种子植物分类学．北京：高等教育出版社．
王凯基，张丕方，等．1986. 植物生物学．上海：上海科学技术出版社．
谢树成，殷鸿福，等．2011. 地球生物学——生命与地球环境的相互作用和协同演化．北京：科学出版社：1－345.
中国科学院中国植物志编辑委员会．中国植物志(有关卷册). 北京：科学出版社．
许崇任、程红．2000. 动物生物学．北京：高等教育出版社．
徐克学．1982. 植物分类学报．20(4)：502—509.
赵铁桥．1995. 系统生物学的概念和方法．北京：科学出版社．
张荣组．1999. 中国动物地理．北京：科学出版社．
张昀．1998. 生物进化．北京：北京大学出版社．
郑光美．1995. 鸟类学．北京：北京师范大学出版社．
中山大学，南京大学．1978. 植物学(系统、分类部分). 北京：人民教育出版社．
中国科学院植物研究所．1988. 中国高等植物图鉴．北京：科学出版社．

第三章　生物与环境

生物的生存和发展不能脱离特定的生存环境，环境变化决定了生物的分布，生物的生存又影响了环境，生物与环境之间是一种相互作用、相互依存、协调共生的关系。

第一节　物　　种

物种(species)，简称“种”，是生物分类学研究的基本单元与核心。它是一群可以交配并繁衍后代的个体，但与其他生物却不能交配，或交配后产生的杂种不能再繁衍，并在自然界占据一定的生态位。

虽然对物种存在争议，但大多数认为：①种是自然发展中的生物环节，是由质变产生，是生物连续进化中的间断单元；②种是一个百次形态相似雌雄交配后能获得有生育能力后代的繁殖群体；③种以下的分类单位有变种、品种、亚种。生物种是生物分类的最基本单位。

由于大多数物种在形态上容易识别和区分，因此形态特征是区分物种的主要依据，称之为形态分类法(古典分类法)。近代分类学诞生于18世纪，奠基人是瑞典植物学家林奈。他通过建立双名法给每一物种一个拉丁词构成的学名，第一个代表属名，首字母大写，第二个代表种名，以斜体表示，如 *Panthera tigris* 是虎的学名。林奈的另一个贡献是建立了生物分类阶元系统，他把自然界分为植物、动物和矿物三界，在动植物界下设有纲、目、属、种四个级别，从而确立了分类的阶元系统。每一物种都隶属于一定的分类系统，占有一定的分类地位，可以按阶元查对检索。1753年的《植物种志》和1758年的《自然系统》的发行，标志着近代分类学的诞生。

随着研究的深入，人们逐渐发现这种分类方法有其不足，于是采用生物细胞或生物分子作为依据来区分生物种，也就是细胞分类法和分子分类法。也有人试图把生物种的特征数量化，即根据表形相似性或表形距离进行聚类分析，并得出一系列不同等级的聚类群，称之为数量分类法。也有学者把能实际或潜在地彼此杂交两种群的集合体看作一个种，称此为遗传学分类法。总之，不同的分类方法对物种的划分标准是不同的，其结果也存在差异，但无论用什么方法所确定的生物种，从理论意义上说，分类学是生物进化的历史总结。

分类名称要求稳定，一个属或种(包括种下单元)只能有一个学名，如果有两个或多个时，便是“同物异名”，必须于其中核定最早提出的学名，摒弃较后的异名。一个学名只能用于一个对象(属或种)，如果有两个或多个对象者，便是“异物同名”，必须于其中核定最早的命名对象，而其他的同名对象则另取新名，这叫做“优先律”。动物和植物分类学界各自制订了《命名法规》，所以在动物界和植物界间不存在异物同名问题，“优先律”是稳定学名的重要措施。优先律的起始日期，动物是1758年，植物是1820年，细菌是1980年1月1日。另一重要规定是模本方法，凡发表新种(包括新属和新亚种)，必须指定一个标本作为命名的模式标本，叫做正模，简称模本。副模是原描述所根据的其他标本，特别是和正模同时同地采得的标本；配模是副模中选取的与正模异性的标本。在模本遗失或未定的情况下，可以选取合适标本作为新模，以代替正模，一般要从原产地和原层位采集。与模本产地相同而在以后采得的标本可称为地模。模式标本是鉴定的对照标本。

在地球表层生物发展的漫长历史中，各种生物总是在受到其周围环境的影响和限制，并且得以生存和不断分化，这也是其对环境异质性的适应结果。一个种能代代相传，保存种性，虽取决于遗传物质或生化控制机制，但它不能脱离所处的生存环境。由于环境的变动和一个种的分布区内环境的异质性，常常会引起生物种性状的改变。通常把一个物种的性状随环境条件而改变的程度称为该种的可塑性。

种的性状可分为基因型和表型两类。基因型是种的遗传本质，是生物性状表现所必须具备的内在因素；表型是物种与环境结合实际表现出的可见性状。物种为适应环境而出现的植株高低、叶子大小、分枝多少等属于表型，是不可遗传的。而通过突变与基因重组，使基因型发生变异，则可遗传。如果这种变异的幅度朝一个方向继续变化，则可导致种的分化。

物种之变与不变曾经是进化论和特创论的斗争焦点，是势不两立的观点。但是，分类学的事实说明，每一物种各有自己的特征，没有两个物种完全相同；而每个物种又保持一系列祖传的特征，据之可以决定其分类地位，并反映其进化历史。

由于变种这一术语过去用得很杂，有的指个体变异，有的指群体类型，意义很不明确，所以在动物分类中已废除不用。在植物分类中，一般用以区分居群内部的不连续变体。生态型是生活在一定生境而具有一定生态特征的种内类型，常用于植物分类。人工选育的动植物种下单元称为品种。

第二节　生物与环境

一、环境的概念

环境(environment)是指某一特定生物体或群体以外的空间，以及直接或间接影响该生物体或群体生存与活动的外部条件的总和。环境是一个相对概念，是相对于一定的主体而存在的，主体不同，环境的内涵也不相同。即使是同一主体，由于对主体的研究目的及研究尺度不同，环境的分辨率也不同。对于地球表面的动植物来说，整个地球表面就是它们生存和发展的环境；对于某个具体生物群落而言，环境是指所在地段上影响该群落发展的全部无机因素和有机因素的总和。环境既是相对的，又是具体的，即相对每个具体主体及研究对象，环境都有其特定的内涵。环境总是针对某一特定主体或中心而言的，它是一个相对概念，离开了这个主体或中心也就无所谓环境。在生物科学中，环境是指生物的栖息地，以及直接或间接影响生物生存和发展的各种因素。在环境科学中，环境是指围绕着人群的空间以及直接或间接影响生物生存和发展的各种因素的总体。

生物环境一般可分为大环境(macroenvironment)和小环境(microenviroment)。大环境是指地区环境、地球环境和宇宙环境。小环境是指对生物有直接影响的邻接环境，即指小范围内的特定栖息地。大环境直接影响着小环境，对生物体也有直接或间接影响。大环境中的气候称为大气候(macroclimate)，是指地面1.5 m以上的气候，影响到生物的生存与分布，产生了生物种类的一定组合特征或生物群系。小环境中的气候称小气候(microclimate)，是指近地面大气层中1.5 m以内的气候，直接影响生物的生活。

二、环境因子及其分类

环境由许多因子所组成，在环境因子中给予生物直接或间接影响的因子称为生态因子(ecological factor)。在生态因子中，决定生物生长、发育和繁殖必不可少的环境条件，称为生存条件。如对绿色植物而言，O_2、CO_2、光、热、水和无机盐类，缺一不可，否则绿色植物便不能正常的生长发育，因此它们是植物的生存条件。而风、空气的污染物质等，对植物可以产生影响，但并不是植物生活所必需的，它们只是生态因子，并不是生存条件。具体的生物个体或群体的生活地段上的生态环境称为生境(habitat)。

一般将生态因子分为非生物因子和生物因子两大类。非生物因子包括温度、湿度、风、日照等理化因素；生物因子包括同种和异种的生物个体。前者形成种内关系，后者形成种间关系，如捕食、竞争、寄生、互利共生等。

1. 非生物因子

(1)气候因子：光、温度、水分、风、气压和雷电等。

(2)土壤因子：土壤结构、土壤的理化性质、土壤肥力和土壤生物等。

(3)地形因子：陆地、海洋、海拔高度、坡度、坡向等。

2. 生物因子

(1)植物因子：植物间的机械作用、共生、寄生、腐生、附生等。

(2)动物因子：摄食、传粉、践踏等。

(3)人为因子：人类的垦殖、放牧、采伐、对环境的污染作用等。

上述因子中人为因子尽管作用很大，但自然因子因其强大的人力不可抗拒的特性而发挥更巨大作用，如小麦、水稻等靠风为媒介传播花粉，自然因子不可被动物因子或人为因子代替。

三、环境的限制与生物的适应

环境的性质决定了生物的分布，生物的生存又影响了环境，生物与环境是相互作用、相互依存的。生物与自然环境各要素之间存在着极为复杂的关系，生物的形成与分布，除了生物本身的遗传学特性、生物学特性、生理机能以及生物化学过程等基本条件外，还取决于为生物体提供能量和物质来源的外部环境因素，及其不同的组合所形成的“整体效应”。生物与环境之间总是存在相互联系、相互制约、相互适应的辨证统一关系。

生物的生长发育总是在与环境因素相协调的前提下，才能期望得到保存和繁衍。当环境条件发生剧烈改变时，不少的生物种属受到生存的限制而消失。地质时期中许多古生物灭绝的主要原因就是因为自然环境的剧烈变化所造成的。因为环境的“限制”是永恒的、长久的，而生物本身对自然环境条件变化的“适应”是有限的，可谓“物竞天择，适者生存”。

1. 最小因子、限制因子和耐受定律

1840 年，德国农业化学家利比希(Liebig)在研究各种生态因子对作物生长的作用时发现“植物的生长取决于环境中那些处于最小量状态的营养物质”。其基本内容是：低于某种生物需要的最小量的任何特定因子，是决定该种生物生存和分布的根本因素，被称为利比希最小因子定律(liebig's 1aw of the minimum)。利比希定律指出了因子低于最小量时成为影响生物生存的因子。实际上因子过量时，同样也会影响生物生存。

Blaekman 于 1905 年发展了利比希最小因子定律，并提出生态因子的最大状态也具有限制性影响，这就是众所周知的限制因子定律(law of limiting factors)。Blackman 指出，在外界光、温度、营养物质等因子数量改变的状态下，探讨生物生理现象(如同化过程、呼吸、生长等)的变化，通常可将其归纳为：①生态因子低于最低状态时，生理现象全部停止；②在最适状态下，显示了生理现象的最大观测值；③在最大状态之上，生理现象又停止。生物对每一种环境因素都有一个耐受范围，只有在耐受范围内，生物才能存活。因此当生态因子接近或超过某种生物的耐受极限而阻止其生存、生长、繁殖、扩散或分布时，称这些因子为限制因子(1imiting factor)。

1)生物系统的特性——稳态

生物系统是由相互作用和相互依赖的若干组成部分结合而成的具有特定功能的有机整体，是与外界之间存在着能量和物质交换的一个开放系统。其稳态(homeostasis)是指生物系统通过内在调节机制，各组成成分和谐共处，从而使相对平衡的条件得以保持；当能量和物质的输入和流通发生变化时，生物系统各组成成分对相应的变化进行自我调整，使系统产生内在的调节，从而保证系统的平衡。

维持体内环境的稳定性是生物扩大环境耐受限度的重要机制，被各种生物广泛利用。但是，稳态机制虽然能扩大耐受范围，但却不能完全摆脱环境所施加的限制，这是因为扩大耐受范围不可能是无限的。事实上，具有稳态机制的生物只能增加自己的生态耐受幅度，使自己变为一个广生态幅种或广适种。

根据生物体的稳态程度，有的学者把生物分为稳态生物和非稳态生物。非稳态生物的耐受极限是由于外部环境因子的影响作用超过该生物特定酶系统能够工作的耐受范围而造成的，而稳态生物的耐受极限则是由于外部环境因子的影响作用超过该生物能够保持内部稳态的耐受范围所决定的。两者的区别在于其耐受极限的决定原因不同。但是，无论是稳态生物或是非稳态生物，对于某一生态因子都有一定的耐受范围，因此，最好是根据生物对外界环境条件的反应，将生物分为顺应者(conformer)和调节者(regulator)。顺应者缺乏完善的调节机制，内环境变异较大，并且随着外界条件的变化而相应发生变化。调节者则能够利用完善的调节机制保持体内环境的稳态，对特定生态因子的耐受范围较宽，地理分布范围较广。

2)耐性限度的驯化

生物可借助于驯化过程在一定程度上调整对某种或某些生态因子的耐受范围。通过人工调控，使一种生物长期生活在最适生存条件下，久而久之就会导致生物耐受曲线的位置移动，并可产生一个新的最适范围，而适宜范围的上下限也会发生移动。从实质上讲，驯化过程是生物体内酶系统的适应性改变过程。生物耐性限度的驯化在实践工作中应用很广，例如南方果树北移、北方作物南迁、野生植物人工栽培等。

3)环境的限制与生物的适应

环境对生物的作用是多方面的，可影响生物的生长、发育、繁殖以及生育力和死亡率等，导致种群数量的改变，某些生态因子能够限制生物的分布区域。生物并不是消极被动地对待环境的作用，而是具有适应能力。所谓适应是指生物对环境压力的调整过程。适应通常包括：进化适应(evolutionary adaptation)，物种通过漫长的过程，调整遗传成分以适应改变的环境条件；生理适应(physiological adaptation)，生物个体通过生理过程的调节以适合气候条件、食物质量等环境条件改变；学习适应(adaptation by learning)，动物通过学习以适合多种多样的环境变化。例如蓍草是菊科的一种植物，分布范围广，从海平面到海拔 3000 m 的高山。从不同海拔高度收集的蓍草种子，种在同一个花园相同条件下，生长出来的植株有明显的差异，高海拔的种子长出的植株比低海拔的矮小(图 3-1)，蓍草的这种生态差异是来自于对各自环境气候的适应。

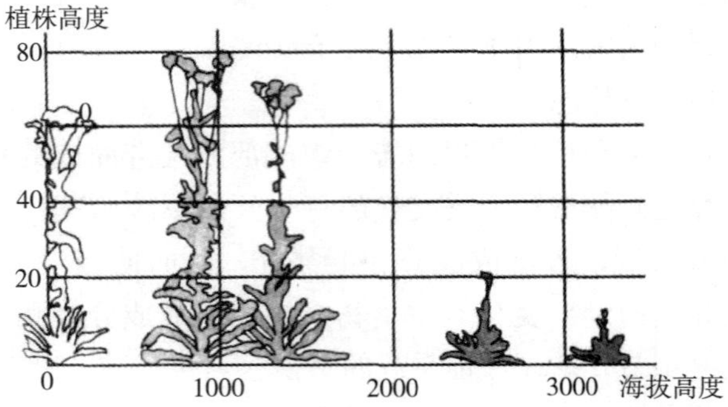

图 3-1　来自不同海拔高度的蓍草种子在同一花园相同条件下生长出来的植株(Ricklefs et al.，1999)

应当强调的是，无论生物通过哪一种适应方式来调整以扩大它们对生态因子的耐受范围，都不能完全摆脱生态因子的限制，耐受极限只能被改变而不能被去除。因此，生物的生理状态和分布还是会因特定生态因子耐受范围的有限性而受到限制，这是由生物的遗传决定的，是生物的物种特性。

第三节　自然因子与生物

一、气候因子与生物

1. 光照与温度

1)温度与生物的发育

寒冷地区恒温动物的尾、鼻、耳及四肢等身体凸出部分比生活在温暖地区的要短小(图 3-2)，这一现象被称为阿伦规律(Allen’s law)。生物生长发育，不仅在一天之内需要有一定的温度，而且在某个发育阶段，甚至在整个发育期还需要有一定的温度总量。完成发育所需要的有效温度总和叫做有效积温。有效积温的计算公式如下

$$K = N(T - C) \tag{3-1}$$

式中，K 表示有效积温，T 表示该时期的平均气温，C 表示生物学零点(生物发育的起点温度)，N 表示发育历期。

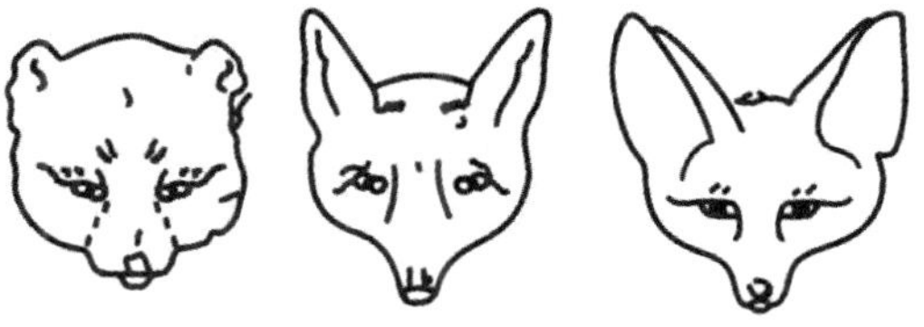

图 3-2　北极狐、赤狐及大耳狐的外耳长短比较(孙儒泳，1987)

例如，某种作物的生物学零点为 10℃，从播种到成熟期间的平均气温为 20℃，共经历了 30d，则该作物发育期的有效积温是 300℃。即：

$$K=(20-10)\times 30=300℃$$

上面方程式可改写成：

$$T=C+K/N=C+KV \tag{3-2}$$

V 为发育历期的倒数($1/N$)，即发育速率(图 3-3)。果蝇的发育速率随环境温度增高呈线性加快，而发育所需日期随温度增高呈双曲线减少。不同物种完成发育所需积温不同。一般起源于或适于高纬度地区种植的植物，所需有效积温较少，反之则较多。有效积温法则在农业上有较广泛的应用，可作为农业规划、引种、作物布局、预测农时及防治病虫害的重要依据。

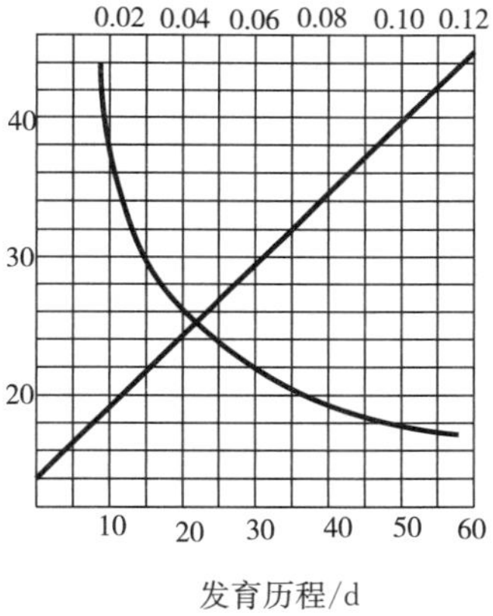

图 3-3　地中海果蝇发育历程、发育速率与环境温度的关系(孙儒泳，1992)

2)温度与动物的热能代谢

根据生物所需要的热量或热能代谢特征，可把生物分为许多生态类型。例如，法国植物地理学家德康多曾把植物分为高温植物(热带湿热气候)、中温植物(适中温暖气候)、微温植物(适中寒冷气候)和低温植物(极地及高山寒冷气候)。许多动物学家把动物分为恒温动物和变温动物。恒温动物，也叫常温动物或内温动物，新陈代谢水平高而稳定，并且有调节体温的机制，体温不随环境温度而改变，如鸟类和许多哺乳类；变温动物，也叫外温动物，新陈代谢水平低，体温不定并且缺乏体温调节机制，其体温随环境温度的变化而变化，如无脊椎动物及脊椎动物中的鱼类、两栖类和爬行类等。

3)生物生命的温度极限

所有生物的生长和繁殖都在一定的温度范围内进行，在此范围的两端，是最低温度和最高温度两个极限，超过这个极限，生物就要死亡。

各类动物和植物，所能忍受的高、低温的极限是不同的。能忍受的最高温度一般被子植物是 49.8℃，裸子植物是 46.4℃。有些荒漠植物在 50～60℃高温下仍能生存；温泉中的蓝藻能在 85.2℃的水域中生活；湿枯草及发热粪堆里的喜热细菌甚至能忍受 89℃的高温。对于动物来说，大多数海产无脊椎动物只能忍受最高 30℃，少数种类能忍受最高达 38℃，淡水动物能忍受到 41～44℃，陆生无脊椎动物忍受的高温极限稍高一些，可达 40～50℃以上，鱼类最高能忍受 52℃水温，爬行动物能忍受 45℃高温，鸟类的体温可达 45～46℃，哺乳动物通常体温达到 42℃以上即引起死亡。迄今为止，没有一种生物能在 160℃的高温中存活超过 1 h。

对低温的忍受，不同植物间有着很大的温度变幅。热带植物所忍受的最低气温为 5～10℃；寒带植物为 0℃以下。我国东北大兴安岭地区的兴安落叶松，能在－69.5℃条件下生存。对于动物来说，某些原生动物可忍耐－15℃的低温；在排除身体组织水分的条件下，某些轮虫、线虫及熊虫可忍受－190℃的低温；陆生软体动物和昆虫，对低温的忍受力不大，通常是－8～－15℃；鱼类为－3℃、两栖类为－1.4℃、爬行类为－5.3～－7.8℃；鸟类体温一般都在 0℃以上；哺乳类中的蝙蝠，其幼体体温可低至－7.5℃，成体 0～1℃。

根据生物对温度的忍受幅度，将生物分为广温性生物和狭温性生物两类。广温性生物可忍受较大的温度变幅。例如，腹足纲软体动物——螺，可忍受－1～60℃的温度变幅。狭温性生物只能忍受较小的温度变幅，并且可区分为狭温喜热种和狭温喜冷种(图 3-4)。作为狭温喜热种的代表，奇桨剑水蚤(Copilia mirabilis)生活水温必须在 23～29℃，喜马拉雅山上的弹尾类和大蚊科的某些种可作为狭温喜冷种的代表，温度范围一般在－10～0℃，它们对高温很敏感，例如人的手温几分钟就可把它们热死。

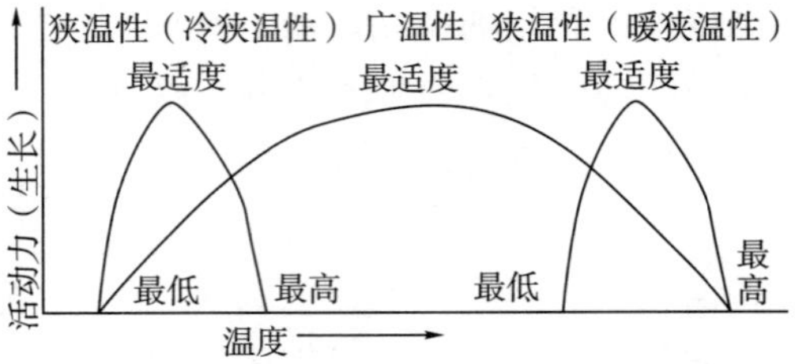

图 3-4　广温性与狭温性生物的生态幅比较(孙儒泳，1992)

4)生物对高、低温度的适应

环境温度过高或过低对生物都会造成危害，在一定范围内，生物对高温或低温都会产生一定的适应能力。

植物适应低温，在形态上表现不甚明显，主要体现在原生质的性质上。植物的抗寒方式分为避寒与耐寒两种。植物避寒能力效应较低，主要是细胞液中增加糖、盐、有机酸、蛋白质等浓度，使冰点下降，束缚水增加，可以过冷而不结冰。耐寒能力效应较高，当温度过低时，植物细胞质壁分离，细胞质表面有脂类化合物，自由水减少，束缚水比重增大。另外，幼枝表面保护组织增厚，芽外常包有芽鳞或绒毛、黏液等，整个植物处于休眠状态，可以忍受－40～－10℃的低温。植物这种抗寒性是随着气温逐步降低而逐渐形成的，称为抗寒锻炼。

高温危害植物首先是破坏代谢的协调，使呼吸作用剧烈。当气温超过 50℃，原生质和酶便丧失活性，乃至凝固破坏。长期生活在高温地区的植物，对高温产生了生态适应。例如，植物体上密生绒毛、鳞片，或植物体呈白色，这样可以过滤、反射一部分光线，降低植物的体温；厚的木栓层能隔绝热传导；叶面与光线平行排列可以减少光的吸收面积等等。增强抗高温的内在因素，则表现在细胞内增加糖分或盐分的浓度，减少细胞含水量，以防止原生质的凝固。此外，不少植物有很强的蒸腾作用，以降低植物体的温度，使之免受过热的伤害。

动物对高、低温的适应与植物不同，当环境温度条件改变，不适合其生存的时候，许多动物则会本能地采取各种措施，比如迁移、休眠和其他一些适应方式。

有些动物遇到环境温度变得太高或太低而无法忍受时，就开始作短距离的移动。例如，沙漠中的动物，为了避免炎热而从阳光曝晒处迁往有遮蔽的荫凉地方，或者钻入沙中。撒哈拉沙漠 125 种喜沙昆虫中，只有 3 种在沙温达 50℃时仍留在地面上，有些种类当沙温达到 35℃(干沙)或 45℃(湿沙)时，就钻入深达几十厘米的沙中。掘土动物可向地下打较深的洞穴栖居，以避免过冷或过热的不适温度。沙鼠从洞穴中出来活动时，正是气温最适宜的时候。一般的土壤动物，如蚯蚓、金龟子幼虫等，也可向较深处迁移以避开地面不适宜的温度。

有些动物为了寻求适宜的温度而迁徙，如大型动物熊、豹等，当寒冷的季节来临时，就由高山迁至山谷，第二年春暖时再回到高山上去。哺乳动物中的野牛、旅鼠等，也会因严寒的到来而进行有规律的长距离迁移。候鸟的迁移，有时长达数千公里，它们的分布也可能与温度紧密相关，如北美洲中东部的一种迁移性鸟——东菲比霸鹟(Sayornis phoebe)，它的越冬种群生活在元月最低温度为－4℃以上的美国地区。这种鸟冬天的分布范围与这条等温线紧密相关，可能与其能量平衡相适应(图 3-5)。低温对内温动物分布的影响，常常是与低温影响它们食物资源的数量或食物质量有关。

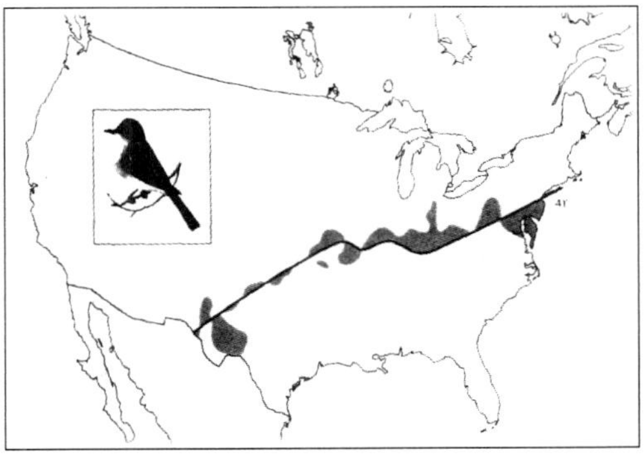

图 3-5 东菲比霸鹟从 1962 至 1972 年以来的冬季分布图(Krebs，2001)

注：深色粗线与元月平均最低温度为－4℃的等温线紧密相关，阴影区是分布界线与等温线间偏离的区域

动物的休眠是对生活条件，主要是温度季节变化的一种特殊适应，是指生物的潜伏、蛰伏或不活动状态。休眠通常分为冬眠和夏眠(夏蛰)。冬眠时动物体温下降，新陈代谢水平降低，不吃也不动，进入一种昏睡状态以度过寒冷的冬季。在高纬度和温带地区，动物的冬眠比较普遍，比如大量的地上无脊椎动物、土壤动物和几乎全部的水生无脊椎动物，在冬季即进入蛰伏或昏睡状态。

产生冬眠的内温动物又称异温动物。异温动物在冬眠之前体内储存大量低融点脂肪，冬眠期时，代谢率比活动状态下低几十倍(图 3-6)，甚至近百倍，体温可降到与环境温度相差仅 1～2℃，心率及呼吸速率都大大降低，从而降低了生物对能量的需求。这是动物对冬季寒冷和食物短缺的适应。对于某些小型哺乳动物来说，冬眠是发生在严格的温度条件下的。环境温度在0～10℃左右，才有真正的冬眠。温度长期低于0℃或−1℃时，动物就会冻僵而死亡；温度高于10℃或12℃时，动物便苏醒过来进入活动状态。对于一些小型的土壤无脊椎动物，情况就不同了。根据在长白山针阔混交林下对土壤动物的观察，发现一些小的弹尾类昆虫、螨类和许多线虫，冬季它们并不下移到不冻层的土壤中去，而是在深15～20cm土层中冻僵。当把温度−15℃左右的土壤冻块拿到室内，解冻后再观察时，这些小动物一个个都活动起来。可见它们忍耐低温的能力是很强的。有人认为，动物这种抗御低温的能力，可能与逐渐脱水，使体液渗透压增大而降低其冰点有关；也有人认为是由于动物体内积累着大量具有防护性质的甘油，起着防冻剂的作用，它可以把有机体体液的冰点降低至−20℃。

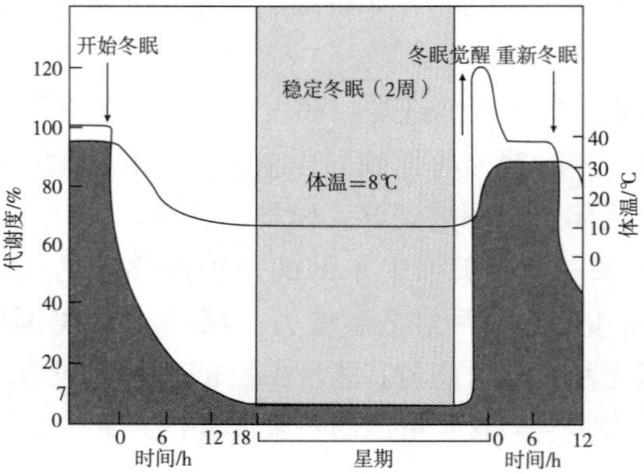

图3-6　黄鼠入眠和苏醒过程中代谢及体温的变化(Randall et al.，1997)

动物的夏眠或夏季滞育，是动物渡过干热季节的一种适应。夏眠虽不及冬眠普遍，但在昆虫及其他无脊椎动物、某些两栖类和爬行类，以及一部分哺乳动物中屡有发生。内温动物夏眠时，会产生适应性低体温，能量需求降至最低。昆虫夏季滞育时，有些可使身体干透以适应环境，或在体表分泌一层不透水的外膜以阻止体内水分蒸发。

5)温度与生物的分布

温度影响生物的生长发育，决定着生物的地理分布。地球上每种生物的生长、分布都需要一定的热量，同时还要受高温或低温的限制。例如，白桦和杉不能在华北平原上生长；梨、苹果、桃等不能在热带平原地区栽培；分布在欧洲的大菜粉蝶(*Pievis brassicae*)，其分布南界是亚洲的巴勒斯坦，这些都是受高温限制的缘故。但是，耐低温的种类可以分布在低、中纬度的高山上，如矮桦(*Betula potaninii*)、柳(*Salix herbacea*)、仙女木(*Dryas octopetala*)、雪兔(*Lepus timidus*)和雷鸟(*Lagopus mutus*)等。受低温限制的种类，如杉树的自然分布区，北不过淮河；柑桔不能在北方栽种；茜草(*Rubia cordifolia* L.)在欧洲分布的北界大约与1月4.5℃等温线相一致；而山毛榉的分布北界则与1月−2℃等温线相当。

一般而言，变温动物的分布受环境温度的直接影响大，因其缺乏鸟类和哺乳类的体温调节机制。相比较而言，环境温度对恒温动物地理分布的直接影响比变温动物小得多，但可通过食物的缺乏产生间接影响。就北半球而言，动物分布的北界受低温限制，南界受高温限制。

温度影响生物的垂直分布是很清楚的。长江流域和福建等地的马尾松(*Pinus massoniana*)，分布在海拔 1000～1200m 以下，这个界线以上又被黄山松(*P. taiwanensis*)所代替。

温度影响生物的地理分布，但究竟是哪些温度指标在起主要作用还有不同认识。有的认为年平均温度在起作用，有的认为一年中最冷月和最热月的平均温度是影响生物分布的重要指标之一，还有人认为日平均温度累计值的高低是限制生物分布的重要因素，多数学者倾向于积温是限制生物分布的主要因素。例如，早熟马铃薯在整个生长期内，要求≥10℃的积温为 900～1000℃、春小麦为 1700～1900℃、柑橘的积温则 4000～4500℃。

但是，积温并没有考虑到温度在时间上的分配。比如在夏季很热、冬季很冷的气候区内，植物在生长期间所获得的积温，可能与在冬季温和、夏季凉爽的地区内所获得的积温相等，但这两个地方的植被分布却大不相同。因此，在考虑温度影响生物地理分布时，必须把其他相伴随的生态因素估计在内。

2. 水

生命起源于水，水是生物体的主要组成成分，是进行一切生命活动及其过程的生理要素，也是一切水生生物的生活环境。

1)水在生物生活中的重要作用

水是生物体的重要组成部分。一般来说，植物体都含有 60～80%的水分，有的可达 90%以上。动物体含水量一般也在 75%以上。任何一种生物，其体内水分含量低到一定程度时不能进行正常的生命代谢活动，甚至造成死亡，因此水分对生物的作用超过食物对有机体的作用。

水是一种溶剂，生物体内一切生物化学过程必须在水中进行。植物有关营养物质的吸收、运输、光合、呼吸作用和细胞内一系列的生化过程都必须有水参加。植物生活需要的水量相当大，一棵玉米平均一天需耗水约 2 kg，一次生命过程要耗水 200 kg。如果小麦亩产(1 亩≈666.7m^2)为 3500kg 干物质(包括麦粒、茎、叶和根的总和)，则需水 1×10^5～1.4×10^6kg，再加上土壤表面蒸发的水(设同等量)，则共消耗水 2.1×10^6～2.8×10^6 kg，相当于一亩水池中深 31～42cm 的水层。

水是动、植物生活所必需的无机盐的载体。植物的根从土壤中吸收水，水中的无机盐类(氮、磷、钾等)，经过茎运送到叶和其他部分。溶解在水中的无机盐类(钠、钙、镁、钾等)，一部分低等水生动物能直接以体表吸收，而陆生动物则是通过饮水而获得。

2)水对陆生生物的影响

主要表现在植物方面。陆生动物虽然没有一个种能在长期缺水的条件下正常地生存下去，但是许多种类的分布在很大程度上是不受水量多寡限制的，这是由于动物在长期演化过程中，对缺水产生了不同的适应能力。有些动物，例如荒漠中的啮齿类、鸟类和爬行类，仅从食物中得到少量的水就能生活下去；还有些能以蛰伏或假死的状态度过缺水时期。有少数动物，身体具有特殊的构造以适应缺水的环境，例如昆虫的几丁质外骨骼、爬行类的鳞片、鸟类的羽毛等，都是利用不透水的外表皮来抵御环境的干燥。陆生植物与水分的关系极其密切，其形态结构、生长繁殖、地理分布和生物量等都受到水分条件和体内水分状况的强烈影响。

(1)大气降水、地下水对植物的影响。大气降水有各种不同的形态，如雨、雪、雹、霜、雾、露、雾淞以及汽态水等，它们对植物来说都有一定的生态意义。

雨水是植物生长发育期间的主要水分来源。降雨的生态作用，随着不同的降雨强度、降雨时间的长短、土壤内水分状况，以及地表植被的覆盖情形而变化。一般来说，强度较小、分布均匀的细雨对植物有利，而骤雨降落后，大量成为地表径流而流走，渗到土壤中的很少。地面有植被覆盖，可使雨水一部分存于枝叶之间，逐渐蒸发，同时增加了地表的糙度，使降至地面的雨水流速减缓，流径加长，有利于雨水入渗，增加土壤含水量，减少地表径流。雾和露在干燥地区可被浅根系植物所利用，以补充土壤和空气中水分的不足。据调查，在某些滨海沙漠地区，虽然雨量不多，但对地表生物供应水分每年可达 200 mm。北美洲加利福尼亚的红杉(*Sequoia sempervirens*)针叶林，主要就是依靠空气中的雾来取得水分的。一些地衣和苔藓也可直接利用这种水分维持生活。

冰雹是一种灾害性的降水形式，它能使植物受到机械损害。

雪是固体降水，它对植物的生活具有特殊意义。地表积雪不仅可以保护植物越冬，不致冻死，而且在早春融雪时，大量水分能供给植物早期生长之用。然而，雪也可以给植物带来灾害，森林中常因大雪而引起树冠、树枝的折断和树干的倒伏。被雪长期掩埋的植物芽不能生长并促使枝条死亡。

地下水(潜水)对植物的供水有很大意义。在荒漠、热带稀树草原和其他炎热、干燥地区，很多深根系植物依靠地下水供应水分，有些植物根系可达到地下水面或毛管边缘地带直接利用地下水。这类植物叫做“潜水植物”，如疏叶骆驼刺、芨芨草等。

(2)植物生态群与水分的关系。根据植物对水分的需求程度，将高等陆生植物分为三种生态群。

图 3-7　刺石竹——叶子变成刺（曲仲湘，1983)

旱生植物(xeric plant)是一类生长在干旱环境如草原、荒漠以及气候干燥、炎热地区的植物。在气候湿润地区的干燥环境，如高地、阳坡、陡崖等处也有分布。旱生植物分硬叶旱生植物和肉质旱生植物两类。硬叶旱生植物也可称其为少浆液植物，是典型的旱生植物，它们没有储水组织，但具有一系列的耐干旱结构，在植物丧失 50%的水分时仍可存活。例如，叶面积缩小，有些呈狭叶或线形，叶表有角质层和蜡层；根系发达，主根很深并有很多分枝；细胞液渗透压较高，以加强植物的吸水作用，如刺石竹(*Acanthophyllum pungens*)(图 3-7)。也有的种类以发达的根系增加吸水量保证水分的供应以维持水分的平衡，如生长在干旱沙地中的骆驼刺，地上部分只有数厘米高，而根系可深达地下 15m，而且在水平方向上也大幅扩展。肉质旱生植物也可称为多浆液植物，这是一类特殊的旱生植物，其根、茎、叶中薄壁组织逐渐转变为储水组织，储水量越大，出水量越多，抗旱能力也越强。有的茎肉质化，叶退化成针刺状，如仙人掌；有的叶片肉质化，如景天(*Sedum*)。肉质植物与硬叶旱生植物的主要不同点在于肉质植物遇降雨时能储藏大量水分，留在干旱期缓慢地消耗。某些大型仙人掌可在体内储存上千公斤的水。有人把一株37.5kg的仙人掌放在室内，在不浇水的情况下，6年内才蒸腾掉11kg水。有的仙人掌，在干处放置3年仍能开花。

湿生植物(hydrophytes)是一类生长在潮湿地区的植物。主要特点不能忍受较长时间的水分不足，叶子大而薄、光滑、角质层很薄；根系不发达、位于土壤表层并且分枝很少，渗透压不高，是一类抗旱能力最弱的陆生植物。湿生植物多见于沼泽化的草甸、河湖等沿岸，如苔草(*Carex*)、沼针蔺(*Eleocharis palustris*)、灯芯草(*Juncus effusus*)、半边莲(*Lobelia chinensis Lour*)等；另外也常见于充满水汽的阴湿林冠下层，如翠云草(*Selaginella uncinata*)、海芋(*Alocasia macrorrhiza*)、秋海棠(*Begonia evansiana*)等。

中生植物(mesophytes)是生长在水分条件适中地方的植物，这类植物分布最广，种类最多，数量最大。通常所见到的森林和草甸植物都属于这一类，绝大多数栽培植物(作物、牧草、蔬菜、果树)也是中生植物。

中生植物的特点是多样性。它们的形态解剖和生理特征介于旱生植物和湿生植物之间。植物的叶扁平、宽阔，机械组织、栅栏组织发育中等，表皮薄、角质层发育微弱，气孔主要出现在叶的下表面，渗透压比湿生植物高，比旱生植物低。在干旱地区，还有一类非常特殊的植物，它们的生活期非常短促，在春季或秋季降雨时能迅速地完成生活史，干旱来到时，植物便死亡，只留下种子，这类植物叫短命植物，它们大多属于中生植物。

3)水对水生生物的影响

水是水生生物的生存环境，因而水体的性质和特点对水生生物有极大的影响。但是，水生植物和水生动物在与水的关系上是各具特点的。

(1)水生植物。植物体或多或少沉没于水中的植物，叫做水生植物。水生植物由于长期适应于水体环境，所以具备了一系列特征：①因为水中氧气少，所以叶片面积增大，以利于气体交换，通气的细胞间隙大，常常形成特殊的通气组织；②表皮发育微弱或者没有，沉没在水中的植物部分表皮上没有气孔，浮在水面的叶片表面气孔非常多(与陆生植物相比)；③根系发育微弱或者无根系，如狸藻；④营养繁殖占优势；⑤具有较高的光合生产率，因为水温比较稳定，水中溶解CO_2的浓度较高，水中含有各种溶解盐类，在白天光照的情况下，植物生长迅速，繁殖极快。

根据植物沉没在水中的程度，将水生植物分成三类(图3-8)：①沉水植物(*submerged plant*)是指整个植物沉没在水面下与大气完全隔绝，有些仅在花期把花伸出水面，如金鱼藻，沉水植物是典型的水生植物，表皮细胞没有角质层或蜡质层，表皮可直接吸收矿物质及水中溶解的空气；②浮水植物(*floating-leaved plant*)是指植物叶片漂浮在水面的植物，还可把这类植物继续划分为完全漂浮和扎根的两类，前者如浮萍属(*Lemna*)，后者如睡莲属(*Nymphaea*)；③挺水植物(*emerged plant*)是指茎叶大部分挺立伸出水面以上的植物，这类植物在外形上很像中生植物，但由于根长期生活在水中，所以有发达的通气组织，如芦苇(*Phragmites australis*)。

图 3-8 水生植物

1. 水底层 2. 沉水植物 3. 挺水植物 4. 浮水植物

(2)水生动物。一切水生动物，它们的整个生命过程都在水中进行，因而水的理化性质对水生动物具有极其重要的意义。溶解于水中的氧气由于较大气中少，而且分布不均匀(表 3-1)。在通气良好的情况下，通常一升水中氧的溶解量不超过 20ml，仅相当于空气中的 1/25。有些水生动物具有特殊的吸氧功能，能从大气中获得氧气。

表 3-1 不同温度下压力为 20. 20Kpa 时空气、蒸馏水与海水内氧浓度

环境	温度		
	0℃	12℃	24℃
空气/ml/L	209	200	192
蒸馏水/ml/L	10. 2	7. 7	3. 2
海水/ml/L	8. 0	6. 1	4. 9

资料来源：孙儒泳，2002

在海水中所溶解的盐类，不仅对动物的生活、生长和分布有直接影响，而且也影响其他物理条件发生变化，从而间接地影响水生动物的生活。据观察，水体的盐度状况与水生动物的个体大小有一定的联系，同一种动物，栖居在高盐度水域里的要比栖居在低盐浓度水域里的个体大。生活在波罗的海的紫贻贝(*Mytilus edulis*)，在盐度为 15‰的基尔湾内，其个体长为 111mm，而生活在盐度 5‰～2‰。的波的尼亚湾的个体，仅为 21mm 长。

盐度也影响动物的繁殖，许多水生动物的繁殖区域，常常要求一定的盐度条件。例如中华绒螯蟹(*Eriocheir sinensis*)平时在淡水中生活，而到生殖期它的卵只有在盐度较高的海水中才能孵化和发育。海洋动物通常生殖力很强，所产的卵小，数目较多。

盐度对海洋动物的种类组成和地理分布也有很大影响。通常动物种类随着盐度的降低而减少(表 3-2)。

表 3-2　不同盐度海水中的动物数目

种类	海区盐度		
	地中海（38‰）	黑海（17‰）	亚速海（11‰）
腔肠动物	208	44	4
多毛类	516	123	23
甲壳动物	1174	209	58
软体动物	145	123	23
棘皮动物	101	4	-
鱼　类	549	121	89
其　他	1277	405	20
总　计	5280	1110	207

海水盐分的不同，使不同种的海洋动物栖息于不同的生活小区，生活在河口区的针鱼，只能往入海方向游一小段路程；螺能耐受稍高一些的盐分。贻贝的小生境很窄，但蟹、牡蛎、虾的适应性要强得多。游离 CO_2 相同条件下，如果盐分低于 15‰，海星就无法生活；鲷则必须在大海中度日。

天然水域中的 pH，主要取决于水中游离 CO_2 的含量及其与碳酸盐类的关系。如果其他条件不变，游离 CO_2 多，水呈酸性反应；游离 CO_2 相同条件下，如果碳酸盐类多，则水呈碱性反应。

水中 pH 对水生动物的影响表现在三方面：pH 对动物的基本活动——新陈代谢有很大影响，pH 降低，会使鱼类的呼吸机能降低，因此在酸性水域或受酸雨影响严重的水域，生物区系是很贫乏的；pH 对水生动物的繁殖与发育影响很大，不同生物在不同 pH 的水体中影响不同；pH 影响生物的营养吸收，许多鱼类在酸性环境中对食物的吸收率会降低。

各种水生动物对 pH 都有一定的忍受范围，据此可分为狭酸碱性动物和广酸碱性动物。前者主要生活在中性和碱性水中，适应范围为 pH 5～10，大多数淡水动物和几乎所有的海洋动物皆属此类；后者既能生活在酸性水中，也能生活在碱性水中，如小斑点鳟可以生活在 pH 4.1～8.5 的水中，只有在 pH 小于 3.3 或大于 10.7 时才受到伤害。

3)空气和风

空气对生物的作用，包括空气的化学成分和空气的水平运行两方面。

(1)空气成分对生物的作用。空气主要由氮(78%)、氧(21%)、氩、二氧化碳及其他气体(1%)等所组成。氧为生物呼吸所必需的气体，大气中氧的含量比较稳定，所以动、植物在生活中并不感到缺氧。只有在水中和土壤中，氧的含量才发生变化。因此，氧只对于沼生植物、水生植物、水生动物和微生物等产生一定的影响。

CO_2 是绿色植物光合作用的重要原料，作物生长旺盛期需要大量的 CO_2。有人试验，把作物放在全光照 1/5 光强的实验室里，当 CO_2 浓度增加三倍时，光合作用也相应地增加三倍；如果 CO_2 浓度不变，把光强增加三倍，光合作用仅增加一倍。因此，在强光下，植物生长盛期，CO_2 浓度能直接增加光合作用的强度。当前在作物种植中，主要是通过合理密植，高矮杆、疏密叶等间套作，以及多施有机肥等措施，加强作物周围的气体交换，提高CO_2浓度，以达到高产的目的。

绿色植物在光合作用中，吸收CO_2放出O_2。据计算，植物每吸收44g CO_2就能产生32g O_2。植物在白天光合作用释放出的O_2，要比呼吸作用消耗的O_2大20倍左右。所以绿色植物既是CO_2的吸收者，又是产生O_2的“工厂”。世界上的森林是CO_2的主要消耗者，通常每公顷阔叶林每天可吸收1t CO_2，放出0.73t O_2。每年被地球上全部植物所吸收的CO_2为93600t。一块$10m^2$的森林，可把一个人一昼夜呼出的CO_2全部吸收。因此，造林绿化可直接调节CO_2和O_2的比例。CO_2对脊椎动物和昆虫的呼吸具有调节作用，增加CO_2的浓度，会使这些动物呼吸变缓。

大气污染可以伤害生物。工业生产中排放的大量废气，使空气中含有较多的CO_2、HF、Cl_2、NO_2、醛等有害气体增加，当其浓度超过一定限度时，就会对生物有机体造成伤害。对于绿化树种、农作物、蔬菜的危害很大，常使植物的叶子出现斑点、改变颜色，甚至影响植物的长势和发育能力，严重时可使树木成片死亡，作物产量下降。

(2)风对生物的作用。空气的水平运动产生风，风对生物的作用，有两面性。

风对植物的作用。风是植物花粉、种子和果实传播的动力。地球上有10%的显花植物(禾本科、莎草科、灯芯草科、桦木科、栎属、山毛榉属等)借助风力授粉(称为风媒花)。风力还能促使环境中O_2、CO_2和水汽均匀分布，并加速它们的循环，形成有利于植物正常生活的环境。风力的扩散作用，可以降低大气污染物对生物的伤害。风对植物的有害影响，主要表现在使植物变形，特别在干风作用下，可以使植物体的向风侧蒸腾大量水分，使体内水分平衡受到破坏，叶片萎蔫，枝条枯死，形成不对称的“旗形树冠”。这种现象在海滨、山区森林的上限和北方森林的北界都很普遍。其次，大风携带的砂粒打击树木，损伤树皮，还能使树根暴露。强风可使树干弯曲，造成“风倒”“风折”等灾害。我国东南沿海地区，每年夏秋季节常受台风袭击使有些经济植物如香蕉、甘蔗、橡胶等都受害严重，农作物因风倒伏，造成减产。但台风也能带来雨水，解决一些地方的伏旱现象，对植物的生长有利。

风对动物的作用。风主要对陆生动物起作用，它可以直接或间接地影响动物的生活方式、迁移和地理分布。风对飞行动物如昆虫、鸟类和蝙蝠等的生物学特性和地理分布影响较大。在经常刮着强风的地区，飞行动物的种类是非常贫乏的，只有一些善于飞行的类群才能生存。例如，借助风力飞行的军舰鸟、信天翁和风雨鸟等。在海洋沿岸和岛屿，在草原、荒漠、苔原地带以及南极大陆，因那里风力很强，所以有翅昆虫很少，而无翅昆虫较多。在风力较强的地区，由于飞行昆虫少，因此以飞行昆虫为食的蝙蝠种类也非常贫乏。风对于某些小型动物是重要的传播工具。许多淡水原生动物，当水域干涸时，它们便进入休眠状态，于是风就把它们连同水底沉积物一起带走并传播得很远，甚至造成世界性的分布。强力的旋风能把软体动物、蛙、鱼等卷到空中，然后像雨一样地降落在几十公里以外的地区。所谓鸟的“迷飞”，常常是由大风携带的结果，这种现象通常发生在暴风雨之后。在哺乳动物的生活中，由风所带来的气息是确定方位的依据，驯鹿就是迎风觅食的。动物在巡游觅食时，风会影响方向的选择。寒风凛冽的地方，鸟类把巢筑在背风的凹处草丛中，有时还用小土块等建成薄壁状的防风掩体。

二、土壤

生物与土壤之间有非常密切的关系。自然界除了漂浮植物、寄生植物和附生植物外，绝大部分植物都固着在土壤里生活。土壤是植物生长发育的基质，陆栖动物都以土壤为立脚点，它们在土壤上行走、活动和觅食。土壤也是土壤动物的生存环境。

植物的根扎在土壤中，通过根系从土壤中不断地吸收水分、养料和空气。植物根系在土壤里生长和呼吸，需要土壤有适宜的温度、水分和通气条件。土壤肥力是植物生长发育所必需的条件。

生活在土壤中的动物是各种各样的。大多数原生动物生活在土壤中，最多时 1g 土含有 150 万个；95%的昆虫(成虫、幼虫或蛹)直接生活在土壤中；大部分涡虫纲、无足目两栖纲都生活在土壤中；自由生活的线虫在土壤中分布很广，甚至可栖居在干旱的荒漠土壤之中；蚯蚓是典型的土壤居住者(图 3-9)；许多螨类和蜘蛛的生存都与土壤相联系。其他某些陆栖脊椎动物，虽然不直接生活在土壤中，但也与土壤有着密切联系。哺乳类中的鼹鼠和鼢鼠直接居住在地下，它们对土壤的性质都有很大的选择性。

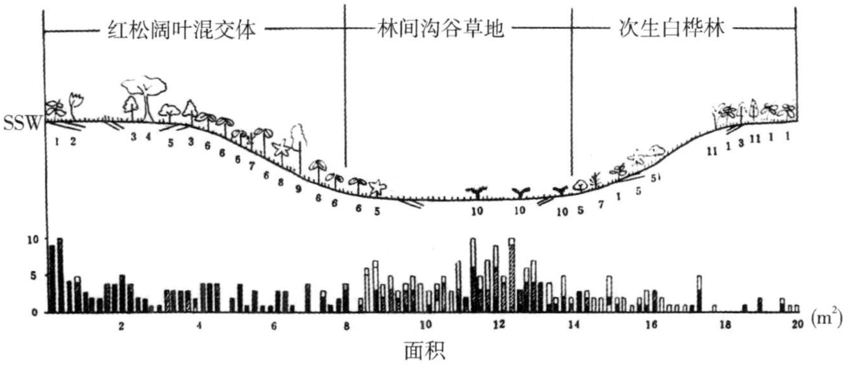

图 3-9　长白山针阔叶混交林代不同地貌部位蚯蚓的分布(陈鹏，1980)

土壤是一个复杂的物质体系，它的物理特性、化学特性和生物学特性都对生物产生直接或间接的影响。

1. 土壤质地

根据土壤的机械组成，通常将土壤质地分为沙土、壤土和黏土三大类。土壤质地直接影响土壤水分、温度、空气和养分状况，因而间接影响动植物的生活。

沙土矿物质粒径较大，土壤结构疏松，空气通透性良好，但蓄水性能差，易干旱，因而养料易流失，保肥性能差。主要生长一些沙生植物，如沙柳(*Salix cheilophila*)、沙拐枣(*Calligonum*)、梭梭(*Haloxylon ammodendron*)、三芒草(*Aristida adscensionis*)、猪毛菜(*Salsola collina* Pall.)等。

壤土是土壤中质地最好的一类，多具有团粒结构，既利水通气，又能涵养水分，保持肥力。有利于好气微生物将有机物分解、转化成能被植物吸收利用的无机养分。壤土是肥力较高的土壤，它为植物生命活动提供了良好的生活条件，适于绝大多数植物生存。

黏土矿物质粒径小，土壤结构紧实、粘重，保水保肥能力强，但透水透气性能差。土壤里常常缺乏氧气，植物根系发育不良。因此，只适于浅根性植物生长。植物种子在重黏土中发芽后，如遇干旱容易枯死。

目前已了解到不同种类的土壤动物喜欢不同的土壤质地。因此在不固质地的土壤中，土壤动物的种类和数量是不同的。比如，一种沟金针虫(*Pleonomus canaliculatus*)是砂壤土中的典型居住者；蒲色金针虫中的大田叩甲(*Agriotes sputator*)在沙土或砂壤土中最多(图 3-10)。蚯蚓也喜欢壤质土，而砂质土中的蚯蚓量只占壤质土中的 1/3～1/4(*Tischler*，1955)，这可能是由于沙粒会伤害蚯蚓软的皮肤所致。

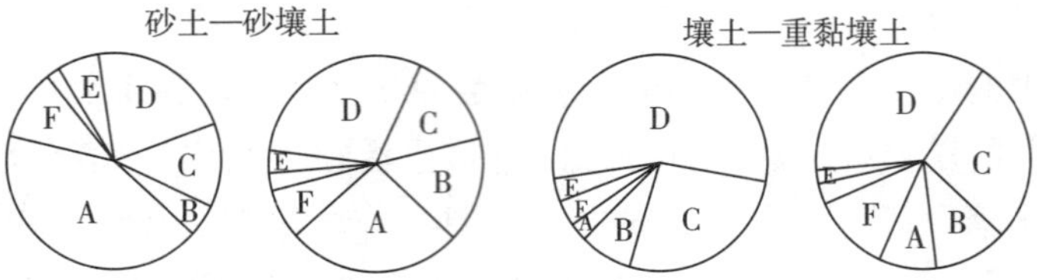

图 3-10　俄罗斯斯摩棱斯克地区金针虫的分布与土壤质地的关系(Nadvorny，1968)

A. 沟金针虫　B. 蒲色金针虫　C. *Agriotes lineatus*　D. *Aobscurus*　E. *Athous niger*　F. *Limonius aeruginosus*

2. 土壤空气

土壤中的生物(包括微生物、动物和植物根系)的呼吸作用和有机物质的分解不断消耗 O_2 和放出 CO_2，使土壤空气中的 O_2 和 CO_2 含量与空气中的含量有很大差别。据测定，土壤空气中 CO_2 的含量要比大气高数十倍至数百倍，土壤空气中 O_2 的含量较大气少，在透气不良的情况下，O_2 的含量可低到 10%以下(大气中的含量为 21%)。

有些土壤动物如鼢鼠、鼹形鼠等终生在地下生活，它们对土壤中的低 CO_2 和高 CO_2 产生了很好的适应性，此类动物对低氧的耐受力超过了高海拔的兽类。地下兽对低氧的适应表现在血红蛋白的浓度增加，血红蛋白的氧结合能力增加(P50 降低)，同时降低能量代谢，降低体温，以减少对氧的需求。地下兽的脑中枢对 CO_2 的敏感性降低，随着吸入气 CO_2 体积分数上升，呼吸通气量增加缓慢，比潜水兽和高海拔兽的增长率皆低。由于通气量增加减少，大量 CO_2 在体内会促成高碳酸血症，但地下兽会通过肾脏调整盐离子排泄速度，以及提高血液的缓冲能力，对高 CO_2 环境产生代偿性适应(图 3-11)。

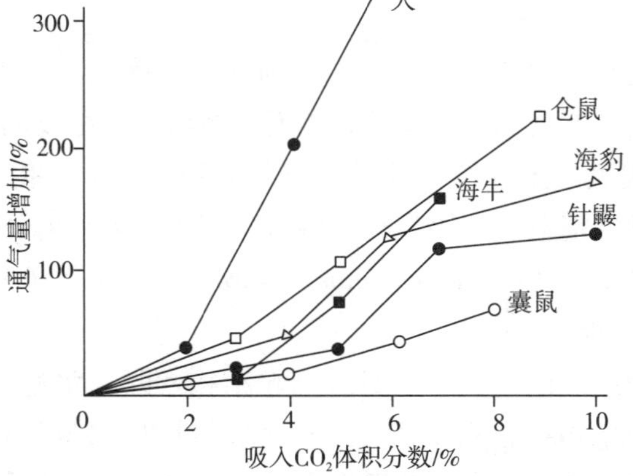

图 3-11　呼吸不同体积分数 CO_2 时，动物呼吸通气量的增加(Bouverot，1985)

土壤空气中的 CO_2，一部分以气体扩散和交换的方式进入近地面空气层，供植物叶片吸收，另一部分直接为根部吸收。但是，当土壤中 CO_2 积累过多而缺乏 O_2 时，则会阻碍种子发芽，苗出不齐，并影响根系的呼吸与生长，根系不能扩展，缺乏根毛，吸水吸肥能力减弱，甚至因呼吸窒息而死亡。

土壤空气在缺 O_2 时，好气性微生物的活动受到抑制，因而减慢了有机物质的分解与养分的释放，影响了植物的营养过程。在这种情况下，嫌气性微生物则活跃起来，它们把土壤中可被植物利用的氧化态无机盐(如硝酸盐、硫酸盐)还原成植物不可利用的状态，并使有机物质的分解作用不完全，产生各种有机酸或 H_2S、CH_4 等有毒物质，伤害植物的根系。如果土壤通气条件好，则好气性细菌和真菌活跃，有机物质分解迅速，并可完全矿质化，成为能被植物吸收利用的养分，但形成的腐殖质较少，不利于养分的积累，而且养分的有效率也不高。所以土壤通气不良和过分通气都不利于生物生存。最好是具有一定的通气性，使好气分解与嫌气分解能同时并存，既有利于腐殖质的形成，又使植物有效养分得到充分利用。

3. 土壤温度

土壤温度一方面直接影响植物种子萌发和扎根出苗；另一方面，也制约着各种盐类的溶解速度、土壤气体交换和水份蒸发、土壤中各种微生物的活动以及土壤有机物质分解的速度和养分的转化等，因而间接地影响植物的生长；土壤温度还影响植物根系的生长和呼吸，以及根系的吸收能力。一般来说，根系的呼吸强度和吸收能力是随土温的降低而减弱的。

不同的植物种类，对土壤温度的要求不同。在其他环境适宜的条件下，大多数植物根系适合在土温 5～40℃内生长，浅根性植物比深根性植物需要的土温高。大多数好气性细菌，在土温 7～10℃时才开始活动，土温在 13～21℃时，对有机物质分解、氨及硝酸盐的生成以及分子氮的固定都有促进作用。通常土壤温度变化是和缓的，因而栖息在土壤中的动物，对高、低温的忍耐相对较弱。弹尾类、螨类、有壳变形虫、轮虫、熊虫等对低温忍耐力强，因而能分布到高纬度和高山上；小型的涡虫、白蚁、蜚蠊、尾蝎、地下的两栖类、爬行类等，对低温忍耐力弱，它们在－1.2～2℃的温度条件下，短时间的暴露即可死亡。

土壤动物对高温的忍耐力较弱，尤其当土壤干燥时，高温是致命的危险。一些小型的土壤动物，在土壤中移动的距离是有限的。所以一般都具有适应高、低温的特殊本领。例如，熊虫在温度为 106℃的水中浸泡 6h 还能存活，在 150℃的高温下，也能忍受 10min。而某些蛭形轮虫，可在－272℃温度下忍耐 8h 而不死。

一些大型和中型土壤动物都具有一定的活动能力，因而遇到地温的变化，通常采取上下移动的方式，主动寻求适于生存的环境，因为土壤愈向下层受大气温度的影响愈小。金龟子幼虫在 10 月份栖息在地表以下 10cm 的地方，从 10 月末至 11 月，下降到地表以下 30～50cm 的地方；来年 4 月中旬，又回到地表以下 10cm 左右的地方(图 3-12)。同样，对于蚯蚓来说，因为冻结温度是致命的，所以在冬季亦向土壤深层移动，并进入休眠。

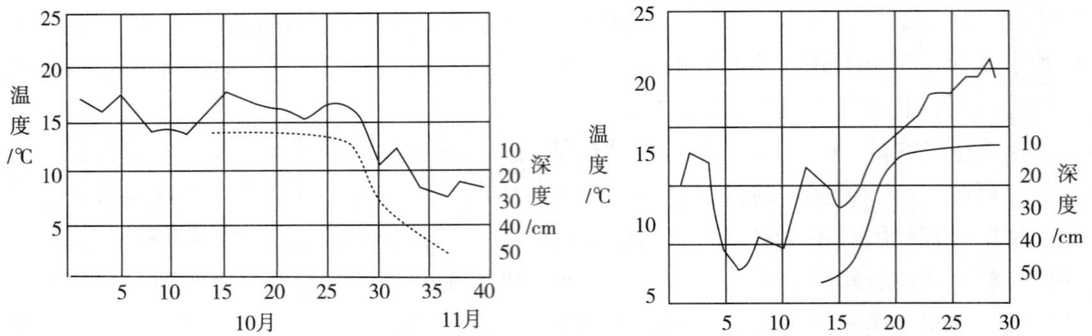

图 3-12 金龟子幼虫随土壤温度(实线)的变化

4. 土壤水分

对于植物和土壤动物来说，土壤水分是不可缺的生态因素。水分在土壤的组成要素中，给予生物的生命活动最大的影响。许多植物和土壤动物的分布，是受土壤水分的多少和存在的形态所制约的，植物所需要的养分，只有溶于水中才能被植物所吸收。土壤中所进行的许多物质转化过程，如矿物养分的溶解与转化，有机物的分解与合成等，也只有在水分存在并直接参与下才能进行。

土壤中水分过多或过少都不利于植物生长发育。土壤中水分多了，空气就要减少，这时植物根呼吸就要减弱，长期下去会造成窒息，导致植物体死亡。例如苹果的根系，氧浓度在10%以上时才能正常生长，5%时生长减弱，2%～3%时停止生长。土壤水分过多还可引起 CO_2 的积累导致 O_2 减少，嫌气性微生物活动占优势，形成有机酸及一些还原产物，如 H_2S、FeO 及 CH_4 等。这些产物大量积累于土壤内，使植物根系中毒，引起腐烂、死亡。水分过少，土壤出现严重干旱时，土壤中的重力水和毛管水完全消失，只剩对植物生理无效的吸附水，于是植物因失水逐渐萎蔫，光合作用速度减弱，光合产物由叶向植物体各器官输送速度也减慢。同时，由于水分不足，植物合成酶的活性减低，因而就不能形成植物生长所必需的物质，使其生长变慢甚至停止。同时由于分解酶的活性增强，使蛋白质水解而引起原生质的分解，最后导致植物体死亡。

土壤中的水分，不论在空间上或时间上都经常发生变化，而栖息在土壤中的动物，对于土壤水分具有各种不同的要求和忍耐范围。许多土壤原生动物、涡虫、熊虫、线虫等，必须在土壤液态水中生活；寡毛类、蛭形轮虫，桡足类、端足类、蛭类等的生活必须和水接触；许多小型节肢动物和昆虫幼虫、多足类等湿生动物，必须在相对湿度100%的空气中生活。因此，对于多数土壤动物来说，干燥、水分不足则有致命的危险。另一方面，水分过剩也会妨碍某些动物的运动，甚至引起氧气不足。例如，石蜈蚣在水浸状态超过24h时则会死亡。

土壤水分在很大程度上影响土壤动物的生态和分布。在南芬兰湖畔，由于离湖岸远近的不同和土壤含水量的差异，使甲螨类的分布在种类和数量上也随之发生明显的变化。距岸边愈近，种类愈少，而个体数愈多；相反，距岸边愈远，则种类愈多而个体数愈少。在德国中部草原，芥虫的种类和个体数，在过湿和较湿的土壤中都比较少，而在稍干燥的土壤里比较多(图 3-13)。

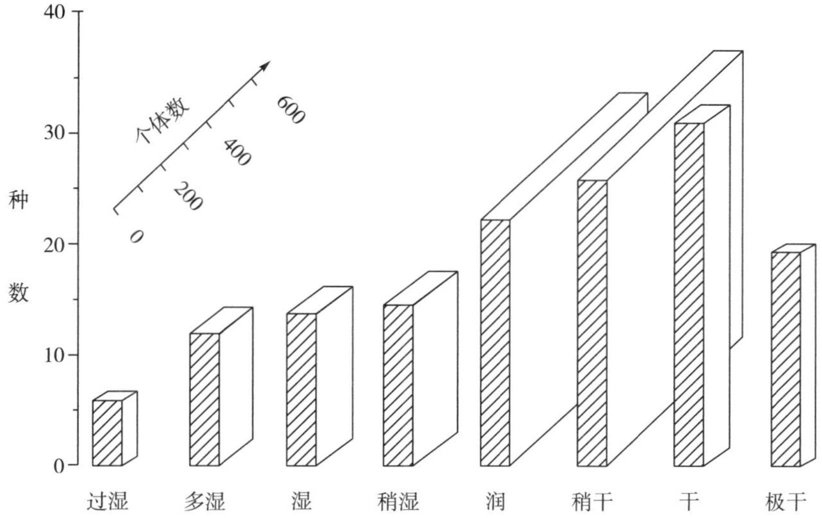

图 3-13　德国中部草原介虫类与土壤水分的关系（Tietze，1968）

5. 土壤酸碱度(pH)

土壤酸碱度，一方面直接影响植物的生长和土壤动物的活动，另一方面，通过影响矿质盐类的溶解度从而影响矿质养分的有效性，间接地影响植物的营养和土壤动物的分布。土壤 pH 在 6～7 时，养分的有效性最高(图 3-14)，pH>7.5 的碱性土壤，矿物质 P 由于和 Ca 结合而降低了有效性；pH<5.5 的酸性土壤，P 因和 Fe、Al 结合也降低了有效性。一般来说，在 pH 6～7 的弱酸性和中性土壤中，有效 P 较多。Fe 盐的溶解度随环境 pH 的增大而减少，所以植物缺铁观象容易在碱性和盐碱性土壤中出现。在强酸性土壤中(pH 小于 4.5)，活性 Fe、A1、Mn 等离子过多，毒害植物，使植物的根短而粗，吸水能力减少，容易寄生菌类。

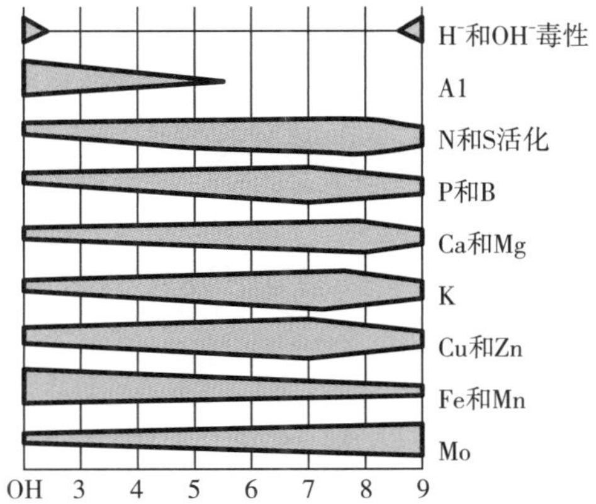

图 3-14　土壤 pH 对矿物养分的有效性影响（Begon et al.，1996）(以带宽度表示)

不同的植物对土壤 pH 的要求不同。自然界有花植物基本上是在 pH 3～9 内生长的，根据各种植物对土壤 pH 的适应范围，可将植物分为三大类：

酸性土植物：要求 pH 小于 6.5，如泥炭藓(*Sphagnum*)、越橘(*Vaccinium mandarinorum*)和栽培植物中的咖啡(*Coffea arabica*)、橡胶等。

碱性土植物：要求 pH>7.5，如大多数草原和荒漠植物等。

中性土植物：要求 pH 6.5～7.5，如红三叶草(*Trifolium pratense*)、猫尾草(*Phieum pratense*)，以及阔叶林中的许多植物和大多数栽培植物等。

土壤酸碱度还影响微生物的活动。通常硝化细菌均不能在酸性较强的土壤中生存，酸性反应不利于硝化作用，许多豆科植物的根瘤菌也会因土壤酸性增加而死亡。自生固氮菌在土壤 pH 4.5～5.0 时，虽然可以生存，但已失去固氮的能力。

土壤酸碱度对动物的分布通常是一种限制因素。比如，陆生蜗牛的数量，当 pH=5 时，2 只/km^2；pH=6 时，4 只/km^2；pH 为 7 时，8 只/km^2。pH 若再增加，数量反而减少。目前对于蚯蚓生活与 pH 关系的研究是比较多的，在日本仙台市附近，16 种蚯蚓的分布，主要限于 pH 6.0～7.4。在美国俄亥俄州，蚯蚓可生活在 pH 4.5～8.5 的土壤中，其中 pH 7.5～8.5 最多。

6. 生物在土壤形成中的作用

生物因素是影响土壤发生发展最活跃的因素。生物的作用能把太阳能引入成土过程，使分散在岩石圈、水圈和大气圈中的营养元素有向土壤聚集的可能，产生腐殖质，形成了良好的土壤结构，改造原始土壤的物理性质，从而产生仅为土壤所固有的肥力特征。所以，从一定意义上讲，没有生物的作用，就没有土壤的形成过程。

土壤形成的生物因素包括植物、动物和土壤微生物的作用。植物在土壤形成中的作用，主要表现在土壤与植物之间的物质和能量的交换上。植物，特别是高等植物，把分散于母质、水圈和大气中的营养元素选择性地吸收起来，利用太阳辐射能制造有机物质，把太阳能转变为化学潜能，以植物残体和土壤腐殖质的形式积累在土壤中。因此，不同的生物群落决定着土壤形成过程的发展方向，而植被的演替又导致了土壤类型的演变(图 3-15)。

图 3-15　植物类型和土壤类型的关系

土壤动物蚯蚓、线虫、螨类、昆虫幼虫等的生命活动，参与了土壤中物质和能量的转化过程。在有些土壤中，蚯蚓的翻土活动相当可观，平均一年翻土达 20t/hm^2，其结果不仅加速了土壤中物质的生物循环，提高了养分的有效性，而且也改善了土壤结构，增加了土壤的保肥、供肥能力。许多动物的挖掘活动，在土层中造成大小不同的洞穴，对土壤的透水性、通气性和松紧度均有很大影响。在草原和荒漠地区，啮齿类的这种作用特别突出，它们翻动上下土层，一方面机械地混和了土壤的物质组成，另一方面造成了地表形态的改变，使土壤中的水、气、热量状况和物质转化等都受到很大影响，从而使土壤的组成和性质发生变化。

土壤微生物对土壤形成的作用是复杂的、多方面的。其主要作用在于充分分解植物和动物的有机残体，合成土壤腐殖质，再分解并使其矿质化，进而完成了土壤中的物质循环。

总之，植物、动物和微生物与土壤之间相互依赖、相互作用，这种作用从根本上改变了成土母质的理化性质，使“死”的母质转变为“活”的土壤。

三、地形

地表形态和海拔高度的变化常常会引起气候、水、土壤等相应的变化。所以地形对生物的影响通常是与其他因素一起发生作用的。地形及其他因素的综合作用，对生物分布的影响是极其显著的。高耸的山地，由于地形和海拔高度的不同，引起其他各种自然要素发生垂直变化，因而也使生物的分布产生明显的垂直变化。

地形一般分为大地形、中地形和小地形。不同的地形，生物群落表现出很大的差异。山地与平原的生物种类有明显的不同，平原上的洼地及斜坡的生物种类和平原地区也有所不同。地形上很小的变化(如一个小丘、洼地、斜坡，甚至南坡、北坡、凸坡、凹坡)都会影响生物种群发生不同的变化。例如草原上的洼地，如果其轮廓是近圆形的，那么便可以观察到很多不同的植物群落，按不同的高度变成同心圆状的排列。又如，在河流泛滥地上可以看到很清楚的生态系列：在河床附近疏松的沙质土壤上发育着灌木林(主要是柳属的)，也有根状茎的禾本科等植物；在泛滥地中央部分较细的土壤上，生长着疏丛的禾本科植物；而在地形稍高的泛滥阶地上，土壤致密，则发育着密丛的禾本科植物和莎草科的苔属植物。

同样，微地形对动物也有影响。达乌尔黄鼠在草原内凡是具有平坦稍高的微波起伏地段都有分布，而起伏较大的丘陵和低洼的河漫滩数量则很少，而且仅在丘陵的坡脚和河漫滩中的高岗地段才会出现，在丘陵顶部和低山以及较低的洼地没有分布。

微地形对土壤动物的影响较大。例如叩头虫幼虫，在坡度小的斜坡上数量最多，在丘顶和低凹处数量最少。林下的大型土壤动物，在微地形的高处平均个体数为 29.3，斜坡上部为 27.5，斜坡下部为 36.3，底部为 39.7。凹地比凸地个体数多。据有关学者调查，在长白山针阔混交林带的不同地貌部位上，蚯蚓的生态分布是不同的。其中种类、数量最多的是林间沟谷草地，共 4 种，302 条，7.9 条/m^2(图 3-9)。

山地的坡向对生物的生长与活动具有很大的影响，尤其是南北坡之间常常表现出鲜明的对比。就北半球广大的中高纬度地区而言，南坡较北坡有日照条件好、温度高、湿度小、蒸发量大、土壤风化强等特点，因而一般土壤有机质较少，也较为干燥和瘠薄，是喜光、耐旱的阳生植物的适生环境；北坡则多耐寒、耐阴、喜湿的植物。但是，在低纬度地区，南北坡生境的差异随着纬度的降低而减少，以至消失。

南北坡综合环境条件的差异，还明显地反映在植物的垂直分布上。一般来说，同一树种或植被类型的垂直分布在北坡常低于南坡；而在同一海拔高度，南坡的植物成分中常有较南(喜暖)的植物种类，北坡的植物成分中则常有较北(耐寒)的植物种分布。在植物分布区内，北方植物种类在其南界可分布到山的北坡，南方植物种在其北界可分布到山的南坡，即南坡是南方植物种的北界，北坡是北方植物种的南界，这就是阿略兴提出的植物先期适应法则。山地坡向对动物的生活和分布也有一定影响。绝大多数鸟类都在山的阳坡或坡麓沟谷一带营巢和栖息。东坡和西坡的生态条件介于南坡和北坡之间，但东坡较接近于北坡，常称为半阴坡，西坡接近于南坡，常称为半阳坡。

第四节　生物因子与生物

地球上没有一种生物能独立地生活在非生物环境之中，任何地方、任何生物总是要受其周围生物所影响。生物与生物之间经常不断地发生着联系。

一、植物在动物生活中的意义

植物是动物的主要食物。一切动物都直接或间接地依靠植物生存，肉食性动物的这种关系是间接的，而草食性动物则是直接的。不同的草食性动物以植物的不同部分为食。例如，植物的根、茎、叶、果实(种子)、汁液和花蜜等，都可供不同动物所食。因此，植物的生长、分布和丰歉程度，直接决定着动物的居住、繁殖、分布和数量变动等状况。

以谷物(植物种子)为食的动物，其自身状况与谷物的丰歉程度有很大关系。在四季分明的地区，大多数植物都在夏季和秋季结实，因而在这个季节里食谷物的动物具有最好的食物条件。比如在吉林省中西部，每当晚秋谷物成熟时，许多田间啮齿类，如小家鼠、黑线仓鼠和黑线姬鼠等数量急剧增加，一般情况下每公顷多达 60 余只。某些地区当许多针叶树种不结果的时候，以这些树种子为食物的动物一定会迁移到其他地方去。对于星鸦(*Nucifraga caryocatactes*)和交嘴雀(*Loxia*)来说，针叶树种子歉收而引起迁移是它们重要的生态特点，它们只在针叶树种子丰盛的地区繁殖，如果第二年该地针叶树种子歉收，它们便迁移到数百公里以外的地方营巢。同样，针叶树种子的歉收，也常常引起松鼠等动物的迁移。松鼠在云杉种子歉收的年代里，常迁出数十公里，甚至数百公里，其种群数量的高低是随着云杉种子的丰歉程度发生变化的。

草食性动物生活区和居住地的分布，取决于植物性食物的分布状况。在俄罗斯，普通田鼠的分布与宽叶禾本科植物(包括农作物)、豆科植物和北方杂类草原的分布有联系，草原旅鼠的分布又与当地窄叶禾本科植物和南方杂类草草原的分布状况紧密地联系着。

植物除了作为动物的主要食物之外，还可以作为许多动物的隐蔽所。如在密草覆盖的地方，田鼠就不再挖掘地下洞道，因为覆盖着的密草和枝叶构成了很好的地面通道的顶盖。树木是动物最好的隐蔽物，许多鸟类几乎专门在树上筑巢和取食。例如生活在长白山森林中的灰山椒鸟(*Pericrocotus divaricatus*)、黑枕黄鹂(*Oriolus chinensis*)、黑头蜡嘴(*Eophona migratoria*)等，从不栖息在没有树木的地方。啄木鸟与树木的联系更为密切，它们通常在高大而木质松软的树干上凿出孔洞，在洞巢里产卵和育雏。

二、动物在植物生活中的意义

动物对植物的主要作用是授粉和传播种子，虫媒植物依赖昆虫为其传粉，如红三叶草，如果没有蜂的传粉作用就不能结实。另外，某些双翅类、鳞翅类昆虫，对植物的授粉也起着重要作用。热带某些以花蜜为食的小型鸟类(蜂鸟、太阳鸟等)对植物传粉作用最大。据统计，大约 1600 种鸟类主要以花蜜和昆虫为食。鸟媒性的植物是以鲜艳的颜色来吸引鸟类。热带有些树木是靠蝙蝠授粉的，蝙蝠在大的花朵上捕捉昆虫，同时将附粘在自己身体上的花粉带到其他花朵上去。许多国家专门人工养蜂，为农作物传粉。

某些动物对于直接传播植物种子和果实具有重要作用。有些植物种子具有特殊的适应构造，如小钩和卷须等，可粘在动物的毛皮上，被动物带走和散布。

星鸦在针叶林中主要以松籽为食。在丰收的年份里，星鸦饱食后还大量储藏松籽，它把一堆一堆的松籽埋藏在倒木或站杆附近的苔藓或落叶层里。一部分松籽被林中的啮齿类(花鼠、松鼠)、熊等吃掉；另一部分，来年则发芽生长起来。森林学家认为星鸦是这种针叶树种的主要传播者。

以各种植物的浆果为食的鸟类如太平鸟(*Bombycilla garrulous*)，在消化食物的过程中，浆果内的种子不仅不能被消化而失去发芽能力，而且对某些种类来说，如果不经过鸟的肠管是不能发芽的。例如，花楸、稠李、桑、悬钩子等的种子，被鸟类啄食后，再排泄出来，其种子发芽快且出苗整齐。这不但是因为鸟类肠管的温度促使种子由休眠状态转为萌动状态、肠道的蠕动摩擦利于坚硬的种皮软化、变薄，而且与种子一起排出体外的鸟粪成为植物生命初期必需的肥料。

卡尔瓦利亚树，也称大颅榄树，高达 30 m，树龄都在 300 年以上，是毛里求斯特产的一种珍贵树木。树上每年落下的是一些像李子一般的果实，里面包着种子，但这些种子并不发芽，所以不能生长出幼树。1981 年，美国生态学家坦普尔也来到毛里求斯研究这种树木。这一年，正好是渡渡鸟灭绝 300 周年。坦普尔细心地测定了卡尔瓦利亚树年轮后发现，它的树龄正好是 300 年，就是说渡渡鸟灭绝之日，也正是卡尔瓦利亚树绝育之时。他找到与渡渡鸟那样不会飞的吐绶鸡，让其吃下卡尔瓦利亚树的果实，几天后，种子排出体外，果实被消化掉了，种子外边的硬壳也消化了一层。坦普尔把这些种子栽在苗圃里，不久，种子长出了绿油油的嫩芽，这种宝贵的树木终于绝境逢生。原来渡渡鸟与卡尔瓦利亚树相依为命，鸟以果实为生，它们一荣俱荣，一损俱损，渡渡鸟的灭绝，实际上也扼杀了卡尔瓦利亚树的生机。

此外，动物还影响植物群落的成分和存在状态。例如，乌克兰草原曾有一处禁猎区保留着 $500hm^2$ 的原始针茅草原，禁止牧放牲畜。但几年以后，不仅没有达到预期的效果，相反在针茅草原上却长满了杂草，后来又允许在那里放牧，于是针茅草原才恢复到它原来的面貌。这说明只有在有蹄类的适度活动下，草原植物群落才能保持其相对的稳定性，动物的活动调节着植物的种间关系，保证了植被的多样性。

然而，过度放牧也可破坏草原群落的相对稳定。比如大群牲畜经常践踏，会压紧土壤，破坏结构，使土壤的水热状况恶化，并促使其盐渍化。强烈的践踏还会造成草簇死亡，使蒿属、猪毛菜属及其他杂草植物定居繁衍，造成人为的植物群落“荒漠化”。

一些小型哺乳动物的挖掘活动，对草原植物起着不良的、消极的影响。例如黄鼠、旱獭、田鼠、鼢鼠和其他鼠类，它们的挖掘活动在草原上留下了大量的沙土堆。在这些沙土堆上长满了牲畜不爱吃的杂草，而鼠类也不去吃这些杂草，它们专门吃优质牧草，因而使草原上的饲料植物更加贫乏。

许多啮齿类直接吃掉植物，对植被也起着破坏作用。这种情况在植被稀疏的干草原和荒漠里表现得最明显。例如社田鼠(*Microtus socialis*)，1924 年曾在南高加索田地里吃掉了 90%的作物；阿富汗田鼠在南土库曼山麓亚热带草原里，曾一度把其居住地的牧草吃得干干净净。地下啮齿类常常吃掉植物根部，使植被遭到毁坏。

三、动植物自身之间的关系

在自然界中，动植物自身之间的关系极其复杂，它们相互依存、相互影响。这些关系发生在同种生物之间称为种内关系；发生在不同种之间的称为种间关系。不论种内或种间，归纳起来不外乎是得益、受害或无明显的利害关系。主要表现在寄生、共生、附生、群栖、竞争以及捕食与被食等关系上。

1. 寄生

一种生物寄居在另一种生物的体内或体表，并从其组织中吸取营养，叫做寄生。其中得到利益的一方为寄生物，受害的一方为宿主。寄生物以宿主的体液、组织或消化好的食物为营养，并把宿主作为自己的生长或居住场所。寄生通常分为外寄生、内寄生和特殊的巢寄生。

1)外寄生

在高等植物中常见的有菟丝子(*Cuscuta chinensis Lam.*)、无根藤(*Cassytha filiformis*)、列当(*Orobanche coerulescens*)、草苁蓉(*Boschniakia rossica*)、半寄生的桑寄生(*Loranthus parasiticus*)和槲寄生(*Viscum Coloratum*)等。寄生和半寄生植物具有较高的灰分元素(特别是钾、磷、镁)和很高的渗透压，能从宿主植物的组织中吸取水分和矿物元素。在动物当中包括以宿主体表的毛发、羽毛、皮屑为食物者，如鸟虱；以宿主血液为食物者，如蚊、蚤、臭虫、虻和吸血蝙蝠等；以宿主的活组织为食物者，如某些甲壳类、蝇蛆等。

2)内寄生

如寄生在植物体内的细菌、病毒等；寄生在动物消化管内的蛔虫、绦虫和寄生在血管内的血吸虫等。

寄生现象大都发生在异种之间，但也有同种寄生的。例如，深海鱼角鮟鱇，其雄体(♂)很小，寄生在雌体(♀)的头部或体侧，雄体所需营养全部靠雌体的血液供给。在深海无光处，这种寄生方式有助于寻找配偶和生殖，人们称其为性寄生。

3)巢寄生

巢寄生是某些鸟类所特有的寄生现象。例如杜鹃、啄木鸟、某些文鸟和鸭类寄生在125种鸟类的巢中。其中以杜鹃最为典型，杜鹃自己不孵卵，而把卵产在其他鸟的巢里，让别的鸟为它孵卵和育雏。在我国东北，杜鹃经常把卵产在大苇莺和芦莺的巢里，通常杜鹃是乘这些鸟不在巢时，急忙进巢产卵。有时来不及就把卵先产在地上，然后用嘴衔着卵偷放在巢主之巢内，由巢主替它孵化。杜鹃的雏鸟通常要比巢主的雏鸟出壳早，小鸟出壳后，就把巢主的卵全部推出巢外，只留下它自己让巢主喂养。这种习性是长期自然选择的结果。另外，在黑海岛屿上有一种翘鼻麻鸭，它把卵产在红胸秋沙鸭的巢中，由红胸秋沙鸭为它孵卵和育雏。

2. 共生

共生这一概念非常广泛，凡是两种生物在一起生活，彼此无害，都可称为共生，植物中典型代表则是地衣。地衣是真菌和光合生物之间稳定而又互利的联合体，真菌是主要成员(图3-16)。在共生中，有的是双方有利，称为互利共生；有的是单方有利，但对另一方并无害处，称为单利共生或共栖。两者生活在一起，互受其益，当分开以后也能独立生活，这种现象称为原始合作。

图 3-16　植物的共生现象

动物中互利共生最为典型的例子是白蚁与其肠道中的鞭毛虫。白蚁以木材为食，但其消化道内不含有纤维素酶，而其肠内共生的鞭毛虫却能产生纤维素酶，将木质纤维消化转变成葡萄糖，除供白蚁利用外，所余之糖还可供鞭毛虫自己所需。如果两者分开，白蚁会因缺少酶不能消化纤维素而饿死，鞭毛虫也会因缺少能量来源而不能生存。新孵化出来的白蚁本能地去舐吮其他白蚁的肛门而获得鞭毛虫。所以白蚁必须营群体生活以便新个体能从其他白蚁那里得到鞭毛虫。鞭毛虫也因此而获得丰富的食物及良好的环境。

海葵和寄居蟹也是生物间共生的典型(图 3-17)。当寄居蟹长大要迁入另一个较大的新螺壳时，海葵也会主动地移到新壳上，这样海葵和寄居蟹双方都得到好处。由于寄居蟹喜好在海中四处游荡，使得原本不移动的海葵随着寄居蟹的走动，扩大了觅食的领域。对寄居蟹来说，一则可用海葵来伪装，二则由于海葵能分泌毒液，可杀死寄居蟹的天敌，因此保障了寄居蟹的安全，二者相互受益。

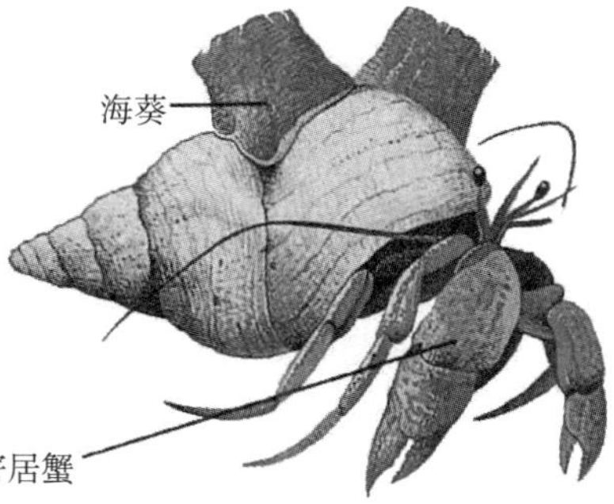

图 3-17　动物的共生现象

单利共生的例子可举鲨鱼和鲫鱼(*Echeneis naucrates*)，鲨鱼在负载鲫鱼遨游的过程中其本身并无利可图。鲫鱼利用头顶的吸盘吸着在鲨鱼身上，当鲨鱼捕食时，它便松开吸盘，在附近拣食鲨鱼剩下的残渣碎肉，然后再次吸附在鲨鱼身上，等待下一餐的到来。

在森林地区，许多树洞是动物共栖的场所。森林中常见的树洞多是啄木鸟凿成的，啄木鸟放弃的许多树洞常常成为其他一些鸟类的居住场所。比如在中国东北营巢鸟类——山雀、椋鸟等，常常居住在啄木鸟废弃的树洞中，成为啄木鸟的共栖者。晚秋和初冬，在森林中常常见到一些小型鸟类(山雀、旋木雀等)跟随啄木鸟到处巡游漂荡，并在啄木鸟凿树的下面或树皮旁边觅食啄木鸟未看见的小虫。这也是一种共栖现象。奇怪的是，有些小型鸟类把自己的巢筑在某些猛禽的巢壁上。例如，哈萨克斯坦有一种黑胸麻雀(*Passer hispaniolensis*)就巢居在白肩雕(*Aquila heliaca*)的巢壁里，最多时一个巢壁营居的麻雀可达 20～30 对之多，白肩雕并不伤害或吃掉它们。麻雀也把它当成自己的保护伞，因为其他小型猛禽是不敢飞近的，真可谓“大树底下好乘凉”。这些都是一种特殊的共栖关系。

图 3-18　鸟巢蕨

3. 附生

附生是一种生物附着在另一种生物体上，相互之间并无生理上或营养上的直接联系。附生现象在植物界比较常见。在潮湿的森林环境中，常有很多附生植物着生在树木的枝干和叶子上，它们借助吸根从积存在树皮裂缝内和枝桠处的大气灰尘以及植物残体中，获取少量的营养物质。附生植物所需的水分主要依靠降水和空气中的水汽。温带和寒带的附生植物，主要是地衣、苔藓和藻类。热带森林中，附生植物种类繁多，以蕨类和兰科植物最为引人注目，如鸟巢蕨(图 3-18)。过多的附生植物标志着森林已经过熟和林内湿度过大。

附着在鲸背上的许多藤壶，可作为附生动物的例子。它们并不吸食鲸的血肉组织，只是附在上面到处遨游，对鲸并无损害。

4. 群栖

许多植物、动物或者许多动植物共同生活在一起，叫做群栖。群栖的种类构成了群落——植物群落、动物群落或生物群落。在群栖生物之间，既存在互助关系，也存在竞争关系(图 3-19)。

图 3-19　青海湖鸟岛上栖息的鸟群

不同种的高矮棵、阴阳性植物生活在一起，有利于各自的生长。有些动物同种或不同种的群集，也有利于克服不利的自然条件和防避敌害的袭击。例如鸟类中的大雁、热带草原中的羚羊、斑马、长颈鹿、鸵鸟等，常常都是群居的。

5. 竞争

生活在某一地区的同种或异种生物，为了争取有限的生存空间、光照、水分和其他营养条件等，经常发生生存竞争。这种竞争可以是种内的，也可以是种间的。结果优胜者生存，失败者被淘汰。这种关系在作物与杂草之间表现得最明显。不除掉杂草作物就生长不好，是众所周知的道理。

动物方面的竞争也普遍存在。例如，在草原上，食草动物蚱蜢、鼠类、羊、野牛等为草而竞争；鸟类中为占据地盘，营巢繁殖，争夺隐蔽处，争吃同一种食物以及雄性个体为求偶而竞争等等。

高斯(Gause，1934)认为，由于竞争的结果，两个相似的生物种不能占有相似的生态位，而是以某种方式彼此替代，各自具有食物或其他生活方式上的特点。也就是说，某一生态位只能为一种生物所占据。这种现象通常称为“高斯法则”，即“竞争排斥原理。”

生物的进化，必然导致竞争压力的和缓，并使不同种类在对食物和其他资源的利用上产生分化，分别占据不同的生态位。种内竞争可使同种生物进化为具有不同忍耐力的两个种；种间竞争，可通过改变不同生物的形态或生态上的适应性，使栖息地的资源得以合理分配。竞争引起的进化降低了自身带来的绝灭性危险，并促进因种类分化而带来的群落繁荣。

6. 捕食者与猎物

捕食者与被食者的关系主要存在于动物界，并且是在漫长的历史过程中发展起来的。双方都具有一系列的适应，在自然界中保持一定的动态平衡。通常，捕食者的数量状况随被食者数量的变化而变化，但是，这不能简单地说成谁决定谁，因为在很多情况下，它们的数量变动不单纯决定于生物要素，而且还决定于其他的环境条件。青木淳一基于土壤动物的研究，对捕食者与被食者的关系提出了三种类型(图 3-20)。他认为在小范围和短时间内，捕食者有减少被食者个体数的作用。但是在大的空间或长时间内，它们的增减波则是反复的，始终保持着某种平衡状态。两者的数量变动波大体是一致的，但也有不吻合的，甚至是完全相反的情况。通常捕食者个体数的波峰比被食者个体数的波峰出现稍迟，即“追从型”的情况占多数。

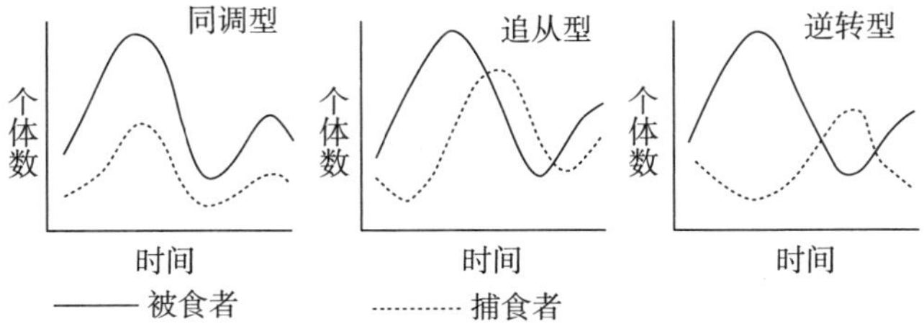

图 3-20　被食者和捕食者种群动态的三种类型(青木淳一，1973)

第五节　人类活动与生物

自从人类出现在地球上，人类活动就影响着生物的生存，并且这种影响在不断地扩大和加深。迄今为止，很难在地球上找到一块未经人类影响的生物地段了。

人类活动对生物的影响有直接的，也有间接的。直接的影响，通常表现为移植、增加或减少、消灭某些动植物种；间接的影响，通常表现在人类对自然环境的改变上。二者都会在不同种程度上改变生物群落的本来面貌。

一、直接的影响

人类活动对动物种群的直接影响主要表现为捕杀。有些人为谋取暴利，只顾眼前利益不顾长远后果，过度地围捕猎杀动物，造成动物种群数量不断减少，一直到不能再捕的情况为止，这时动物种群已濒临灭绝。例如，美洲野牛、欧洲野牛、北美洲的大麝牛等已快到绝种的边缘；澳大利亚的有袋类、单孔类其数量也十分有限；我国的高鼻羚羊也面临危机。至于无脊椎动物，情况比较复杂。一些有害的种类，至今未能消灭，而一些有益种类，如某些经济软体动物、甲壳动物，近年来也近乎灭绝。

人类活动直接影响另一方面表现在增加、移植某些动植物种群。例如人类直接把栽培植物从一个地方迁移到另一个地方，创造栽培植物群落，如农田、果园、菜园、各种人工林等。通过引种、培育，创造了大量的品种，并且扩大了植物的分布区。

人类在改变原始植被时，常常为外来的、有害的植物扩散铺平道路。自然界有一类所谓“伴人植物”，它们伴人分布。例如，加拿大飞蓬，大约 1644 年由美洲输入法国公园。现在它不但成为整个欧洲顽强的杂草，而且在我国也随处可见。欧洲、亚洲常见的杂草，如灰菜、车前草、猪毛菜等伴人植物，在北美洲的分布也极为普遍。

人们为了驯化某些动物，或者为了与有害动物作斗争，常常从外地引进一些当地原先没有的动物。例如，原产于南美洲的海狸鼠(*Myocastor coypus*)和原产于北美洲的浣熊(*Procyon lotor*)，都被带到北欧定居。欧、亚洲的八哥和麻雀，也被引入北美洲定居。为了与毒蛇作斗争，人们把印度獴引入安的列斯群岛。1840 年输入澳大利亚 16 只家兔，跑到野外后则急剧地繁殖起来，乃至成为严重的灾害。这些都在不同程度上改变了原来的动物群的状况。

二、间接的影响

主要表现在人类对自然环境的改变和环境污染方面。人类自觉或不自觉的活动，有时会破坏、砍伐、烧光植被，使地面、山坡变成荒山秃岭，以致改变了气候、土壤，造成水土流失，引起荒漠化。比如，巴尔干半岛的山地上原来生长着大片森林，从罗马帝国时代就开始砍伐、放牧，至今几乎已成为荒地一片。公元 4 世纪以前，美国东部约有 $1.7\times10^6 km^2$ 的大片森林，西部由无垠的大草原覆盖着。18 世纪，由于人类的活动，东部森林几乎被砍光(现仅存 $7.6\times10^4 km^2$)，中西部被开垦为农田，其他地区也因过度放牧，使自然植被遭到严重的破坏。致使中、西部地区 1930 年开始发生可怕的大风沙，成为美国一个严重的自然灾害区。

我国的黄土高原从前是由森林和草原所覆盖，黄河的水也是清澈的。从 13 世纪起，经过几百年封建王朝掠夺式开发，森林面积大大缩减，草原毁坏殆尽，使该地变成一片荒山秃岭，水土流失十分严重。据统计，如将每年从该地区冲刷走的泥沙垒成高宽各 1m 的土堤，其长度可沿赤道绕地球 16 周。流水携带大量泥沙倾泻而下，淤塞河道和水利工程，并使黄河下游河床逐年升高，成为“悬河”。目前再要恢复黄土高原原来的面貌已经十分困难了。

人类活动造成环境的近期变迁，以我国东北长白山二道白河屯为例。1962 年，该屯附近是一片原始针阔混交林，当时仅有居民 100 多户，共 500 多口人。18 年以后，人为的影响使环境发生了很大变化，现在那里已经成为一个拥有 50000 多人口的村镇和林业工区了。1980 年在 18km 长的基线上，据对附近森林和 4 种不同生境的鸟类进行对比调查(与 1962 年比)表明，人类的开发活动，使附近林区的鸟类种数明显变少。人类开发后的地区，鸟类常见种减少，优势种增加，即鸟类的个体数相对集中在少数几个种类上，并且与森林有联系的鸟类如灰脚柳莺、黄腰柳莺、白腹蓝、四声杜鹃等明显减少；与居民点有联系的经常出现在人类生活环境中的鸟类如麻雀、燕子等明显增加。

人类活动对动植物的间接影响，还表现在环境污染方面。例如，煤烟中 SO_2 与 H_2S 的含量达 0.5%～5%，对植物有很大危害。SO_2 进入植物叶肉组织，与酶中的铁素结合，破坏叶绿素，引起组织脱水，使叶出现褐色斑，甚至脱落。1%浓度的 SO_2 可使菠菜在三小时内发生严重伤害(出现白色伤斑)。工厂放出的氯和氯化氢、氟和氟化氢，其毒性比 SO_2 还大，当植物中毒后，叶片会变成枯黄致死。土壤和水源污染后，有的作物、果树也因此而发育不良，造成减产，甚至成片死亡。污染物进入产品中，还直接危害人体健康。

人们使用的杀虫剂 DDT，为害已久，令人吃惊。在 20 世纪 50 年代初，人类各项活动，都给予生物以巨大的影响。随着人口的增长，尤其是由于人类活动造成的环境污染和环境破坏，对动植物来说，是一种大规模的毁灭性灾难。美国海洋生物学家兼作家蕾切尔·卡逊在其巨著《寂静的春天》一书中详尽描述了滥用杀虫剂、除草剂尤其是DDT的滥用导致的种种生态灾难，其严峻的的结论，就像旷野中的一声呐喊，在全国引起极大的震荡。在《寂静的春天》作为环保运动的里程碑而被公认是二十世纪最具影响力的书籍之一的同时，卡逊于1990年被曾经挖苦过她的《生活》杂志选为二十世纪一百名最重要的美国人之一。

参考文献

北京大学，等．1987. 植物地理学．北京：高等教育出版社．

陈鹏．1988. 生物地理学．长春：东北师范大学出版社．

陈鹏．1986. 动物地理学．北京：高等教育出版社．

陈阅增．普通生物学．1997. 北京：高等教育出版社．

黄厚哲．1983. 生物学概论．北京：高等教育出版社．

华东师范大学，等．1982. 动物生态学(上、下册)．人民教育出版社．

李博，林鹏，杨持．2000. 生态学．北京：高等教育出版社．

蕾切尔·卡逊．2011. 寂静的春天．北京：科学出版社．

孙儒泳．1990. 动物生态学原理．北京：北京师范大学出版社．

孙儒泳，李博，诸葛阳，等．1993. 普通生态学．北京：高等教育出版社．

孙儒泳，李庆芬，牛翠娟，等．2002. 基础生志学．北京：高等教育出版社．

苏智先，王仁卿．1989. 生态学概论．山东：山东大学出版社．

宋永晶．2001. 植被生态学．上海：华东师范大学出版社．

殷秀琴．2004. 生物地理学．北京：高等教育出版社．

张荣祖．1999. 中国动物地理．北京：科学出版社．

郑师章，吴千红，王海波，等．2000. 普通生态学——原理、方法和应用．上海：复旦大学出版社．

赵小鲁，等．1996. 动物生态地理研究．成都：成都地图出版社．

周云龙．2004. 植物生物学．北京：高等教育出版社．

第四章　生物与生物群落

生物群落指生活在一定的自然区域内，相互之间具有直接或间接关系的各种生物的总和。与种群一样，生物群落也有一系列的基本特征，这些特征不是由组成它的各个种群所能包括的，也就是说，只有在群落总体水平上，这些特征才能显示出来。生物群落的基本特征包括群落中物种的多样性、群落的生长形式(如森林、灌丛、草地、沼泽等)和结构(空间结构、时间组配和种类结构)、优势种(群落中以其体大、数多或活动性强而对群落的特性起决定作用的物种)、相对丰盛度(群落中不同物种的相对比例)、营养结构等。

第一节　生物群落的基本概念

一、生物群落

群落的概念可以追溯到 19 世纪初，近代植物地理学创始人亚历山大·冯·洪堡在《植物地理知识》中提出，在一个地点，一定种类的植物总是生长在一起的。Schow 在 1822 年提出了植物群落(plant community)的命名法。而生物群落的概念，最早是莫巴斯(Mobius)于 1877 年提出的。他将生物群落定义为：“生物群落是活的有机体的结合，它在种类组成和个体数量方面，与环境的某些适度条件相适应，在这种结合中，有机体是相互依赖地联系着并由于在一定地点的不断繁殖而保存着，如果某一条件在某些时刻偏离了通常的适度值，那么整个生物群落将发生变化”。如果某一个种的个体数目由于人类活动增加或减少，或一个种从群落中完全消失，或新种进入群落的组成中，生物群落将发生变化。1911 年谢福尔德(V. E. Shelford)认为生物群落是“具有一致种类组成且外貌一致的生物聚集体。”1957 年美国生态学家奥德姆对生态群落的定义作了补充，认为除了种类组成与外貌一致外，生物群落还“具有一定的营养结构和代谢格局”，“它是一个结构单元是生态系统中具生命的部分”。

基于上述思想，目前生物群落可定义为：生物群落是指在特定空间或特定生境下，具有一定的生物种类组成，与环境相互影响，相互作用，具有一定的外貌及结构，包括形态结构和营养结构，并具特定的功能的生物集合体，是一个生态系统中具有生命的部分。它和种群是有区别的，可以说，生物群落是在相同时间聚集在一定地域或生境中全部生物种群的集合。

二、生物群落的基本特征

生物群落具有许多区别于种群和生态系统的独特特征。

(1)具有一定的群落外貌。一个群落中的植物个体数量及植株高度不同，形成的密度也不同，从而决定了群落的外貌。在植物群落中由生长形式类型决定高级分类单位特征，例如森林、灌丛、沼泽、草地等类型。根据外貌又可以把森林分为阔叶林、针叶林等。

(2)生物群落具有一定的种类组成。动物、植物和微生物种类组成构成不同的群落类型。因此，种类组成是不同生物群落的最重要特征。

(3)生物群落中的各个物种是相互联系的。构成群落的物种间必须共同适应它们所处的无机环境，内部是相互协调与平衡的关系，且这种关系会随着生物群落的不断发展而完善。

(4)生物群落具有自己的内部环境。群落在形成过程中，生物和环境是相互作用的。生物对环境具有适应性，同时对环境也具有改造作用。随着群落发展到成熟阶段，群落内的温度、湿度、光照等也发育成熟，与群落外部环境有很大的差异。因此，不同群落间群落环境存在明显差异。

(5)生物群落具有一定的结构。群落结构包括层片结构、垂直结构、水平结构、时间结构等。群落类型不同，结构也不相同。

(6)生物群落具有一定的动态特征。任何一个生物群落都有它的发生、发展、成熟、衰败与灭亡阶段，都处于不断地发展变化之中，表现出动态的特征。

(7)生物群落具有边界特征。在多数情况下，不同群落之间存在过渡带，称为群落交错区，形成明显的边缘效应。

三、生物群落的分类

生物群落目前尚无一个统一分类系统，由于其概念非常广泛，在实践中，很难把生境中全部生物的种群都进行研究。人们根据外貌、生境、区系、发生、群落学和数值等特征对生物群落进行分类。常见的是选择群落中的某一类生物进行研究，如植物群落、动物群落、森林鸟类群落、高山草甸鼠类群落。

(1)群落的外貌分类，根据优势种(或建群种)的生活型来划分。例如针叶林、落叶阔叶林、常绿林、高草、冻原等群落。

(2)群落的生境分类，把生境明显的限定地区作为分类和命名群落。例如沙丘群落、盐土群落、湖泊群落、河流群落等。

(3)群落的区系分类，以特征种作为分类的基础。分类单位包括群丛、群属、群目、群纲等。

(4)群落的发生分类，根据群落发生的亲缘关系而分类的。

(5)数值分类，将群落的特征数值化，进行数学处理。

(6)群落学分类，群落学分类是以生物群落本身的特征作为分类的依据，同时又注意群落的生态关系。群落学的分类系统，包括三个主要等级单位：群丛、群系和植被型。

群丛是植物群落分类的基本单位。是具有相似种类组成、优势种、结构和外貌的同类群落的集合。例如，羊草－野古草群丛(Ass. *Aneurolepidium chinense-Arundinella hirta*)。

群系是中级分类单位。具有相同建群种的群丛联合为群系。如马尾松群系(Form. *Pinus massoniana*)、落叶松群系(Form. *larix gmelinii*)等。

植被型是高级分类单位，把建群种生活型相同或近似的群系联合成植被型。在植被型组内，把建群种生活型相同或相似，同时对水热条件的生态关系一致的植物群落联合为植被型，如寒温带针叶林、落叶阔叶林、草原等。

四、生物群落的命名

一个群落中可能生存着千百种有机体，但其中只有少数种或种的集群，它们的数目、大小或活动性，对群落起着主要控制作用。所以许多生态学家认为，需择其最主要的有机体，也就是最优势者来命名，力求简单明了，易与其他群落相区别。命名依据有以下三条。

(1)根据群落中的优势种命名，如马尾松林群落、云杉林群落等。这种命名方法，对于一些种类较少，并在任何时期都可表现为明显优势种的群落是较为适用，而且简单明了。

(2)根据优势种群的生活型定名，如热带雨林群落、草甸沼泽群落等。这种方法对于优势种的种类较多，而群落的生活型有突出特点的群落较为适用。

(3)根据群落占有的自然生境命名，如山涧溪流群落、砂质海滩群落。这种方法对水生群落较为适用。

人们经常提到的昆虫群落、蜘蛛群落、天敌群落等，并不属于群落命名的范畴，它完全是根据人们的研究对象属于何种类群而使用的术语。但是，如果指出特定的生态系统，那么这样的术语就被赋予了明确的含义。例如，稻田昆虫群落、橘园蜘蛛群落等。

第二节　生物群落的组成结构

生物群落可以从植物群落、动物群落和微生物群落三个不同的角度来分析，其中以植物群落的研究最深入，关于生物群落的基本原理多数是在植物群落的研究中获得的。所以，本书在讨论群落的组成结构时，主要是以植物群落的研究成果为代表。

一、生物群落的组成

群落的组成是指群落由哪些生物种类所构成，即组成群落的有机体种类。种类组成是影响群落特征的重要因素。

1. 种类组成的物质分析

植物种类不同，群落的类型和结构不相同，种群在群落中的地位和作用也不相同。因此，可以根据各个种在群落的作用划分群落成员型。植物群落研究中，常用的群落成员型有以下几类。

1)优势种(dominant species)

群落组成中的每个成分，在决定整个群落的性质和功能上并不具有相同的地位和作用。一般来说，对群落结构和群落环境的形成有明显控制作用的植物种称为优势种。优势种通常在群落中不仅占有较广泛的生境范围、利用较多的资源、具有较高的生产力，而且具有较大容量的能量，即个体数量多、生物量大等特点。如果去除群落中的优势种，必然导致群落发生重要变化。

在陆地群落中，植物常常是优势种类，这不仅因为它们接收阳光、转换能量、是食物生产者，而且还由于它们为群落中的其他生物提供食物，给予掩蔽，同时又以多种不同形式改变着群落的物理环境。当然有时动物也对群落起控制作用，如草原上的啮齿类动物能以各种形式改变草原群落；过度放牧也会损害群落的结构和外貌。因此仅仅从“控制群落”的角度来确定其优势种，有时就会出现偏误。

群落中优势种的多少，主要受物理因素的制约和种间竞争的影响。一般来说，能划定为优势种的种类，在北方的群落中总是比南方的少。例如，北方的森林，可能只有一两种树即可组成森林的90%以上；而在热带森林，则可能有不少种类在同样标准下成为优势种。可以说在自然条件极端或严酷的地区，优势种的种数就少，即群落中支配因素由少数物种所分担。

对于群落优势种的确定，虽然也可以遵循以上原则，但一般来说，动物(特别是高等动物)的活动性大，一两种动物常常不可能长期形成优势。因此对优势种的具体应用上，由于立足点不同尚存在着一些争论。

2)从属种(subordinate species)

除优势种外，群落中的其他物种称为从属种。R. Danbermir(1968)把植物群落中从属种分为两个类群：一个类群为依赖性从属种(dependent subordinates species)，它紧密地依赖于优势种所提供的条件，如果优势种被排除，则导致它们在生境中灭绝，如附生性植物、寄生生物、专性菌根真菌和专性阴地植物等。显然这些生物只有在优势种定居于一个地区后才能进入生境。从属种的另一个类群是指那些不论优势种存在与否，都能在该群落生境中存在的物种。这些从属种都是耐阴性的，但却不需要那些由优势种加诸于生境的特殊条件。

3)关键种(key stone species)

物种在群落中的地位不同，一些珍稀、特有、庞大的对其他物种具有与生物量不成比例影响的物种，它们在维护生物多样性和生态系统稳定方面起着重要的作用。如果它们消失或消弱，整个生态系统就可能要发生根本性的变化，这样的物种称为关键种。这一概念最初由Paine(1969)提出，此后在生态学中受到重视。关键种的丢失和消除可以导致一些物种的丧失，或者一些物种被另一些物种所替代。群落的改变既可能是由于关键种对其他物种的直接作用(捕食)，也可能是间接作用。关键种数目可能是稀少的，也可能是很多的，对功能而言，可能只有专一功能，也可能具有多种功能。

根据关键种的不同作用方式，可以有以下一些关键种的类型：关键捕食者(key stone predator)、关键被捕食者(key stone prey)、关键植食动物(key stone herbivore)、关键竞争者(key stone competitor)、关键互惠共生种(key stone mutualism)、关键病原体/寄生物(key stone pathogen/parasite)、关键改造者(key stone modifier)。关键种目前在实践中越来越受到重视，常将关键种作为加强多样性保护的特定对象和优先保护种。

4)冗余种(redundancy species)

Citary等(1996)认为，在生态系统中，有许多物种成群地结合在一起，扮演着相同的角色，这些物种中必然有几个是冗余种。这些种的去除不会引起群落内其他物种的丢失，同时对整个系统的结构和功能不会造成太大的影响。

Walker(1992)首次提出冗余假说(Redundancy hypothesis)，认为物种在生态系统中的作用显著不同；某些物种在生态功能上有相当程度的重叠。因此，某一物种的丢失并不会对生态功能发生大的影响。那些高冗余的物种，对于保护生物学工作来说，则有较低的优先权，这并不意味着冗余种是不必要的，冗余是对于生态系统功能丧失的一种保险和缓冲。Walker(1995)进一步强调指出，促进一个生态系统的灵活性，增加冗余种是很重要的，它不但抵御不良环境，而且还提供了未来进一步发展的机会。所以它是物种进化和生态系统继续进化的基础。在一个生态系统中，短时间看冗余种似乎是多余的，但经过在变化的环境中长期发展，那些次要种和冗余种就可能在新的环境中变为优势种或关键种，从而改变和充实了原来的整个生态系统。

5)营养物种(trophic species)

为了分析方便，同时也为了简化食物网结构，生态学一般把营养级别相同的不同物种或相同物种的不同发育阶段归并为一个物种对待，在这种意义上的物种称为营养物种。显然，营养物种不同于纯生物学意义上的物种，它是由取食同样猎物，或被相同捕食者猎食的，在营养级别上完全相同的一类物种所组成。

营养物种根据其在食物网中所处的位置可以区分为以下四种类型：

(1)顶位物种(top species)，它是指在食物网中不被任何其他生物所取食的物种，居于食物链的终点。

(2)中位物种(intermediate species)，至少具有一种捕食者和猎物，既可捕食其他物种，也可以被更高级的捕食者所食。

(3)基位物种(basal species)，指不取食任何其他生物的物种，但被其他种取食。

(4)孤立物种(isolated species)在食物网中既不取食其他种，也不被其他种取食的物种。

实际上，在具体操作中，营养物种的划分也是相对的，是根据群落的范畴和所研究对象的特征而定的。

2. 种类组成的数量特征

为了更深入地研究生物群落，在掌握了它的种类组成后，还需要对种类组成进行定量分析，种类组成的数量特征是近代群落分析技术的基础。数量特征包括以下几种指数。

1)多度

是指群落中个体数量的多少，它随时间和空间发生变化。多度的确定，通常采用相对的、不甚精确的等级评定。经常使用的多度为 5 级：稀少(±)、少见(+)、常见(++)、多见(+++)、很多(++++)。

在动物地理学上常常使用 3 级：稀有种(+)、常见种(++)、优势种(+++)。

植物地理学上常使用德氏多度 7 级：un(个别)、sol(稀少)、sp(少)、cop1(尚多)、cop2(多)、cop3(很多)、soc(极多)。

2)密度

是指单位面积或体积内的个体数。即：

$$d = N/S \tag{4-1}$$

式中，S 表示样地面积，N 表示样地内某种生物的个体数。

3)盖度

又称投影盖度，仅为植物调查所使用。它是指植物地上部分垂直投影面积占样地面积的百分比，用%表示。通常以目测估计。

4)频度

是指某个种的个体数与个体总数之比(%)，或者某个种在群落中出现的样方百分率。用公式表示，即

$$F(\text{频度}) = \text{某个种出现的样方数} / \text{整个样方数} \times 100\% \tag{4-2}$$

5)种的多样性

生物多样性是生物种的多样变化和变异性，以及物种生境的生态复杂性。既表示生物群落中种的丰富程度，又表示种的均匀度。环境条件复杂，种类多而每个种的个体数量不大，多样性指标高；环境条件单一，种类少而每个种的个体数量多，多样性指标低。测定种的多样性最常用的方法是辛普森多样性指数(Simpson's diversity index)和香农－威纳指数(Shannon-Weiner index)。

(1)辛普森多样性指数指是基于一个无限大小的群落中，随机抽取两个个体，它们属于同一物种的概率是多少这样的假设而推到出来的。

$$\begin{aligned}\text{辛普森多样性指数} &= \text{随机取样的两个个体属于不同种的概率} \\ &= 1 - \text{随机取样的两个个体属于同种的概率}\end{aligned} \tag{4-3}$$

(2)香农－威纳指数是用来描述种的个体出现的紊乱和不确定性。不确定性越高，多样性越高。其公式为

$$H = -\sum_{i=1}^{s} P_i \log_2 P_i \tag{4-4}$$

式中，s 为物种数目，P_i 为属于种 i 的个体在全部个体中的比例，H 为物种的多样性指数。

香农－威纳指数包含两个因素：其一是种类数目；其二是种类中个体分配上的均匀性。种类数目越多，多样性越大；同样，种类之间个体分配的均匀性增加，也会使多样性提高。

二、生物群落的结构

群落的结构是不同种的个体彼此在垂直方向和水平方向的排列状况，又可称为群落的格局。奥德姆曾把群落格局分为八种格局。

(1)分层格局(stratification pattern)：即群落的垂直分层现象。

(2)带状格局(zonation pattern)：即群落的水平离散现象。

(3)活动性格局(activity pattern)：又称时间格局，即群落的周期性。

(4)食物网格局(food－web pattern)：即群落中食物链的网络状组织。

(5)生殖格局(reproductive pattern)：即群落中物种繁殖方式的组合。

(6)社会格局(social pattern)：即群落中动物(鸟、兽、鱼、虫)的社会性。

(7)协同格局(coactive pattern)：即群落中物种间的竞争、抗生、共生、捕食与寄生。

(8)随机格局(stochastic pattern)：即任意或不可知力量影响群落结构的结果。

群落的结构可分为物理结构和生物结构两方面。物理结构指群落的外貌和形态，包括决定群落外貌的植物生长型、垂直分层结构和群落外貌的昼夜和季相三方面；生物结构是指构成群落的物种组成和相对多度、种间相互关系、多样性和演替几方面；群落的生物结构部分取决于物理结构。

1. *群落的外貌和生长型*

群落的形态与结构一般称为群落的外貌。由于陆地群落的外貌是由组成群落的植物形状所决定的(如森林与草原外貌上的明显区别)，所以要描述其外貌首先要了解植物的生长型(growth form)。

生长型反映了植物生活的环境条件，相同的环境条件具有相似的生长型。世界各大洲的相似环境地区，如草原和荒漠，由于趋同进化生活着具有相同生长型的植物，可以称之为生态等价种。例如生活于非洲、北美、大洋洲和亚洲的许多荒漠植物，都发展有叶子细小的特征，这是一种减少热负荷和蒸腾失水的适应。

生活型是生物对外界环境适应的外部表现形式，同一生活型的生物不但体态相似，而且在适应特点上也是相似的。

根据生境的气候条件不同，C. R. aunkiaer 把高等植物划分为五类生活型(1ife forms)(图 4-1)：即高位芽植物(phanerophytes)、地上芽植物(chamaephytes)、地面芽植物(hemicryptophytes)、隐芽植物(crytophytes)或地下芽植物(geophytes)、一年生植物(therophytes)。

图 4-1　Raunkiaer 生活型图解(孙儒泳、李博等，1993)

1. 高位芽植物；2～3. 地上芽植物；4. 地面芽植物；5～9. 地下芽植物。

一般来说，在气候温暖多湿的热带雨林，以高位芽植物占优势；而具有较长寒冷季节的地区，如温带针叶林，以地面芽植物占优势。地下芽植物占优势的群落，反映环境较冷湿；气候干燥的地区一年生植物最丰富，从山谷到山脊每种食叶昆虫的数量分布，可用沿高度梯度而变化的钟形曲线来表示。出现这种垂直分层的原因，除了不同高度上气候的差异外，主要是由于植被不同，使食叶昆虫群落追随不同的食料而形成。

2. *群落的垂直结构*

群落的垂直结构最基本的特征就是成层性。成层现象是群落中各种群之间以及种群环境之间竞争和选择的结果。对植物来说主要是光和水；对动物来说主要是对食物的种间竞争。成层现象确保了对环境更充分的利用和具有更高的生产量。

成层现象在森林中表现的最清楚，一般的森林从顶部到底部具有四个基本层次：即乔木层、灌木层、草本层和地被层，前三个层还可以再细分出亚层。温带阔叶林和针叶林的分层现象最为典型。草本群落通常只有草本层和地被层。

动物群的成层现象主要取决于食物并受植物的成层现象所制约。例如，在一片蒙古栎林中，一些食树叶者都居住在树冠层，树干取食者居住在树干层，而取食低矮植物部分的动物则栖息于林间草本植物上。不同种的鸟类喜欢栖息于林中不同的层次，它们与土壤、树冠以及林下灌木有关，比如栖息在赤杨林中的鸟类，在不同的层次其种类和数量均有不同。

生物群落还有地下成层现象。一般来说，地上分层和地下分层是相对应的。森林群落中，乔木的根系可伸入土壤的深层，灌木根系分布较浅，草本植物根系大都集中在土壤表层。土壤中的动物也有成层现象，它是由土壤发生层和不同植物根系的分布特性所决定的。比如吉林省东部山地针阔混交林群落下的土壤动物，其种类和数量皆随土壤深度的增加而递减，并且愈往下减少得愈多。

3. *群落的水平结构*

群落的水平结构是不同种生物在水平方向上的配置状况。一个生物群落的种类组成和数量比例，在水平方向上的配置往往是不均匀的，因而造成群落内的斑块状分布。这种斑块在不同植物的数量比例、郁闭度、生产力以及其他性质方面都有所不同。群落水平方向的不一致性，导致一个群落内出现多个斑块的现象，叫做群落的镶嵌性(mossicism)，具有镶嵌性特征的群落，称为镶嵌群落。

陆地群落的水平结构主要取决于植物的内在分布型。除人工林有可能出现均匀型分布外，生长在沙漠中的灌木，因植株之间不可能太靠近，分布也比较均匀，陆地群落大多数种类植物是成群分布的。镶嵌群落产生的原因比较复杂，若种子成熟后直接洒落在母株周围，就会产生成簇的幼小植物；靠风力传播(如蒲公英种子)或靠鸟兽传播(如苍耳种子)种子的植物就可散布得很远；植株的荫蔽和分泌抑制异种物质，可以抑制其他植物的生长。此外，还有相互促进的正的种间关系。环境条件(土壤、地形、风、火等)、动物的选择性采食、掘土挖洞、践踏等也可以影响植物的分布。所有这些因素都有可能导致群落中植被在水平方向上出现复杂的镶嵌性。

从不同地理地带看陆生群落的组成、结构和动态特征时，可以看到物理环境地带性变化引起生物群落多样性加大、丰盛度增加。气候严厉性和易变性的增加，可使群落多样性减少和结构简单化。热带群落稳定的种间关系使群落相对较稳定，温带和一些高纬度地带，则由于气候及食物的多变，使整个群落变得非常不稳定。在冻原、干草原或荒漠的群落中，生物性生存条件(敌害、寄生、竞争)的作用降低，而非生物性因素突出为首要条件。由于环境较单纯，有时形成单层性群落。

4. *群落的时间结构*

很多环境因素具有明显的时间节律(如昼夜节律、季节节律)的影响，群落结构表现出随时间而有明显变化的特征，称为群落的时间格局。群落的时间结构是群落的动态特征之一。

群落的时间结构可分为：一是由自然环境因素的时间节律引起群落各物种在时间上相应的周期变化如昼夜变化、季节变化；二是群落在长期历史发展过程中，由一种群落类型转变为另一种群落类型的顺序过程，群落的生态演替。

5. *群落的营养结构*(trophic structure)

营养关系是生物群落中各成员之间最重要的联系，是群落赖以生存的基础。

1)食物链(food chain)

食物链是群落中不同生物种群中生产者所固定的能量和物质通过取食与被食的关系，

形成的营养链锁结构。如：柑橘—橘蚜—蜘蛛—雀—鹰；浮游植物—浮游动物＋草食性鱼类—肉食性鱼类。

根据食物链起始环节的情况，可将食物链分为两种类型，即食草食物链(grazing food chain)和残渣食物链(detritus food chain)。

制约食物链长度的因素综合起来有三个假说：

能量假说(energetic hpothesis)：食物链的长度受到能量在食物链中传递的损耗和捕食者的最低能量要求所限制而不能无限地增长。群落中各种生物赖以生存所需的能源，均来自于植物的光合作用，由于能量沿着食物链流动，每经一级都将消耗很大的能量，所以自然界很少有超过五六个环节的食物链。

动态稳定性假说(dynamics ability hypothesis)：基于生态系统的稳定数学模型发现，食物链越长，为维持系统平衡与稳定对模型参数的限制就越严格。就实际情况来说，具有较长食物链的生态系统，一旦受到内外因素的干扰，不仅易于遭到破坏，而且恢复原状的时间也长。因此具有长食物链的食物网在自然界中难以长期存在。

一些经验性假说：Briand 等分析了 34 个食物网的环境系统后认为三维生态系统的食物链比二维生态系统的食物链长。

2)食物网(food web)

生态系统中，食物链彼此交错连接成网，即为食物网。图 4-2 是一个陆地生态系统的部分食物网。

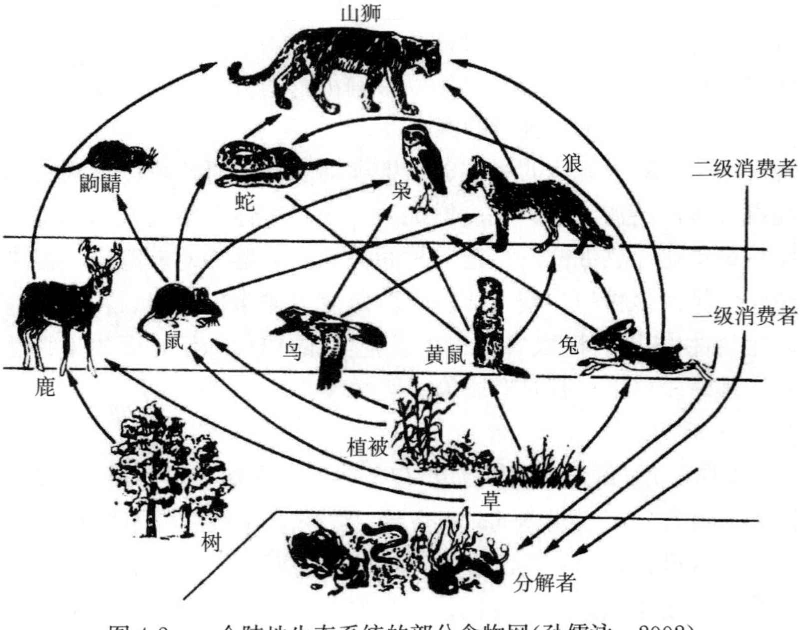

图 4-2　一个陆地生态系统的部分食物网(孙儒泳，2002)

近年来，在食物网控制机制上出现了到底是上行控制效应(bottom－up effect)还是下行控制效应(top-down effect)的争论。上行控制效应(自下而上)是指较低营养阶层的密度、生物量等(资源限制)决定较高营养阶层的种群结构；下行控制效应(自上而下)是指较低营养阶层的群落结构(多度、生物量、物种多样性)依赖于较高营养阶层的物种结构

(捕食者控制)。实际这二种效应是相对应的，都在控制着生物群落的结构。

3)生态金字塔(ecological pyramid)

在食物网中每一物种所处的营养等级不同，一般分为生产者、初级消费者、次级消费者、三级消费者等。能量通过营养级逐级减少，如果将各营养级别上的个体数量或单位面积现存量或单位时间、单位面积所吸收的能量来作定量描述和测定，按由低到高的顺序排列绘制成图形，可展示一个塔形图，塔基部较宽，一般称之为生态锥体或生态金字塔。有三种锥体类型：①数量锥体(pyramid of number)，以相继营养级别生物的个体数量来描述的生态锥体；②生物量锥体，以各营养级别总生物量所建立的生态锥体；③能量锥体(pyramid of energy)，以各相继营养级别生物的能量或“生产力”所建立的锥体(图 4-3)。

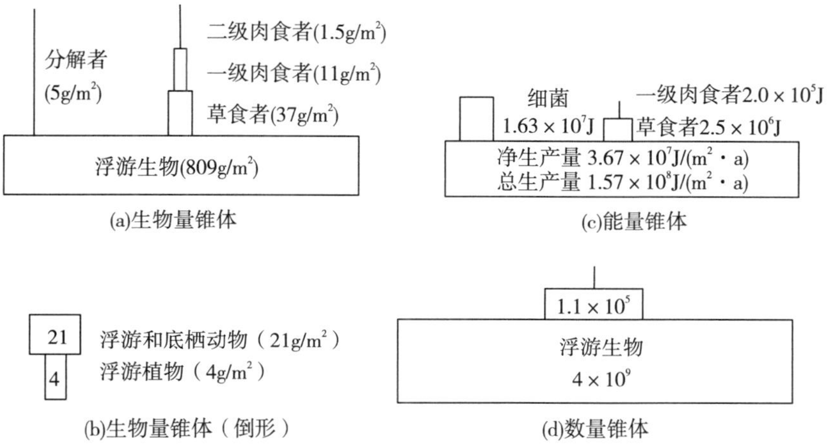

图 4-3　生态锥体(孙儒泳，2002)

4)同资源种团(guilds)

按照组成生物群落的每一个物种来完整地研究生物群落中的营养结构和食物网几乎是不可能的。若按生产者、消费者、分解者和营养级来描述和研究生物群落，则组成的单元似乎又有些偏大。Root(1967)提出同资源种团的概念，表示以相同的方式利用共同资源的物种集团，又称为同生群。如热带取食花蜜的许多蜂鸟就可以称为一个同资源种团。此外，还有食叶子、食种子、食虫的同资源种团。

以同资源种团作为组成群落的成员，与以物种为组成成员相比较，研究相对简单得多，有两个优点：①简化了复杂的生态系统(Richardsonetal，1993)；②弱化了各物种的个别作用，更加强调物种集体的作用，将物种水平提高到生态系统水平之上，有助于研究群落或生态系统的营养结构。

5)群落交错区和边缘效应

群落交错区(ecotone)又称生态交错区或生态过渡带，是两个或多个群落之间(或生态地带)的过渡区域。群落交错区是一个交叉地带或种群竞争的紧张地带。一般群落交错区的环境条件比较复杂，其植物种类也往往更加丰富多样，从而也能更多地为动物提供营巢、隐蔽和摄食的条件。因而在群落交错区中既可有相隔群落的生物种类，又可有交错区特有的生物种类。这种在群落交错区中生物种类增加和某些种类密度加大的现象，叫做边缘效应(edge effect)。

边缘效应类似于生物学中的杂种优势，其形成需要一定条件。如两个相邻生物群落的渗透力大致相似，两类环境或两种生物群落所造成的过渡地带需相对稳定，相邻生物群落各自具有一定的均一面积或群落内只有较小面积的分割，具有两个群落交错的生物类群等。

有关群落边际的动态研究日益受到重视，有的学者提出发展边际生态学，并认为对群落(或生态系统)交错区的研究，是人类进行早期生态预警和生态管理理论与实践的核心问题。

三、有关生物群落的几个法则

1. 法则一(蒂曼，1918年)

生境条件越优越，群落中种的数目愈多，同种的个体数越少，例如，热带森林昆虫的局部群落，在那里发现100个种，比发现1个种的100个个体更容易。

2. 法则二(蒂曼，1918年)

生境条件偏离正常或最适度愈远，种愈趋于简单，多样性愈小，生物群落个性愈明显(少数或个别种的个体数量多)，例如草原或苔原生物群落。

3. 法则三(弗朗兹，1952年)

生境条件发展过程的连续性愈大，同源性保持愈长，群落多样性愈强，平衡状态愈稳定。珊瑚礁动物种的高度多样，是这种古老生境的例证。

四、影响群落结构的因素

群落生态学的中心问题之一就是群落的整个结构是如何形成的。近年来，通过种群间相互作用包括捕食、竞争和互利共生等研究，已经开展了形成群落组织的机制研究(mechanistic approach of community ecology)，并已取得一些成就。

1. 竞争对群落结构的影响

竞争导致生态位的分化对群落结构的形成有重要影响。目前，竞争在影响群落结构特点中起多大的作用？在什么条件下作用大？或作用小？对这些问题最直接的回答，可能是在自然群落中进行引种和去除试验，观察其他种的反应。Sehoner和Cornell分别对种间竞争研究的文献进行过统计，平均有90%的例证说明有种间竞争，表明自然群落中竞争是相当普遍的。其结果还说明，海洋生物中有种间竞争的比例较陆地生物多；大型生物间比小型生物间高；植食性昆虫中种间竞争比例低。原因是绿色植物较丰富，很少被一食而空，所以为食物资源而竞争的可能性比较少。

已有证据表明，竞争是群落形成的一个重要驱动因素。但竞争的重要性在多个群落间显然是不同的，而且常常只是影响物种之间相互作用的一小部分。许多调查结果显示当前竞争往往不强烈的原因在于：①自然选择可能已有效地通过生态位划分而避免了竞争(过去竞争的痕迹)；②在一个环境板块中，具有强竞争力的物种共存，因为它们并不利用相同的资源；③物种也许仅仅在种群爆发、资源短缺时才发生竞争。

高等植物的竞争与生态位分化和共存的研究有相当难度，因为植物是自养生物，都需要光、热、水和营养物。Tilman的研究是一个重要进展，他以两种植物竞争两种资源的结局分布范围，确定其胜败或共存。图4-4(a)表明了A和B两物种的共存区范围(以两种资源供应率为坐标轴的图上）。当五种植物竞争两种资源时，其结局就多样了，除有A+B，B+C，C+D等共存的范围外，还有一个区五种可以同时共存（图4-4（b）中虚线圈内），这表明仅对两种资源的竞争，五种植物（甚至更多种）都是能共存的。由此可见，许多种植物在竞争少数相同资源中能够共存是有根据的。Tilman的研究结果是一种解释，另一种解释是在一个生境中各种生态因素并不是均匀分布的，空间的异质性是物种共存的另一根据。

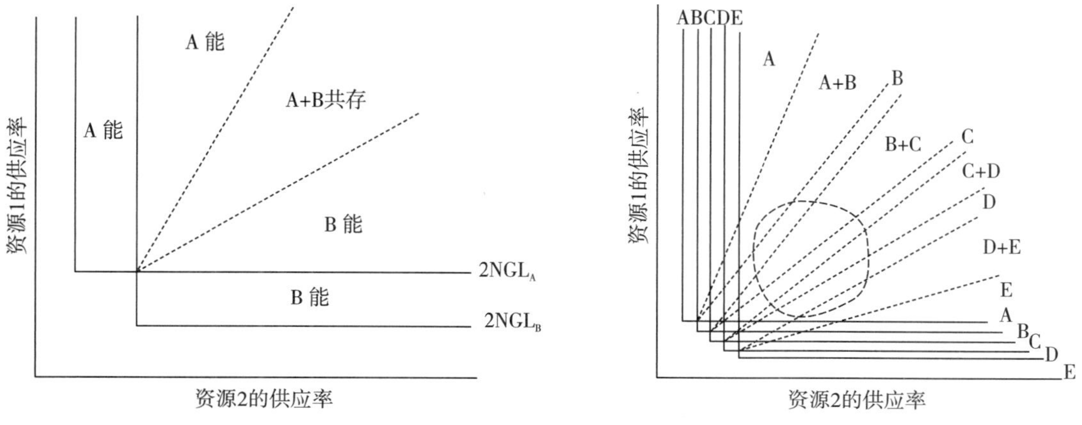

（a）两种植物竞争两种资源　　（b）五种植物竞争两种资源

图4-4　植物竞争两种资源的Tilman模型的各种结局（孙儒泳、李博等，1993）

2. *捕食对群落结构的影响*

捕食对形成群落结构的影响，视捕食者是泛化种（generalist）还是特化种（specialist）而不同。对泛化种来说，随着泛化捕食者捕食压力的增强，捕食使种间竞争缓和，使竞争力弱的种生存，促进多样性提高，但当取食强度过高时，物种数亦随之降低。对特化种来说，如果被选食的是优势种，则捕食能提高多样性，如果捕食者喜食的是竞争力弱的劣势种，那么随着捕食压力的增加，多样性就会随之呈线性下降趋势。例如，潮间带常见的滨螺（*Littorina littorea*）是捕食者，吃很多藻类，尤其喜食小型绿藻如浒苔。图4-5表示随着滨螺捕食压力的增加，藻类种数也增加，捕食作用提高了物种多样性，其原因是藻类把竞争力强的浒苔的生物量大大压低了。这就是说，如果没有滨螺，浒苔占了优势，藻类多样性就会降低。

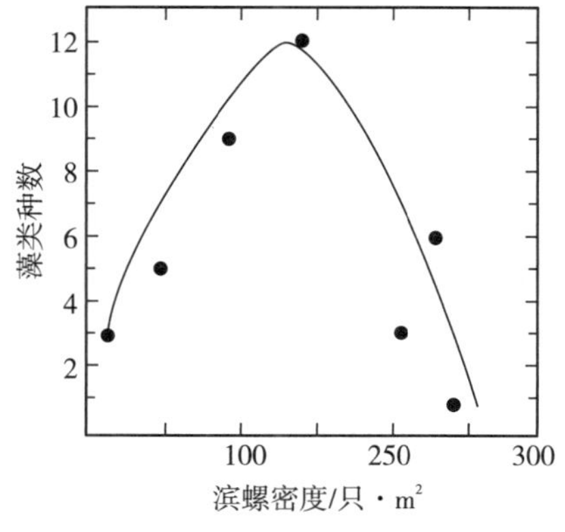

图4-5　藻类种数与滨螺密度的关系（孙儒泳、李博等，1993）

3. 干扰对群落结构的影响

干扰是自然界的普遍现象。干扰不同于灾难，不会产生巨大的破坏作用，但它经常反复地出现，使物种没有充足的时间进化。

(1)中度干扰假说(intermediate disturbance hypothesis)：Comell 等提出中等程度的干扰频率能维持较高多样性。理由是：①在一次干扰后少数先锋种入侵断层，如果干扰频繁、一再出现的话，则先锋种不能发展到演替中期，使多样性保持较低；②如果干扰间期很长，使演替过程能发展到顶极期，竞争排斥起到排斥他种的作用，多样性也不高；③只有中等程度的干扰将使多样性最高，它允许更多的物种入侵和建立种群。草地在经受动物挖掘活动后出现断层，其干扰频率对断层演替的研究结果证明了中度干扰假说。

(2)干扰与群落的断层

干扰造成连续的群落中出现断层非常普遍，而断层经常是由于干扰而打开的。森林中的断层由大风、雷电、地震等引起；草地群落的干扰包括冰冻、动物挖掘，食草动物啃食、践踏，粪便堆等。干扰造成群落断层以后，有的在没有继续干扰的条件下会逐渐按该地区典型的顶极群落演替过程而出现可预测的有序的小演替(mini-succession)，但也有的经受完全不同的变化，断层可能被周围群落的任何一种所侵入和占有，并发展成为优势者，哪一种是优胜者，完全取决于随机因素，这就是断层的抽彩式竞争。

4. 空间异质性与群落结构

群落环境的不均匀性，导致了群落在空间上的异质性(spatial heterogenity)。植物群落研究中大量资料说明，在土壤和土地类型变化丰富的地方，群落会有更多的植物种；而平坦、同质土壤的群落多样性低。Harman 研究了淡水系统软体动物种数与空间异质性的相关性，也得出栖境质类型越多，淡水软体动物种数越多的正相关结果。

MacArthur 等通过研究鸟类多样性与植物物种和取食高度多样性之间的关系，发现鸟类多样性与植物种数的相关不如与取食高度多样性相关明显。所以对于鸟类植被的分层结构比物种组成更为重要。在草地和灌丛群落中，垂直结构不如森林群落明显，而水平结构，即镶嵌性和斑块性，就可能起到决定性作用。

五、平衡学说和非平衡学说

对于形成群落结构的一般理论，有两种对立的观点，即平衡学说(equilibrium theory)和非平衡学说(non-equilibrium theory)。

平衡学说认为共同生活在同一群落中的物种种群处于一种稳定状态。其中心思想是：①共同生活的物种通过竞争、捕食和互利共生等种间相互作用而互相牵制；②生物群落具有全局稳定性特点，在稳定性状态下群落的物种组成和各种群落数量都变化不大；③群落实际上出现的变化是由于环境的变化，即所谓的干扰所造成的，并且干扰是逐渐衰亡的。因此，平衡学说把生物群落视为存在于不断变化着的物理环境中的稳定实体。

非平衡学说的主要依据是中度干扰理论。该学说认为，组成群落的物种始终处于变化之中，群落不能达到平衡状态。自然界的群落不存在全局稳定性，有的只是群落的抵抗性(群落抵抗外界干扰的能力)和恢复性(群落在受干扰后恢复到原来状态的能力)。

图 4-6 表示竞争格局与环境变化的关系：①如果环境条件稳定，而且持续时间足以使一物种排斥另一物种，则可能出现竞争排斥；②如果环境条件是变化的，并且每次变

化的间隔时间较长，即频率不高，那么在对物种 S_1 有利时，物种 S_2 被排斥；反之，物种 S_1 被排斥；③最值得注意的是，当环境条件变化比较频繁，一物种不足以排斥另一物种，则可出现两个物种种群交替升降而得到在动态中共存的局面。显然这里指的是生态位相同的物种，它们在动态的环境中可能共存。这种结局甚至可能扩充到多个物种的系统中。

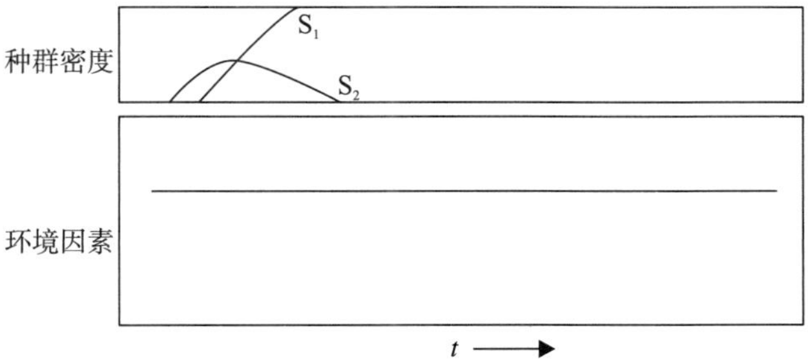

(a)环境稳定并有利于 S_1

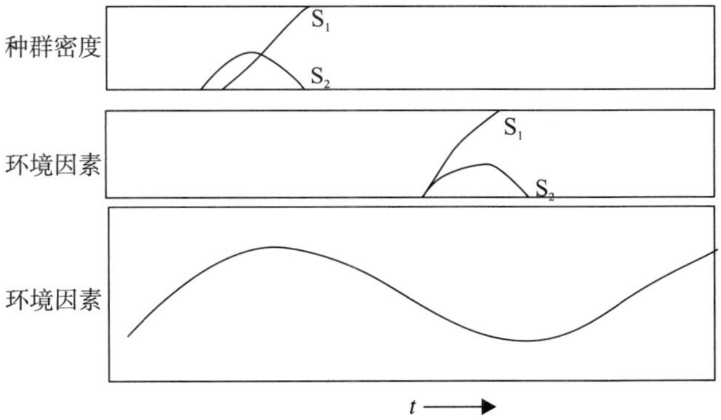

(b)环境变化时隔时间长，有时有利于 S_1，有时有利于 S_2

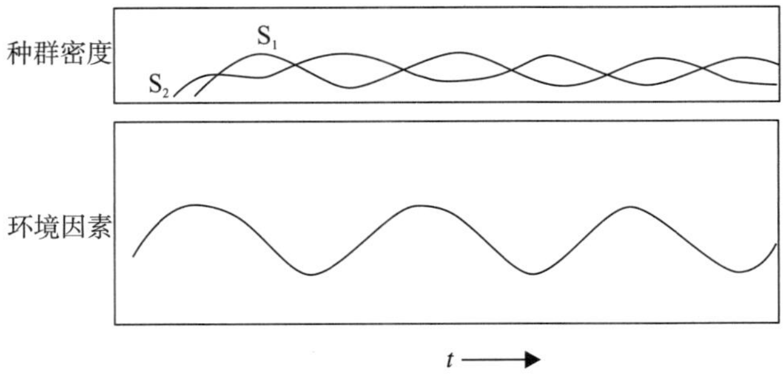

(c)环境变化较频繁

图 4-6　两种种间竞争结局与环境变化的关系

比较平衡学说和非平衡学说，除对干扰的作用强调不同以外，一个基本的区别是：平衡学说的注意焦点是系统处于平衡点时的性质，而对于时间和变异性注意不足；而非平衡学说则把注意的焦点放在离平衡点时系统行为变化过程，特别强调时间和变异性。另一重要区别是把群落视为封闭系统还是开放系统。

总之，群落生态学中最令人感兴趣的问题是群落中为什么有这么多种类的动植物，为什么它们像现在这样分布着，以及它们是怎样相互作用的。平衡说和非平衡说强调的平衡型与非平衡型是多年来的争论，而把现实群体看做连续体中种间相互作用和紧密结合程度不同的各种可能阶段是较有说服力的观点。

第三节　生物群落的动态演变

自然界中，任何一个生物群落都不是一成不变的，而是随时间的变化不断发展的，以一种动态的形式存在着。生物群落的动态基本形式有三种。

一、年变化(季相变化)

群落的物候节律就是群落的季相，是植物生长及动物活动的季节态。主要表现为群落结构和外貌随季节的更替依次出现的改变。地球上不同的地带，群落的季相表现的很不一致。热带森林地带的季相很不明显，而温带地区，特别是温带草原群落，季相更替是非常明显的。群落这种外貌上的季相更替只限于群落的内部变化，不导致群落的更替。

二、年际变化(波动)

群落波动是在周期的气候或水分变动影响下，生物群落出现的逐年变化。这种变化不涉及新种的侵入，是围绕着一个平均数的波动，并且是不可逆的。在波动中，群落在生产量、各成分的数量比例、优势种的重要值以及物质和能量的平衡方面，也都发生相应的变化。年际波动在草原、苔原地带表现得很明显。

例如，苔原地带的旅鼠、北极狐等数量，通常是3～4年变动一次。这种周期性的数量波动可能与苔原地带特殊的气候条件有关系。

三、生态演替(群落演替)

演替是指在一定区域内，群落随时间而变化，由低级到高级、由简单到复杂、一个阶段接着一个阶段、一个群落替代另一个群落的过程，它是生物群落动态中最重要的特征。

1. *群落演替的分类*

根据不同的立足点，群落演替可以分为不同的类型。

(1)按照演替出现的起始地，可将其分为原生演替(primary succession)和次生演替(secondary succession)两类。生物群落的形成是由裸地开始的。没有植物生长的地面叫裸地，裸地分为原生裸地和次生裸地。例如冰川移动露出的地面、火山喷发造成的岩面、流水的新沉积、风沙的堆积、山坡的崩塌、滑塌面等，称为原生裸地。原来有植被覆盖，后来由于种种原因植被消灭了，但土壤中还有原有植被中的某些植物种子和植物个体，这样的裸地称为次生裸地。从原生裸地上开始的群落演替叫原生演替，从次生裸地上开始的群落演替叫次生演替。

(2)按照引起演替的主导因素，可将其分为内因性演替(endogenetic succession)和外因性演替(exogenetic succession)。如由于海岸的升降、河流的冲积、冰川的影响等原因引起的演替称为外因性演替。大多数情况下，群落演替发生在气候条件和其他条件相对稳定的情况下，其演替原因在群落内部，这样的演替就为内因性演替。事实上，内因性演替和外因性演替划分是相对的。因为任何群落演替都在外界条件的影响下进行，由外因启动的演替阶段，也包括着群落内部成员的活动影响。

(3)按照演替过程的时间长短，可以把群落演替分为地质演替(geological succession)和生态演替(ecological succession)。一般意义上的演替是针对生态演替而言的，在时间上可分为几十到几百年的长期演替和几年到几十年的快速演替；而地质演替则是以地质年代来划分的，时间非常长。

(4)按照群落的代谢特征，群落可分为自养性演替(autotrophic succession)和异养性演替(heterotrophic succession)。以 P 代表群落的总生产量(光合作用固定的总能量或同化作用积累的有机物总量)，以 R 代表群落的总呼吸量，当 $P/R>1$ 时，说明群落中能量或有机物增加，这时的群落演替属于自养性演替；当 $P/R<1$ 时，说明群落中能量或有机物减少，这时的群落演替属于异养性演替；当 P/R 约等于 1 时，说明群落中能量或有机物收支平衡，这时的群落处于相对稳定的顶极群落的状态。

2. *演替的系列*

演替系列指从生物侵入开始直至顶极群落的整个顺序演变过程。

群落演替的分类方法有很多种，我国多数学者引用 Clements 的方法，把演替分为两类：从原生裸地开始的群落演替为原生演替，其顺序发生的一系列群落组成原生演替系列；从次生裸地开始的群落演替为次生演替，其全部过程即为次生演替系列。

1)原生演替系列

原生演替系列包括从岩石开始的的旱生演替和从湖底开始的水生演替。

旱生演替系列是从环境恶劣的岩石表面或砂石地上开始的，比如在山地森林中，裸露的岩石，表面是干旱的生境，这里可能首先被地衣侵入，地衣是先锋植物。地衣生长的地方会出现苔藓植物，以后又出现其他草丛植物，接着是灌木，最后出现乔木。随着植物种的改变，动物也发生变化，并且随着演替的发展，生物种数逐渐增多。其演替系列为：裸岩－地衣植物群落－苔藓群落－草本群落－灌木群落－乔木群落。

水生演替系列，比如一个水池，当其形成之后，逐渐有水生植物和动物定居，微生物则分布到开敞的水体中。在较浅的部分，光线可以透到底部，着根的沉水植物侵入进来，在更浅的水中，可能生长具有漂浮叶子的着根水生植物，近岸边则出现挺水植物，在岸上则以能忍受土壤水分饱和的的湿生植物占优势。这些植物类型分别形成一个群落，并有若干种动物与其相联系。由于有机质和泥沙的累积，使水池逐渐变浅。随着环境的这种改变，所有群落都向水池中心方向前进，并且一个群落逐渐被后一个群落所侵入。随着池水的淤积填塞过程，沉水植物将被浮叶根生植物所代替，后者又被挺水植物所代替，继之挺水植物被湿生植物所代替，然后又依次被陆地植物所代替。于是，水生植物群落演替为陆地植物群落。其系列为：开敞水体—沉水植物群落—浮叶根生植物群落—直立水生植物群落—湿生植物群落—陆地中生植物群落(图 4-7)。

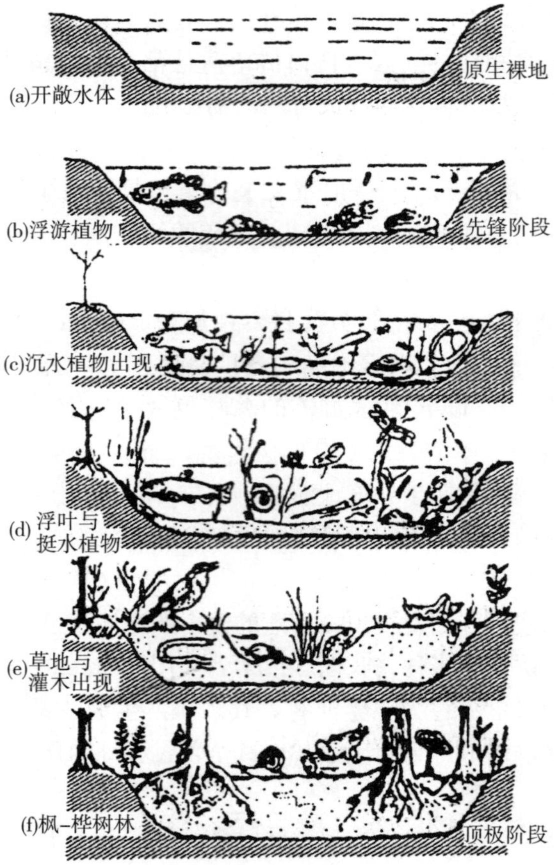

图 4-7　水生演替系列图(伍光和，2001)

2)次生演替系列

不受人或外界因素干扰，在自身条件下形成的各类植物群落，统称原生植被。原生植被遭外力破坏即发生次生演替。顺序发生的各类次生群落共同形成次生演替系列。

我国北方的云杉林的采伐演替可作为次生演替的一个例子。在云杉林采伐后的采伐迹地上，原来的森林小气候完全改变，地面受到光的直接照射，温度、湿度的变幅增大，并有霜冻。云杉等的幼苗以及林下的阴生或耐阴植物不能在这样的环境下生长，而喜光的草本植物很快形成杂草群落。此后阳性树种进入形成阳性树种群落(小叶树种群落)，这些树种的幼苗喜欢充足的阳光，能忍受较大的温度和湿度变幅。随着这些植物生长成林，形成林下荫闭环境，原先喜光的草本植物逐渐消失。林冠的形成缓和了温度、湿度的激烈变化和阻挡了阳光直射，云杉、冷杉等耐阴的幼苗便可在林下定居。由于云杉、冷杉较阳性乔木高大，当它们超过阳性乔木并逐渐形成林冠，阳性树种便因得不到充足的阳光，其幼苗也不能在林下更新而渐趋消失，阳性树种群落最终被云杉群落所取代(图 4-8)。

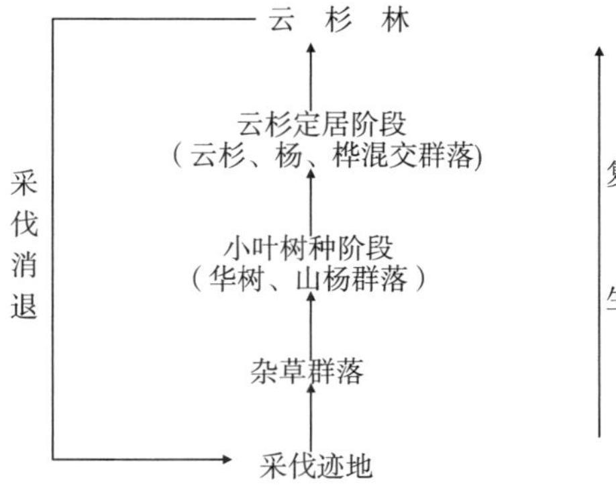

图 4-8　云杉林的采伐演替(曲仲湘，1983)

在群落演替的顺序中，最先出现的为先锋群落，经过一系列过渡群落，而达到顶极群落。顶极群落是演替的最终阶段，是与环境处于相对平衡的稳定生物群落。

3. *群落演替的特征*

是群落演替过程中所表现的共同规律性，主要表现在三个方面。

1)演替的方向性

群落的演替按其方向可分为进展演替和逆行演替。进展演替是指群落结构从简单到复杂，物种从少到多，种间关系从不平衡到平衡，从不稳定到稳定。逆行演替与进展掩体相反，它是指当条件发生变化时，一个群落从稳定性大、结构复杂的群落向稳定性小而结构简单的方向发展的演替。

2)演替的速度

演替速度是指群落演替从裸地开始，经过一系列演替阶段达到顶极群落所需的时间。原生演替的速度非常慢，次生演替的速度一般比较快。

3)演替的效应

演替的效应是指群落内部的物种，在其自然发展过程中产生一些对自己不利，而对其他物种有利的因素，从而在此过程中创造了物种替代的环境条件。如许多植食性昆虫，由于对植物的危害而经常破坏自己的适宜环境，甚至毁灭作为生境或食物的寄生植物。但同时，却又为另外一些相继营养级别的物种创造了繁盛的条件，从而导致了群落的演替过程中物种组成成分的更替。当然演替的原因是多方面的，不能完全归结于演替的效应。

4. *群落演替的一般过程*

1)裸地形成

(1)原始裸地的产生。主要包括侵蚀(由水、风、重力、冰川所引起)、沉积(由上述原因加上钙化、泉化和硬化与沉积)、陆地上升(产生贫瘠的地面)、陆地下沉(产生贫瘠的水面)和解冻作用(产生不稳定的粉砂或石质基质和解冻的池塘)等过程。

(2)由气候现象产生大多数次生裸地。例如干旱使定居植物中多数对其敏感的植物孱弱死亡，从而形成开阔地；暴风雨推倒林木；闪电、雷击产生毁灭性的火灾等。

(3)生物作用力形成次生裸地。例如人类耕作、伐木、挖掘，露天开矿、工厂释放的有毒气体、火烧、过度放牧以及昆虫、真菌、细菌等毁灭植被等。

2)生物侵移、定居及竞争

(1)侵移是指生物有机体的繁殖结构进入栖境或裸地的过程。如果繁殖结构是借助于空气或水进入新栖境，则称这些繁殖结构为传播体；如果繁殖结构是穿过一层基质或越过表面延伸，而仍然与母体连接在一起，则称为繁殖体。一般传播体的侵移，导致栖境中零散分布的个体外貌；繁殖体的侵移则导致裸地或栖境边缘的集群侵占。侵移是植物群落变化和演替的主要基础。

(2)定居是指侵移体生长发育至个体成熟阶段的过程。在最初阶段，虽然可能有大量的繁殖结构到达栖境，但有的不能发芽，有的能够发芽但是不能生长或生长了不能繁殖。只有少数强有力的先驱物种在新的地点能够繁殖时，才算定居过程完成。

(3)竞争是裸地上首批先锋物种定居成功后，随着定居物种数量的增加，个体之间及物种之间便开始了对水、光、营养和空气等空间与营养物质的竞争。竞争中生长良好的种成为优势种，而另外一部分则退位伴生种，甚至消失。竞争的存在最终形成了各物种间相互制约的关系，从而形成稳定的群落。

3)环境变化

环境变化是群落演替的一个重要过程，在演替中生境内非生命成分是同动植物的变化并行的。环境变化主要受两个方面的影响：一是自发的影响(autogenic influences)，即有机体本身活动的结果；二是异发的影响(allogenic influences)，即与植被覆盖无关的环境自身变化的结果。在正常情况下，这两种影响力同时发挥作用。

四、群落水平上的相对稳定和平衡

1. 物种相互作用的阶段划分

各物种通过竞争平衡而进入协同进化，使自然资源的利用更为有效，群落结构更趋完善，整个群落及其与环境之间保持相对的稳定和平衡。从以上群落演替的一般过程看出，演替中物种的相互关系经历了以下四个阶段。

(1)互不干扰阶段，这是群落演替中物种从无到有的最初阶段。这时候物种数目少，种群密度低，在对自然资源的利用上没有什么竞争，对捕食性或寄生性动物来说，也还不存在开发利用这些猎物或寄生的问题。

(2)相互干扰阶段，主要指种间竞争。在竞争中有的物种侵入后定居下来进行繁殖，而另一些物种则被排斥而趋于灭绝。

(3)共摊阶段，在这个阶段那些能很好地利用自然资源而又能在物种互相作用中共存下来的物种得到发展。它们从不同的角度利用自然资源，共摊自然资源。

(4)进化阶段，物种的协同进化使自然资源的利用更加合理有效，群落结构更趋合理，物种组成及数量维持一定比例。

2. 顶极群落

演替顶级是指每一个演替系列都是由先锋阶段开始的，经过不同的掩体阶段，达到终生状态的最终演替阶段。随着群落演替的进展，最后出现一个相对稳定的群落阶段，称之为顶极群落(climax community)。它是一个与环境条件取得相对平衡的自我维持系统。

1)顶极群落的类型

顶极群落的特征和性质，取决于影响群落演替的外部环境因子和内在生物的遗传特性及其互相作用状况。Tansley(1935)根据模造顶极群落的关键因素，将顶极群落分成以下几个类型。

(1)气候顶极群落，在任何一个地区内，一般的演替系列的终点取决于该地区的气候性质。主要表现在顶级群落的优势种能够很好的适应地区的优势条件。这样的群落称之为气候顶级群落。一般在地带性生境上是气候顶级，在别的生境上可能是其他类型的顶级。

(2)土壤顶极群落，由于土壤因素偏离正常特征使生长的植被在演替系列和顶极群落中发生特化，称这类终极的群落为土壤顶极群落。

(3)地形顶极群落，由于局部地形(如温带地区的阳坡和阴坡)产生一种具有特色的植被，这类植被发展的顶极群落称为地形顶极群落。通常，特定的地形、地貌特征形成特殊的土壤条件，伴随特殊的小气候，又可称地形—土壤顶极群落。

(4)动物顶极群落，任何群落除植被外，都会有许多直接或间接依靠植物为食或作为栖息场所的动物种群。有时一个植物群落的结构和组成为某种动物经常的、强有力的活动所制约，使原先的群落朝着这类动物所施压力相平衡的方向发展，即某种占优势的动物改变了植被，构成了一个与动物活动密切联系的动态系统，称为动物顶极群落。

2)关于顶极群落的三种学说

随着群落的演替最终出现一个稳定的顶极群落，这个事实已由深入的观察与合理的理论而获得普遍承认。但是关于顶极群落的理论却有三种不同的学说，即单顶极学说(monoclimax theory)、多顶极学说(polyclimax theory)和顶极群落—格局学说(climax-pattern theory)。

(1)单顶极学说，是美国生态学家Clements(1916，1936)所倡导的。他认为任何一个特定的气候区，只有一个顶极群落，其他一切群落类型都朝着这唯一的一种顶极群落发展。并且各地区顶极群落是什么类型决定于那里的气候条件。

(2)多顶极群落学说，是英国生态学家Tansley(1939)提倡的。他认为如果一个群落在某种生境中基本稳定，能自行繁殖并结束它的演替过程，就可看做顶级群落。在一个气候区域内，群落演替的最终结果不一定都汇集于一个共同的气候顶级终点。

按单顶极学说的看法，这些多种多样的群落只是处于演替过程中，它们或迟或早都要演变为该地区特殊的唯一的顶极群落。于是，单顶极学说和多单顶极学说两个学派实质上的不同，就变成了对于测定群落相对稳定性时间的标准了：即以地质时间或是以生态时间为标准。但无论以什么时间为标准，气候都是在变化的，无非按照前者，气候变化更为剧烈(如地质时间上冰河期的出现)。因为演替是一个连续变化的过程，并且生物群落的变化是在气候变化的基础上进行的，所以一个气候区只有一个顶极群落的概念，就变得十分抽象。

(3)顶极群落-格局学说，是Whittaker(1953)根据多顶极学说提出的。他认为自然群落是由许多环境因素决定的，如气候、土壤、生物等因素。并认为在逐渐改变的环境梯度中，顶极群落类型也是连续地逐渐变化的，彼此之间难以彻底划分开来。

目前多数学者倾向于多顶极学说及顶极群落-格局学说，但限于生物群落类型在地球上的情况，从大范围来看，仍有地带性分化规律。

第四节 生物群落的地域规律

生物群落的地域分异规律是指生物群落在地球表层的规律性变化，包括地带性规律和非地带性规律两个方面。前者主要由于太阳能造成的热量在地球表层从赤道向两极的规律性分布，后者是指由于地球内能变化造成生物群落的非地带性分布。目前认为影响地域分异的基本因素主要表现在两方面：地带性地域分异因素与非地带性地域分异因素，它决定生物群落的全球分异规律。同时在两种基本地域分异因素——地带性地域分异因素和非地带性地域分异因素共同作用下，生物群落的地域分异因素在区域内又派生出局部地域分异因素如区域性分异因素、地方性分异因素、微域性分异因素。在地球表层由于基本的地域分异因素和派生的局部地域分异因素的共同作用，生物群落表现出四种不同尺度的地域分异规律。

一、全球性地域分异规律

1. 全球生物的海陆差异规律

地球表面分四个大洋和六个大陆，这是自然地理环境的基本分异，不仅表现海洋与大陆的强烈对比，还构成两种明显不同的陆地态环境与海洋生态环境。海陆分异造成海陆的强烈对比性，使地质地形、气候、水文、生物在海洋和大陆都有强烈的差异，因而造成明显不同的陆地生物和海洋生物(图 4-9)。

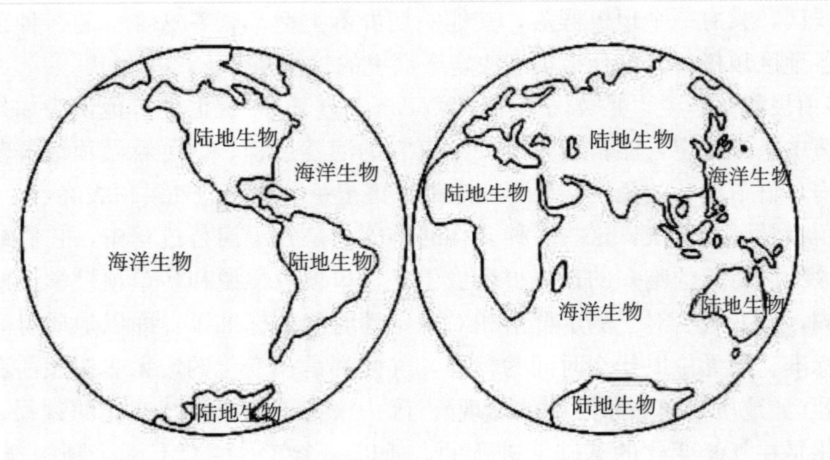

图 4-9 全球生物的海陆差异规律

2. 全球生物的热力分带规律

地表的热能主要来自太阳辐射，由于地球是一个球形体，太阳入射角与一个地方的地理纬度关系很大。低纬度的入射角大，高纬度的入射角小，因而太阳辐射的能量在高纬、中纬和低纬的分布也就不同。太阳辐射随纬度不同而发生的热力分带性具有全球规模，是一种全球性的地域分异规律。不论在大陆还是在海洋，这种热力分带性都有明显的表现，决定着气温、气压、湿度、降水、风向等要素在地表呈带状分布。因而形成全球性的热带生物、亚热带生物、温带生物、寒温带生物、寒带生物带状分布(图 4-10)。

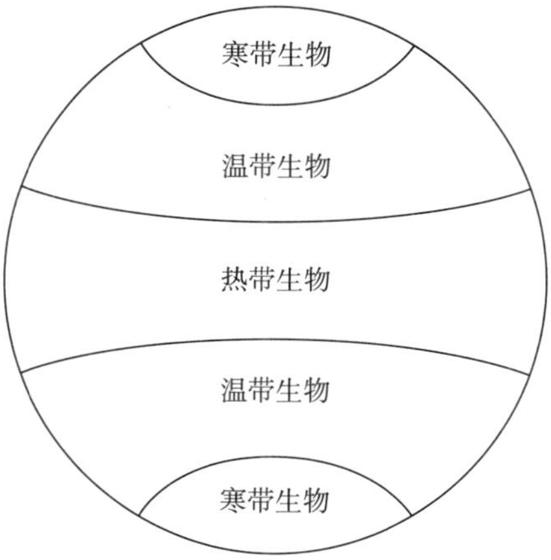

图 4-10　全球生物的热力分带规律

二、大陆和大洋的地域分异规律

在地球表层有大洋和大陆两大景观，两种景观生物群落各有自己的地域分异规律。

1. 大陆地域分异规律

大陆生物群落的地域分异规律是非常之典型的，它贯穿于整个大陆。主要表现为两种规律，生物群落的纬度地带性和生物群落的经度地带性。

(1)大陆生物群落的纬度地带性规律。由于太阳能按纬度呈带状分布引起大陆的温度、降水、蒸发、气候、风化和成土过程出现带状变化，生物群落也表现为明显的带状分布的特点(大致按纬线方向延伸而按纬度方向有规律的变化)，因而形成了大陆性的热带雨林生物群落、亚热带常绿林生物群落、温带落叶阔叶林生物群落、寒温带针叶林生物群落、寒带苔原生物群落的带状分布规律。其中最明显的如热带雨林生物群落、寒温带针叶林生物群落、寒带苔原生物群落都具有横跨整个大陆的特点(图 4-11)。

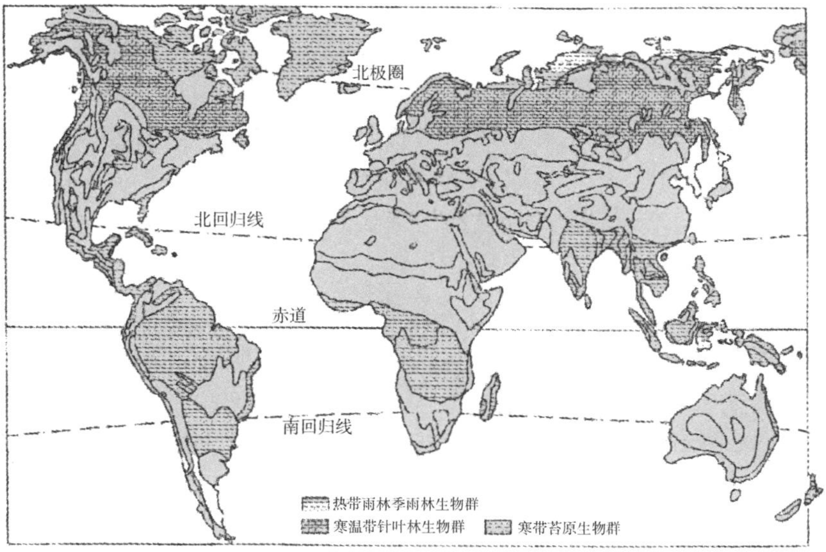

图 4-11　大陆生物的纬度地带性规律

(2)大陆生物群落的经度地带性规律。由于从海岸到大陆内部，气候干湿状况按经度方向发生有规律的更替，从而生物群落也表现为由沿海向内陆的明显变化。大致按经线方向延伸而按经度方向有规律的变化，在大陆东岸、大陆西岸和大陆内部各有自己独特的地带组合或地带谱。因而从沿海向内陆形成了大陆性的森林生物群落、草原生物群落、荒漠生物群落的带状分布规律(图 4-12)。

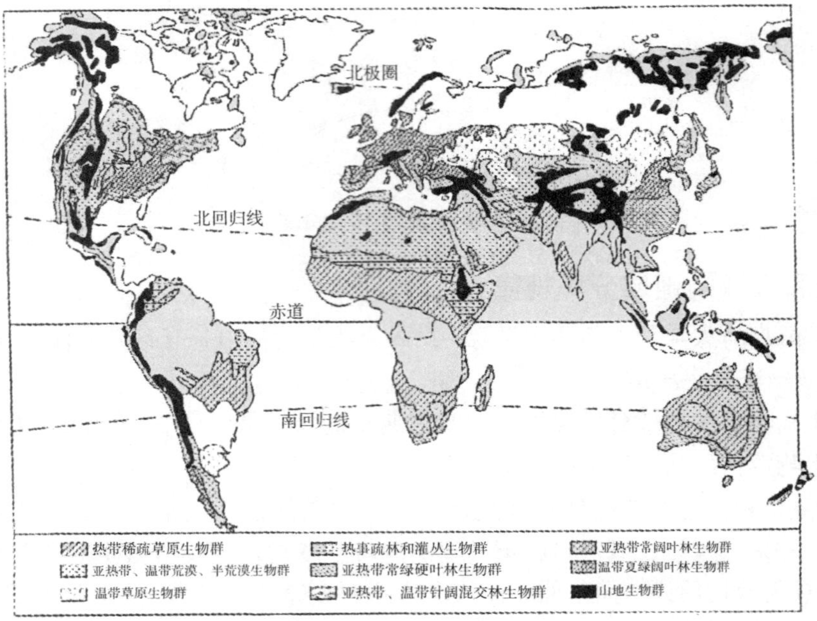

图 4-12　大陆生物的经度地带性规律

2. 大洋生物的地域分异规律

大洋的地域分异规律是贯穿整个大洋的。按其主要形成因素又可分为两种规律：生物的大洋表层自然带规律和生物的大洋底层区域规律。

(1)生物的大洋表层自然带规律。由于太阳能在纬度方向上分布不均，导致大洋温度、盐度和含氧量在纬度方向上的不同，从而引起大洋表层海洋生物按纬线方向延伸而按纬度方向有规律的变化。因而形成了大洋性的热带暖水海洋生物、温带暖水海洋生物、寒温带冷水海洋生物、寒带冷水海洋生物的带状分布规律。其中最明显的是热带暖水海洋生物、寒带冷水生物，都具有横跨整个大洋的特点。

(2)生物的大洋底层区域规律。大洋底层水中溶解的气体，盐类和水底有机体相互作用，进行着水底的风化过程，形成各种海底软泥(它与陆地上土壤差不多的物质)，不同的海底软泥中分布着不同的海底生物，它随海底地形及距岸远近，发生有规律的更替，这种更替实际上是海底生物随深度及距岸远近而发生的有规律的变化。因而形成了海洋底层的生物区域性分布规律。

三、陆地区域性地域分异规律

在地球表层大陆的每一个具体的区域内生物总是受到地带性因素和非地带性因素相互作用，其结果表现为在陆地区域内形成了以下三种区域性的地域分异规律。

1. 生物群落的水平地带段性规律

地带段性是地带性分异规律受海陆分布的影响及大地构造－地貌规律作用在大陆东岸、西岸和内部的区域性表现。由于这一规律在自然地带内有明显表现，所以称为地带段性。这样的段性自然地带都不能横跨整个大陆，而仅成为自然地带的一段，因而它不是整个大陆的地域分异而是大陆内部的区域性的地域分异。地带段性在温带纬度上的表现最为典型，在大陆边缘和大陆内部有不同的表现。

(1)在大陆东岸的地带段性十分明显，它不仅与大陆内部的地带段不同，而且和大陆西岸也不同。如我国东部、北美东部、澳大利亚东部都是这样。欧亚大陆东岸和北美东岸由北向南，地带段的排列顺序是：温带针阔叶混交林生物群落—暖温带落叶阔叶林生物群落—亚热带常绿阔叶林生物群落(图 4-13)。

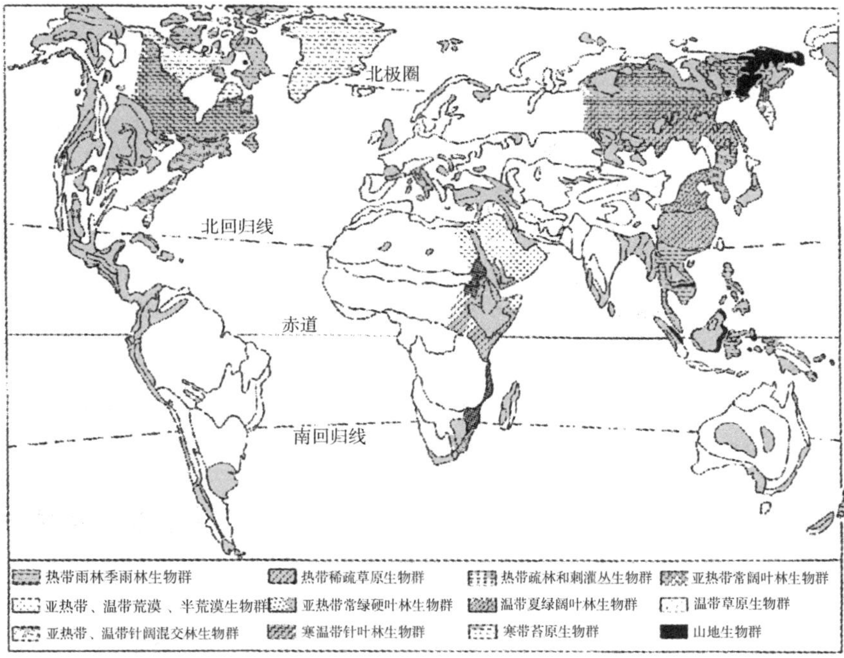

图 4-13　大陆东岸生物地带段性分布规律

(2)在大陆内部地带段性的表现是围绕大陆的干旱中心，大致呈马蹄形分布。如欧亚大陆从北向南的地带段分布是：温带森林草原生物群落—温带草原生物群落—温带干旱荒漠生物群落等，表现出大陆内部所特有的地带段。此外在澳大利亚大陆、非洲大陆、北美大陆和南美大陆都有这种内陆的地带段的表现(图 4-14)。

(3)在大陆西岸由于海陆相互影响的性质不同，地带段的表现不仅与内陆不同，而且与大陆东岸也不同，它具有大陆西岸特有的地带段性。如欧亚大陆西岸的地带段排列顺序为：温带针叶混交林生物群落—温带阔叶林生物群落—地中海常绿硬叶林生物群落等(图 4-14)。

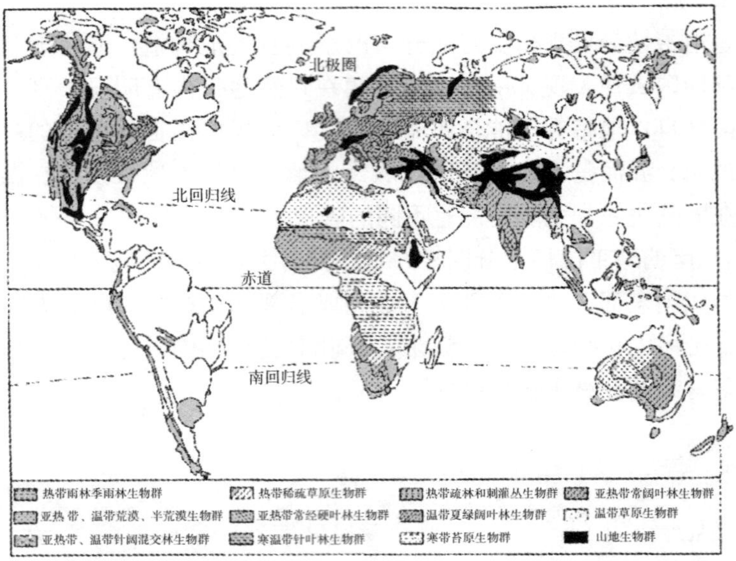

图 4-14　大陆西岸和内部生物地带段性分布规律

大陆东西两岸地带段性的差异，主要是受大陆东西两侧洋流的不同性质(寒流或暖流)和流经的路线不同的影响所致。

2. 生物群落的地区性规律

地区性是指由于生物群落受海陆分布带来的经度地带性与大地构造一地貌单元同热量带的相互作用形成的区域性的分异规律，或者说生物群落的地区性规律是经度地带性与热量带相互作用所表现的区域性分异规律，而大地构造一地貌单元加强了这种分异，它主要以某一个大地构造地貌单元为一个区域。如全球表现出的青藏高原生物群落、蒙古高原生物群落、东欧平原生物群落、伊朗高原生物群落、阿拉伯半岛生物群落、撒哈拉沙漠生物群落、刚果盆地生物群落等(图 4-15)。

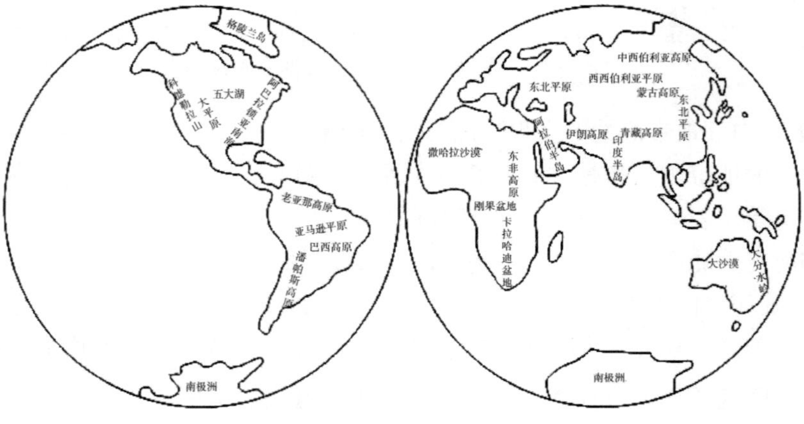

图 4-15　生物群落的地区性规律

3. 生物群落的垂直带性规律

生物群落垂直带性是指生物和它的组成成分大致沿等高线方向延伸，而随山势高度发生带状更替的规律。从山麓到山顶，年平均气温逐渐降低，生长季逐渐缩短。在一定范围内，随着海拔的升高，降水量增加，风速增大，太阳辐射增强，土壤条件也发生变化，在这些综合因素下，植被情况也发生变化。通常表现为依次成条带状变化。构造隆起和山地地势是形成垂直带的根本前提，垂直带性既受地带性因素的影响，又受非地带性因素的影响，但它既不同于地带性规律，又不同于非地带性规律，是地带性因素与非地带性因素相互作用的区域性的地域分异规律。必须指出，山地达到一定高度以后才可能有垂直带的表现。基带以上是垂直带出现的高度，不同的山地其垂直带谱是不同的，同一山体其阴坡和阳坡的垂直带谱也不同(图 4-16)。

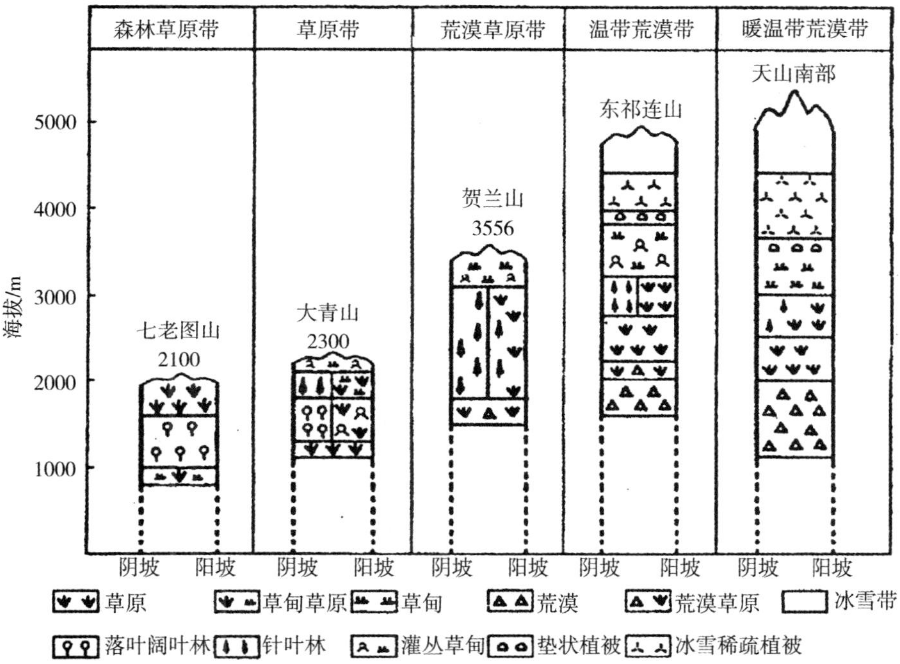

图 4-16　生物群落的垂直带性分布(宋永昌，2001)

四、地方性的分异规律

生物群落的局部地域性分异规律主要受到地方气候、地形和基岩地面物质组成三方面的影响，表现出不同地方的地方性分异规律和同一地方的微域性分异规律。具体表现为系列性和组合性的规律。

1. 生物群落的系列性规律

在局部地形的影响下，生物各组成成分及生物群落按从高到低或从低到高有规律的依次更替的现象，称为生物群落的系列性规律(图 4-17)。这种地方性的分异规律不论在平原或是在山地都有明显的表现。在生态学上称之为生态序列。

2. 生物群落的组合性规律

生物由于受地形和成土母质的影响，生物各组成成分及生物群落在同一小地貌单元内既重复出现又相互更替或呈斑点状相间分布的现象，称为生物群落的组合性规律(图 4-18)。

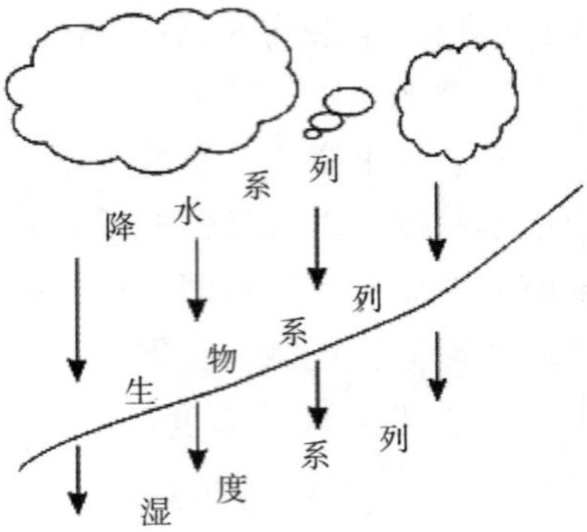

图 4-17　生物群落的系列性规律

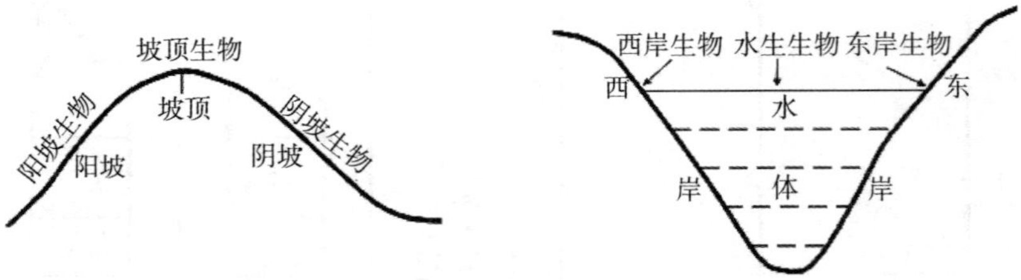

图 4-18　生物群落的组合性规律

第五节　生物群落与生态系统

一、生态系统的基本概念

生态系统(ecosystem)是在一定空间中共同栖居着的所有生物(即生物群落)与其环境之间因不断进行物质循环和能量流动而形成的统一整体。地球上的森林、草原、荒漠、海洋、湖泊、河流等，不仅外貌有区别，生物组成也各有其特点，并且生物和非生物构成了一个相互作用，物质不断循环，能量不停流动的生态系统。

生态系统包括生物群落及其无机环境，它强调的是系统中各个成员的相互作用，所以几乎是无所不包的生态网络。近年来，国内外学者，又把自然生态系统进一步扩展为包括经济系统和社会系统的复合生态系统。

地球上大部分自然生态系统本身就有维持稳定、持久、物种间协调共存等特点，这是长期进化的结果。向自然生态系统寻找这些建立持续性的机理，是研究生态系统规律的主要目的。从上世纪中叶以来，以研究客观世界综合规律为方向的生态系统生态学得到了迅速的发展，使生态学研究的核心由个体生态学、种群生态学、群落生态学，发展到生态系统。生态系统的概念和原理已经被许多学科和许多实践领域所接受。20 世纪 60 年代以来，环境问题日益突出，生态系统逐渐成为环境科学的理论基础之一，以生态系统观点为基础的环境影响评价、风险评估、生态工程、环境规划，成为环境科学迈入新阶段的主要标志之一。而生态学的主流也由种群生态学转移到生态系统生态学。

二、生态系统的基本特征

生态系统是迄今为止发现的最复杂多样的系统之一。其主要特征表现在以下方面（丁圣彦，2004）。

(1)生态系统是多要素、多层次、多功能和多变化的复杂系统。其复杂性是指生态系统的组成、结构、功能是极其复杂多样的。这是由于：①多因素，每个生态系统不仅含有多种生物成分，而且影响生物成分的环境因素也极为多样；②多层次，生态系统中的生命系统具有从分子、细胞、组织、器官、个体、种群、群落、景观、区域乃至全球等多个不同的组织层次；③多功能，生态系统成员间及其与环境之间可以通过多种功能流(物种流、能量流、物质流、信息流和价值流)实现多种功能；④多变性，生态系统随时间变化处于动态变化之中；⑤非线性，生态系统中的许多作用是非线性关系，其相互作用可以是相加、相减或中性等。

(2)生态系统是以生物为主体的生态功能整体。地球表面不同的生态系统都是由各种大小不同的生命有机体与其环境形成的综合体，它们通常以生物为主体，在生态系统水平上构成一个整体的功能单元，因此，具有生态功能的整体性。

(3)生态系统均具有一定的空间结构和时间变化。生态系统都是由一定时空内的生物与其所处的环境共同作用形成的实实在在的实体，所以生态系统不仅以生物为主体而且与一定的空间相联系，形成一定空间结构和一定的地区特性。而且生态系统中生物和环境随着时间变化均处于不断地动态变化之中，使得生态系统和自然界中许多其他事物一样，具有一定的形成、发展和演变的过程及其动态变化特征。即任何一个自然生态系统都是经过长期历史发展形成的。

(4)生态系统资源和环境的有限性。有限性是指各生态系统不仅资源和环境空间有限，同时接纳和储存废物以及物质的循环能力也都有一定限度。生态系统中生物物种及其个体、种群和群落的生长均是有节制的，而不是无限的。一般而言，生态系统中的生物多样性与生命支持系统的资源状况有关。一个结构复杂、环境资源丰富的生态系统通常能够维持更多的物种，如一个森林生态系统比草原生态系统包含更多的物种。同样，热带森林生态系统要比温带或寒带森林生态系统的生物多样性更丰富。生态系统中没有任何一个个体、物种和群落可以无限制地生长。

(5)生态系统是复杂有序的层级系统。自然界中各种各样的生态系统既相互联系，又彼此独立，它们共同构成了复杂有序的层级系统。其中较高的层级系统以大尺度、大基粒、低频率和缓慢速度为特征，它们又被更大尺度、更大基粒、更低频率和更缓慢速度的更高级系统所控制。

(6)生态系统是具有自我维持和自我调控能力的系统。自然界各种不同的生态系统中，生物与其环境条件经过长期适应与进化，彼此间逐渐建立相互协调的关系。生物不断地从所在的生境中摄取所需的物质，生境亦需要对其输出进行及时补偿，两者进行着输入与输出之间的供需调控。生态系统对外部干扰具有一定的抵抗和自我恢复能力，甚至面临季节、年际或长期的气候变化，生态系统也能自我维持和自我调控，保持相对的稳定。

(7)生态系统是开放的远离平衡的热力学系统。自然界中绝大多数生态系统都是开放系统，它们不断地从外界输入能量和物质，经过转换而成为输出，从而维持系统的有序状态。任何一个自然生态系统都是开放的，输入的变化总会引起输出的变化。虽然输出并不是立即变化，有时它们可能滞后，但不会在输入之前，这是因为输出是输入的结果，而输入是原因。从这一观点看，没有输入也就没有输出。维持生态系统需要能量，生态系统变得更大更复杂时，就需要更多可用能量去维持，经历着从无序—有序—新的无序—新的有序的发展过程。

(8)生态系统具有多种服务功能。生态系统不是生物分类学单元的简单聚集，而是通过彼此间及其与环境间的物质流、能量流等相互联系、相互影响、相互制约而共同形成一个生态学功能单元。例如能量的流动，绿色植物通过光合作用把太阳能转变为化学能储藏在植物体内，然后再转给其他动物，这样营养物质就从一个取食类群转移到另一个取食类群，最后由分解者重新释放到环境中。又如在生态系统内部生物与生物之间，生物与环境之间不断进行着复杂而有规律的物质交换。这种物质交换是周而复始不断地进行着，对生态系统起着深刻的影响。自然界元素运动的人为改变，往往会引起严重的后果。生态系统就是在进行多种生态过程中为人类提供必不可少的粮食、药物和工农业原料等，并提供人类生存的环境条件，还有大量的间接性功益服务。

(9)生态系统具有一定的负荷力。生态系统负荷力是涉及用户数量和每个使用者强度的二维概念。这二者之间保持互补关系，当每一个体使用强度增加时，一定资源所能维持的个体数目减少。认识到这一特点，在实践中可将有益生物种群保持在一个环境条件所允许的最大种群数量，此时，种群繁殖速率最快。对环境保护工作而言，在人类生存和生态系统不受损害的前提下，一个生态系统所能容纳的污染物可维持在最大承载量，即环境容量。任一生态系统，它的环境容量越大，可接纳的污染物就越多，反之则越少。污染物的排放，必须与环境容量相适应。

(10)生态系统的环境演变与生物进化密切相关。自地球上出现生命以来，生物有机体在不断适应地球表层自然环境的同时也不断改造自身，并以多种不同的方式对地球表层的环境进行着向有利于生命的方向改造。如绿色植物的光合作用不仅增加了原始大气中的 O_2，而且减少了 CO_2。许多科学家也证实，微生物在营养物质的循环中，尤其是在氮的循环以及大气层和海洋的内部平衡中起着重要的作用。

(11)生态系统是一个表现动态的生命系统。自然界中任何一个自然生态系统都是经过长期的演化发展而形成的，都具有一定的形成、发展和演化过程和各自特有的整体演化规律。其发育过程通常可分为幼年期、成长期和成熟期，各期均表现出鲜明的历史性特点。生态系统这些特点可为预测生态系统的未来提供重要的科学依据。

(12)生态系统具有健康和可持续发展特性。自然界中各种各样的自然生态系统在其数十亿万年的发展中支持着全球的生命系统，为人类提供了经济发展的物质基础和良好的生存环境。然而长期以来掠夺式的开采方式给生态系统造成了极大威胁。可持续发展观要求人们转变思想，对生态系统加强管理，保持生态系统健康和可持续发展特性，在时间空间上实现全面发展。

三、生态系统的组成与结构

生态系统包括下列主要组成成分(表 4-1，图 4-19)。

表 4-1 生态系统的基本组成

基质和媒质	非生物成分(环境系统)			生物成分(生命系统)		
	气候	能量来源	代谢物质	生产者	消费者	还原者
岩石 土壤 水体 大气	光照 温度 湿度 大气压	太阳能 化学能 潮汐能 风能 核能	有机质 无机盐 矿质元素 H_2O，CO_2， O_2，N_2	绿色植物 光合细菌 化能细菌	食草动物 食肉动物 杂食动物 腐食动物 寄生生物	细菌 放线菌 真菌 黏菌 原生生物

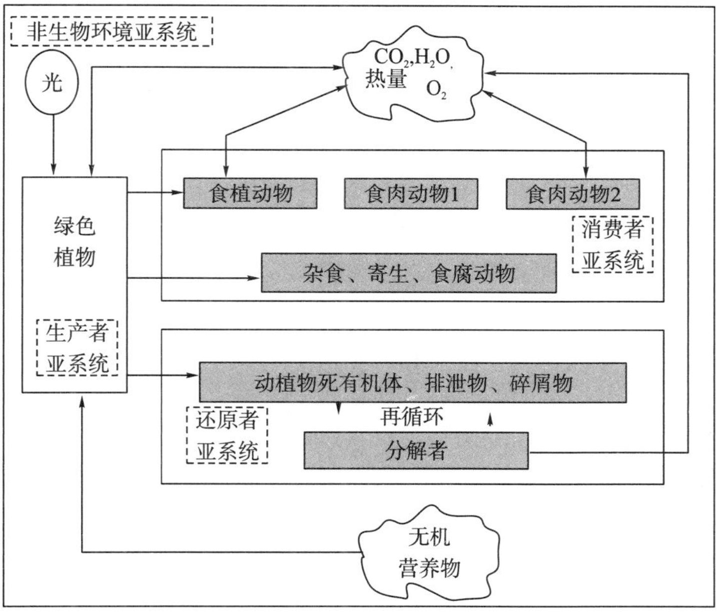

图 4-19 生态系统组分结构一般性模型(孙濡泳，2002)

(1)非生物环境(abiotic environment)，包括参加物质循环的无机元素和化合物(如C、N、CO_2、O_2、Ca、P、K)，联系生物和非生物成分的有机物质(如蛋白质、糖类、脂类和腐殖质等)和气候或其他物理条件(如温度、压力)。

(2)生产者(producer)，是能以简单的无机物制造食物的自养生物(autotroph)。对于淡水池塘来说，主要是两类。一类是有根的植物或漂浮植物；另一类是体型较小的浮游生物。

(3)消费者，所谓消费者是针对生产者而言的，即它们不能从无机物质制造有机物质，而是直接或间接依赖于生产者所制造的有机物质，称之为异养生物(heterotrophs)。消费者按其营养方式上的不同又可分为三种。

食草动物(herbivores)：是直接以植物体为营养的动物。在池塘中有两大类，即浮游动物和某些底栖动物，后者如环节动物，它们直接依赖生产者而生存。草地上的食草动物，如一些食草性昆虫和食草性哺乳动物。食草动物可以统称为一级消费者(primary consumers)。

食肉动物(carnivores)：即以食草动物为食者。例如，池塘中某些以浮游动物为食的鱼类，在草地上也有以食草动物为食的捕食性鸟兽。以食草性动物为食的食肉动物，可以统称为二级消费者(secondary consumers)。

大型食肉动物或顶极食肉动物(topcarnivores)：即以食肉动物为食者。例如，池塘中的黑鱼或鳜鱼，草地上的鹰隼等猛禽。它们可统称为三级消费者(tertiary consumers)。

(4)分解者，是异养生物，其作用是把动植物残体的复杂有机物分解为生产者能重新利用的简单化合物，并释放出能量，其作用正与生产者相反。分解者在生态系统中的作用是极为重要的，如果没有它们，动植物尸体将会堆积成灾，物质不能循环，生态系统将毁灭。分解作用不是一类生物所能完成的，往往有一系列复杂的过程，各个阶段由不同的生物去完成。池塘中的分解者有两类：一类是细菌和真菌；另一类是蟹、软体动物和蠕虫等无脊椎动物。草地中也有生活在枯枝落叶和土壤上层的细菌和真菌，还有蚯蚓、螨等无脊椎动物，。

四、食物链和食物网

生态系统中的食物链不是固定不变的，它不仅在进化历史上有改变，在短时间内也有改变。动物在个体发育的不同阶段里(如蛙)，食物的改变就会引起食物链的改变。动物食性的季节性特点、杂食性动物在不同年份由于自然界食物条件改变而引起主要食物组成变化等，都能使食物网的结构有所变化。因此，食物链往往具有暂时的性质，只有在生物群落组成中成为核心的、数量上占优势的种类，食物联系才是比较稳定的。

一般地说，具有复杂食物网的生态系统，一种生物的消失不致引起整个生态系统的失调，但食物网简单的系统，尤其是在生态系统功能上起关键作用的种，一旦消失或受严重破坏，就可能引起这个系统的剧烈波动。例如，构成苔原生态系统食物链基础的地衣如果因大气中二氧化硫含量的超标而死亡，就会导致整个生态系统遭灾。

生态系统中，一般均有两类食物链，即捕食食物链和碎屑食物链(detital food chain)，前者以植食动物吃植物的活体开始，后者从分解动植物尸体或粪便中有机物质颗粒开始。生态系统中的寄生物和食腐动物形成辅助食物链。许多寄生物有复杂生活史，与生态系统中其他生物的食物关系尤其复杂，有的寄生物还有超级寄生组成寄生食物链。

五、生物在生态系统中的作用

生态系统中的非生命成分供给生物以能量、原料和生存空间，而生命成分——植物、动物和微生物，通过营养和能量的联系，构成了生态系统的核心。

植物是生态系统的主要成分，扮演着生产者的角色。从生物量来说，地球上的有机物质，大约99%是植物。

生态系统中运行能量的基本来源，是绿色植物在光合作用中固定的太阳能，是光合作用使太阳辐射能转变成有机分子中的化学能，并供系统的其他组分利用。没有植物，消费者动物和分解者微生物就不可能获得生命所必不可少的能量。所以植物是生态系统存在的基础。

植物决定一个生态系统的结构。在生态系统中，动物和微生物是依附于植物的。它们或从植物那儿取得食物，或植物给它们提供隐蔽所和栖息地，或二者兼有。这样，植物的空间分布就支配着动物和微生物的空间分布。不同生活型的植物定居在一起，导致了空间层次的分化，例如，森林有林冠层、林下层、灌木层、草本层以及地被层等，其中每一个层次都为森林中的动物和微生物提供了一个生境。植被的结构愈复杂，为动物、微生物所提供的生境就愈多，因而它们的种类组成就愈丰富，功能也就愈多样。所以说，植物在生态系统中起着主导的作用。

动物和微生物也是生态系统不可缺少的组成成分，前者主要是消费者，后者是分解者。在消费者中，不论是植食性的或肉食性的，几乎全是由动物组成的；分解者中也有部分是动物组成的。动物在生态系统中，通过吃与被吃的营养关系，形成复杂的食物网，把生态系统有机地组织起来，促进生态系统代谢功能的正常进行。

在生态系统中，如果一种或数种动物的数量减少或增加，必然要影响到食物链中一种或数种动物数量的减少或增加，从而会导致整个食物链的变动甚至崩溃。例如，鼬、鹰、隼、鸦等数量减少，啮齿类数量就会急剧增加。啮齿类数量一多就会严重地破坏草原，有的地方甚至造成土壤裸露，水土流失，使草原生态系统失去平衡。森林中各种食虫鸟(例如啄木鸟、大山雀、灰喜鹊等)能消灭大量害虫。当它们数量增多时，森林害虫就少；相反，食虫鸟因某些原因消失时，森林中的害虫就会大增多，并影响森林的生长。

就食物链来说，一般人比较重视动物吃植物，大动物吃小动物这条牧食型食物链。但动物在腐屑型食物链中也占有相当重要的地位。腐屑型食物链中的动物，大部分属于土壤动物(例如，自由生活的原生动物、线虫、蚯蚓、弹尾类、螨类以及其他某些节肢动物)。它们在物质循环和能量流动中的作用，不一定低于牧食型食物链。原生动物是细菌的控制者，而细菌能分解有机质，促进土壤熟化。线虫、节肢动物等，既是食菌者又是分解者。蚯蚓以枯叶和土壤有机质为食，白蚁主要以枯木为食。其他土栖和穴居动物，弹尾类、螨类等，摄取有机物质或主要吃其中的细菌和真菌，对分解者起着重要的控制作用。

微生物，主要是细菌、真菌及其他一些微生物，是生态系统中的主要分解者。它们能够将植物的枯枝落叶和动物的尸体等复杂有机物，分解成简单的无机物释放回环境中，再被植物吸收利用，所以它们在物质转化上起着独特的关键性的作用。

六、生态系统的反馈调节和生态平衡

生态系统具有负反馈的自我调节机制。所谓反馈，就是系统的输出变成了决定系统未来的输入。一个系统如果其状态能够决定输入，就说明有反馈机制的存在。反馈分为正反馈和负反馈。负反馈可使系统保持稳定，正反馈使系统偏离增大。因为地球和生物圈是一个有限的系统，其空间、资源都是有限的，所以应该用负反馈来管理生物圈及其资源。

通常情况下，生态系统通过负反馈保持自身的生态平衡。生态平衡是指生态系统通过发育和调节所达到的一种稳定状况，它包括结构上的稳定、功能能量上的稳定以及能量输入输出的稳定。生态平衡是一种动态平衡，因为能量流动和物质循环总是在不间断的进行，生物个体也在不断的进行更新。在自然条件下，生态系统总是朝着多种类、多样化、结构复杂化和功能完善化的方向发展，直到使生态系统达到最成熟稳定的状态为止。

当生态系统达到动态平衡的最稳定状态时，它能够自我调节和维持自身的正常功能，并在很大程度上消除外来干扰，保持自身稳定。但是，生态系统这种自我调节功能是有一定限度的，当外来干扰因素超过限度时，生态系统自我调节功能本身就会受到损害，从而引起生态失调，甚至导致生态危机。生态危机是指由于人类盲目活动而导致局部地区甚至整个生物圈结构和功能的失衡，从而威胁到人类生存。生态平衡失调一旦发展到出现生态危机，就很难在短期内恢复平衡。

为了正确处理人和自然的关系，必须认识到整个人类赖以生存的自然界和生物圈是一个高度复杂的具有调节功能的生态系统。保持这个生态系统结构和功能的稳定是人类生存和发展的基础。因此，人类活动除了要讲究经济效益和社会效益之外，还必须特别注意生态后果，以便在改造自然的同时能基本保持生态圈的稳定和平衡。

参考文献

北京大学，等 . 1987. 植物地理学 . 北京：人民教育出版社 .
曹凑贵 . 2002. 生态学概述 . 北京：高等教育出版社 .
陈鹏，等 . 1986. 动物地理学 . 北京：高等教育出版社 .
陈鹏，等 . 1989. 生物地理学 . 长春：东北师范大学出版社 .
陈鹏 . 1982. 世界各地珍奇动物 . 长春：吉林人民出版社 .
丁登山 . 1988. 自然地理学基础 . 北京：高等教育出版社 .
丁圣彦 . 2004. 生态学——面向人类生存环境的科学价值观 . 北京：科学出版社 .
E. P. 奥德姆 . 1982. 生态学基础 . 北京：人民教育出版社 .
华东师范大学，等 . 1982. 动物生态学(上、下册). 北京：人民教育出版社 .
景贵和 . 1990. 综合自然地理学 . 北京：高等教育出版社 .
Knapp R. 1986. 宋永昌译 . 植被动态 . 北京：科学出版社 .
李博 . 2000. 生态学 . 北京：高等教育出版社 .
潘树荣，等 . 1985. 自然地理学 . 北京：高等教育出版社 .
曲仲湘，等 . 1984. 植物生态学第 2 版 . 北京：高等教育出版社 .
尚玉昌 . 2002. 普通生态学 . 北京：北京大学出版社 .
孙儒泳，等 . 2002. 基础生态学 . 北京：高等教育出版社 .
伍光和，等 . 2001. 自然地理学 . 北京：高等教育出版社 .
武汉大学，等 . 1978. 普通动物学 . 北京：人民教育出版社 .
武吉华，张绅 . 1995. 植物地理学北京：高等教育出版社 .
忻介六 . 1986. 土壤动物知识 . 北京：科学出版社 .
郑师章，吴千红，王海波，等 . 2000. 普通生态学——原理方法和应用 . 上海：复旦大学出版社 .
中国自然地理编委会 . 1979. 中国自然地理 . 北京：科学出版社 .
祝廷成，等 . 1988. 植物生态学 . 北京：高等教育出版社 .

第五章　地球表层的生物分布

地球表层的生物系统是由陆地生物系统和水域生物系统两大部分构成的。其中陆地生物系统主要由森林生物、草原生物、荒漠生物和苔原生物四种景观构成；水域生物系统由海洋生物、河流生物、湖泊生物和沼泽生物四种景观构成。每种景观又由许多不同的生物群落构成(表 5-1)，并在陆地上表现出明显的地带性分布规律(图 5-1)。

表 5-1　地球的生物系统组成

<table>
<tr><td rowspan="17">生物圈</td><td rowspan="13">陆地生物</td><td rowspan="6">森林生物群落</td><td>热带雨林生物群落</td><td>……</td></tr>
<tr><td>亚热带常绿林生物群落</td><td>……</td></tr>
<tr><td>温带落叶阔叶林生物群落</td><td>……</td></tr>
<tr><td rowspan="3">寒温带针叶林生物群落</td><td>北方松林生物群落</td></tr>
<tr><td>北方云杉林生物群落</td></tr>
<tr><td>北方冷杉林生物群落</td></tr>
<tr><td>草原生物群落</td><td>……</td><td>……</td></tr>
<tr><td>荒漠生物群落</td><td>……</td><td>……</td></tr>
<tr><td>苔原生物群落</td><td>……</td><td>……</td></tr>
<tr><td>城市生物群落</td><td>……</td><td>……</td></tr>
<tr><td rowspan="3">农田生物群落</td><td>小麦地生物群落</td><td>……</td></tr>
<tr><td>水稻田生物群落</td><td>……</td></tr>
<tr><td>玉米地生物群落</td><td>……</td></tr>
<tr><td rowspan="4">水域生物</td><td rowspan="3">海洋生物群落</td><td>深海生物群落</td><td>……</td></tr>
<tr><td>浅海生物群落</td><td>……</td></tr>
<tr><td>河口与近岸生物群落</td><td>……</td></tr>
<tr><td>河流生物群落</td><td>……</td><td>……</td></tr>
<tr><td rowspan="2"></td><td rowspan="2"></td><td>湖泊生物群落</td><td>……</td><td>……</td></tr>
<tr><td>湿地生物群落</td><td>……</td><td>……</td></tr>
</table>

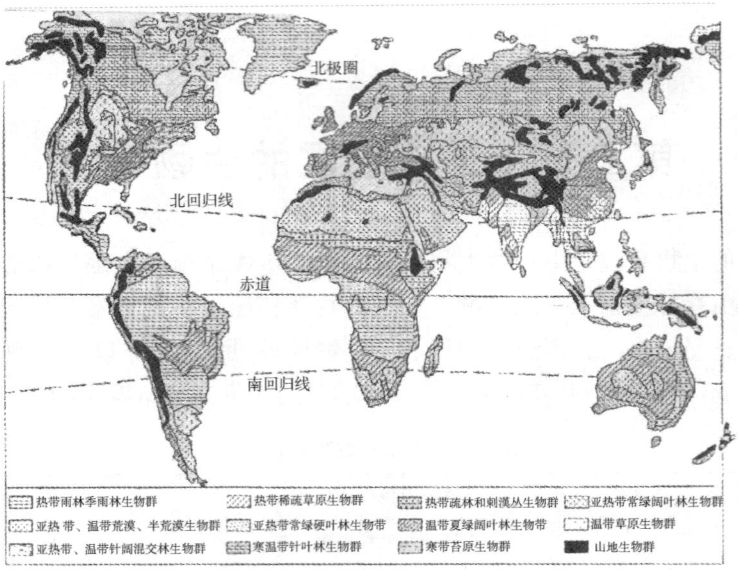

图 5-1　世界陆地主要生物群分布图

第一节　森林生物的分布

一、森林的主要特征

森林是陆地上面积最大、最重要、最常见的自然景观类型。主要以乔木为主，具有一定面积和密度的植物群落，是陆地生态系统的主干。历史上森林面积曾达到 7.6×10^9 hm^2，覆盖着世界陆地面积的 2/3。在人类大规模砍伐之前，世界森林约为 7×10^9 hm^2，占陆地面积的 45.8%。至 1985 年，森林面积下降到 4.147×10^9 hm^2，占陆地面积的 31.7%。尽管如此，森林仍为地球上分布最大的景观类型。它在地球表层系统中占有重要地位，在净化空气、调节气候、保护环境等方面起着重大作用。

地球表层的森林虽然结构复杂、类型多样，但都具有许多共同的特征。

1. 生物种类多样——世界基因库

世界上所有森林均保持着最高的物种多样性，是最丰富的生物资源和基因库。热带雨林中约有 2000000 万～4000000 万种生物。我国长白山自然保护区植物种类约占东北植物种类的 1/2 以上；西双版纳，其面积仅占全国的千分之二，却有 1000 多种植物和 500 多种栖脊椎动物。

2. 森林内部结构复杂多样，层次明显

森林内部结构远比其他景观复杂，是景观中层次最多的一个类型，其内部结构多达 7～8 层。一般可分为乔木层、灌木层、草本层和地面层等四个基本层次。层与群纵横交织，表现出群落的复杂性(图 5-2)。森林中还生活着大量的野生动物。主要有象、野猪、羊、牛、啮齿类、昆虫和线虫等植食动物；田鼠、蝙蝠、鸟类、蛙类、蜘蛛和捕食性昆虫等一级肉食动物，狼、狐、鼬和蟾蜍等二级肉食动物，还有狮、虎、豹、鹰、鹫等凶禽猛兽，以及杂食和寄生动物等。由此可见，以林木为主体的森林是个多物种、多层次、营养结构复杂的自然景观类型。

图 5-2　森林群落的垂直结构(徐凤翔，1982)

3. 分布广泛，表现为明显的地带性规律

森林在地球表层的各地区都有分布，其分布主要受一定的气候条件及地形地貌的作用和影响，表现为明显的纬度地带性和垂直地带性规律。

4. 群落稳定、生产力高，对环境影响大

森林经历了漫长的发展历史，形成了内部丰富的物种，其群落结构复杂、与环境之间相互依存、相互协调，保持着结构的稳态性。森林系统的生产力在地球表层各系统中是最高的。据统计，每公顷森林年生产干物质是 12.9t，而农田是 6.5t，草原是 6.3t。森林系统不仅单位面积的生物量最高，而且生物量大(1.680×10^9t)，占陆地生态系统总量(约 1.852×10^9t)的 90%左右。另外，森林还在全球环境中发挥着巨大的作用，如吸收 CO_2、防风固沙、保持水土、抗御水旱、风灾等，是养护生物最重要的基地，也是其他景观所无法替代的。

二、森林的主要类型及分布

世界上的森林是由不同类型的森林生物群落组成的，在一定气候、土壤条件下形成。全世界森林可划分为热带雨林地带性生物群落、热带季雨林地带性生物群落、亚热带常绿林地带性生物群落、温带夏绿阔叶林地带性生物群落、温带针阔混交林地带性生物群落和寒温带针叶林地带性生物群落。

1. 热带雨林地带性生物群落

热带雨林地带性生物群落主要分布于赤道附近，南北纬 5°～10°的热带气候区，有时在大陆向风的边缘地带可延伸到 15°～25°左右。以南美洲亚马逊河流域、非洲扎伊尔河流域以及东南亚的一些岛屿最为典型。我国海南岛东南部、台湾岛南部和云南省南部以及南海诸岛中的某些群岛(图 5-3)。热带雨林是全球纬度最低、热量最丰富、水分最充足、水热状况结合得最好的一个地带。这里终年高温多雨，无明显的四季变化，年平均气温 20～28℃左右，气温日较差约 5～6℃，年较差约 2～3℃。年降水量一般在 2000mm 以上，最多达 12000mm 以上。全年雨量分配均匀，常年湿润，相对湿度在 80%左右。土壤多为砖红壤或红壤。由于高温多雨，生物的物质循环强烈，有机质分解迅速，土壤腐殖质及营养元素含量相对贫乏。

1)生物的基本特征

(1)种类组成丰富。热带雨林无论植物、动物种类都是极其丰富的。据推测生活在热带雨林中的全部生物种类至少占到全球现存物种总数的一半。热带雨林绝大部分是木本植物，物种极为丰富，高等植物有 45000 种以上。中美洲的哥斯达黎加全国面积约 5×10^4 km^2，有哺乳动物 196 种，而前苏联全国面积约 2240 万平方公里，仅有哺乳动物 296 种。按哺乳动物的多度(种数/平方公里)，是前苏联的 300 倍。尽管种类丰富，但同种的个体数却不多，即优势现象不明显。在热带雨林中，几乎很难找出两棵相邻的同种树木；在这里要想得到 100 个不同种类的动物，比获得同一个种的 100 个个体要容易得多。

(2)群落结构复杂。热带雨林树木高矮不一，林冠稠密郁闭，层次多而复杂，物种组成极为丰富，其中藤本植物和附生植物数量居多。藤本植物形状多样，长度一般达 10m，有的可达 300m。不少乔木树种都具有板状根和支柱根，老茎生花是它的一个明显特征，另外绞杀植物和寄生植物也很常见。热带雨林中植物的分层现象特别明显，可分为乔木、灌木、草本和地面四个层次。乔木层树干高大，一般在 30～50m 左右，可分三个亚层。林下是灌木层、草本层和地面层(又可以分为几个亚层)，因此热带雨林群落一般可分为 5～8 层不等。雨林垂直结构与光照条件关系密切。热带雨林中的动物也具有分层现象。一般树栖攀缘类型占绝对优势，它们大都集中在树冠层生活，以植物果实为食。在森林底层主要是一些大型动物，如象、虎、鹿、貘，而在黑暗的森林底部主要是一些土壤类动物。

(3)无明显的季节变化。热带雨林区由于气候的高温多雨，季节的变化不明显，植物终年都在生长发育，没有休眠期，植物的花期、果期是相继出现。由于植物的季节变化不大，充足的食物使得这里的动物一年到头都在活动和繁殖，它们不存在冬眠或夏眠，季节性迁移也很少见，因而动物数量的季节性变化不明显、年际变化也不显著。相反，由于昼夜温度的显著差异，动物的昼夜相反而表现得相当明显，夜间与晨昏活动觅食的种类多于或大致等于昼出性活动的种类。

(4)生物生产量大。热带雨林是生物生产量最大的类型。净第一性生产率平均为 $2000g/m^3$ · 年干有机物。但近几十年来，由于人类无计划地开辟种植园和发展农业，热带雨林受到严重的干扰和破坏；使野生的动植物种类大大减少，某些种类已趋于灭绝；世界上最复杂的生物群落将被较简单的生物群落所代替。因此，当前对热带雨林的保护与合理的开发利用，便成为生态学和生物地理学的重要课题。

2)群落的地理分布

热带雨林分布在赤道南北的热带地区，是目前地球上面积最大，对人类生存环境影响最深远的森林生态系统。Lieth(1972)曾估算出全球热带雨林面积约 1.7×10^7 km^2，占地球上现存森林面积的一半。热带雨林的分布与赤道气候带相当，它围绕地球在赤道南北有限的范围内大致形成了一个带，通常分为三个区域：中南美洲热带雨林区、印度—马来西亚热带雨林区(往北可延至我国西双版纳和海南岛)和非洲热带雨林区(图 5-3)。

(1)中南美洲。中南美洲是世界上面积最大的热带雨林，约 4×10^6 hm^2。主要分布于亚马逊河流域，西部可扩展到安第斯山麓，东部可延伸至巴西的帕奈巴河，另外在南北回归线之间大西洋沿岸的迎风坡由于充足的水分条件也形成了一个狭长的雨林带，向北一直延伸到墨西哥的安的列斯岛，南达巴拉圭的大查科。豆科植物是优势科，藤本植物、附生植物特别多，凤梨科、仙人掌科、天南星科、棕榈科植物十分丰富，典型的热带经济植物有三叶橡胶、可可树、椰子树等。动物种类组成极其丰富，并以树栖类型为主。典型的动物有狨、卷尾猴、吼猴、蜘蛛猴、树懒、吸血蝠、树豪猪、小头鼠海豚、水豚、巴西貘、西　、美洲豹、蜜熊、蜂鸟、巨嘴鸟、麝雉、金刚鹦鹉、森蚺、鬣蜥和树蛙等。

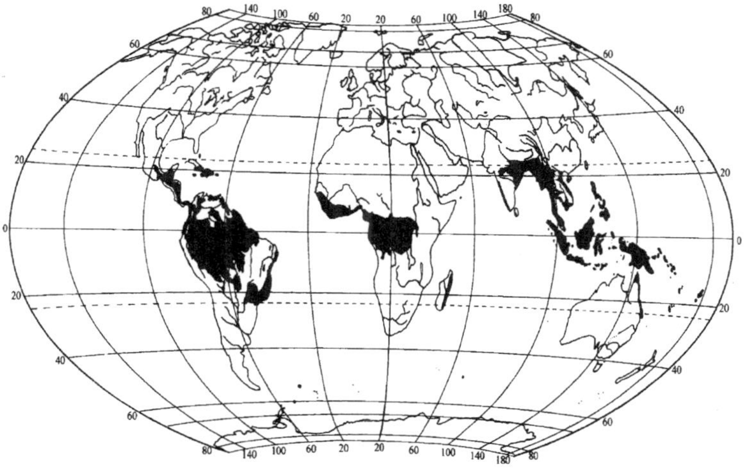

图 5-3　热带雨林在地球上的分布(宋永昌，2001)

(2)亚洲的热带雨林，面积约 2.50×10^6 hm^2，主要分布在菲律宾群岛、马来半岛、中南半岛的东西两岸，斯里兰卡南部以及我国南部边缘(海南、台湾、广东、广西、云南的南部和西藏的东南部)。植物群的特点是缺乏具有美丽大型花朵的植物和特别高大的棕榈科植物，而富有白藤属和木本真蕨八字桫椤属以及典型的亚洲热带科。它们都是典型的高大乔木，一般高达 40～50m，最高可达 80m。比较典型的动物有猩猩、长臂猿、叶猴、眼镜猴、懒猴、树鼩、鼯猴、狐蝠、穿山甲、灵猫、獴、马来熊、豪猪、巨松鼠、马来貘、印度犀、亚洲象、鬣鹿、绿孔雀、原鸡、鹦鹉、飞龙、巨蜥、大蟒、恒河鳄和飞蛙等。

(3)非洲的热带雨林面积不大，约 1.8×10^6 hm^2，主要分布于扎伊尔河流域(刚果盆地)，在赤道以北可达几内亚湾沿岸，在赤道以南分布到马达加斯加岛的东岸及其他岛屿，介于南北纬 10°左右。另外马达加斯加岛的东部迎风坡也有热带雨林连片分布。非洲热带雨林植物种类非常丰富，特有种类数量明显。其中棕榈科植物最为有名，如棕榈、油椰子、旅人蕉等；咖啡属种类也很多。典型的动物有狐猴、指猴、长尾猴、大猩猩、黑猩猩、长尾穿山甲、非洲鼯鼠、巨松鼠、树松鼠、灵猫、棕榈猫、紫羚羊、巨林猪、倭河马、非洲孔雀、太阳鸟、避役、鳄鱼以及爪蛙等。

(4)大洋洲的热带雨林面积很小，主要分布于伊里安岛、太平洋群岛和澳大利亚大陆东北部。植物的种类成分和马来半岛相似，但也有些澳大利亚的特有成分。动物群很特殊，缺乏其他洲热带雨林所共有的哺乳类，而富有单孔类、有袋类、翼手类和啮齿类。比较典型的动物有树袋鼠、袋貂、袋鼯、树袋熊、针鼹、食火鸡、营冢鸟、极乐鸟和园丁鸟等。

2. 亚热带常绿阔叶林地带生物群落

亚热带位于热带与温带之间，具有明显的过渡性特征。由于亚热带大陆东西两岸气候类型的不同，因而也分布着不同的生物类型。大陆东岸是季风性气候，发育着常绿阔叶林；大陆西岸是地中海式气候，发育着常绿硬叶林。

1)亚热带常绿阔叶林生物群落

亚热带常绿阔叶林(也称照叶林)，是亚热带地区大陆东岸的典型生物群落，主要分布于东亚(中国、日本和朝鲜)、美洲的佛罗里达半岛—墨西哥北部、巴西的东南部，另外在非洲的南端和大洋洲也有分布(图 5-4)。常绿阔叶林属亚热带季风气候(亚热带湿润气候)。夏季炎热而多雨，冬季稍寒冷，春秋温和，四季分明。年平均气温 16～18℃。最热月平均温度为 24～27℃，最冷月平均为 3～8℃，无霜期超过 230d，年降水量 1000～1500mm，冬季降水少、稍干冷，夏季长，冬季短，但无明显的干季。空气湿度大(平均为 75～80%)，云量多，全年较湿润，土壤为红壤、黄壤。

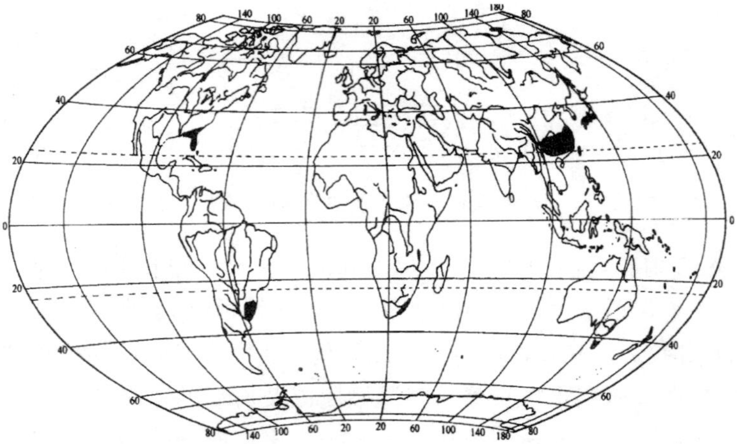

图 5-4　亚热带常绿阔叶林在地球上的分布(宋永昌，2001)

亚热带常绿阔叶林生物群落的一般特征有以下四点。

(1)种类具明显过渡性。生物种类组成混杂，具有明显的过渡性，群落特有种类少，主要是一些热带森林生物和温带森林生物的混杂。植物种类相当丰富，主要由壳斗科、樟科、山茶科、木兰科、金缕梅科等常绿阔叶树所组成。其叶为革质小型叶片，表面有蜡层，并且常与光照方向垂直，能反射阳光，也称“照叶林”。

(2)群落的层次明显。群落外貌终年常绿，一般呈暗绿色，林相整齐，林冠浑圆，呈微波起伏。群落结构比热带雨林简单，可分乔木层、灌木层和草本层三个基本层。乔木层可分 2～3 个亚层，高度在 16～20m 左右，很少超出 25m，总盖度在 70～90%以上。灌木层多为常绿种类，草本层也有常绿的蕨类植物。与热带雨林相比，亚热带常绿阔叶林结构比较简单，没有板状根，也没有茎花现象，藤本植物和附生植物不多。

(3)群落的变化突出。生物的季相变化和昼夜变化都比较明显，许多爬行类、两栖类及翼手类有冬眠现象，鸟类的迁徙明显，种的优势现象较热带森林突出。季相变化较热带森林明显但不如温带森林明显。

(4)人类活动显著。常绿阔叶林生态系统地上生物量和生产力仅次于热带雨林生态系统，本区域由于人口密集，农业历史悠久，森林大部分被砍伐，现多变成人工次生林与灌丛。所以大型哺乳动物几乎绝迹，而适于次生林、灌丛与农田生活的小型兽类愈来愈多。原始常绿林动物群只保留在自然保护区之内。主要动物有猕猴、红面猴、穿山甲、豪猪、华南虎、印度豹、云豹、灵猫、八哥、竹鸡、红腹锦鸡、眼镜蛇和竹叶青等，土壤动物也比较丰富。

亚热带常绿阔叶林的生物群落的地理分布如下所述。

(1)亚洲。分布于日本、朝鲜南部和我国东南部。其中以我国面积最广。由于地区跨度大、气候条件南北差异明显，故又可分为北亚热带、中亚热带和南亚热带三种不同类型，我国的常绿阔叶林的主要树种是壳斗科、樟科、山茶科，还有木兰科、金缕梅科、蔷薇科、杜鹃花科、豆科、冬青科、忍冬科、灰木科、大戟科的一些种类。我国原始的常绿阔叶林，目前保存很少，大部分被砍伐，多数被人工针叶林所代替。部分地区也有竹林。比较典型的动物有猕猴、短尾猴、穿山甲、小麂、毛冠鹿，鬣羚、赤腹松鼠、豪猪、果子狸、灵猫、华南虎、画眉、白头鹎、黑卷尾、八哥、竹鸡、红腹锦鸡、长尾雉、白腰文鸟、扬子鳄、金环蛇、银环蛇、竹叶青、石龙子、泽蛙、大鲵等。

(2)美洲。分布于北美的佛罗里达半岛和南美的瓦尔迪维亚以南和巴西的东南部等地。呈不明显的带状分布，其主要树种为各种栎类和为数较多的樟树等，并有大花木兰和棕榈科植物出现；在南美洲由于降水量增加，植物的茂盛几乎与热带雨林没有多大差异，藤本和附生植物更为丰富，主要乔木是蔷薇科种类和假山毛榉等。

(3)非洲。由于特殊的位置，其分布仅仅局限于南非的德拉肯斯堡山脉前沿地及北部高地的陡坡，特别是大陆的最南端，因气候湿润发育着典型的常绿阔叶林。

(4)大洋洲。分布于澳大利亚东部的昆士兰、新南威尔士、维多利亚直到塔斯马尼亚。主要树种是各种桉树，假山毛榉和树蕨等。比较典型的动物有，鸭嘴兽、针鼹、袋獾、袋狼、琴鸟、极乐鸟和黑天鹅等。

2)亚热带常绿硬叶林

亚热带常绿硬叶林，是亚热带地区大陆西岸的典型生物群落，主要分布于地中海沿岸、克里木沿岸、澳大利亚西南部、南美智利中部和北美的太平洋沿岸。另外在非洲南部也有小面积分布，且由于区系成分的特殊性，种类十分丰富(图 5-5)。亚热带常绿硬叶林发育在亚热带大陆西部的地中海式气候区。气候特点是冬季温和多雨，夏季炎热干燥。年降水量 500～750mm，多集中于冬季；夏季降水很少。最热月平均温度 22～28℃；最冷月平均温度 5～12℃，年较差 17～22℃。气候特征有明显的干季和雨季。

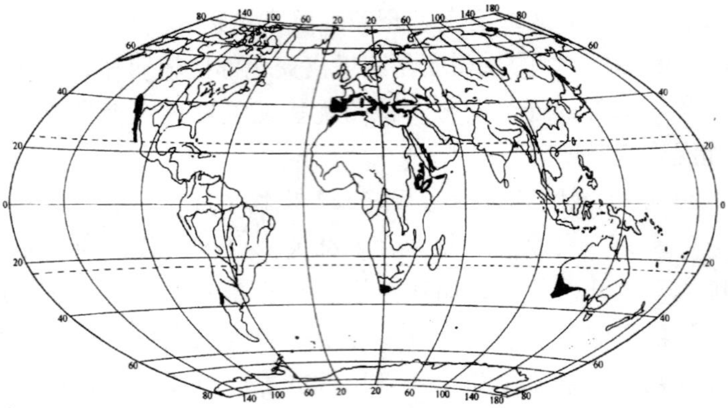

图 5-5　亚热带常绿硬叶林在地球上的分布(宋永昌，2001)

亚热带常绿硬叶林生物的一般特征比较明显。由于夏季气候干热，森林生长不高，上层稀疏，林内无附生植物和藤本植物。林下常绿植物很多，且生长茂密。乔灌木的叶子是常绿的，大都是坚硬革质，叶片不大，表面常被茸毛覆盖，没有光泽。有些植物的叶子常常退化变成刺状。茎为绿色，能行光合作用，花一般都很鲜艳，其中黄花尤多，花香和植物所分泌的挥发油，使硬叶林具有一种特殊的强烈香味。地中海区常绿硬叶林的动物群具有明显的过渡性，介于北非荒漠与温带落叶阔叶林之间。主要动物有阿尔卑斯山羊、摩弗伦羊、黄鹿、无尾猴、胡狼、石貂、伶鼬、菊头蝠、蓝鹊、山雷鸟、撒丁莺、西班牙雀、石雀、黄颔蛇和避役等。

亚热带常绿硬叶林的生物群落地理分布如下所述。

(1)地中海区。主要分布在地中海沿岸(除利比亚和埃及沿岸)，也是目前研究最充分的，一般主要由常绿革质叶的栎属植物所组成。地中海西部是木栓栎林，东部是刺叶栎林，此外还有人工栽培的油橄榄林。这里的硬叶林如果退化，则成为灌丛状的马基群落。

(2)非洲。主要分布在非洲的西南角，约在 30°S 以南的狭小范围内，由于区系成分的特殊，尽管面积很小但种类成分十分丰富，故形成了一个独特的植物区——好望角植物区。其植物以硬叶常绿灌丛为主，优势种群为杜鹃花科和山龙眼科植物，与马克维斯群落相似，称为丰伯斯群落。

(3)北美洲。主要分布在加里福尼亚半岛和墨西哥。北美洲西部的加里福尼亚半岛发育有常绿硬叶林，其优势种为常绿的栎属和美洲的璎珞黑钩叶等。墨西哥的常绿硬叶林主要是含羞草科和云实科。这里的生物群落与地中海的马基群落在很多方面相似，称为沙巴拉群落。

(4)南美洲。主要分布在智利中部，一般可分为旱生林和较湿润的森林。这些森林的外貌高达 10～15m，与地中海东部的刺叶栎林相邻。

(5)大洋洲。主要分布在澳大利亚的西南角和南部阿得雷德周围，与世界上其他冬雨区硬叶林不同，以乔木占优势，叶子革质，坚硬。由桉树属构成乔木层，特有的草本乔木主要有黄万年青属和山龙眼科。

3. 温带夏绿阔叶林地带生物群落

温带夏绿阔叶林，又称温带落叶阔叶林，是温带气候条件下形成的地带性生物群落。

它在世界范围内主要分布在三个区域：北美洲大西洋沿岸；西欧和中欧海洋性气候的温暖区域；亚洲东部(包括中国、朝鲜和日本)。在南半球，由于没有适宜的条件，夏绿阔叶林不发育(图 5-6)。

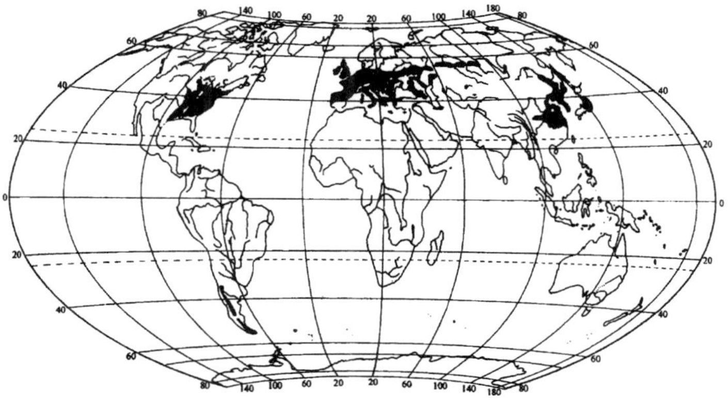

图 5-6　温带夏绿阔叶林在地球上的分布(宋永昌，2001)

温带夏绿阔叶林地带四季分明，夏热多雨，冬寒干燥。全年至少有 4 个月的温度在10℃以上，最冷月的平均温度可达－6℃，最热月的平均温度为 13～23℃，年降水量约500～1000mm。我国的夏绿阔叶林受季风的影响，气候夏热冬寒较明显，而且降水集中在夏季。其分布地区的地带性土壤主要是棕壤和褐土。

1)生物的一般特征

(1)种类组成简单。温带阔叶林以落叶乔木为主，其中有宽大叶片的，如山毛榉属、栎属；也有狭小叶片的，如桦属、杨属、赤杨属、柳属等。这些乔木的树叶，质地较薄，无革质硬叶现象，通常无茸毛，呈鲜绿色。树干和树枝都具有较厚的皮层保护，芽有坚实的芽鳞，也常受树脂保护。

(2)群落结构清晰。温带夏绿阔叶林的结构简单而清晰，多为乔木层、灌木层、草本层和地被层。通常乔木层只有一至两层，由一种或几种树种组成，林冠基本上在同一高度，形成一个绿色的波状起伏的平面。林中藤本植物和附生植物不发达。主要是一些树栖食虫鸟类和林栖兽类。夏绿林富有灌木和草本植物，为地面活动的动物提供了良好的食物条件和隐蔽场所，因而有蹄类和食肉类较多。以种子为食的鸟类，大都栖息在森林的中层和下层，林下土壤动物也较多。

(3)季相变化明显。落叶阔叶林生态系统最显著的特征是有明显的季节更替。冬季树木全部落叶，草本植物地上部分枯萎，多以根茎、鳞茎、块茎的形式隐藏于土壤中；动物活动减弱，大部分进入冬眠或迁移。夏季则呈现一片绿色，动物最为活跃，大部进入繁殖时期。

(4)人类活动频繁。由于人类开发较早，人类活动频繁，许多地区原始森林被砍伐，开垦为农田，已改变了原来的面貌。生物群落发生了演替，原始森林被农田居民点所替代，许多原有的大型有蹄类和食肉类动物也急剧减少，有的已经绝迹，如欧洲野牛、狼、熊、水獭、河狸等。许多与人类活动有关的居民点鸟类和农田动物，例如麻雀、燕子、乌鸦、喜鹊和啮齿类等大量出现。

2)群落的地理分布

(1)亚洲，主要分布于亚洲东部沿海一带，包括朝鲜、日本的北部及俄罗斯库页岛南部和中国的东北、华北。中国夏绿林主要分布于东北南部、华北平原、黄土高原南部、秦岭至淮河一线以北的广阔地区。亚洲阔叶林树种主要是壳斗科中的落叶树种，如栎属、桦属、鹅耳枥属和赤杨属，榆科的榆属、朴属，槭树科中的槭属，杨柳科中的杨属等。另有多种落叶果树，如梨、苹果、桃、李、杏、胡桃、枣、栗、柿子等。主要动物有鹿、獾、棕熊、野猪、狐、松鼠等，鸟类有野鸡、莺等，还有各种各样的昆虫。

(2)欧洲，欧洲的夏绿阔叶林向北推进较远，主要由于北大西洋暖流的影响，西欧的分布可以达到58°N，其分布沿大西洋海岸延伸，从伊比利亚半岛北部向北可到斯堪的纳维亚半岛的南端。在东欧由于西风带的影响减弱，在第聂伯区附近夏绿阔叶林明显渐灭，其夏绿林的种类组成贫乏，主要树种是欧洲山毛榉、桦叶鹅耳枥、无梗栎和英国栎等。

(3)北美洲，主要分布于五大湖以南，密西西比河流域以及向东的大西洋沿岸低地(可达45°N左右)和阿巴拉契亚山脉的下部。北美洲夏绿林种类组成十分丰富，山毛榉林的优势种为美洲山毛榉和糖槭，分布于大西洋沿岸的栎林，与欧洲不同，常由多种栎树与其他阔叶树种混交。主要动物有浣熊、臭鼬、美洲狮、黑熊、水貂、水獭、猞猁、负鼠、以及犰狳、金花鼠、飞鼠、白足鼠、白尾鹿、美洲马鹿、野火鸡、蜂鸟、密西西比鳄、牛蛙、两栖鲵等。

(4)南美洲，智利南部分布有以落叶的假山毛榉属植物为主，杂以常绿阔叶树与针叶树组成的温带森林。

4. 寒温带针叶林地带生物群落

寒温带针叶林又称泰加林，处于北半球高纬度地区，面积约 $1.2\times10^7 km^2$，仅次于热带雨林，是寒带气候条件下形成的地带性生物群落。它主要分布在北半球欧亚大陆和北美洲大陆，构成一条完整的针叶林带。是森林群落分布的最北界(图5-7)。针叶林带的气候夏季温凉、冬季严寒。由于纬向跨度辽阔，气候状况多样，一般大陆性气候明显。年平均气温多在0℃以下，夏季最长也仅一个月，最热月平均15～22℃；冬季漫长，达9个月之久。最冷月平均－38～－21℃，绝对低温可达－52℃。降雨多集中在夏季，年降水量400～500mm。土壤主要为棕色针叶林土，土层浅薄有永冻层，不适于耕作。

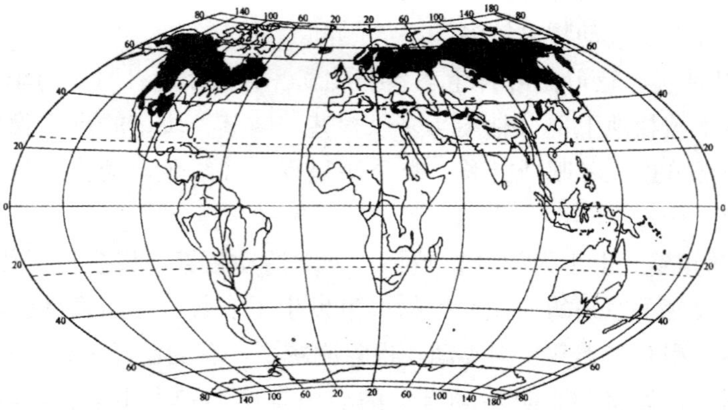

图5-7　寒温带针叶林在地球上的分布(宋永昌，2001)

1)生物群的一般特征

(1)群落外貌特殊。针叶林最明显的特征就是外貌特殊，一般是圆锥形或尖塔形树冠，主要由云杉属、冷杉属和落叶松属所组成；由松属所组成的针叶林，树冠近圆形，云杉林和冷杉林比较郁闭，林内阴暗潮湿，称为“暗针叶林”；松林和落叶松林比较喜阳，林木稀疏，林内明亮，称为“明针叶林”。

(2)群落结构简单。乔木层常由1～2个树种组成，林下有灌木层、草本层、苔藓层。动物群主要集中在地面层和树冠层。针叶林带的动物种类贫乏，并以耐寒性和广适应性种类占绝对优势。特有的动物有灰鼠、驼鹿、紫貂、狼獾、星鸦、榛鸡、三趾啄木鸟、交嘴、戴菊莺等。两栖、爬行类很少，只有北蝰、胎生蜥和极北小鲵。

(3)生物变化明显。营定居生活的动物，在冬季大都储藏食物或进行冬眠，许多鸟类和哺乳类进行季节性迁移，有的种类迁到离针叶林很远的南方，有的种类在针叶林带内进行游荡。食物条件单纯，食物链以针叶林种子为中心，具有明显的年际变化。

2)群落的地理分布

(1)欧亚大陆，从大西洋东岸一直延伸到太平洋西岸，形成了连续宽广的地带。主要建群种为德国云杉、欧洲赤松、西伯利亚云杉、西伯利亚冷杉、西伯利亚落叶松、西伯利亚松和兴安落叶松等。一般又分为北方针叶林、南方针叶林和具阔叶成分的针叶林。北方针叶林为纯针叶林，没有阔叶的乔木和草本；南方针叶林中常见单株的阔叶树，如椴槭及阔叶草本；具阔叶成分的针叶林，出现在栎属、榆属、白蜡属、椴树属。中国的针叶林分布在我国最寒冷的地区，主要在大兴安岭和新疆的阿尔泰山地。建群中的优势种在区系上全属东西伯利亚成分，但也受到长白植物区系的影响。明针叶林以兴安落叶松林为主，暗针叶林以红皮云杉、鱼鳞云杉为主，面积较小。

(2)北美大陆，在北极圈以南从阿拉斯加的育空河和加拿大的马更些河以南，经过大奴湖，沿苏必利尔湖北岸而达大西洋沿岸，也形成了相当宽广的地带。其种类组成较欧亚大陆丰富而复杂，大陆东西两岸略有不同。在加拿大中部，是由云杉、冷杉、真落叶松和邦克斯松所组成；在东部的安大略省、魁北克省和纽芬兰省的一部分，由球果松、树脂松和加拿大铁杉所组成。

第二节　草原生物的分布

草原是以草本占优势的生物群落与其环境构成的自然综合体，是最重要的陆地景观之一。也是内陆半干旱半湿润气候的产物，因降水不能满足森林的成长，却能支持耐旱的多年生草本植物的生长，所以形成了这种独特的草原景观。世界草地总面积约 $5\times10^7\text{km}^2$，占陆地总面积的33.5%(1975)，仅次于森林。

一、草原的主要特征

1. 生物群落的优势现象明显

草原生物中的主体是禾本科、豆科和菊科等草本植物。尤其是禾本科，现有种约4500种，其中有些是草原植被的主要建成者，针茅属有“草原之王”的称号。莎草科、藜科等植物亦占相当大的比重。动物主要是一些大型有蹄类动物和啮齿类动物，而草原食肉动物则以狼、狐、獾、黄鼬、香鼬及鹰等占优势，草原优势植物以丛生禾本科为主。因为禾本科植物叶片能够充分利用阳光，能忍受环境的激烈变化，对营养物质的需求比其他植物少、还具有耐割、耐放牧和耐火的特征。

2. 气候影响形成了不同的类型

草原生态系统所处地区的气候大陆性较强，降水量少，日温差和年温差变化都大。草原气候的主要标志是水分和温度，热带草原年降水量 800～1000mm，温带草原 200～450mm，而高寒草原则为 100～300mm。水分与热量的组合状况是影响草原分布的决定性因素。从地理分布可以看出，草原处于湿润的森林区与干旱的荒漠区之间。靠近森林一侧，气候半湿润、草木茂盛、种类丰富；靠近荒漠一侧，雨量减少、气候变干、草群低矮、种类组成简单。

二、草原的类型和分布

草原属地带性的类型，从气候的影响程度来看，可分为温带草原生物群落与热带草原生物群落两种。

1. 热带稀树草原地带生物群落

热带稀树草原又称萨王纳(Savanna)群落，位于赤道南北纬 5°～20°范围内的热带森林和热带半荒漠之间，主要分布于非洲、南美、澳大利亚西北部、印度半岛等地(图 5-8)。气候具有明显的雨、旱季交替现象。最热月平均温度 25～30℃，年降水量 900～1500mm，大部分集中在雨季。雨季高温多雨，旱季通常持续 4～6 个月，几乎没有降水或降水很少。

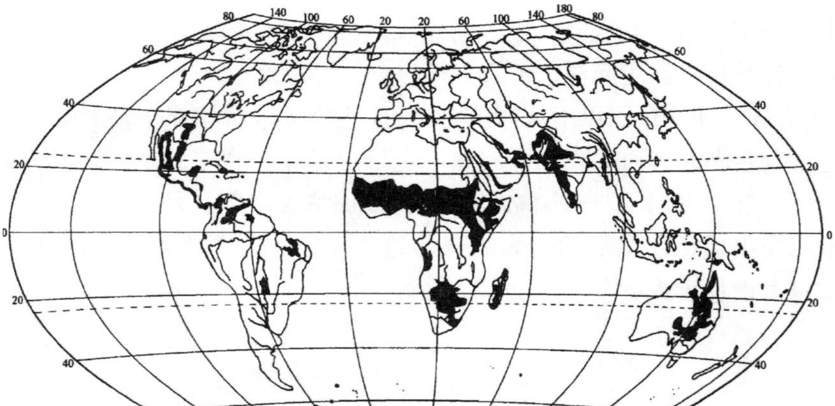

图 5-8 热带稀树草原在地球上的分布(宋永昌，2001)

1)生物的一般特征

(1)群落外貌独特。热带稀树草原具有独特的群落外貌，一般是由高大的旱生多年生草本植物所构成，并在其草原的背景上散生有旱生的独株乔木，从而形成热带稀树草原独特的景观。一般乔木株矮，多分枝，具有大而扁平的伞形树冠。藤本植物非常少，附生植物几乎不存在。

(2)群落结构明显。一般乔木层为独株乔木，灌木下的草本植物特别发达，优势种群为高达 2m 的大型禾本科植物，叶具旱生结构。由于草本植物繁茂，所以大型食草动物很多，如羚羊、斑马等，它们多具集群性和快速奔跑能力。此外，地下穴居种类也比较多，如犰狳，金毛鼹等。

(3)具有明显的干湿变化。草原气候的干湿交替使得生物群的季节变化非常明显。雨季，植物生长茂盛，许多食草动物从高山迁到草原，随着食草动物而来的是各种食肉动物。鸟类也来到草原营巢繁殖，昆虫及洞穴中蛰伏的动物开始活动，这时，各种生命达到最大的繁荣。旱季，草类枯萎，乔木落叶，鸟类和许多哺乳类向水草丰富的地方迁移，昆虫和其他不迁移的动物，有的则进入蛰伏状态，整个草原变得寂静而无生气。

2)群落的地理分布

(1)非洲，分布面积最大，它占据大陆面积的40%，在非洲东部和撒哈拉大沙漠以南的地区特别发达。典型的草本植物是由禾本科的须芒草属、黍属和龙胆科的绿草属等所构成，双子叶植物不多。乔木中伞状的金合欢和木棉科的猴面包树最为典型。其中：猴面包树高达25m，树干粗大，直径可达9.5m，内贮大量水分，是著名的长寿独株乔木，能活到4000～5000年。主要动物有大羚羊、角马、斑马、长颈鹿、犀牛、非洲象、非洲狮、斑鬣狗、猎豹、地松鼠、土豚、金毛鼹、狒狒、驼鸟、鹫鹰、珠鸡、啄木鸟、蝰蛇等。

(2)大洋洲，分布在澳大利亚西北部、东部等荒漠地带的周围。矮乔灌木热带草原占地最广；疏林则分布于东、北两侧的准平原化高台地上。以木麻黄属和桉属占优势，尚有特殊的草本乔木百合科植物黄万年青。主要动物有大袋鼠、袋狸、袋熊、袋狼、澳洲犬和鸸鹋等。

(3)美洲，主要分布在南美洲巴西中部和委内瑞拉、圭亚那等地。典型的是巴西中部的坎普群落，乔木株矮，具有伞形树冠。灌木不多，草本植物以禾本科占优势，此外尚有莎草科、豆科、非附生的凤梨科、大戟科和菊科植物。主要的动物有大食蚁兽、犰狳、豚鼠、硬毛鼠、美洲狮和负子蟾等。

(4)亚洲，分布于印度半岛22°N以南，缅甸中部、斯里兰卡北部和中南半岛部分地区以及我国云南南部元江干热河谷、广东省、海南岛西部和北部等地。主要是由热带禾草类组成的草本植物群落，其中常散生有稀疏的乔木和丛生的灌木。主要动物有驼羚、印度黑羚、黑犬猿、缟鬣狗、鼹鼠、鸦类、蛇类等。

2. 温带草原地带生物群落

温带草原是温带气候条件下的地带性生物群之一。介于温带荒漠气候与夏绿林气候之间，水热条件大致保持温带半干旱到半湿润的指标。世界上的分布主要有两大区域，即欧亚草原区和北美草原区。南半球温带草原的面积较小，而且比较零星(图5-9)。温带草原地区气候比较干燥，雨量少而变率大，冬季寒冷。年平均温度为$-2\sim7.3$℃，年降水量为150～500mm，主要集中在夏秋两季，其土壤主要为黑钙土和栗钙土。

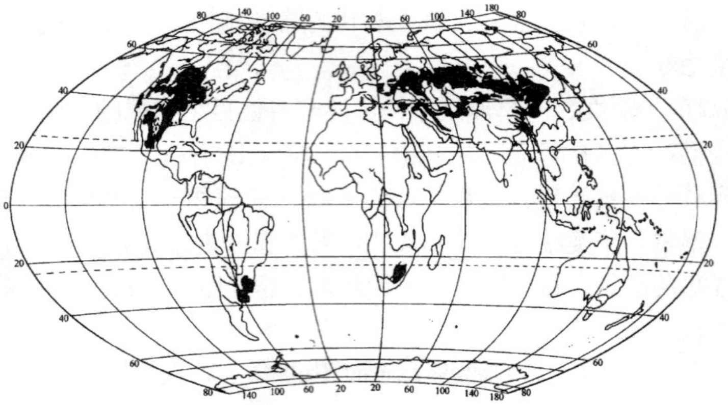

图 5-9　世界温带草原的分布(宋永昌，2001)

1)生物的一般特征

(1)生物的优势现象明显。植物群落的组成以多年生低温和中温旱生丛生禾草占优势，以禾本科、豆科和莎草科植物为主，此外菊科、藜科和其他杂草类也占有重要地位。其中丛生禾草针茅属最为典型。草原群落外貌呈暗绿色，植物体高度不大。其生活型以地面芽植物为主，如针茅属、狐茅属、拂子茅属、溚草属、冰草属、早熟禾属以及许多双子叶草本植物。地下芽植物的数量也不少。此外，尚有一年生植物，半灌木和小灌木以及特殊的风滚草等。

(2)结构单一具旱生特征。由于水分的不足，主要以耐旱耐寒的草本植物为主，生物群落的结构单一，但植物普遍具有旱生结构特征，如叶面积缩小，叶片内卷，气孔下陷，机械组织和保护组织发达。多数植物根系分布很浅，集中在 0～30cm 的土层中，细根下陷，主要部分位于地下 5～10cm 内，雨后可迅速地吸收水分。

(3)具有明显的季相变化。植物的生长从雨季开始呈节律变化，随降水情况发生，从一片枯黄到迅速长出嫩绿的叶丛，而在春雨较多的年份，草原较早地呈现绿色。有的植物在干旱年份仅长出微弱的营养苗，不进行有性繁殖过程，很快就枯萎了；在雨水多的年份，不仅叶丛高大，而且大量地结果。一般情况下以营养繁殖为主，如羊草多以根茎繁殖；针茅属，羊茅、多根葱等常用分株方法实现其后代的繁衍，这是温带草原上一种独特的营养繁殖方式。

(4)动物种类集群生活。温带草原地带的动物种类比较少，但每个种的个体数相当多，尤以穴居的啮齿类和大型群居的有蹄类最为繁盛，无论单种或多种总是集群生活，猛禽和小型食肉兽也较多。爬行类和两栖类为数较少。另外草原的水域附近，是鸟类的乐园，夏季，各种雁鸭类，鹭、鹤、鹬、鸥等都迁来繁殖，数量十分可观。

2)群落的地理分布

(1)欧亚大陆(Steppe，又称欧亚大陆草原)，分布于欧亚大陆的中部，从欧洲的匈牙利向东一直延伸到我国，全长约 800km，主要由匈牙利草原、前苏联草原、蒙古草原和中国草原组成，是世界上草原面积最大的地区。匈牙利草原分布在多瑙河下游低地，当地称为普斯塔群落，目前几乎全被开垦成农田。主要植物有约翰针茅、针茅、须芒草、雀麦属、拂子茅及羊茅等。前苏联草原所占面积约 4×10^6 km^2，草原植物种类可达 500 多种，主要为禾本科、豆科、苔草和杂类草。欧亚草原的主要动物有：黄羊、野马、高鼻羚羊、达吾尔黄鼠、旱獭、鼢鼠、蒙古兔、狼、狐、百灵、云雀、大鸨、草原雕、鹞、隼、草原蝰和麻蜥，但南北有明显的差异。

(2)北美洲(Prairie，又称普列利草原)，分布范围北起加拿大境内的北纬60°附近，南到美国境内北纬30°左右；东西介于西经89°～107°。主要植物为针茅属、冰草属、格兰马草属、野牛草属的一些种类。主要有美洲野牛、叉角羚羊、穴兔、草原犬鼠、郊狼、美洲獾、灰狐、洞穴猫头鹰、响尾蛇等。

(3)南美洲(Pampas，又称潘帕斯草原)，分布于南纬29°～39°的广大平原地区，南半球分布面积最大的草原，南起巴塔哥尼亚，北达察科区，东起大西洋沿岸，西至科迪勒拉山麓，占据着阿根廷和乌拉圭的大部分。主要植物有早熟禾属、针茅属、三芒草属、臭草属、须芒草属和雀稗属等；双子叶植物有马齿苋科、石竹科、豆科、菊科等植物。

3)中国温带草原的地理分布

中国温带草原是欧亚草原的一部分，从东北平原，经内蒙古高原，直达黄土高原，东北—西南呈带状分布，绵延约4500km，面积4×10^6 km^2，中国温带草原生态条件复杂多样，加之海拔高度的差别，由东向西气候变得干燥，可将草原生态系统分为三个类型(图5-10)。

(1)草甸草原，又称杂类草草原，主要分布在东北平原和内蒙古高原的东部边缘，处于向森林过渡的地区。种类组成丰富，覆盖度大，生产量较高，草群中含有大量中生杂类草。主要建群植物有贝加尔针茅、羊草、线叶菊等。在中生杂类草层片中，经常起优势作用的有裂叶蒿、地榆等。

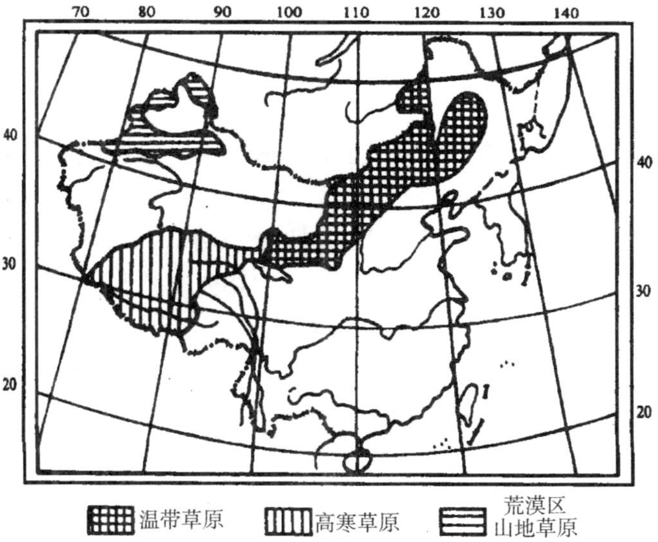

图5-10　中国草原分布图

(2)典型草原，主要分布在内蒙古高原、东北平原西南部、鄂尔多斯高原大部、黄土高原中西部以及阿尔泰山、天山和祁连山一定海拔高度的地区。与草甸草原相比，典型草原种的丰富度明显下降，盖度减小，生产量降低，草群中以旱生丛生禾草占绝对优势。主要建群种有大针茅、克氏针茅、长芒草、针茅、羊茅、沟叶羊茅、百里香、糙隐子草、冷蒿等。

(3)荒漠草原，主要分布在内蒙古高原中部，黄土高原北部以及祁连山、天山等地。它是草原植被中旱生程度最强的一类。在种的丰富度、草层高度、群落盖度和生产量等方面，都比典型草原要低。群落组成以旱生丛生禾草为主，但也出现大量更旱生的小半灌木。主要建群种有戈壁针茅、沙生针茅、东方针茅、多根葱、蒙古葱、蓍状亚菊、灌木亚菊、驴驴蒿、女蒿等。

另外在我国西北和西南地区，还有两种特殊的草原类型。

(4)山地草原，山地草原是指新疆干旱的荒漠地区，由于地面海拔升高，气候冷湿的条件下形成的草原生态系统，甚至有与阴坡森林相间分布的草原，优势种是羽茅、狐茅等。

(5)高寒草原，高寒草原是草原中的高寒类型，在高山和青藏高原寒冷条件下，非常耐寒的旱生矮草本植物为优势。常见的植物在藏北草原有紫花针茅、荒漠蒿等，青海湖周围地区有异花针茅和蒿属等植物。

第三节 荒漠生物的分布

荒漠是地球上最耐旱的，以超旱生的灌木、半灌木或小灌木占优势的一类陆地景观类型。主要分布在亚热带和温带的干旱地区，分布面积很大，约占地球陆地面积的1/3。瓦尔特依据地理纬度将荒漠分成两种类型——亚热带荒漠和温带荒漠。主要分布在非洲北部和欧亚大陆内部。这里生态条件极为严酷，是地球上最为干旱的地区，其气候干燥，年降水量少于200mm，有些地区还不到50mm，甚至无雨，但蒸发强烈，蒸发量大于降水量数倍至数十倍，因而植被稀少，甚至大面积裸露。

一、荒漠的主要特征

1. 生物种类贫乏而特殊

荒漠地带生物非常贫乏，有些地方大面积裸露。植物分布稀疏，有时100m^{2}内只有1～2种植物，但植物的生态型多种多样，植物以超旱生小乔木和半木本植物为优势物种，它们以各种不同的生理—生态方式适应严酷的生态条件，如有的叶面缩小或退化，有的具肉质茎或肉质叶。动物种类贫乏且数量较少，主要分布的是一些耐高温耐缺水的动物，其中啮齿类和有蹄类数量较多，鸟类和两栖类很少，爬行类却很多。比较典型的荒漠动物有跳鼠、沙鼠、沙兔、骆驼、野驴、瞪羚、虎鼬、羊猞猁，沙狐、鸵鸟、沙鸡、地鸦，荒漠莺，巨嘴沙雀，波斑鸨、沙蜥、麻蜥和草原飞蜥等。大多数的荒漠动物，不需要饮水，只从食物中得到少量的水分就能维持生命。

2. 生物群落变化明显

荒漠生物的生物环境严酷，极端干旱是其最重要的一个特征。一般年平均降水量只有50～150mm，降水少，蒸发却极为强烈，最高温度达46～57℃。气温变化大，冷热剧变，日温差大，一般在10～20℃，甚至可达40℃以上。荒漠动物许多生物学现象的季相变化不如草原明显。相反，夏眠现象比较普遍，许多昆虫、黄鼠、龟等都进行夏眠。荒漠动物的昼夜相表现得十分明显，大多数荒漠动物都适应夜间生活。因为荒漠日温差大，晨昏与夜间温度较低，相对湿度较大，所以动物多在这时从洞中出来觅食。由于夜出生活，许多荒漠动物的眼睛和耳壳长得很大，以便在黑暗中定向和听察细微的声响。

二、荒漠类型及分布

荒漠是一种地带性的类型，主要分布在亚热带和温带的干旱地区，依据地理纬度可分为热带和亚热带荒漠(0°～30°)和冬季寒冷的荒漠(高于30°的地区)(图5-11)。荒漠的生态条件极为严酷，气候干燥、炎热，年降水量低于20mm，少者只有数毫米，有的地方甚至是多年不下雨；蒸发量大于降水量数倍或数十倍。夏季炎热，最热月的平均温度可达40℃，撒哈拉沙漠地面最高温度达78℃；温度的日较差和年较差都很大。多大风与尘暴，植物常被风蚀和沙埋。土层薄，质地粗，土壤有机质含量低，富含盐分。

在北半球，荒漠地带特别明显，从非洲北部的大西洋岸起，向东经撒哈拉沙漠，阿拉伯半岛的大、小内夫得沙漠，鲁哈利沙漠，伊朗的卡维尔沙漠和卢特沙漠，阿富汗的赫尔曼德沙漠至印度和巴基斯坦的塔尔沙漠以及苏联的中亚沙漠，我国西北的沙漠区和蒙古的大戈壁，形成世界上最广阔的亚非荒漠区。此外，还有北美洲西部的大沙漠，南美洲西部的阿塔卡马沙漠，澳大利亚中部沙漠，南非的卡拉哈里沙漠等。由于世界各地的气候、土壤条件以及种类成分和地质历史的不同，荒漠类型多样。

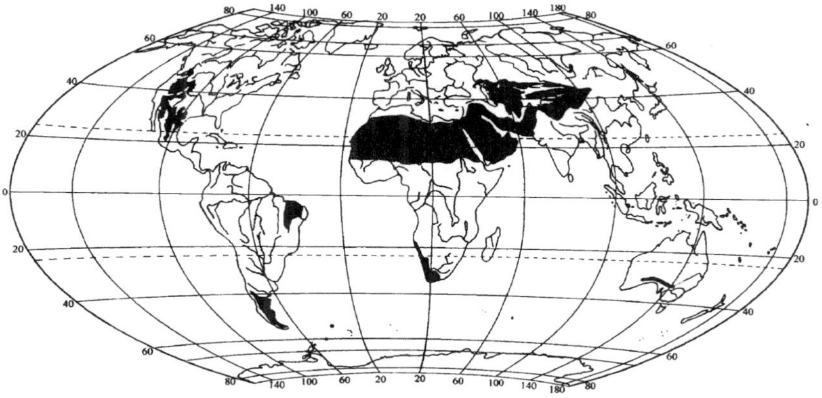

图5-11　荒漠在地球上的分布(宋永昌，2001)

1. 非洲

该地区的荒漠最为典型，占据着非洲大陆面积的40%。最典型的是撒哈拉和纳米布。

撒哈拉荒漠，面积最大，达 $9\times10^6 km^2$。由于降水量和地质条件不同，发育着不同的荒漠类型。在石质荒漠中，典型植物为多刺的垫状灌木，如假木贼、麻黄等；沙质和砾石荒漠，有时连续几年没有植被，仅在略湿润的地方，生长着梭梭。在荒漠中的绿洲，典型的植物是海枣和金合欢属的一些种类。

南非的纳米布荒漠，以禾本科和几种肉质植物为主，典型的是松叶菊属、春锁龙、乔木状的芦荟。在地下水位高的地方，有一种特殊的裸子植物——百岁兰，其树干直径可达4m，但露出地面仅20cm左右，树干部分裂成两唇片，唇外缘长出两片3m长的革质叶，它的寿命可达100年。

2. 亚洲

荒漠在亚洲占有最大的面积，类型也多样化。主要有阿拉伯荒漠、小亚细亚荒漠、中亚荒漠和中国蒙古荒漠。

阿拉伯荒漠，植物种类贫乏，比较常见的有具旱生特征的三芒草属，一些半灌木和多汁植物，还有一些风滚草型的一年生植物。在绿洲中生长有海枣、树头棕属和金合欢属等植物。

小亚细亚荒漠，盐质荒漠占相当大的面积，在伊拉克有石质荒漠和砾质荒漠，后者以梭梭属为主；波斯湾两岸有世界上最大的海枣林。

中亚荒漠，属温带荒漠，分为北方型和南方型，前者雨量分配比较均匀，以旱生小半灌木为主；后者春雨较多，有很多短命植物。根据基质和植被特征，把中亚荒漠分为蒿荒漠(黏土荒漠)、猪毛菜荒漠(盐土荒漠)和灌木荒漠(沙土荒漠)。

中国蒙古荒漠，是北非欧亚荒漠区的东段北端。在我国主要包括新疆的准噶尔盆地和塔里木盆地，青海的柴达木盆地，甘肃、宁夏北部和内蒙古西部地区，约占我国土地面积的 1/5 以上。属于温带荒漠，植被的基本特征是由超旱生的小半灌木、灌木构成。多年生草本植物不多，在雨后可出现短命植物或夏秋一年生草本植物。

3. 美洲

北美洲的荒漠主要位于内华达山脉和落基山之间向南深入墨西哥湾，根据区域环境和优势种的性质，分为大盆地荒漠、莫哈伟荒漠、索诺拉荒漠和奇华华荒漠。

大盆地荒漠，位于美国内华达州南部和犹他州南部，主要优势种为密叶滨藜、三齿艾和刺艾。

莫哈伟荒漠，位加利福尼亚州，向南到内华达山脉南端以东，在海拔较高的地区，以短叶丝兰为主，海拔较低的地区，以石炭酸木为主。

索诺拉荒漠，位于加利福尼亚海湾低地。在海拔较高的地区，以肉质植物为优势种，并伴生许多木本仙人掌科植物，如大仙人柱。

奇华华荒漠，从新墨西哥南部向东扩展到美国得克萨斯州西部，再向南到墨西哥境内。以灌木和半灌木占优势，富含许多肉质茎的植物，如丝兰、龙舌兰、柱状仙人掌和长叶稠丝兰等。

南美洲的沙漠，多属沙质和盐土荒漠，植物具有旱生结构，多刺、盐生和草本植物较多，分布在大陆中部，包括盐土荒漠和沙质荒漠。

4. 大洋洲

澳大利亚大陆中央部分分布着大面积的荒漠，从南到北依次为维多利亚沙漠、中布森沙漠和大沙沙漠。盐土荒漠分布最广泛。沙地以禾本科三齿稃草(*Triodia basedowii*)占优势，乔木有木麻黄、桉树等。

三、中国荒漠的类型和分布

中国荒漠以温带荒漠为主体。面积已达国土面积的 8%，其中风沙活动和水蚀引起的荒漠化面积约各占一半。中国荒漠生态系统呈弧形带状分布，主要分布在我国西北部地区的新疆、甘肃、青海、宁夏和内蒙古等 11 个省区，以新疆分布的面积最广，约占全国面积的 60%左右(图 5-12)。经度自西向东横跨 50°以上，分属于几个不同的自然地带，多位于大陆腹地，绝大部分是内陆盆地，如塔里木盆地、准噶尔盆地和柴达木盆地等。一部分分布在海拔 1000m 以上的内陆高原上，具有典型的大陆性气候特点，夏季高温、酷暑，冬季干寒，春季风大沙多。

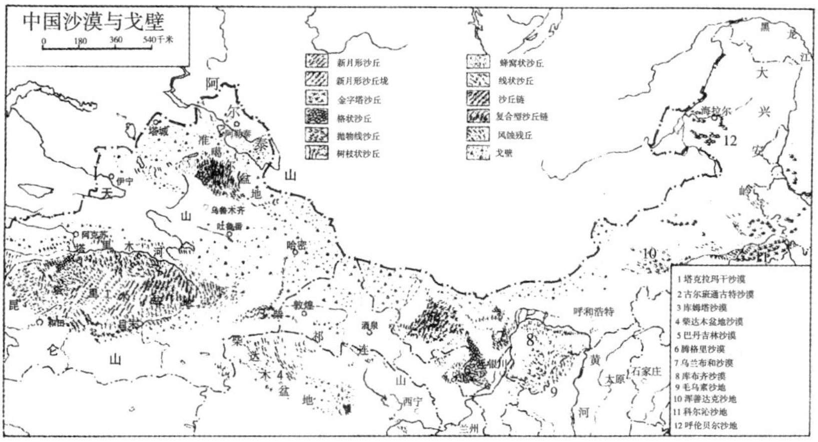

图 5-12　中国荒漠分布图

荒漠生物群落极为稀少，植被丰富度极低，但荒漠植物以其丰富多样的状态忍受着水的缺乏。中国的荒漠群落可分为以下四个基本类型。

(1)小乔木荒漠，以超旱生矮小乔木占优势，叶退化和落枝性旱生小乔木，如藜科的梭梭(*Haloylon ammodendron*)、白梭梭，一般高 2～4m。在良好条件下可形成所谓“荒漠森林”。肉质植物以多汁液的茎干和叶营光合作用，以仙人掌科和龙石兰的一些种为主。小乔木荒漠中常混生着各种超旱生灌木，在雨后经常出现繁茂的短生植物类群，生物量较高。

(2)灌木荒漠，以超旱生灌木占优势。这些灌木无主干，从植株的基部起就丛生，适应于温暖高温的气候。落叶灌木植被主要是红砂、木霸王等的一些物种。常绿灌木植被主要是多种麻黄和蒙古沙冬青。灌木荒漠植被往往是骆驼放牧场所。

(3)半灌木与小灌木荒漠，以超旱生的半灌木和小灌木占优势，它的分布广泛，常与小乔木和灌木荒漠相结合。小半灌木丛生，高 10～100cm，有落枝特性。土壤为沙质、壤质、砾质等多盐化而含石膏，也有不盐化的。主要的有合头草、盐穗木、盐节木等。在春季土壤水分较好地区会出现较繁茂的短生植物群落。半灌木与小灌木荒漠植被是重要的牧场。

(4)垫状小半灌木荒漠，以超旱生耐寒垫形小灌木占优势。我国主要分布在新疆、青藏高原，多在海拔 4500m 以上高山、高原，它适应于亚洲中部气候类型。主要的有藏亚菊、垫状驼绒藜和粉红蒿等，其伴生种以禾本科、菊科和豆科植物较多。

第四节　苔原生物的分布

苔原也称冻原(tundra)，来源于芬兰语 turtturt，意思是没有树木的丘陵地带，是由极地苔原和高山苔原的生物与其生存环境所组合成的综合体。全球苔原面积约 800 万 km^2，是最重要的陆地景观之一。主要特征是低温、生物种类贫乏、生长期短、降水量少。主要分布在北半球的欧亚大陆北部和北美大陆北部，在南半球苔原面积很小。中国因纬度低不存在平原苔原，仅在温带东部的长白山和西部的阿尔泰山高山带，存在山地苔原。

苔原的生态环境极为恶劣，气候特点是冬季漫长而严寒，夏季短促而凉爽。年平均气温在−12℃以下，7 月平均温度为 10～14℃，最低温可达−76℃，有些地区 6 个月见不到太阳；植物生长季很短，大约 2 个月左右；年降水量不多，在 200～300mm 之间，集中在夏季，其中亚洲东北部为 100mm，阿拉斯加为 124.4mm，降水次数多、水分蒸发差、空气湿度大。这里风速很大，通常为 10～40m/s，雪被不均匀，一般约为 25～50cm 之间。土壤温度很低，通常有 40～200cm 的永冻层，因而常引起土壤沼泽化。云多雾大，更加显示出苔原气候的严酷。

一、寒带苔原主要特征

苔原带植被的基本特征是无林现象，它是由微温的北极和北极－高山成分的藓类、地衣、小灌木、矮灌木及多年生草本植物所组成的生物群落。动物多属于适应苔原环境的耐寒性种类。

1. 组成贫乏而特殊

苔原植物通常全是常绿多年生植物，极少是一年生的，植物种数约 100～200 种，近南部地区可达 400～500 种。由于温度低，植物生长得极慢，这里无特殊的科，代表性的是杜鹃花科(或石楠科)、杨柳科、莎草科、禾本科、毛茛科、十字花科、蔷薇科和菊科植物。动物以夏候鸟鹬类和雁鸭类居多，而雀形目鸟类和以种子为食的啮齿类为数极少。这里无爬行类和两栖类，昆虫种类也很少，但特有的双翅目昆虫，数量却十分惊人。

2. 层次不多、生活型多样

一般情况下可分出 1～2 层，最多不过 3 层，即小灌木和矮灌木层、苔藓地衣层。植物通常为多年生，多数种为常绿植物，如矮桧、越桔、喇叭茶、岩高兰等；匍匐型和垫状植物十分典型，如极柳、弯桦和高山葶苈等，这是抗风、保温及减少植物蒸腾的适应；大多数是长日照植物，多具有大型鲜艳的花朵和花序，如牛皮杜鹃、罂粟等；很多植物能在开花期忍受冬季的寒冷。苔原带的动物，耐寒能力很强，皮下脂肪厚，体毛绒密而长，许多种类在冬季毛色变白，如北极狐、白鼬、雪兔、白鸮、雷鸟等。

3. 动物的季相变化明显

苔原地带的动物，主要集中在北半球，而且大都是环极分布。比较典型的有北极狐、旅鼠、雪兔、驯鹿、麝牛、白鼬、白鸮、雪鹀、铁爪鹀、毛脚　、滨鹬、白额雁、柳雷鸟和雷鸟等。季节变化比较明显，冬季白昼短、日照弱，因而绝大多数鸟类迁往温暖的地方过冬。

二、苔原的类型和分布

苔原广泛分布在北半球，占据着欧亚大陆北部及其邻近岛屿的广大地区。西伯利亚北部是最大的苔原区，面积约为 3×10^6 km^2。在北美洲，苔原也占据大片面积，如美洲大陆北部、加拿大群岛和格陵兰岛没有覆冰的地区。在南半球，苔原面积很小，仅分布在南美洲南端的马尔维纳斯(福克兰)群岛、南乔治亚群岛和南奥克尼群岛等地。

1. 欧亚大陆

苔原在欧亚大陆所占面积最大，从北向南可分为三个亚带。

(1)北极苔原，是最北部的苔原，已完全没有小灌木，藓类也很少。植被稀疏不连片，其中有不少裸地。主要植物是地衣、藓类和草本植物。由于受到风的作用因而有不少的地段裸露，形成特有的多边形苔原。

(2)藓类—地衣苔原，是最典型的苔原。藓类苔原分布于所有平坦地区以及丘陵坡地上，在砂质土上，藓类苔原被代替，地衣分布在坡地上，而且越往北越稀疏。藓类苔原和地衣苔原在这个亚带内各占面积的30%。

(3)灌木苔原，是最南方的亚带，这里没有森林，但和森林苔原相接壤，群落结构明显分为三个层次：灌木层、小灌木和草本层、苔藓地被层。在灌木中主要是矮桦，河间地段是矮生的柳属植物(圆叶柳、极柳、匍匐柳)和浆果植物(越桔、乌饭树)。

2. 北美洲

苔原分布在大陆的北部及其邻近的岛屿上。北美洲苔原与欧亚大陆苔原一样，亦可划分为三个亚带，并在群落结构、种类组成、生活型方面都很相似。分布比较广的是地衣苔原，其中典型的是冰岛衣属、黑松萝属和石蕊属。在经常积雪比较潮湿的地方，发育着草甸苔原。

第五节 水域生物的分布

地球水域面积为3.63×10^{8}km^2，占地球表面总面积的71.18%，地球表层的水域可分为两种类型——海洋水域和陆地水域。无论是淡水还是海水中都有生物的分布，水域可以说是地球上面积最大、分布最广、最常见的自然景观类型。通常根据生物所处的环境可分为海水生物、淡水生物，又可分为海洋生物群落、流水生物群落(河流生物群落)、静水生物群落(湖泊生物群落)。

一、水域生物的生态类群

水域生物类群分布非常广泛，且种类非常相似。例如，动物中的许多原生动物、淡水软体动物、枝角类和水生昆虫等，都是世界性的分布；植物中的许多种类，如眼子菜、芦苇、泽泻、香蒲、浮萍、金鱼藻以及许多细菌、真菌和浮游藻类等，也都普遍出现在淡水环境中。然而，各种水体以及同一水体内的各个部分、条件并不完全一致，因而出现了多种多样的生活环境，生物与此相适应，就形成了不同的生态类群，一般可分为四种类型(图5-13)。

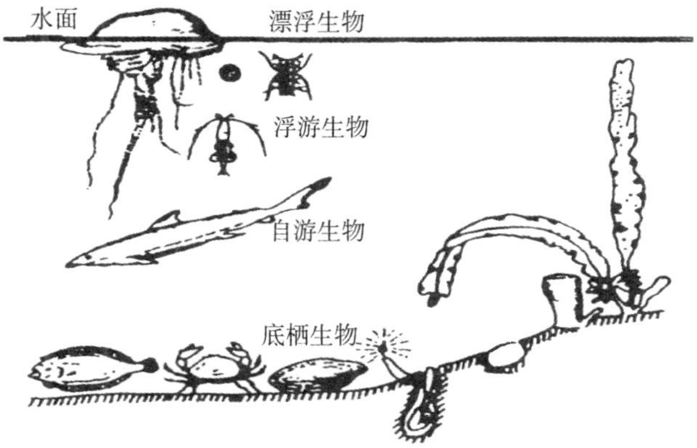

图5-13 水域生物的主要生态类群(据陈鹏改绘，1988)

(1)漂浮生物是生活在水面上生物的总称。在淡水中常见的是漂浮植物，如浮萍、槐叶萍、满江红、凤眼莲等，它们都能进行光合作用；典型的漂浮动物是黾蝽，海洋中典型的漂浮动物有僧帽水母、帆水母等。

(2)浮游生物生活在水表层区，大多数体形微小，肉眼看不见。按体形可分为巨型浮游生物(megaplankton)：>1cm；大型浮游生物(Macroplankton)：>2mm；中型浮游生物(mesoplankton)：200μm～2mm；小型浮游生物(microplankton)：20～200μm；微型浮游生物(nanoplankton)：2～20μm；超微型浮游生物(ultraplankton)：<2μm。

浮游生物不会游泳或游泳能力很弱，常常依靠水流、波浪或水的循环流动在水中被动地移动。浮游生物是水生生物中数量最多的一类，而且种类复杂，分布广泛，海洋、河流、湖泊、池塘到处都有。按其营养方式，可分为浮游植物和浮游动物两大类。

浮游植物是自养生物，常见的有各种藻类，如硅藻、甲藻、金藻、黄藻、绿藻和蓝藻等。它们是水生生物中最重要的初级生产者。浮游动物是异养生物，常见的有原生动物、轮虫、枝角类、桡足类、水母和箭虫等。浮游生物是鱼类、贝类、虾类的主要食物。

(3)自游生物主要是指在水中能够游泳的动物，它们都具有发达的运动器官和很强的游泳能力。一般都能逆流而上，有些种类还可作长距离的迎游或能适应较急的水流。自游动物的运动方式各种各样，有的以整个身体或尾部的弯曲摆动而前进，如大多数的鱼类；有的以成对的附肢进行划水，如许多虾类；还有的以身体伸缩作反射运动，如乌贼、章鱼。自游动物种类较多，在淡水中主要是鱼类，在海洋中除了鱼类以外，还有软体动物乌贼、章鱼以及脊椎动物中的鲸类、海豚、海牛、海龟、海蛇等。自游动物是水域生态系统中最主要的消费者，多系食物链的上部环节，它们的生物量比浮游生物小得多，但都具有较高的经济价值，因此也是重要的水产资源。

(4)底栖生物是指栖息在水底，但又不能长时间在水中游动的生物。包括底栖植物与底栖动物。底栖植物主要是水生的高等植物和附着生长的藻类，它们多分布于湖泊与沼泽中；底栖动物的种类很多，包括各门动物的代表，如原生动物、海绵动物、腔肠动物、扁形动物、环形动物、节肢动物、软体动物、棘皮动物和脊索动物等。底栖动物不仅种类复杂，而且生活方式也是多种多样的。有的在水中匍匐爬行，如鲮鲸、海星；有的固着在水底岩石上，叫做固着生物，如藤壶、牡蛎；有的埋进水底泥沙中，叫做底埋生物，如沙蚕、缢蛏、泥蚶、文昌鱼等；还有的钻进水底岩石或木材中生活，叫做钻蚀生物，如海笋、凿穴蛤、钻蚀海胆，均能钻进坚硬岩石中，船蛆可钻入木船、木质码头、木桩中生活，而且终生不出来。

二、水域生物的地理分布

海洋是生命的摇篮，特别是动物，从简单的原生动物到复杂的哺乳动物，几乎所有的门类，在海洋里都有它们的代表。植物主要是浮游植物和藻类。有人计算，陆地上的绿色植物仅为全部生物提供 1/10 的食物，而 9/10 是靠海洋植物提供的。在自然状态下，按同等的面积比较，海洋与陆地的生产量大致相等，可是人类现在从海洋里取得的食物还不到需要的 2%，可见海洋具有丰富的生物资源和巨大的物质潜力。

1. 海洋生物的基本特征

(1)生产者均为小型。海洋植物主要由体型较小、数量极大、种类繁多的浮游植物和一些微生物所组成。由小型浮游生物组成食物链的基础主要因为海水的密度有利于小型植物而不利于大型个体，海洋中大规模环流最适宜于小型漂浮植物。同时小型单细胞植物还能够随水下的逆流摄取食物颗粒。

(2)动物种类多样。因为海洋环境的复杂多样，从而形成了种类各异、数量繁多的海洋动物。加之海洋面积巨大有大量营养物质，为海洋动物提供了宽广的活动场所，所以海洋动物远比海洋植物丰富得多，在海洋中几乎到处都有动物的分布。

(3)生物生产量大。同陆地生物量相比，全球的海洋生态系统有着更大的生产量，近年的研究也证明了这一点，例如，珊瑚礁的净第一性生产率平均为 $2500g/m^2 \cdot a$ 干有机物(大于陆地热带雨林)。

2. *海洋生物的地理分布*

海洋生物与海洋环境相适应，根据海洋环境的理化特性和生物学特点，通常将海洋分为三个生态带：沿岸带、大洋带和深海带，各生态带都有其相应的生物群(图 5-14)。

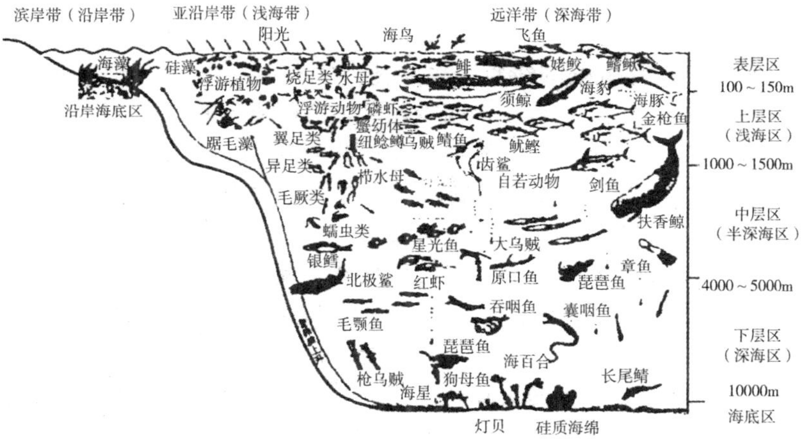

图 5-14　海洋生态系统的水平结构与垂直结构示意图(仿李振基，2001)

1)沿岸带

沿岸带亦称浅海带，包括从海岸线开始到水深 200m 左右的大陆架及其上面的水域。这里食物丰富，主要有从大陆上被河水带来的各种有机物质。光线充足，光照可从海面一直到达底部，海水温度与盐度变化较大，水的运动显著，有波浪和潮汐的影响，具有基底，生物的生活小区类型多样。这些有利的条件，就使沿岸带成为海洋中最丰富的生物区。

浮游植物主要是硅藻，水底植物主要有石莼、海带、紫菜和石花菜等。其中石莼多分布于浅海光照充足的岩石上；海带着生在稍深的海底岩石上；而紫菜和石花莱多数生长在较深的海底。浮游动物以涡鞭毛虫类最为普遍，主要分布于亚热带、热带及赤道水域中，其次有桡足类、水母等；自游动物种类不少，主要是各种虾类和鱼类；底栖动物十分丰富，有软体动物、棘皮动物、腔肠动物、环节动物以及某些鱼类。

(1)根据基质特点，在沿岸带可分为硬底质底栖动物和软底质底栖动物。

硬底质底栖动物以固着生活方式的动物为主，如许多海绵动物、腔肠动物中的海葵、珊瑚，软体动物中的牡蛎和贻贝，节肢动物中的藤壶，棘皮动物中的海胆、海百合和脊索动物中的海鞘等。此外，还有许多营钻蚀生活方式的动物，如某些软体动物、甲壳类、蠕虫、海胆等。

软底质底栖动物主要是一些营底埋和穴居生活的种类，如软体动物中的蛤蜊、蛏、甲壳类的蟹类、虾类；棘皮动物中的海胆、海参、蛇尾以及腔肠动物中的海葵等。软底质上还有些可以作短距离游泳和爬行生活的动物，如某些鱼类、蛇尾、海星、虾、蟹以及蛤、蛏等。

(2)根据生存条件的不同，又可分为三个亚带：浪击带、潮间带(滨海带)和潮下带(亚沿岸带)。

浪击带位于高潮线以上海浪冲击的地区，从不被海水淹没，只在海浪冲击时，受到海水飞溅的影响。这里没有真正的海生动物，但它可成为一些海洋动物(如蟹类等)的栖息场所。

潮间带(滨海带)以高潮平面与低潮平面为界线。宽度不一，取决于潮汐幅度和海底的倾斜度，通常为1～2m，最宽能达16m以上。潮间带是陆地与海洋相交的地带，来自陆地和河流的有机物及营养盐类非常丰富，因此生活在这里的生物极为繁多。大体上有三种主要生境类型：岩岸、泥岸和沙滩。在岩岸生活的主要是一些固着类型的动物，如贻贝、牡蛎、海绵、藤壶、珊瑚、海鞘等。还有一些爬行生活的动物，如螺类、蠕虫、海胆、海星和蟹类等。此外，还常常能看到一些小鱼，如虾虎鱼等。泥岸区波浪与潮汐活动不明显，生活在这里的动物多属于穴居类型。沙滩环境大体介于岩岸与泥岸之间，但沙粒不稳定，因此几乎没有什么生物生活在沙滩表面，大都是穴居类型。就整个潮间带生物种类来说，一般高潮线区域种类少，而接近低潮线的地方种类较多。

潮下带(亚沿岸带)位于潮间带以下，在低潮线与大陆架边缘之间，水深200～300m左右。这一亚带由于具有稳定的生存条件和丰富的食物，动物种类丰富，是海洋底层鱼类的主要生活场所和一些远洋鱼类的产卵区。因此，这里有许多海区是重要的渔场。

(3)根据生境不同，又可分为珊瑚礁和红树林两种特殊的生物群落。它们是热带和亚热带水域中非常重要而富有特色的浅水海洋生态系统。

珊瑚礁广泛分布于温暖海洋的浅水中，虽然珊瑚是动物(腔肠动物门)，但其石灰质的外骨骼所构成的珊瑚礁却不仅仅是一个异养型的生物群落，而且是一个完整的生态系统。珊瑚礁的形成，要求很严格的条件，一般年平均温度不低于23.5℃，海水温度不低于20.5℃。所以它的分布界线几乎不超过南北纬30°以外。此外，还要求海水有较高的盐分，清澈透明，光线充足以及适当的水的流动。珊瑚礁通常有三种类型：岸礁、堡礁和环礁。珊瑚礁环境里的动物很丰富，大都为固着类型，如各种海绵、海鞘、海葵以及软体动物中的牡蛎、珍珠贝、砗磲(*Tridacna*)等。也有各式各样爬行类型的动物，如蠕虫、腹足类、海胆、海星、蛇尾、虾、蟹等。自游动物主要是身体侧扁的具有华丽体色的各种热带鱼类。

红树林主要分部在热带海滨，包括亚洲大陆热带海滨、热带美洲的东西两海岸和非洲的西海岸。红树林生长在沿海河口附近或没有拍岸浪的封闭海湾中。涨潮时被海水淹没，称为海底森林，落潮后暴露在淤泥质的海滩上。这里有河流从陆地带来的营养物质，还有红树的枯枝落叶腐烂后残存的有机物质，所以水质是比较肥沃的。

组成红树林的植物种类总共有 10 科 30 余种，其中最主要的是红树科，其次是马鞭草科、海桑科、爵床科等。红树某些种类有“胎生现象”，即果实成熟后先不掉落，种子在母体植株上发芽，形成幼苗后脱落母体坠入淤泥中，经数小时生根、固定。很多红树可从茎或枝上长出不定根向下伸入泥中，固定植株抵抗风浪的冲击。还有些植物发育了呼吸根，露在淤泥外面面向上生长，这些都是红树植物长期生活在海滨地带的一种适应。

红树林的动物群极其特殊，它由海洋动物，淡水动物以及陆生动物混合组成。例如，藤壶和牡蛎贴在树根上，各种蟹类在树干或淤泥上爬行或钻洞，许多蚁类在树干上筑巢，到落潮时便下降到淤泥上寻食。有一种特殊的小鱼，叫做跳弹涂，它经常离开水面，爬到树根或树干上捕食昆虫。红树林动物种类虽然不多，但每个种的个体数量是相当多的。生活在这里的动物，都是能够忍耐因潮汐涨落而引起环境条件发生剧烈变化的种类，它们对于干湿、温度及盐分的剧烈变化，均有很巧妙的适应。

我国的红树林主要分布于广东和福建沿海，在广西和台湾沿海亦有分布。广东省海南岛东部、东北部和北部沿海的海湾及河口地区，红树林生长得最茂盛，一般高 2～10m，最高可达 15m。组成我国红树林的植物共有 24 种，分隶于 12 科 15 属。常见的有红树科的红树、红茄苺、秋茄树、木榄、海莲，马鞭草科的白骨壤，紫金牛科的桐花树(*Aegiceras corniculatum*)，海桑科的海桑(*Sonneratia caseolaris*)等。

2)大洋带

大洋带又称开阔外海带，包括沿岸带范围以外的大洋全部上层水域，其下限以阳光透入的最大深度为界，一般为 200m，个别海区达 400m。大洋带的生态条件比沿岸带单一，这里光线比较充足，水温较高，盐分高而变化小，营养物质不太丰富，并且缺乏基底和隐蔽条件。

大洋带的植物完全是藻类，以硅藻为最多，它们的分布范围通常是在水面以下几十米的深度内，很少超过 100m。大洋带的动物较多，主要是浮游动物和自游动物。浮游动物主要是原生动物中的有孔虫、抱球虫和放射虫，甲壳类中的磷虾；自游动物主要是软体动物中的乌贼，脊椎动物中的箭鱼、金枪鱼、飞鱼、鲨、鲐、鲅、鲑、鲱和海龟、海蛇以及鲸类等，其中不少种类经济价值很高。

3)深海带

包括水深 200～10000m 的深海底。这里光线极其微弱，下部几乎终年黑暗；水温低而稳定，全年保持在 0～2℃左右；水层压力大，食物缺乏。因此这里不能生长植物，动物种类和数量也很贫乏，并且都是些特殊类型的动物。大洋表层(200～1000m)的浮游动物主要是大型磷虾类，它是重要的食物链环节，常与鱼类(主要是有鳔鱼类)结成大群，形成深散射层，白天，深散射层能深达 600m 甚至 1000m。深海中各类底栖动物实际上都有代表，但是各类动物的相对丰度却不一样。甲壳类、尤其是等足类、端足类、异足类和涟虫在深海都很普遍。在大西洋深海区，它们构成了动物区系的 30％～50％。多毛虫的数量也比较多，占大西洋区系的 40％～80％。深海区尤为常见的海参类(*Holothuroidea*)，通常个体很大，还有海蛇尾类。海参类往往是深海照片中最露头角的生物，在某些拖网渔获的生物中，它们占 30％～80％。这说明它们是深海底栖动物群落的主要组成部分。由于它们是食底泥动物，而且数量又是如此之多，深海软泥是其绝佳的食物来源便可想而知了。深海鱼类有角鮟鱇、宽咽鱼、深海鳗和其他多种鱼类。

1977～1979 年，美国深潜器“阿尔文”号在加位帕戈斯(Galapagos)群岛附近深海的海水中央海嵴的火山口周围首次发现热泉，温度比周围高 200℃，在热泉喷出的海水中，富有硫化氢和硫酸盐。近 20 年，在深海不断发现热泉形成特殊的生物群落。在热泉周围这一特殊环境中，硫化细菌十分丰富，密度高达 10^6 个/ml。这些细菌以化学合成作用进行有机物的初级生产，为滤食性动物提供食物。该群落的动物有的是滤食有机物和和细菌的双壳类，铠甲虾，以及与细菌共生的巨型管栖动物和小蟹，管水母，某些腹足类和红色的鱼类等热泉生物。它们构成了特殊的生物群落——深海热泉生物群落被称为“深海绿洲”。

热泉生物的食物来源都是硫化细菌通过氧化硫化物和还原 CO_2 而制造的有机物和腺甘三磷酸，这与认为地球上一切生物都依存于日光和绿色植物的规律性不同。这些细菌竟能在 200℃高温下生殖(在深海高压条件下，200℃的水仍为液态)。显然，这些生物的蛋白质、核酸和其他大分子化合物都有耐受高温和高压的特殊结构，尚待深入研究。据报道，热泉喷口有 20a 或 30a 的活动期限，随后会被地球内部深处的熔岩和热水的流动封住、截断。那么，热泉生物如何从一个喷口转移到另一个喷口，怎样在新的喷口周围开始新的生活，是值得研究的课题。还有，热泉生物群落中的微生物如何将喷口环境中的硫化物转化为维持鱼类等动物生存所需要的氧气等。特别值得提出的是，有一些科学家认为热泉喷口的环境可能类似于前寒武纪早期生命所处的环境，因而推论地球上的生命可能来源并进化于与热泉喷口状况相似的条件，从而为地球生命起源提出新的研究方向。

三、内陆水域生物

在地球的内陆分布着大小、深浅不一的多种水域，称为内陆水域。虽然面积不大只占水域面积的 2%～3%。但却一直在整个生物圈中占有重要地位。内陆水域不像海洋，其分布是不连续的，基本上可分为流水水域和静水水域两类。

1. 流水水域

流水水域是指那些水流湍急和流动面积较大的水域。在大陆表层常见的类型有：江河、泉水、溪流、水渠。

1)流水水域的基本特征

(1)水流不停，是流水生态系统的主要特征，河流中不同部分和不同时间水流存在很大的差异。同时河流的不同部分(上、下游等)也分布着不同的生物。

(2)陆水交换，河流的陆水连接表面的比例大，就是说，河流与周围的陆地有较多的联系。河流、溪流等形成了较为开放的生态系统，成为联系陆地和海洋的纽带。

(3)氧气丰富，由于水经常处于流动状态，且河流深度小，和空气接触面大，致使河流中经常含有丰富的氧气。因而，河流生物对氧的需求较高。

流水生物群落一般分为两个主要类型：急流生物群落和缓流生物群落。在流水系统中，河底的质地，如沙土、黏土、砾石等对生物群落的性质、优势种和种群的密度等影响较大。

2)流水水域的生物地理分布

河流是流水体，流水最重要的作用是给生活在河流中的生物输送养分和食物，同时输出生物体的废弃物。水流可能把生物冲到下游去，所以大多数植物是靠根或类似根的结构附着在河床底部。动物则利用吸盘、流线型的身体等结构保持其正常位置，流水水域上、下游有很大差异，所以生物群落的地理分布主要表现为上、下游的差异。

(1)上游水域。河流的上游及类似上游的溪流，一般下垫面由大小岩块和砾石组成，因而水流清澈，泥沙和有机物质较少，溶解氧含量高，水流的流速大。所以很少有永久着根的水生植物，只有刚毛藻、丝藻等固着在岩石上，硅藻数量也较多。动物主要生活在岩石或砾石间的空隙中，水生昆虫、蚋的幼虫数量也很多，其次是蜻蜓、蜉蝣等幼虫，鱼类多属小型冷水鱼。

(2)下游水域。河流下游河床较宽、水深、落差相对较小，因而水流平缓，水中有机物质含量高。但河水浑浊，光线透明度差，河底粉砂或淤泥较多，水温比上游高。在下游岸边，尤其是河滩、湖汊、池沼或水流分支杂乱的地方，着根水生植物较多，如眼子菜、蔗草、水葱、芦苇等。水中浮游生物数量也较多。在底栖生物中，穴居的蠕虫和蚊类的幼虫特别多，有时还有甲壳类、螺类和其他软体动物。在自游生物中，主要是鱼类，特别是鲤、鲫、鲶鱼较多。

2. 静水水域

静水水域是指水的流动和更换很缓慢的水域，在大陆上常见的类型有：湖泊、池塘、水库、泥塘等。

1)静水水域的基本特征

(1)面积较小，界限清晰。一般的湖泊、池塘的边界明显，面积较小，全世界除了少数湖泊具有很大的面积如苏必利尔湖、维多利亚湖，大多数面积较小。我国湖泊面积在$5\times10^2km^2$以上的并不多，按照湖泊的成因不同，可以分为构造湖、火山湖、河成湖、风成湖、海湾湖、堰塞湖、冰川湖等。不同成因的湖泊其轮廓是不同的，它们各自都具有清晰的形态。

(2)具有明显的分层现象。北温带湖泊存在的热分层现象非常明显，湖泊水的表层为湖上层，底层是为湖下层，两层之间形成一个温度急剧变化的层次。湖泊的温度和含氧量的功能，随地区和季节而变动，以温带地区湖泊为例，如春季气温升高，湖水解冻后，水的各层温度平均都在4℃，其含氧量除表面略高和底部略低外，均接近13ml/L。

(3)湖泊水位变化显著。湖泊水位变化的主要原因是进出湖泊水量的变化。生态调查常依据湖泊水位的年变化，多定为一次取样。我国一年中最高水位常出现在多雨的7～9月，称丰水期；而最低水位常出现在少雨的冬季，称枯水期。水位变幅大，湖泊的面积和水量的变化就大，常出现“枯水一线，洪水一片”的自然景象。

2)静水水域生物的地理分布

(1)水平分带明显，主要表现在沿岸带。沿岸带水位经常变动，波浪作用较强，水温变化也较大，水中含氧和溶解盐类都比较丰富，所以动植物种类非常多。沿岸带是整个湖泊生物量最大的地带。在沿岸带的不同水区，由于水深、光照等条件的不同，分别生长着不同的生物。由湖岸向深水区可分为挺水植物带、浮水植物带和沉水植物带。

(2)垂直分层清晰，主要表现在深水区，通常分为上下两层。上层叫表水层，光线可以透过，溶解氧含量高，自养生物占优势，如浮游植物中的硅藻、绿藻、蓝藻、双鞭甲藻和细菌等，它们是浮游动物的食物。浮游动物主要有原生动物、轮虫、枝角类和桡足类等。此外，还有许多自游动物，如鱼、虾以及某些漂浮动物。下层叫做深水层，这里光线不足，水温较低，溶解氧少，水底植物不能滋生，所以异养生物占优势。主要有摇蚊幼虫、水蚯蚓、某些软体动物和扁形动物等，它们的食物来源主要是浮游生物死亡后的沉落物。此外，这里尚有许多嫌气性的细菌(图 5-15)。

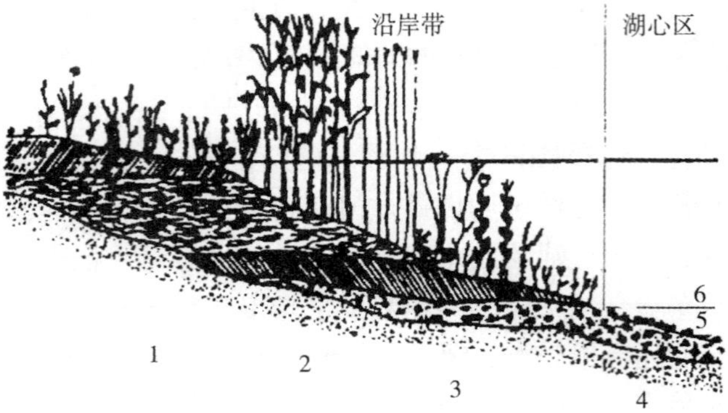

图 5-15　湖泊系统水平分带和垂直分层(据云南大学生物系改绘，1984)

1. 湿生植物；2. 挺水植物；3. 漂浮植物；4. 沉水植物；5. 深水层；6. 表水层

(3)生物成带现象突出，静水生物群落具有成带现象的特征，按区域划分为三个明显的带：沿岸带生物群落、浅水带生物群落和深水带生物群落。

沿岸带生物群落，这一带是光线能透射到的浅水，生产者是有根的或底栖植物和浮游或漂浮植物。表现为有根水生植物形成的同心圆带随着水的深度而变化的规律，依次为挺水植物带—漂叶植物带—深水植物带。挺水植物主要是有根植物，光合作用的大部分叶面伸出在水面之上，如芦苇、莲和藕等。漂浮植物中的植物叶子掩蔽在水面上，如睡莲和菱。沉水植物是有根或固生的植物，它们完全或主要是沉在水中，如眼子菜、金鱼藻和苦草等。沿岸带的动物种类较多，所有淡水中有代表性的动物门都分布于这一带。附生生物类型中，一般有池塘螺类、蜉蝣和蜻蜓稚虫、轮虫、扁虫、苔藓虫、水螅等。

自游生物中种类和数量较多的是昆虫。龙虱是水中的强悍者，常捕食小鱼，吸其体液。蝎蝽用镰刀形的前足来捕捉水中小生物，仰泳蝽亦是肉食者。而牙虫、沼梭科甲虫和划蝽至少有一部分是草食性或腐食性的。两栖类脊椎动物蛙、龟、水蛇等亦是沿岸带的主要成员。鱼类则是沿岸带和敞水带的优势类群。一般数量较大的甲壳类附在植物上或栖息于底部。沿岸带常见浮游动物的种类有水蚤属、介形类以及轮虫等。

浅水带生物群落，开阔水面的浮游植物生产者主要是硅藻、绿藻和蓝藻。大多数种类是极小的，每个单位面积的生产量有时超过了有根植物。这些类群中有许多具有突起或其他漂浮的适应性，浮游动物是由少数几类组成的，但其个体数量相当多。桡足类、枝角类和轮虫类占重要位置。我国人工经营的水体中，鱼类已成为优势种群。

深水带生物群落，这一水区基本上没有光线，生物主要从沿岸带和湖沼带获取食物。深水带生物群落主要由水和淤泥中间的细菌、真菌和无脊椎动物组成，主要无脊椎动物有摇蚊的幼虫、环节动物蚯蚓、小型蛤类和幽蚊幼虫等。这些生物都有在缺氧环境下生活的能力。

第六节　湿地生物的分布

湿地是指地表过湿或常年积水，生长相应植物的地区，是介于水域与陆地之间过渡性的景观类型，它兼有水域和陆地生态系统的特点，具有独特的结构和功能。

一、湿地的基本特征

1. 土壤类型独特

湿地土壤通常称为水成土，即在淹水或水饱和条件下形成的无氧条件的土壤。在水的过饱和状态下，动植物残体不易分解，土壤中有机质含量很高，泥炭沼泽土的有机质含量可高达60%～90%。其草根层的潜育沼泽持水能力为200%～400%；泥炭沼泽较强，草本泥炭在400%～800%，藓类泥炭一般都超过1000%。

2. 水文条件特殊

湿地水文条件成为湿地区别于陆地和水域的独特属性。水的输入来自降水、地表径流、地下水、泛滥河水及潮汐(海岸湿地)；水的输出包括蒸散作用，地表外流，注入地下水以及感潮外流；湿地水周期是其水位的季节变化，保证了水文的稳定性。水文条件导致独特植物的组成并限制或增加种的多度。湿地生物群落又可以通过多种机制影响水文条件，包括泥炭的形成，沉积物获取、蒸腾作用、降低侵蚀和阻断水流等。

3. 具有明显过渡性

湿地生态系统位于水陆交错的界面，具有显著的边际效应(或称边缘效应)。湿地生物有一般水生生物和一般陆地生物。湿地系统的边际效应不仅表现在物种多样性上，还表现在生态结构的过渡性。湿地生物群落就是湿地特殊生境选择的结果，其组成和结构复杂多样，生态学特征差异大，许多湿生植物具有适应于半水半陆生境的特征。

二、湿地的形成与演替

1. 湿地的形成

水分是湿地形成、发展的主要因素，气候和地貌条件决定了地表水的状况。年降水量大于蒸发量，空气湿度又大，在一些低地上，由于排水不畅，地表可常年处于过湿状态。这种状态改变了土壤通气状况，抑制了土壤中动物和微生物的生命活动，破坏了土壤、大气、植物之间正常的物质交换，在缺氧条件下，土壤中矿物质的潜育化过程和有机物质的泥炭化过程作用下，形成了湿地。

(1)水体沼泽化，多发生在浅水湖泊和小河中。从丛生植物开始，有两种形成过程。一种是植物呈带状从湖岸向湖心侵入。初期在湖底有藻类和浮游生物残体与泥沙一起沉积在湖底形成腐泥，腐泥不断加厚，湖泊渐浅，高等植物依次从湖岸向湖心推移，在水下形成泥炭，泥炭不断加厚，最后，整个湖盆变成沼泽。另一种是植物呈浮毯状从湖岸向湖水面蔓延，在湖岸长着浮水植物，其根状茎浮于水面，交织成网状形成“浮毯”，“浮毯”底部植物残体脱落形成泥炭，最后泥炭填充整个湖盆。

(2)草甸沼泽化，由于地表常年过湿，大量的植物残体得不到充分的分解。植物残体和腐殖质阻塞了土壤孔隙，缺氧的土壤条件导致泥炭的形成。禾本科植物逐渐被密丛型苔草所代替，于是出现了草甸沼泽。

(3)森林沼泽化，林区的河谷、山麓或分水岭，常有潜水渗出，造成地表过湿。其上生长苔草等喜湿植物，随后枯枝落叶、草丘的截拦，保持了地面水流，使钾、氮、钙、镁等元素被淋溶，而铅、铁、锰在土层下积累形成不透水层，保持土壤过湿，形成泥炭，发育为沼泽。在地形平坦的采伐迹地或火烧迹地，由于森林被砍伐，蒸腾少了，造成地表积水，就会形成森林沼泽化。

2. 生物的演替

湿地是个动态系统，其结构和功能随时间不断发生有规律的变化，即从一个生物群落经过演变而成为另一个生物群落，许多短暂性生物群落经过多个交替，达到相对稳定，最终不同于原先的生物群落，通常有以下三种情况。

(1)湖泊形成的沼泽演替。初期多为富养苔草沼泽，随着沼泽的不断发育，泥炭藓的入侵，形成中养苔草、泥炭藓沼泽，此时沼泽化湖泊尚有静水层。在沼泽湖泊脱离地下水补给后，泥炭藓得到进一步发展，形成藓丘，演变为贫养沼泽。水从丘顶部向四处流失。藓丘表面干燥，通气较好。此时一有条件，木本植物则立即入侵，发展成木本沼泽。这种演替过程在我国小兴安岭林区的宽阔河谷、平缓山坡的低洼地段有所分布。其特征是常年积水或过湿，地下具有永冻层，基质为酸性岩，水呈酸性，泥炭厚 1m 左右，沼泽地面多草丘。

(2)森林形成的沼泽演替。森林沼泽由于泥炭的持水量大，土壤和空气湿度增加，苔藓植物大金发藓和泥炭藓相继入侵，增加了土壤的湿度和酸度，为喜湿耐酸的植物入侵创造了条件。随之苔草被棉花莎草代替，泥炭藓得到发展，在草丘间形成地被层，同时小灌木越橘和杜香生长，发展成中养沼泽。泥炭藓有特强吸水能力，持水量可达 1600%～3000%，为自身重量的 19～31 倍。泥炭藓不断加厚，有力地抑制了高等植物的生长。泥炭藓随之发展成藓丘，并掩住草丘，使沼泽表面升高，脱离地下水补给，演替为贫养沼泽。在此时沼泽中树木生长不良，盖度多小于 40%，为少林或无林的泥炭藓沼泽。这种沼泽不仅不利于木本植物生长，也不利于小灌木生长。形成了以泥炭藓为优势种，并伴有地衣和捕虫植物猪笼草群落。

(3)草甸形成的沼泽草甸。草甸形成沼泽后，由于积水和空气湿度大，泥炭藓入侵形成中养苔草、泥炭藓沼泽，草本植物有灯心草、刺子莞等。泥炭藓发展形成藓丘，使沼泽地表面升高，形成贫养泥炭藓沼泽。这类沼泽可在长江中、下游，湖滨以及山地沟谷等低洼地区形成，群落外貌绿色，层次不明显。由于地形、土质差异，组成种类也不同，建群种有苔草、灯心草等。常见的伴生种有荆三棱、龙师草和水蓼等。

三、湿地的类型和分布

全世界湿地约有 $5.14\times10^8\text{hm}^2$，约占陆地总面积的 6%(Mitsch，1986)。湿地在世界上的分布，北半球多于南半球，而且多分布在北半球的欧亚大陆和北美洲的亚北极带、寒带和温带地区。南半球湿地面积小，主要分布在热带和部分温带地区。加拿大湿地居世界之首，约 $1.27\times10^8\text{hm}^2$，占世界湿地面积的 24%，美国有湿地 $1.11\times10^8\text{hm}^2$，再其次是俄罗斯、中国、印度等。中国湿地面积约占世界湿地面积的 11.9%，居亚洲第一位，世界第四位。

湿地广泛分布在世界各地，是地球上生物多样性丰富、生产量很高的景观类型。它对一个地区、一个国家乃至全球的经济发展和人类生态的环境都有重要意义。因此，对于湿地生态系统的保护利用已成为当今国际社会关注的热点。1971 年全球政府间的湿地保护公约《关于特别作为水禽栖息地的国际重要湿地公约》（简称《湿地公约》）诞生，中国于 1992 年正式成为公约缔约国。《湿地公约》指出："湿地是不问其天然或人工、永久或暂时的沼泽地、湿原、泥炭地或水域地带，常有静止或流动、咸水或淡水、半碱水或碱水水体者，包括低潮时水深不过 6m 的海滩水域"，还包括河流、湖泊、水库、稻田以及退潮时水源不超过 6m 的沿岸带水区。

湿地分布广泛，除遍及水资源丰富地区，在较干旱地区也有分布，因而形成了多种多样的类型。有以优势植物命名，如芦苇沼泽、苔草沼泽、红树林沼泽等。湿地环境有机物难以分解，故多泥炭的积累，湿地常呈现一定的发育过程：随着泥炭的逐渐积累，矿质营养由多而少。因此有富养（低位）沼泽、中养（中位）沼泽和贫养（高位）沼泽之分。

四、湿地的功能

湿地生态系统，无论是淡水湿地还是滨海湿地，都被认为是一种具有独特功能的系统。主要体现在生物多样性的保护和蓄水、调节气候等方面。

1. 潜在的资源

湿地是许多粮食植物的重要生境。生长在水淹土壤的水稻是世界 50%以上人口的粮食，占世界总耕地的 11%。湿地中还有一部分可以开辟为耕地、林地或者牧场。如三江平原已由"北大荒"经过排水开发成"北大仓"。生产在东南亚湿地的西米椰子可制成西米粉，其淀粉产量每年每公顷 7～19t，最高达 30t。湿地也可作为毛皮动物，海狸鼠、貉、水貂和水獭的饲养基地。美国路易斯安那州的毛皮量 85%来自湿地，每年获利 2400 万美元。

2. 天然的基因库

独特的湿地环境为各种生物群落提供了生境。据统计，我国内陆湿地有高等植物 1540 多种，高等动物 1500 种，其中水禽约 300 余种，占全国鸟类总数的 1/3 左右，40 余种国家一级保护的鸟类有一半生活在湿地中。许多脊椎动物都永久生活在湿地上，例如海牛、河马。湿地还是多种鱼、虾、贝类的生产、繁殖基地，据统计，全世界 2/3 的渔业生产集中在湿地地区。它也是多种水禽、野生动物的栖息地，特别是丹顶鹤、白鹳、扬子鳄等生存所需的独特的生境。

3. 气候和水文调节器

湿地地表积水，底部有良好的持水性，是一个巨大的贮水库。湿地生态系统通过强烈的蒸发和蒸腾作用，把大量水分送回大气，调节降水，使局部气温和湿度等气候条件得到改善。湿地释放的 CH_4、H_2S、N_2O 和 CO_2 等微量气体，对全球变化具有重要意义。湿地具有削减洪峰、蓄纳洪水、调节径流的功能，对防御洪水和提供旅游资源等方面均起到了重要作用。

4. 净化的功能

实践证明，湿地生态系统决不是污水坑，而且有重要的净化水源的功能，被誉为自然界的"肾脏"。可通过植物、微生物的聚集、沉积作用排除水中的营养物质，通过植物、微生物吸收、沉降作用阻截悬浮物质，从而达到净化的功能。

参 考 文 献

Knapp R. 1986. 植被动态 . 宋永昌译 . 北京：科学出版社 .
Steele J H. 1983. 海洋生态系统结构 . 石小缓译 . 北京：科学出版社 .
Walter H. 1984. 世界植被——陆地生物圈的生态系统 . 北京：科学出版社 .
曹凑贵 . 2002. 生态学概述 . 北京：高等教育出版社 .
陈鹏 . 1988. 生物地理学 . 长春：东北师范大学出版社 .
陈阅增 . 1997. 普通生物学 . 北京：高等教育出版社 .
方精云 . 2000. 全球生态学 . 北京：高等教育出版社，施普林格出版社 .
李博，林鹏，杨持 . 2000. 生态学 . 北京：高等教育出版社 .
林鹏 . 1986. 植物群落学 . 上海：上海科学技术出版社 .
曲仲湘等 . 1984. 植物生态学(第 2 版). 北京：高等教育出版社 .
尚玉昌 . 2002. 普通生态学 . 北京：北京大学出版社 .
宋永昌 . 2001. 植被生态学 . 上海：华东师范大学出版社 .
苏智先，王仁卿 . 1989. 生态学概论 . 济南：山东大学出版社 .
孙儒泳，李搏，诸葛阳，等 . 1993. 普通生态学 . 北京：高等教育出版社 .
孙儒泳，李庆芬，牛翠娟，等 . 2002. 基础生态学 . 北京：高等教育出版社 .
孙儒泳 . 1987. 动物生态学原理 . 北京：北京师范大学出版社 .
王伯荪，李鸣光，彭少麟 . 1995. 植物种群学 . 广州：广东高等教育出版社 .
武吉华，张绅 . 1995. 植物地理学 . 北京：高等教育出版社 .
殷秀琴 . 2004. 生物地理学 . 北京：高等教育出版社 .
云南大学生物系 . 1982. 植物生态学 . 北京：人民教育出版社 .
赵小鲁，等 . 1996. 动物生态地理研究 . 成都：成都地图出版社 .
郑师章，吴千红，王海波，等 . 2000. 普通生态学——原理、方法和应用 . 上海：复旦大学出版社 .
周纪轮，邦师章，杨持 . 1993. 植物种群生态学 . 北京：高等教育出版社 .

第六章　生物分布区与生物区系

现代生物分布既受现代生态条件的制约，表现出生物群落的地域性规律；同时也受区系历史的影响，反映了历史时期生物彼此间的亲缘关系和系统发育过程以及地理隔离情况，表现出生物的区系性。作为自然地理环境重要组成部分的生物，其分布是以物种基本形式存在的。环境的选择作用决定着生物类群的进化与发展，并深深影响着生物种在地球上的分布格局，从而形成不同的分布区和生物区系区，而区系生物地理则是生物地理学发展的基础。

第一节　分　布　区

一、种的分布区及其制图方法

1. 分布区的概念

种的分布区(distribution area of species)是指某种生物所占据的地理空间，在此空间内该种生物能够充分地进行个体发育，并留下具有生命力的后代，是生物对外界环境条件的特殊适应的表现形式。实际上分布区的确定往往很困难，因为大小相差悬殊，它可以是地区的、地带的、生态的或生物的。

一般在种的分布区内，该种生物的个体并不是分布在所有空间，而只能生活在适宜它们生存的某个区域，称之为栖息地。种的分布区与栖息地是有区别的，如果说分布区是一个面，那么栖息地则是一个点。一个种的分布区的布局，往往取决于其栖息地的分布。

种的分布区往往还可以合并为更高一级的属的分布区；属的分布区又可合并为更高一级科的分布区。分布区往往包括这三种类型，但一般来说，分布区通常是指种的分布区。

2. 分布区的制图方法

分布区的绘制是生物区系研究的基本方法。分布区制图，必须以各个分布点的资料为基础。目前大致有三种方法。

(1)点图法 ，将某种动植物已知的分布地点用点、圈或其他符号绘在一定比例尺的空白地图上。点图法表现的事实客观、直接、具体，是研究动植物分布的原始资料。

(2)轮廓法，如果已知动植物分布地点的资料相当详尽，就可以把地图上最外围的各个分布点连结起来，绘出分布区的轮廓。有时也常将点图法和轮廓法结合起来运用(图 6-1)用实线表示确定的边界，用虚线表示推测的边界。

(3)涂斑法，对于较小的分布区，该类生物在分布区的情况很清楚，通常采用在小比例尺地图上将整个分布区涂成不同的斑块。

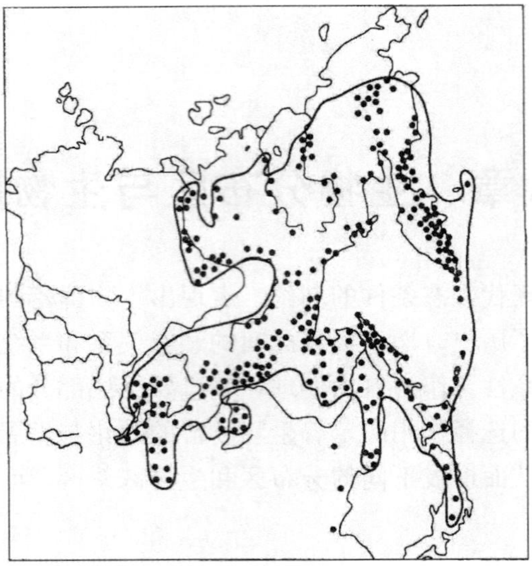

图 6-1　用点图法和轮廓法绘制的偃松分布图(托尔马乔夫，1965)

二、分布区的形成与扩展

1. 分布区的形成理论

种的分布区形成大致可分为三种理论：一是单境发生论，认为生物种是在一个地点一次发生，然后由发生地点逐渐向四周扩展分布，最初的发生地称为发生中心或起源中心(图 6-2)；二是多境发生论，认为生物种或其他生物类群不是一个地点一次发生而可以在多个地点多次发生；三是泛境发生论，认为旧种的进化达到一定程度将发生质变，新种就在旧种的背景上在整个分布区内一次发生。

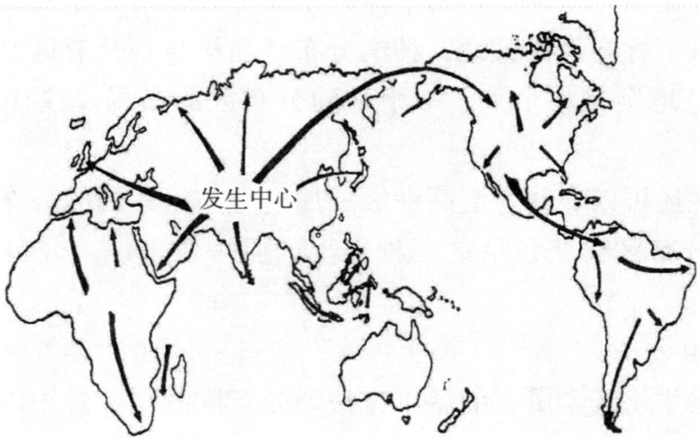

图 6-2　蟾蜍的发生中心及向各方向扩展的示意图(Derington，1957)

2. 影响分布区形状和边界的主要环境因子

生物分布区是在特定的地质时期、古气候环境条件及特殊的遗传进化基础上形成的，其形状和大小，是地理环境至今的综合反映，一个分布区的形成主要受漫长历史演变过程中的气候、地形、土壤、生物、历史、人为等因子的影响。

(1)气候因子，有些生物的分布严格地受某种气候条件的限制。例如，我国山东半岛和辽东半岛上生长的赤松，它的分布区只局限于海洋性气候的范围内，稍向内陆，就被松属的其他种所代替。

(2)土壤因子，土壤类型或土壤的某些理化性质，也决定生物的分布。例如，蜈蚣草只分布在亚洲热带、亚热带石灰岩和含钙土壤上，而同属的剑叶凤尾蕨却生长在潮湿的酸性土上。

(3)地形因子，山脉、海洋等空间隔离往往成为分布区的天然界限。由于地形所引起的气候变化常常是造成生物种侵移和扩展中断的主要原因。例如，我国的秦岭山脉是北方温带生物区系和南方亚热带生物区系的天然界限。对于陆生生物来说，海洋及宽阔的海峡是侵移和扩展难以克服的障碍。而对于海洋生物来说，陆地是不可逾越的障碍。

(4)生物因子，生物因子的影响因素很多，例如，某种生物的分布决定于宿主(寄主)的地理分布；有些植物的传播依赖于某种动物；某些植物群落可以成为某些生物传播的障碍，例如，森林造成的生物环境不利于草原、荒漠生物生存。

(5)历史因子，有些生物的分布区不能用现代的自然条件来解释，而是古地理环境的反映。比如，鹅掌楸属植物在全世界只有两种，一种生长在我国长江流域及其以南地区，而另一种却生长在北美的东部。而从现代生态条件的角度看，植物是没有这种巨大的迁移能力从遥远的太平洋此岸区分布到彼岸地区。对植物分布的这种奇怪现象的解释，必须追溯地球的地质历史，要从古气候、古地理的角度来考察植物在地质历史时期的分布。

(6)人为因子，人类活动不仅可缩小或消灭某些生物种的分布，而且也能扩大生物的分布。例如，在新西兰，自1000年以来，外来种的引入，使当地的23个种和亚种鸟类濒临灭绝。在菲律宾岛，由于引入猪、山羊和兔子，在1790～1840年间，有13种土著植物灭绝。菊科杂类草紫茎泽兰约在20世纪40年代由缅甸传入云南省南部，随着森林的采伐、公路的修建逐渐向外蔓延，近些年来已向亚热带地区散布，并引起了灾害。

3. *种群的扩展*

如果一个新种的原始分布区周围存在着适合于该种发展的有利条件，它就可能向外迁移并扩大自己的分布范围。另外，在种群大量繁殖后，由于个体压力增大或环境不适宜，也会导致种群向周围迁移，直到找到适宜的栖息地定居下来。这种种群由发生中心分布到另一地区的过程，称为扩展，可分为主动扩展和被动扩展两种形式。

1)主动扩展

主动扩展是指生物不依靠外界因素，只依靠自身力量所进行的一种积极性的迁移，使分布区有所扩展。又可分为正常扩展和先锋扩展两种形式。

(1)正常扩展是指种由发生中心逐渐地向外扩展而到达新的地区。这种扩展是有规律的，缓慢进行的，世世代代逐渐扩展，在地质年代中可以扩展得很远。例如在1825年以前，欧兔在前苏联欧洲部分向北分布到列宁格勒—喀山一线，向东只达到乌拉尔河。经过百年，欧兔的分布区向北和向东扩大约200 km(图6-3)。正常扩展是种扩大分布的最主要方式。

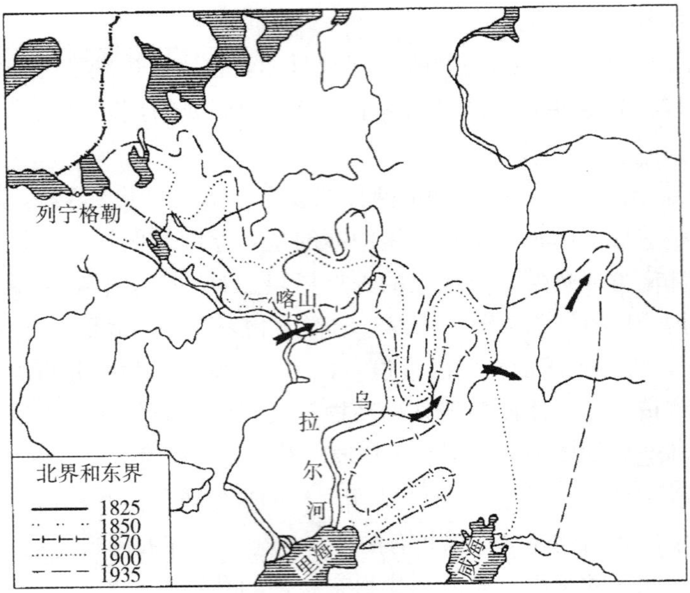

图 6-3 欧兔分布区的扩展(陈鹏，1986)

(2)先锋扩展主要指动物，包括迁移、漫游和爆发三种不同的形式。迁移是指动物定期地在严格固定的路线上往返进行，如鸟类的迁徙、哺乳类季节性迁移等。属于种在分布区的迁移，一般不扩展分布区。漫游是指有些个体迁移后不返回原来区而到达其他地区，漫游有利于扩展。爆发是一种大规模的迁移，一般是由于环境条件不利，如缺乏食物而引起的。如蝗虫，它们整群迁出往往离分布区很远，迁到新的地域后如果环境适宜就能生存。

2)被动扩展

被动扩展是指主要依靠外界因素进行的扩展。如水流、风、气流、其他生物及人类等，使分布区有所扩展。又可分为水扩展、风扩展、生物携带扩展。

(1)水扩展指生物体随着水流漂到很远的地方。如椰子果实可以借助洋流漂到其他海岛上，北极狐可以随冰块被带到很远的地方。

(2)风扩展指风可以将植物的瘦果及带附属物的种子吹到很远的地方，也可将许多小动物以及它们的卵吹到很远的地方。比如：欧洲赤松的具翅种子，一次可被风吹出 2km 远；菊科植物千里光的多冠毛瘦果竟可被吹到 200km 以外。

(3)生物携带扩展指动物在取食的时候，在草层中活动，可以将带钩刺的果实附在身上。涉禽和沼泽鸟类的脚趾上，经常附着混在泥土中的小动物和卵，寄生动物寄生在宿主身上，随着宿主的迁移被带到其他地方。人类有意识和无意识的活动，经常将许多生物传播到世界各地，如伴人植物蒲公英、车前、龙葵等。

总之，扩展成功的可能性决定于生物对环境的适应能力，只有那些生态幅度广，能与本地种竞争的种，并且有一定数量和不同性别的个体才能扩展成功。新的地区与原来的生境越相似，其扩展成功的可能性就越大。

三、分布区的类型

1. 按分布区的大小来划分

1)广域分布区

生物种分布的范围广泛，通常遍及各大洲，称为世界种或广域分布种。一般来说，种的生态幅度越广，克服阻限能力就越大，分布范围就越广，如植物中的大车前(图 6-4)、马齿苋、芦苇、龙葵等，动物中的狼、隼、渡鸦等都有广泛的分布区，有的几乎是世界性分布，但在自然界中广域种是为数不多的。

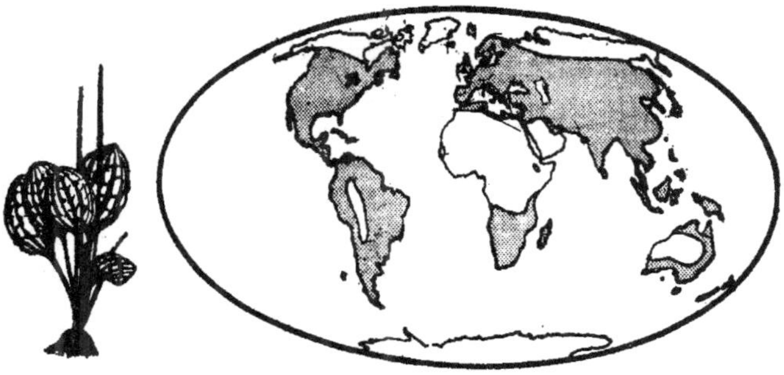

图 6-4　大车前的广域分布(Cox 等，1985)

2)狭域分布区

生物分布范围狭小，只限于局部地区，如银杉只分布在我国广西龙胜、四川金佛山等地。动物中的高加索雪鸡则属于狭域分布种(图 6-5)。

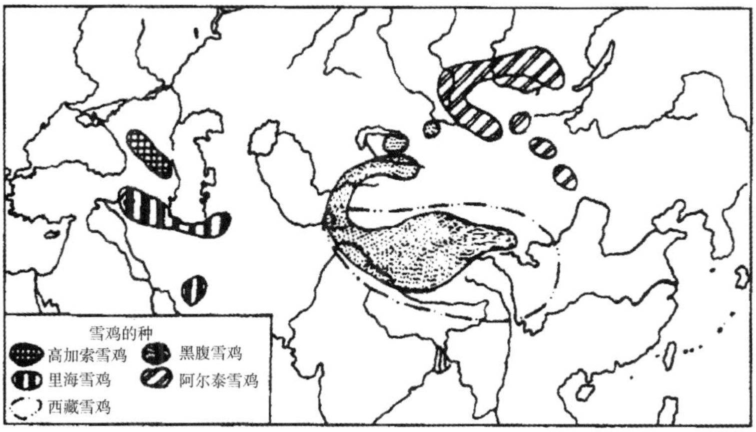

图 6-5　雪鸡的狭域分布图(陈鹏等，1986)

2. 按分布区的形状来划分

1)连续分布区

是指整个分布区连成一片，中间不存在有影响生物种群扩展的绝对障碍。即分布区内没有生态障碍(高山、海洋、不适宜气候等)隔开，没有失去基因交流，但在分布区内，生物种并不是在空间上连续密闭分布，只是分布在适宜的地点，例如棕榈科的泛热带连续分布区(图 6-6)。

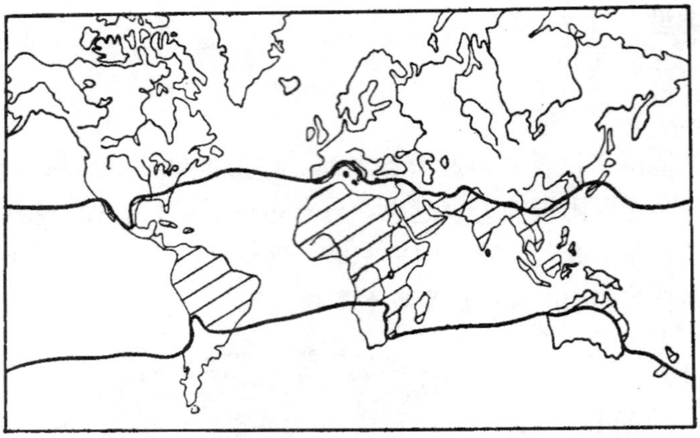

图 6-6　棕榈科的泛热带连续分布区(北京大学等，1980)

2)间断分布区

分布区中间被高山、海洋、不适宜的气候障碍隔开成相距遥远的两部分或更多部分，各部分种群间失去基因交流的机会，而形成一种间断的分布区。例如对生叶虎耳草除环绕北极分布之外，还出现于欧亚大陆中纬度山地；刺猬、黑线姬鼠和大麝鼩分布于我国东部与欧洲(图 6-7)。

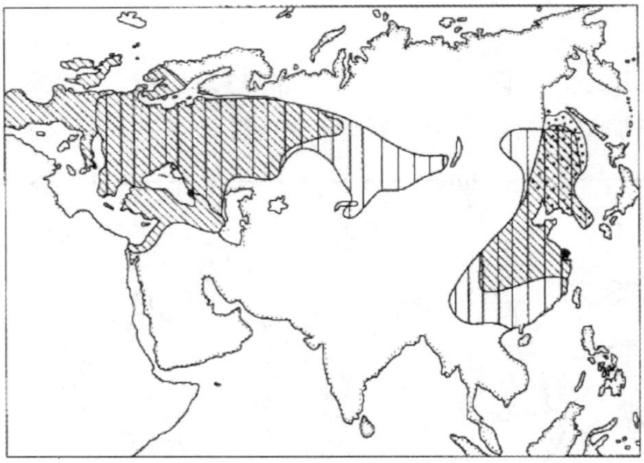

刺猬（*Erinaceus europaeus*）　大麝鼩（*Crocidura lasiura*）
黑线姬鼠（*Apodemus agrarius*）

图 6-7　刺猬、黑线姬鼠和大麝鼩的间断分布(张荣祖，1979)

3. 按分布区的发展变化来划分

1)扩展分布区

某种生物尚未达到自己生存条件的区域边界，则不断向外扩展。扩展的速度取决于环境变化的速度、种群的密度和克服障碍的能力。

2)潜在分布区

某种生物完全可以生存和分布的地区，由于受阻限的影响，该种生物尚未分布到此，当阻限消失后，该种生物不仅可以定居下来，还可以向分布区外扩展。例如熊蜂引入新西兰，在稳定的环境下一年就可以将其分布区扩大几公里。

3)特有性分布区

某些生物只生存于局部特有的生境，称为特有种。它们的分布区称为特有性分布区。远洋海岛的特有现象比较普遍，这是岛屿长期与大陆隔离所形成的。有些特有种与特殊的气候条件有关。例如，南非的好望角地区，由于气候条件与相邻地区差别悬殊，形成起源于近代的特有种异常丰富，这些种称为新特有种。

4)残遗分布区

最初具有广泛分布区，后来由于气候变迁、地壳构造运动等原因，面积大大缩小或者星散为几个小的分布区。如：薄片螺现只分布于比利牛斯山西部的拉隆峰顶，但在新近—古近时它们却广泛分布于中欧；水杉分布在我国湖北、四川两省交界处很小的范围内，但在白垩纪时水杉最北可分布到离北极圈只有8°的地方，新近—古近时广泛分布于北半球的格陵兰、冰岛、欧洲、北美、西伯利亚、中国、日本，已知化石水杉就有10种。残遗在分布区内的种称为残遗种或古特有种。

5)替代分布区

由特征相近的分类学单位，它们各自占有独立的小分布区，在空间上相互替代，这种现象叫替代分布，它们的分布区叫替代分布区。这些种称为替代种。替代种的产生是由于气候的变化或由于海陆变迁所产生的地理隔离分化出来的新种。例如，落叶松属的分布区主要在北半球寒温带，但在中欧山地、中国华北和西南山地、日本山地等还有零星的间断分布，并出现许多替代种；槭树属的一系列替代种分布于亚洲东部。

第二节　生物区系

一、生物区系的概念

生物区系可以从广义和狭义两个方面来理解。广义生物区系一般是指在一定的地域中(同一环境或地理区域)生物的全体种类，通常是指植物区系和动物区系的总和，同时可以与微生物区系相区别。它可以从不同的角度划分，如按生物的分类系统分为被子植物区系、裸子植物区系、兽类区系、鸟类区系等；按生活时期分为中生代生物区系、新近—古近生物区系、第四纪生物区系等。狭义生物区系是指不同的生物种在一定的历史条件下形成的生物总体。同一生物区系的分布范围大体与具有某一特征的自然环境相联系，反映其发展进程与古地理或现代自然条件间的关系，生物地理学所指的生物区系多为狭义的生物区系。

二、生物区系形成的历史分析

生物分布的地质时期经历了巨大变化，因此可以用进化、气候变化和陆桥等原理去解释世界生物分布格局的形成过程。更新世北美洲和欧亚大陆动植物的分布范围的变化，可以认为是冰盖扩展和收缩所致。在北美洲，有学者对深厚的沉积层作了研究，发现沉积层源自落基山的侵蚀，遍及美国中西部，沉积层延续到整个新生代。研究表明北美大陆气候那时已渐渐变凉，并波及西伯利亚和阿拉斯加之间的白令海峡，使这一区域逐渐成了一条迁徙路线，可以使耐寒种的动植物通过。通过对晚古生代的生物化石分析，可以找到解释整个新生代动植物分布格局的证据。

1. 联合古陆分裂与生物区系的形成

在晚二叠纪后不久，联合大陆开始分裂并逐渐形成南部的冈瓦纳古陆和北部的劳亚古陆，从而使两个古陆生物在海洋的阻隔下进行独立进化，造成了目前覆盖南部诸大陆的生物区系和北部诸大陆的不同。这一时期，由于南美洲、中非和南非、澳大利亚、南极洲和印度普遍分布着舌叶蕨植物，这些地区称为冈瓦纳古陆，属于舌叶蕨植物区系；而北美洲、格陵兰和欧亚没有该类植物，这些地区称为冈瓦纳古陆，属于没有舌叶蕨植物区系。同时，在舌叶蕨植物区系出现以前不久，南部诸大陆都受到了巨大冰川的影响，冰川不仅影响了澳大利亚、南美洲和南非，而且也影响了印度，因此也可以证明目前位于欧亚大陆的印度地区在那个时期是劳亚古陆的一部分，属于舌叶蕨植物区系。

侏罗纪时期，联合大陆已分裂为南北两块，南方的冈瓦纳古陆进一步发生断裂移动，温湿的海洋性气候居于优势，全球植物区系的差异，主要反映在南北古大陆以及热带与非热带地区之间。北半球银杏类分布甚广，混生松科与杉科植物形成了大片森林。南半球银杏稀少，以南洋杉科与罗汉松科为主，低纬的热带亚热带气候区以本内苏铁与苏铁类比较繁盛。到早白垩世，形成了好望角植物区系。而到新近—古近始新世时，由于全球气候较暖，形成了古地中海新近—古近植物区系。到了晚新近—古近，由于喜马拉雅运动强烈，高山隆起，大气环流形势发生变化，气候带变化与界线明显，全世界植物区系与现代已很接近。

2. 大陆漂移与生物区系的关系

许多科学家在20世纪初，就注意到了大西洋两岸大陆轮廓间的巨大相似性，提出了它们曾一度相连，而后来移开了。德国科学家魏格纳1915年首先提出了这样的分析和证据，例如他发现若将大西洋两边的大陆架边缘合在一起，以前在二个大陆的边缘突然终止的许多地质特征，现在就同毗邻大陆的相仿特征相连续了。同时，他解决了巨大的南部冰川的广度问题和舌叶蕨植物区系分布问题。魏格纳的大陆漂移学说发表后，一些生物地理学家立即承认了这一理论，认为它巧妙地解释各大陆间生物区系的关系。如马达加斯加、新西兰和澳大利亚大陆的独特性，澳大利亚与南美新近—古近动植物区系的相似性。这一理论在当时被大多数地质学家和一些生物学家反对，并引起很长一段时间的争议。几十年后，地层学、地质学和生物学证据所提供的古地磁学和地理学资料才证明了魏格纳学说的理论基础是正确的，特别是20世纪60年代板块的构造理论又赋予大陆漂移学说以新的含义。

3. 大陆格局的变化过程

目前科学家们已经重建了各地质时期大陆格局的变化过程(图6-8)，在志留纪和泥盆纪时，冈瓦纳古陆已是单一整体，在南极周围。欧洲和北美洲新近联合，位近赤道。西伯利亚和中国仍然是分开的大陆。到晚石炭纪，冈瓦纳古陆联合了欧美古陆，形成了一个超级大陆(图6-8a)，北起阿拉斯加，南至澳大利亚。在中二叠纪，西伯利亚与此超级大陆冲撞，碰撞抬升了乌拉尔山脉，后来又与中国冲撞。在晚二叠纪，所有大陆形成了单一的超级大陆，称为联合大陆(图6-8b)。不久，联合大陆开始分裂，首先冈瓦纳古陆开始漂移，离开北美，然后开始破裂，同时，陆缘浅海开始漫浸，穿越亚洲和北美，这两个过程都在侏罗纪开始，并延续整个白垩纪(图6-8c)。晚白垩纪，欧洲又被鄂毕海与亚洲分开，而陆中海道把北美分为东、西两区；西部经阿拉斯加和西伯利亚连接亚洲，形成“亚美”陆块，东部经格陵兰连接欧洲，形成“欧美”陆块。同时，南美洲最后从非洲分开，但直到白垩纪末期，它仍与南极洲及澳大利亚相连。印度可能从早白垩纪与冈瓦纳古陆剩余部分分开(图 6-8d)。在中始新世，澳大利亚与南极洲分开，印度与亚洲联合。同时，欧洲与格陵兰分开，而鄂毕海的干涸，使欧洲与亚洲相连。晚渐新世才形成了今日的大陆格局(图 6-8e)。

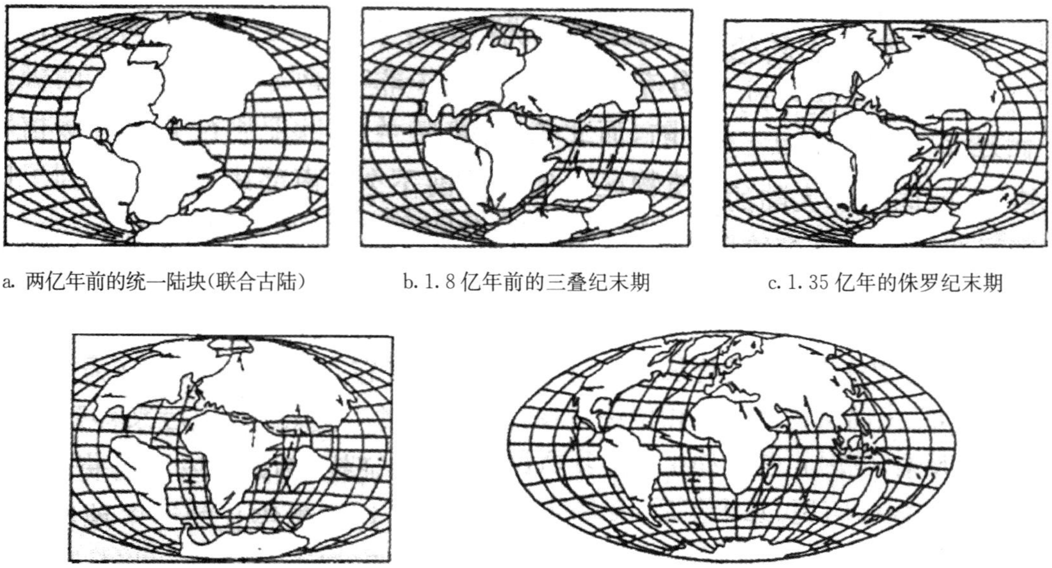

a. 两亿年前的统一陆块(联合古陆)　b. 1.8 亿年前的三叠纪末期　c. 1.35 亿年的侏罗纪末期

d. 0.65 亿年前的白垩纪末期　e. 新生代时期

图 6-8 两亿年以来大陆格局的变化

4. 大陆生物分布格局的形成过程

通过以上的研究表明，大陆的移动是非常缓慢的，一年仅约 5～10cm，只是在上百万年中才能显示出它的巨大影响，这些移动随着气候的变化，以若干方式影响着地球上的生物。古生物学研究表明化石生物的分布同变化着的大陆格局有很好的相关性。

维管束植物最早出现在晚志留纪，到晚泥盆纪木本树状植物已发展到 25 m 高。但在泥盆纪并不存在各种类别植物区系，直到近些年来还认为，在早石炭纪相似的只有单一的鳞木蕨植物区系，这是由石松类、种子蕨和楔叶蕨类组成，这个植物区系来自欧美古陆和冈瓦纳古陆的若干地区。

晚石炭纪时，不同大陆的隔离及气候不同，开始导致不同植物区系的出现，如欧美古陆的大部分地区覆盖着沼泽热带雨林，这种沼泽热带雨林很像今日亚马逊河雨林的环境。植物区系占优势的是大乔木，这些大乔木分别属于不同的类群，例如鳞木属(40m)、封印木属(30m)，都是一些巨大类型的石松类；同等高的有苛得狄属(30m)，是针叶乔木类；芦木属(15m)，是楔叶蕨类；欧椋鸟木属高(7.5m)，是树蕨类；筋蕨属，是种子蕨类，它是生活在这些巨树周围的较小植物。

到晚石炭纪和早二叠纪，出现了五个明显的植物区系，但这些植物区系也有着相同之处，如某些属或科的植物存在全部植物区系之中。由于欧美大陆变得较干燥，或者因为冈瓦纳古陆和欧美古陆的联接，出现了针叶树的早期类型，而且是这个地区最普通的乔木。这个欧美植物区系，也包括早期蕨状植物，种子蕨类和木贼类。

在晚二叠纪和早三叠纪，由于原来位于这些大陆之间的海洋消失，原来漫浸这些大陆广大区域的浅海后退，因此大陆气候变得干燥起来。这一气候的变化，是中二叠纪开始的植物区系巨大变化的可能起因之一。这使得古老类型的乔木(如石松类、木贼类)被现存类型的乔木(如银杏类、苏铁类)取代了，另外一种新型蕨类紫萁出现了。大陆早期植物区系的变化到三叠纪时趋于稳定。

最早的陆地脊椎动物的分布也与大陆的格局密切相关。已知最早的两栖类来自欧美古陆，直到中二叠纪，陆生两栖类和爬行类除单一大陆外一无所知。但也有少数例外，如在巴西和南非发现的小型爬行类中龙属，几乎全是水生类型，能够越过海洋的阻限。直到中二叠纪，亚洲才与欧美古陆融合。到晚二叠纪，冈瓦纳古陆几乎完全缺乏陆地脊椎动物，因为在那时陆地脊椎动物要来到冈瓦纳古陆，还存在一些阻限，但这些阻限是浅海、山脉、沙漠还是严峻的气候，是难以断定的。

三叠纪时，联合古陆已拥有了相当一致的动物区系，记述了 60 个科。它们在这个古陆上自由旅行。现代大陆的三叠纪动物区系，大多数能够互相对比。三叠纪时，动物区系在世界范围发生了巨大变化，由似哺乳类的爬行类和其他较古老类型的爬行类组成的二叠纪动物区系主体，在早中三叠纪时消失了，首先被祖龙亚纲爬行类取代，在晚三叠纪时又被其后裔恐龙取代，侏罗纪和白垩纪恐龙在整个世界占据了优势。可以说从三叠纪到白垩纪优势动植物区系已发生了很大变化。

而在中生代的白垩纪到新生代始新世的 7000 万年中，地球表面从裸子植物和爬行动物占优势的单一陆块，变成了有花植物和哺乳类动物类占优势的分离的大陆格局，世界生物区系又发生变化。在新生代以后才分离的各个大陆，经历了不同的气候变化、构造运动以及后来人类的影响，形成了当今世界的陆地生物区系和海洋生物区系。

第三节　世界陆地生物区系区

一、世界陆地生物区系区

美国新墨西哥大学摩雷恩考虑到动植物分布的相似性，将世界陆地动植物区系分为 6 个生物区系区，即古北区、新北区、古热带区、非洲热带区、东洋区和澳大利亚区。但其缺点是没有把南极划分出来，我国学者殷秀琴在此基础上作了修改：增加了南极区，把古北区和新北区合并为全北区；把陆地生物区系重新划分为全北区、新热带区、非洲热带区、东洋区、澳大利亚区和南极区 6 个生物区系区(图 6-9)。

1. 全北区

全北区又称泛北极区，它是 6 个生物区系区中最大的一个区。它包括北回归线以北的广大地区及北回归线以南的部分地区，位于欧亚大陆与北美大陆中，总面积为 $8.4056\times10^7 km^2$。

欧亚大陆与北美大陆，虽然被大西洋和太平洋所隔断，但它们的动植物区系特点在许多方面彼此很相似。其主要原因是：一方面是由于气候的多样性，形成了全北区内几乎包括世界上所有温带和寒带区的动植物种；另一方面是由于历史上的原因，在这广阔陆地的各部分曾经发生多次的连接，从而引起生物往返迁移，造成了许多共有生物。

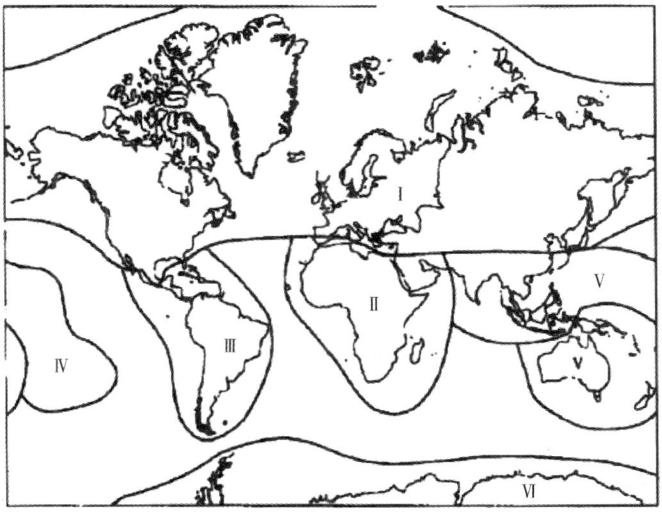

图 6-9　世界陆地生物区系区(殷秀琴，2004)

Ⅰ. 全北区　Ⅱ. 非洲热带区　Ⅲ. 新热带区 Ⅳ. 东洋区　Ⅴ. 澳大利亚区　Ⅵ. 南极区

古生物学研究表明，在中新世，从格陵兰和斯匹次卑尔根群岛到地中海海岸的大片陆地占优势的是相当单一的所谓北极新近—古近植物区系，在格陵兰曾发现山毛榉、栎、胡桃等化石，在冰岛发现榕、刺李、银杏和许多其他裸子植物的化石。全北区的亚热带落叶植物区和针叶植物区，正是后来由这个北极新新近—古近植物区系分化而形成的。

在中新世，欧洲的南岸分布着丰富的植物区系，这个植物区系类似于亚洲南部的热带植物区系，有榕树、月桂树、樟树、山龙眼科等。在欧洲大陆以及亚洲的所有地方，主要分布着图尔盖植物区系的地方占优势，这个植物区系类似于中国北部、南高加索、北美洲太平洋沿岸的现代残遗植物区系，它主要包括落叶乔木，也包括一部分常绿乔木和针叶乔木。这里发现了栎、山毛榉、槭、胡桃、悬铃木、鹅掌楸，此外还有木兰、裸子植物的银杏、红杉、落羽杉等。

在新近—古近末期，欧洲北部出现了由欧洲种构成的北方针叶林，主要树种有落叶松、云杉、冷杉、还混有柳、榛、桦等落叶树，随着气候的变冷，这些森林由北冰洋沿岸向南逐渐推移。新近—古近末期起发生的遍及北方非热带区域的气候普遍变冷，以及更新世冰期和间冰期多次交替出现，从根本上改变了植被的分布，并且极大地影响了全北区植物区系的组成。波尔塔瓦植物区系在欧洲大陆消失，仅在北美洲和亚洲的东部部分地保留下来，图尔盖植物区系在北方针叶林的不断南移而退缩。远东和太平洋区域、北美洲的阿巴拉契亚山以及外喀尔巴阡(在匈牙利境内)和南乌拉尔地区是图尔盖植物区系以及由它衍生的阔叶林和混交林的基本避难所。

中国的植物区系分布变化也很大，冰期时北方喜温植物南移，高山耐寒植物下降。云杉和冷杉等沿着山地到达西南地区。青藏高原猛烈抬升，大陆内部由亚热带湿润气候渐变为温带半湿润气候和高寒气候，因此，原生植物陆续被取代和改造。中亚成分侵入并发展。由于高原和山脉上升，内地大陆性气候加强，旱生的植物种类在西北和华北的分布更趋扩大，但西南山地却得天独厚地保存下来原在北方分布的新近—古近植物，成为世界少有的避难所。

现代，全北区植物区系已经包括许多温带的科：山毛榉科、桦木科、杨柳科、毛茛科、石竹科、藜科、十字花科、蔷薇科、伞形科、玄参科、报春花科、菊科、莎草科、禾本科等。这些科又是本区典型的科或特有科。本区的典型科与热带区系有显著不同，这里没有或几乎没有非洲热带植物区和新热带植物区的热带各科，如观音座莲科、芒萁骨科、桫椤科、苏铁科、仙人掌科、猪笼草科、美人蕉科、棕榈科等。

虽然全北区面积广泛，占北半球大部分，但它的动物区系组成却比较贫乏。这与现代的生态条件和地质历史条件相关。

从欧亚大陆和北美大陆不同地区的新近—古近地层中发现大量的古生物材料证明，现代一般缺乏的种类或目前仅分布在某一半球的动物种类，过去曾经广泛地分布于北半球。如象、柱牙象、骆驼、犀、马、有袋类的多门齿亚目、原猴类、猿猴类的狭鼻亚目的其他一些动物。从现代动物分布可以看到许多动物广泛分布在欧亚及北美大陆北部，如水貉、赤鹿、猞猁、雪兔等。这种现象说明，在新近—古近早期，北美洲曾直接由白令海峡与亚洲相连，从那以后，气候决定了两大陆间的动物区系关系。当气候变冷，如在早渐新世，很少有哺乳动物通过。

在渐新世稍晚，气候再次转暖，许多亚洲哺乳类扩散到北美洲，其中一些在欧亚大陆上已经进化。同时，另一些从非洲散布到欧亚大陆。中新世时的白令地区气候开始最后变冷，从那时起，散布到北美洲大多数哺乳类是体形大的。但值得注意的是喜温种类，如猿类和长颈鹿，未能到达北美洲。这是基于气候排斥的限制作用，直到更新世，只有猛犸、美洲野牛、高山绵羊、麝牛等耐寒种类可能通过白令海峡而进入北美洲。

当更新世最大冰期时，由于海平面下降，两个大陆连成一片广阔的区域。通过白令海峡的陆桥，新近—古近时存在的动物区系差异已经消失，趋向形成一致而混交的动物区系。冰川退却后，由于陆桥消失，两个大陆发生系统的分离。由于欧亚大陆的较大范围(中央西伯利亚)在冰期时没有冰川覆盖，冰退后成为早期动物的移住地，并经白令海峡的陆桥向北美西部再移居。结果亚洲和北美西部之间区系相似性大于地理上更为接近的北美东北部。更新世气候的进一步变冷，使得新近—古近森林动物被迫迁移到更远的南方，最后只能有少数种存在亚洲东部、地中海区域及北美东南部。更新世时，新近—古近喜暖动物几乎完全撤离这个区域。除少部分到非洲热带区和东洋区外，大都消失了，但有一些残留种类存在于避难所中。

全北区特有科或主要分布本区的科有：鼹鼠科、鼠兔科、河狸科、林跳鼠科、潜鸟科、松鸡科、瓣蹼鹬科、攀雀科、海雀科、太平鸟科、　科、旋木雀科、鳃鲵科等。

2. 非洲热带区

非洲热带区又称古热带区、埃塞俄比亚区，它包括非洲大陆、阿拉伯半岛、马达加斯加及附近岛屿。大约50°E～15°W、35°N～35°S，面积超过3.36×10^7 km²。

本区只经历过轻微的冰川侵入，代替被大陆冰川覆盖的景观，忽干忽湿的气候和与旧大陆的联系已经促使被子植物和哺乳动物的分布向现今的类型发展，因此，该区同全北区和新热带区不同。摩雷恩提出有关非洲热带生物区系形成的几个观点。

(1)在晚白垩纪或新近—古近的早期，非洲同南部大陆基本断绝了联系，但通过岛群所进行的残余联系，仍然在某一段时间内使它同南部的其他地区保持生物区系的联系。

(2)在上述时期，非洲是一个低的大陆，拥有统一的广阔的热带雨林和热带大草原，其中包括一些小面积的硬叶林。

(3)大陆隆起和地壳构造运动开始在新近—古近中期，非洲大断裂形成，这些事件的综合导致了栖息地的多样化。当季节性降雨变成广阔的气候类型时，热带大草原开始代替雨林。

(4)古地中海在中新世干涸了，那时非洲同阿拉伯半岛一起在伊朗同亚洲板块相连接。在古地中海时代末期，大洋环流的重新安排促进了非洲热草原、落叶林、针叶林和硬叶植物的扩展。

(5)在北半球更新世冰期已经加剧的干旱在非洲发展，使这里出现了古代物种连续的适应性变化。

(6)南极冰山的出现，提供了冷水源，如已知的本格拉洋流，这些寒流冲击着非洲西南岸，限制了热带草原、带刺植物林和沙漠的扩展。

(7)在现代，已经出现打破早期植物对称局面的倾向，如苏丹的热带草原不同于赞比亚的热带草原；撒哈拉的热带荒漠不同于纳米布和卡拉哈里荒漠。

从白垩纪或新近—古近起，几内亚和刚果的热带森林的丰富植物区系就在西部保存下来，这里有桑科、豆科、棕榈科、番荔枝科、梧桐科等；在非洲的热带森林中，有典型的巨大血桐、还有酒棕榈、油棕、利比亚咖啡等；在萨王纳群落中有许多金合欢属植物，其中主要是伞形金合欢，此外，还有巨大的猴面包，同时萨王纳群落中有很多肉质植物，如芦荟属、大戟等；在热带非洲高山上，混交着大量的北方成分，即欧洲和非洲地中海沿岸所固有的种，如越过赤道向南迁移的非洲桧，它是惟一的北方针叶植物，在南非的纳米布沙漠有特殊的裸子植物——百岁兰。本区植物区系种类丰富，除热带共有科以外，有不少的特有科和特有属，特有科有龙脑香科、露兜树科、水蕹科、芭蕉科、此外还有棕榈科、兰科等。本区植物区系虽然丰富，但比南美洲和亚洲南部的植物区系较为贫乏。

本区的陆生脊椎动物种类很多，具有一些特有目和特有科。哺乳类有蹄兔目、管齿目、獭鼹科、金毛鼹科、吸足蝠科、狐猴科、大狐猿科、鳞尾松鼠科、长颈鹿科、河马科，羚羊科虽然不为本区所特有，但种类极其丰富。仅分布本区的有大猩猩、狐猴、斑马、大羚羊、非洲象和狒狒等。狮子是典型的非洲兽，鸟类中的非洲鸵鸟和鼠鸟是本区的特有目。特有科主要有鲸头鹳科、珠鸡科、林戴胜科、鹭鹰科等；爬行类中有带蜥科、两栖类有非洲树蛙科等；鱼类中有多鳍鱼科，长颌鱼科、非洲肺鱼科等。本区与东洋区有许多共同的类群、如哺乳类中的鳞甲目、长鼻目、灵长目的狭鼻类猿猴、犀科、鼷鹿科等，鸟类中的犀鸟科、太阳鸟科等。这说明两区在历史上曾有过密切的联系。此外，有些在欧亚大陆普遍分布的科如鼹科、熊科、鹿科、河马科等都不见于本区，这是由于长期的地理隔离而限制了其他动物侵入的原因。

好望角位于非洲西南部的沿岸狭窄地带(长 800km，宽 80km)，属地中海式气候。这里生长着 8000 多种植物，大多数是特有种，植物地理学家根据特有种的丰富性将好望角划分为一个独立的植物区。在此根据摩雷恩的观点将好望角归入非洲热带区。

3. 新热带区

新热带区是世界六个生物区系区中很有特色的而且种类最丰富的一个区。它包括中美洲和南美大陆，大约 34°W～110°W，15°N～55°S。

本区植物区系的独特性表现在：有较丰富的特有科和特有属。特有科 25 个，如仙人掌科、凤梨科、美人蕉科、旱金莲科、巴拿马草科等。特有属有棕榈科的象牙椰子属、巴西棕榈属、椰子属、苏铁科的查米亚属、角苏铁属。在针叶植物中还有古老的南美杉属。此外，本区还有其他热带大陆也分布的泛热带植物。例如，西番莲科、紫茉莉科、桃金娘科、大戟科等。这说明了现代分离的南美洲、非洲和东亚诸大陆之间的联系。这些大陆之间的联系是在有花植物出现后才完全丧失的。南美洲与非洲进一步分离，以及古热带的分裂，促使特殊的新热带类型和古热带类型形成，在气候条件类似于北方植物区的山区内，全北区成分(松、冷杉等)以及几乎陆地上都有分布的菊科、豆科、禾本科，都向南方分布到很远的地方。在南方，大部分分布在安第斯山脉，而南极成分(假山毛榉、南美杉)也进入新热带植物区。

本区陆栖脊椎动物种类丰富，并拥有众多的特有类群和固有类群，贫齿目的犰狳、食蚁兽、树懒为固有种；灵长目的狨、卷尾猴、蜘蛛猴既是固有种又是特有种；特有科有新袋鼠科、兔唇蝠科、吸血蝠科、烟蝠科、卷尾猴科、豚鼠科、水豚鼠科、刺豚鼠科、硬毛鼠科、沼狸科、栉鼠科，鸟类有美洲鸵鸟、鹅科、喇叭鹤科、鞘嘴鹬科、林鸱科、鹟科、砍林鸟科等。蜂鸟虽然不是本区所特有，但种类和数量极多。爬行类有泥龟科、异蜥科等；两栖类有无肋蟾科；鱼类有美鲇科、甲鲇科及南美肺鱼。总之，由于本区大部分地区所处的热带景观地理环境的多样性，再加上其地质历史时期的多次联系和互换，形成了该区动物区系的多样性、特有性和原始性。

本区缺乏广布其他大陆的类群，如食虫目、长鼻目、原猴目、牛科、犀科等。偶蹄目中仅有鹿和南美特有的羊驼，而啮齿类极为丰富，并且大多数为特有种。新热带动物区系的多样性、特有性和原始性，除了与现代地理环境的多样性有关外，更主要的是历史原因。南美洲在与其他大陆长期隔离的时期中，形成了许多本区的特有类群，而在和其他大陆相联系的时期，又发生了相互交换。如新近—古近末上新世以后，南北美大陆重新连接，北方大陆的美洲狮和美洲豹等迁入本区，有些古老成分是在早新近—古近从北美洲迁入本区的。然后得到了进一步的发展。但也有一些迁入种类，如南美有蹄类已灭绝。有些更古老的种类来自南极。这些残留的成分出现在安第斯山区，说明本区与澳大利亚区有明显的联系。而东部热带低地动物区系中的鲕鱼科和脂鲤科的淡水鱼、蟒蛇和鬣蜥与非洲中生代动物区系有亲缘关系，说明热带低地动物区系与非洲有更密切的关系。

4. 东洋区

东洋区又称印度—马来西亚区，由印度次大陆、喜马拉雅山、缅甸、中南半岛、马来西亚、印度尼西亚、菲律宾、太平洋岛屿组成。东洋区的三分之二，即拉合尔(巴基斯坦的一个城市)至新加坡一线与全北区陆地连接，其余的三分之一是由横亘于 95°E～130°E 的列岛组成，面积大约 8×10^6 km^2。

本区大体可分为东西两部分，东部区系最丰富，根据植物化石表明，东部气候如植物区系所反映的那样，从新近—古近就很少发生变化，该植物区系(也称马来亚植物区系)的基本核心(巽他植物区系)在陆地(后来沉没海中)上发展起来。马来亚植物区系是世界上最丰富的，这些种类主要存在于热带雨林中，但特有科很少，占优势的是各个不同的热带科如藤黄科、露兜树科、胡椒科、姜科、樟科、龙脑香科和猪笼草科。豆科植物也很多。如云实属、金龟树属等。桑科的榕属植物也很多，也非常典型。棕榈种类非常丰富(300 种)，其中普遍分布的有行李椰子、槟榔、桄槟榔以及攀援的省藤属，森林中的附生植物极多，其中兰科附生植物最多等都是特有属。此外在苏门答腊和爪哇，有许多奇异的植物，例如巨魔芋(具有奇异的花序和长达 8m 的叶子)、大花草(具有直径超过 1m 的红花)、猪笼草等。热带森林大多是由许多共优树种混交而成。而西部的印度半岛植物区系种类成分上都较接近于非洲，无论在德干高原的萨王纳群落还是在印度山区植物区系都有非洲种，如印度西北部的旱生植物中有 36％是非洲种。特别是在印度北部和西部，雨林区域以外到处都有阿拉伯种和北非种。旱生植物成分从非洲经过阿拉伯南部和波斯湾沿岸进入印度。地中海起源的旱生植物则在更早的时候从阿富汗经过列穆利亚古陆进入印度。另一方面，在印度的热带雨林中，非洲种罕见，相反，这里的大多数种和属是马来西亚型的，也就是说它们起源于印度支那、马来西亚附近岛屿和澳大利亚北部的植物区系。

本区的动物区系复杂而多样，仅次于新热带和非洲热带区。在更新世冰期时，自全北区向非洲热带区与东洋区迁移的成分，形成本区的主要特征。脊椎动物中重要的特有类群少，本区是某些动物类群向其他地区扩展的中心(如鲤科)，同时也是一些类群扩展的通道(如鸟类)。本区有少数类群，如爬行类、鸟类及蝙蝠与澳大利亚有关，只有很少的种与热带美洲有关。普遍分布于各区的科和目，本区一般不匮乏，如新热带区所缺少的牛科和食虫目以及热带非洲所缺少的熊科和鹿科等，在东洋区却有广泛的分布。但与这两区相比，特有种最少，特有的高等类群也不多，哺乳类中只有皮翼目为特有目，特有科有长臂猿科、眼镜猴科、猫猴科、熊猫科、树鼩科、刺山鼠科；鸟类有和平鸟科；爬行类有平胸龟科、异盾蛇科、鳄蜥科、拟毒蜥科、食鱼鳄科。以该区为分布中心的哺乳类中有猩猩、狒狒、猕猴、灵猫、檬、鬣狗等；鸟类中有雉科、阔嘴鸟科、椋鸟科、卷尾科、黄鹂科、画眉亚科、鹎科等。另外，本区内大型食草动物比较繁盛，如亚洲象、犀牛、鹿、羚羊等。虽然本区与非洲热带区拥有许多共同的高等类群，但它们在两区的代表多属于不同的种或属。古生代研究证明，新近—古近末期，南亚、南欧和北非的动物区系是很相似的，说明这些大陆曾存在一定的联系。

5. 澳大利亚区

澳大利亚区是由澳大利亚、新几内亚、新西兰、新喀里多尼亚组成。除了外围的岛屿(包括斐济、新赫布里底群岛、俾斯麦和所罗门)外，澳大利亚基本是澳大利亚板块的陆地部分。本区范围大约从 112°E～180°E，46°S～赤道。总面积 8.45×10km^2，整个区从南温带跨越到湿润的热带，并在澳大利亚境内拥有广大的亚热带沙漠。

本区植物区系的独特性及特有种、属的丰富程度，是世界任何区无法比拟的(特有种占整个植物区系的 75％)。该植物区系在白垩纪形成之后，澳大利亚大陆的地理隔离就妨碍它同相邻大陆植物区系的混合，因而保持该植物区系高度发展的特有性。有人曾明确指出，在白垩纪中期，被子植物首先来到澳大利亚，在同冈瓦纳古陆分开以前，桃金娘科、山龙眼科、豆科、木麻黄科及其他的一些典型科已经获得立足点，然后在整个新近—古近，在孤立的大陆上开始发展。对现代植物区系的任何探讨都将认识到，至少是在新近—古近早期开始，各种各样的雨林、草原类型在这个大陆已经固定下来，晚中新世气候和地质的变化已经形成了它们现在的地理分布范围。澳大利亚的植物区系基本上可以分出当地成分，如澳大利亚原产的桉树、金合欢，这些种是从原始的白垩纪类族发展而成的。印度马来亚成分，如在大陆东岸有很多棕榈科与其他热带乔木，构成了与马来亚植物区系非常相似的热带雨林。南非成分，如在大陆西部有著名的蕨类，这是因为在新近—古近，澳大利亚植物区系曾经两次同非洲热带和马来亚植物区系发生联系，它们又两次重新分开，在这两次侵入之后，很多马来亚的属和种就在澳大利亚分布。南极成分，如在澳大利亚东南山区的温带，不仅有草本和灌木，而且有真正的乔木，如南极山毛榉以及等灌木，说明白垩纪就在古代大陆上（南极大陆）发生的澳大利亚植物区系。到了新近—古近独立发展，并且由于在中生代就开始的地理隔离而保存着高度的独特性。本区特有科有山龙眼科、桃金娘科、木麻黄科、帚灯草科、草海桐科、土瓶草科等；特有属有山龙眼科的哈克木属、银桦树属、桃金娘科的桉树属、白干层属、豆科的金合欢属、木麻黄科的木麻黄属，木麻黄属是有花植物中最原始和古老的属之一。此外在干燥灌丛中有百合科的黄万年青属、禾本科的鬣刺属，特有种也非常多，如山龙眼科含有720种，桉树属含有600种、金合欢属有280种。

本区的动物区系是世界动物区系区中最原始、最古老的类群，在很大程度上仍保持着中生代晚期动物区系的特征。本区特有种：有哺乳类的针鼹科（3种）、鸭嘴兽科（1种）、袋鼬科（45种）、袋狸科（19种）、袋鼹科（2种）、袋貂科（44种）、袋鼠科（46种）、袋熊科（2种）；鸟类中的食火鸡科（6种）、领鹑科（1种）、无翼科（3种）、琴鸟科（2种）、钟鹊科（11种）、风鸟科（43种）、园丁鸟科（17种）等；爬行类中的楔齿蜥科（1种）、鳞脚蜥科（14种）等。两栖类很少，澳洲肺鱼为本区淡水河流所特有。本区的原兽亚纲的鸭嘴兽、针鼹、原针鼹保存着一系列的原始特性。有袋类除少数分布南美洲以外，均为本区所特有，并辐射成为适应各种环境的一系列类型。如袋猫、袋獾、袋熊等。在本区中，新西兰的动物区系，是现代动物区系中最古老类型之一。它虽然与澳大利亚大陆靠近，但却无有袋类，除两种蝙蝠外，没有特有的哺乳动物。鸟类中的一些特殊种类，发展了许多地栖和不会飞的类型，其中包括啄羊鹦和恐鸟（现已灭绝）等，两栖类中最原始的滑庶蟾为新西兰所特有。

6. 南极区

南极区包括南极大陆及其附近岛屿。从南极及其附近岛屿所发现的植物化石看，该区系在新近—古近曾有丰富的植物，包括乔木；区系的特有植物虽然很贫乏，但也有两个特有单种属。后来在南极大陆发生冰川的时候，这些丰富的动植物种死亡。

南极区的现代植物区系，是连接着美洲、非洲、澳大利亚的南极大陆植物群的一些仍然活着的零星残余种。有很多沼泽和泥炭沼泽，含有 *Bolas* 属、*Azorella* 属、*Acaena* 属等垫状植物类型。在南极大陆上植物区系由苔藓和地衣及几种显花植物所组成，其中显花植物南极爰拉草分布可达 62°S。

现有动物区系中包括一些极耐寒的无脊椎动物，特别是螨类和无翅昆虫，近年来发现南极大陆有 80 种鸟类，其中有 14 种是在南极洲上繁殖，包括企鹅等、蓝眼鸬鹚、南极燕鸥等。其中，企鹅最著名，是鸟类中很古老的类群，兽类中有象海豹、豹形海豹等。

二、世界陆地植物区系区

世界陆地植物区的划分情况，各家学者大同小异。主要相同点表现在 Drude(1902)和 Diels(1895)把植物区分为泛北区、新热带区、古热带区，澳大利亚区、好望角区和南极区 6 个植物区。不同点表现在各区具体界线、亚区和地区的划分粗细程度等方面的调整；后来苏联学者阿略兴、塔赫他间及美国学者古德等的划分方案被广泛接受。现在一般将全球分为 6 个植物区，各区下又分为若干个亚区(图 6-10)。

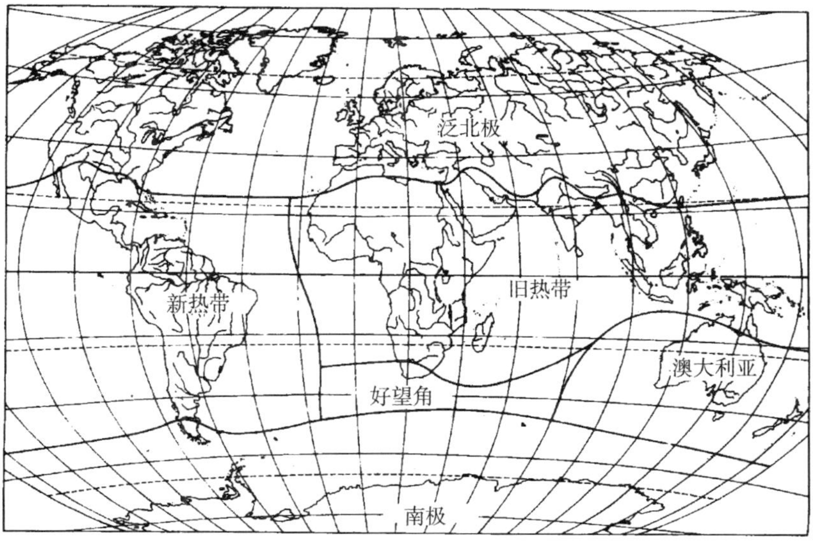

图 6-10　世界植物区系和植被界(Seibert，1991)

1. 泛北极植物区

泛北极植物区，又称全北植物区。它的面积最大，包括北半球北回归线以北的广大地区和以南的部分地区。除东南亚、中国南部和日本南部以外，一般是与热带植物区系分开的。泛北极植物区是以温带为主的植物区系，包括亚热带常绿阔叶林、温带夏绿阔叶林和寒温带针叶林。由于古地中海大部分海域在喜马拉雅造山运动后消失，欧亚大陆内部气候逐渐干燥，而使本区系的带状分布变形，并产生了草原和荒漠。本植物区系有一些典型的科与热带植物区系有显著不同。这些科包括壳斗科、桦木科、胡桃科和杨柳科等。在灌木和草本植物中，主要有菊科、蔷薇科、毛茛科、蓼科、藜科、十字花科、禾本科和莎草科等。在高山，则以报春花科、虎耳草科、龙胆科和杜鹃花科为主。

2. 旧热带植物区

旧热带植物区又称古热带植物区，位于北回归线以南，包括撒哈拉大沙漠以南的非洲地区、马达加斯加岛、阿拉伯半岛、印度半岛、中南半岛、中国南部、印度尼西亚诸岛，直到澳大利亚大陆东北部及太平洋岛屿。气候炎热，大部分地区降水丰沛，四季变化不明显，全年都适于植物生长，所以植物种类十分丰富，大约有 45000 种以上。植物区系主要由热带雨林、季雨林和稀树草原中的特有科、属组成。最典型的是龙脑香科、露兜树科、猪笼草科、大花草科、芭蕉科、姜科。此外，棕榈科、兰科、天南星科中的很多特有属，也分布在这里。

3. 新热带植物区

新热带植物区包括中美洲和 40°S 以北的南美洲大陆。植物种类十分丰富，仅巴西就有 40000 多种。特有科为仙人掌科、美人蕉科、旱金莲科。仙人掌科植物多为各种各样的肉质植物，多分布在炎热干燥的山区。风梨科植物大都是附生植物，生长在乔木和岩石上，从热带雨林到干旱地区都有分布。除上述这些特有科植物以外，还有棕榈科和苏铁科的一些属。

4. 澳大利亚植物区

澳大利亚植物区包括澳大利亚大陆和塔斯马尼亚岛。本区特点是特有植物种、属特别多，为其他任何区所不能比拟。例如在 12049 种维管束植物中，就有 9036 种为特有种，占 75%。这种现象的产生，主要是由于从中生代白垩纪以来，澳大利亚大陆一直处于被海洋包围的孤立状态，不能与相临大陆植物区系进行种、属上的交流，因而保持了高度的特有现象。特有科主要有山龙眼科、桃金娘科、木麻黄科等。它们都包含许多特有属、特有种。如山龙眼科的拔克西木属含特有种 50 种以上；豆科的金合欢属有特有种 280 种；桃金娘科桉属的特有种也有 600 种。

5. 好望角植物区

位于非洲西南端，北界沿奥兰治河延伸，东以德拉肯斯堡山脉为界，是世界六大植物区中最小的一区。本区有 14000 种维管束植物，其中 3000 种是特有种。最典型的有拢牛儿苗科的天竺葵、酢浆草科的酢浆草，肉质植物有松叶牡丹属，木本植物中山龙眼科有 262 属，杜鹃花科石楠属有 460 种。

6. 南极植物区

南极植物区包括南美洲大陆 40°S 以南的地区和大洋岛屿，南极大陆及其周围的岛屿。本区共 1600 种植物，其中 1200 种是特有种，占 75%。典型代表是假山毛榉属、南美杉属等。特殊的是一种蚁塔科特大的草本植物 *Gunnera* 属，它的一片叶子可以把三个骑马的人连人带马全遮盖住。

三、世界陆地动物区系区

从 19 世纪开始，各家学者对世界陆地的动物区系划分提出自己的意见。首先是斯克莱特在 1857 年根据鸟类的分布，将世界陆地动物分为旧北界、新北界、埃塞俄比亚界、印度界、澳洲界、新热带界等六个区系区。其次是麦利于 1866 年根据哺乳类的分布，将世界动物分为旧北界、印度—非洲界、阿美利加界、澳大利亚界四个区系区。后来华莱斯于 1876 年对斯克莱特所划的六界修订为旧北界、新北界、新热带界、埃塞俄比亚界、东洋界和澳大利亚界。目前一般采用华莱斯的六界分区方案(图 6-11)。

图 6-11　世界动物分布区系区

Ⅰ. 古北界 Ⅱ. 新北界 Ⅲ. 古热带界 Ⅳ. 东洋界 Ⅴ. 新热带界 Ⅵ 澳大利亚界

1. 古北界

包括欧洲、北回归线以北的非洲与阿拉伯半岛的中、北部以及喜马拉雅山与秦岭以北的亚洲大陆。古北界与新北界的动物区系有许多共同的特征，所以有人将两界合称为全北界。鼹科、鼠兔科、河狸科、潜鸟科、松鸡科、攀雀科、洞螈科、大鲵科、鲈鱼科、刺鱼科、狗鱼科、鲟科及白鲟科等，均为全北界所共有。古北界缺乏陆栖动物特有科，但具有不少特有属，例如鼹鼠、金丝猴、熊、猫、狼、狐、貉、鼬、獾、骆驼、獐、 、羚羊、旅鼠以及山鹑、鸨、毛腿沙鸡、百灵、地鸦、岩鹨、沙雀等。

2. 新北界

包括墨西哥及其以北的北美洲。本界动物区系科数不如古北界多，但有一些特有科，如叉角羚科，山河狸科、北美蛇蜥科、鳗螈科、两栖鲵科、弓鳍科和雀鳝科等。特有种类主要有美洲麝牛、美洲河狸、美洲獾、美洲松鼠和豹鼠、大褐熊、美洲驼鹿、美洲驯鹿以及鸟类中的白头海雕、野吐绶鸡等。

3. 古热带界

又称埃塞俄比亚界，包括撒哈拉沙漠以南的整个非洲大陆，阿拉伯半岛南部，马达加斯加岛及其附近岛屿。该区系的主要特点表现为区系组成的多样性和特有类群比较丰富。其中哺乳类著名的有蹄兔目、管齿目和长颈鹿科、河马科、金毛鼹科和非洲鼯鼠科；羚羊科虽不为本界特有，但种类极其丰富。仅分布于本界的有黑猩猩、大猩猩、狐猴、班鬣狗、斑马、大羚羊、非洲犀、非洲象和狒狒等。森得猬科为马达加斯加所特有。狮子是典型的非洲兽，但它的分布区可达西南亚一带。鸟类中的非洲鸵鸟和鼠鸟为本界特有目，特有科主要有珠鸡科、鹭鹰科(食蛇鹫)等。爬行类中的避役、两栖类中的爪蟾、鱼类中的非洲肺鱼和多鳍鱼等均为本界的代表种。

本界与东洋界有许多共同类群，如哺乳类中的鳞甲目、长鼻目，灵长类的狭鼻猴类、懒猴科和奇蹄目的犀科等；鸟类中的犀鸟科、太阳鸟科租阔嘴鸟科等。这说明两界在历史上曾有过密切联系。此外，有些在欧亚大陆普遍分布的科却不见于本界，如哺乳类中的鼹科、熊科、鹿科以及鸟类中的河乌科和鹪鹩科等。这是由于长期的地理隔绝而限制了其他动物侵入的缘故。

4. 东洋界

包括亚洲南部喜马拉雅山以南和我国南部、印度半岛、中南半岛、斯里兰卡、马来半岛、菲律宾群岛、苏门答腊、爪哇和加里曼丹等大小岛屿。本界区系的动物类群多样复杂，仅次于新热带界和古热带界而居第三位。普遍分布于各界的科、目在本界并不匮缺，例如新热带界所缺的牛科和食虫目以及古热带界，所缺的熊科和鹿科等，在东洋界却有广泛分布。但与这两界相比，特有种最少，特有的高等类群为数也不多。哺乳类中只有皮翼目为特有目。鸟类中无特有目，仅和平鸟科为特有科。爬行类中有五个特有科，即平胸龟科、鳄蜥科、拟毒蜥科、异盾蛇科和食鱼鳄科。

以本界为分布中心的哺乳类有猩猩、猕猴、懒猴、灵猫、鬣狗等，鸟类有雉科、椋鸟科、卷尾科、黄鹂科、画眉科、鹎科、阔嘴鸟科和犀鸟科等。此外大型食草动物比较繁盛，如亚洲象、马来貘、犀牛、鹿及羚羊等。本界与古热带界拥有许多共同的高级类群，但它们在两界的代表多属不同的种或属。由于新近—古近末期南亚、南欧和北非的大陆存在着一定的联系，因此该地区的动物区系很相似的。

5. 新热带界

包括整个中美洲和南美洲大陆、墨西哥南部及西印度群岛。本界动物区系主要特点是种类繁多而特殊，其中有许多特有类群和固有类群。贫齿目的犰狳、食蚁兽和树懒为固有种；灵长目的狨、卷尾猴和蜘蛛猴，既是固有种又是特有种；特有科有新袋鼠科、安达斯鼠科(以鼬科)、硬毛鼠科等。缺乏广布其他大陆的一些类群，如食虫目、偶蹄目、奇蹄目和长鼻目等。鸟类包括 20 多个特有科，其中著名者为美洲鸵鸟、南美鸩和麝雉。蜂鸟虽非本界特有，但种类和数量极多。爬行类、两栖类和鱼类种类也很多，其中不少是特有种。如鬣蜥科多达 300 种，负子蟾、美洲肺鱼、电鳗和电鲶等均为本界所特有。

新热带动物区系的多样性、特有性和原始性，除了与现代地理环境的多样性有关外，更主要的是与历史上的原因分不开。中生代时南美洲曾与非洲、澳洲和南极大陆联系在一起，是冈瓦纳古陆的一部分，因而动物区系至今还残留着这种关系的痕迹。如共同具有肺鱼、鸵鸟和有袋类等。从新近—古近初，南美洲完全与其他大陆分离而独立发展，因此形成了许多特有类群，如贫齿类、阔鼻猴类、新袋鼠以及南美有蹄类(已绝灭)等。到新近—古近末上新世以后，南北美洲大陆重新联结，北美洲的哺乳类貘、羊驼、鹿、狐、水獭、浣熊、臭鼬等又迁到南美大陆，多数至今留有后代。

6. 澳大利亚界

包括澳大利亚大陆、新西兰岛、塔斯马尼亚岛、伊里安岛和太平洋诸岛。本界在很大程度上仍保存着中生代晚期动物区系的特征，因此它是目前地球上最古老的动物区系。其特点是缺乏普遍分布于其他大陆的有胎盘类哺乳动物，而保存着现代最原始的哺乳类——原兽亚纲(单孔目)和后兽亚纲(有袋目)，而真兽亚纲仅有少数蝙蝠、啮齿类和澳洲犬等。

在中生代末期，地球上只有低等哺乳动物，有袋类在当时分布得最广泛。就在这时，澳大利亚大陆脱离了冈瓦纳大陆。后来，在其他大陆上陆续出现了高等哺乳动物(真兽亚纲)，由于海洋的阻隔，它们已经不能进入澳大利亚大陆。因此，有袋类等低等哺乳动物就在澳大利亚大陆保存下来，并且得天独厚地独立发展起来了，成为现在该区种类最多、分布最广的哺乳动物。这里的有袋类共约150多种，由于竞争压力小，敌害少，不同的有袋类分别占据了不同的生态环境，产生了极其多样的适应类型。例如，袋狼、袋獾的习性和犬科的狼、鼬科的獾相近，成为肉食性动物；袋鼹近似食虫目的鼹鼠，营地下生活；袋鼯很象鼯鼠，体侧也具飞膜，能够滑翔，营树栖生活；袋咖很象跳鼠，生活在荒漠中；大袋鼠就其食性相当于有蹄类；岩袋鼠被称为澳大利亚的羚羊等等。因此，澳大利亚界是有袋类辐射适应的中心。

本界鸟类很特殊，鸸鹋(澳洲驼鸟)、食火鸡、无翼鸟、营琢鸟、琴鸟、极乐鸟、园丁鸟等均为特有种。地球上现存最原始的爬行动物喙头蜥，仅产于界内新西兰附近的小岛上。蛇、蜥蜴奇缺，两栖类很少。该界所特有的澳洲肺鱼，是目前比较奇缺的淡水鱼。

第四节　世界海洋生物区系区

世界海洋生物区系可分为海洋动物区系和海洋植物区系。由于海洋环境的特殊性，海洋生物区系与陆地生物区系存在着很大的不同；同时，海洋生物区系中的动物要比植物具有更加重要的地位。

一、世界海洋动物区系区

由于大多数海洋动物的分布是世界性，其各级类群在分布上非常相同，同时海洋动物还存在着垂直带的分异，所以要对海洋动物进行很精确的区系划分是非常困难的。到目前为止，对海洋动物区系还没有一个统一的划分方案。

本书主要以海洋哺乳动物和鸟类为依据，将世界海洋动物区系划分为七个区，即北极冷水区、北太平洋温水区、北大西洋温水区、印度—太平洋暖水区、大西洋暖水区、南方温水区和南极冷水区(图6-12)

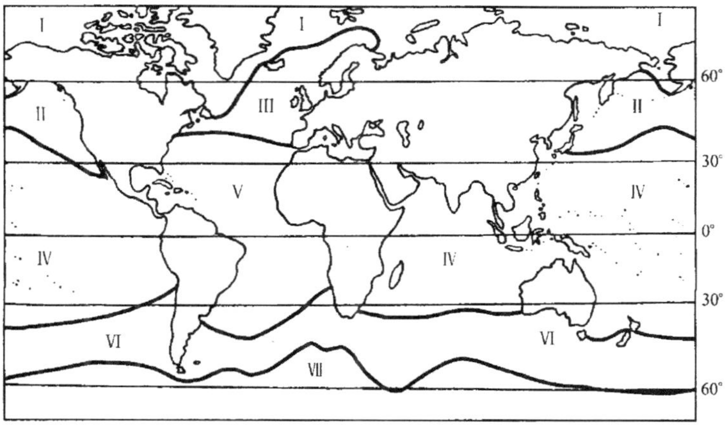

图6-12　世界海洋动物区系区(陈鹏，1986)

Ⅰ. 北极冷水区 Ⅱ. 北极太平洋温水区 Ⅲ. 北大西洋温水区 Ⅳ. 印度—太平洋暖水区
Ⅴ. 大西洋暖水区 Ⅵ. 南方暖水区 Ⅶ. 南极冷水区

1. 北极冷水区

本区范围包括北冰洋、白令海北部和东部、白海、巴芬湾和哈得逊湾，并沿格陵兰岛和北美洲东部南下，直达纽芬兰岛。本区的水温低而年变幅小，常在0℃以下，一年内大部分时间几乎都被冰覆盖，就是在最暖的季节，海水中也漂浮着许多冰块。由于许多河流的淡水注入及冰雪的消融，使这里海水的盐分含量比较低。

本区动物区系的特点是动物种类和数量相对贫乏，特别是脊椎动物更为贫乏。但其中某些种类个体数量却相当多。夏季在漂浮着冰块的水中，有相当丰富的浮游植物，它们是浮游动物的食物，并能把鱼类吸引到此区。在冰块附近有许多海豹、鲸类和大群海鸟。北极熊整年游荡在冰原上，寻找它们的主要猎物——海豹。最典型的鲸科有北极鲸、一角鲸和白鲸，鳍足类有海象和冠海豹，食肉目有北极熊，鸟类中有鸥类和海雀类，鱼类中最典型的是鳕鱼、比目鱼和杜父鱼。

本区沿岸地带全年大部分时间都被冰雪覆盖，因此缺乏沿岸带的动物区系。本区水温垂直变化小，动物垂直分布差异也不明显。

2. 北太平洋温水区

本区范围包括由白令海峡向南伸延至大约 40°N 一带。除了太平洋北部以外，白令海、鄂霍次克海和日本海的绝大部分均属于本区。这里水温比北极冷水区高，季节变化明显，上层与深层的水温差别很大，夏季尤为明显。白令海和鄂霍次克海冬季常常被冰雪覆盖，夏季也有浮冰，因此本区的北部和西部水温很低。

该区系的动物种组成比较特殊且较为丰富，多为固有种。许多物种的个体数量很多，所以北太平洋和北大西洋是世界重要渔场的集中海域。本区特有目有鲟鱼目等，特有属有海狗属、海驴属、鲑鱼属，特有种有日本鲸、灰鲸、白翼海豚鲸、花奎鸟、角海鹦。本区特有的哺乳动物主要有海狗、海驴和海獭。鲸类很丰富，无论是须鲸亚目或是海豚数量都很多。海雀是本区为数最多的一群鸟类，约有 12 种。鱼类方面，以鲟鱼、鲑鱼和鳕鱼最为典型；远东鲑鱼包括大麻哈鱼等六种，它们都是洄游性鱼类，具有很大的经济价值；鲟鱼为冷水性鱼类，分布很广，但在北温带的产量很少。

3. 北大西洋温水区

本区包括巴伦支海的绝大部分，挪威海、北海、波罗的海、格陵兰海的东部和大西洋东北部，向南达捷拉瓦尔湾和比斯开湾。本区位于北极冷水区的南面，自然环境特点近似北太平洋温水区，但温带分布的比较均匀。

本区动物区系比北太平洋区贫乏。除了鲸类和海豹类比较丰富外，缺乏鳍足类，海雀的种类也非常少。特有哺乳类有比斯开鲸、白鼻海豚、长鼻海豹和格陵兰海豹。比斯开鲸近似日本鲸，目前几乎绝灭。属于特有海雀类的鸟类有普通海雀及与其分类相近的海�。前者大小如鸭，后者大小如鹅，但在 20 世纪中叶已彻底绝灭。鱼类特别突出的有鳕鱼，种类较多，为本区重要的经济鱼类。

北大西洋温水区和北太平洋动物区系相似，有许多共同的种或属。例如，北方鲱聚居在从北欧海岸到斯匹卑尔根群岛和冰岛，再从冰岛沿北美海岸分布到 35°N 的地区。同时它也分布在北太平洋的北部。另外鲟鱼等也有类似的分布。

4. 印度—太平洋暖水区

本区大约位于 40°N～40°S 之间，在南美洲的西海岸，由于秘鲁寒流的影响，其南界明显向北偏倾。本区占据太平洋和印度洋的绝大部分，面积超过所有各区的总和。区系特点是种类非常丰富，特别是靠近赤道地区。其原因与以下因素关系密切：①古老性；

②良好的温带条件；③大面积的浅海区；④星罗棋布的岛屿；⑤群落生境的多种多样；⑥珊瑚岛格外发达。除了动物种类丰富之外，还有较多的特有种、属和类群，同时也保存着一些古老种类。

海生哺乳类在热带海洋中比较贫乏。鳍足类只有夏威夷海豹分布在夏威夷群岛的某些地区，而且数量极少。鲸类只有齿鲸亚目中有广泛分布的共同种和属，其中值得提出的是抹香鲸。它是齿鲸亚目中最大的一种，雄兽体长可达 20 m 以上，重达 100 t。一年中，在温暖季节它可以到达温带甚至寒带的海洋中，而在生殖季节则只栖息在热带和亚热带海洋中。在热带海洋中完全缺乏须鲸亚目的种类。在本区的特有种儒艮(*Dugong*)分布在东非沿海从南回归线一直到红海地区，以及南部印度、马来群岛和澳大利亚北部等地的沿海，它们最喜欢居住在小海湾和海港里。

典型的热带海鸟为鲣鸟和军舰鸟，它们都是极善飞翔的大洋鸟类。本区鱼类复杂多样，其中软骨鱼类的种类很多，硬骨鱼类的种类也很多，多属一些游泳能力极强的热带大洋性鱼类。

5. 大西洋暖水区

本区的范围，北与北大西洋温水区相连，南起南美洲海岸大约 40°S 的地方，向东延伸南至 45°S 处，然后倾斜转向低纬非洲海岸的 20°S～15°S 的地方。还包括西印度洋和地中海，面积仅次于印度—太平洋暖水区。

本区动物种类也很丰富，但比印度—太平洋暖水区要贫乏得多。主要是其面积相对较小，由于缺乏珊瑚丛，其群落生境比较单调。许多印度—太平洋暖水区的动物，例如剑尾鱼、海蛇等，在本区均缺乏。在印度—太平洋暖水区的有些科的种类很多，而在本区则很少。如蕈状珊瑚科(*fungiidae*)在印度—太平洋区有 3 属 46 种，而在本区仅有 1 种。本区特有种为白腹海豹和海牛目中的海牛等。

6. 南方温水区

本区的北界与印度—太平洋暖水区和大西洋暖水区的南界相接，南界在 50°S～60°S 之间，有些地方稍北位于 50°S 左右，有些地方稍南则达 60°S 附近。环境条件与北太平洋温水区和北大西洋温水区相似，水温的季节变化很大。本区动物种类比热带海洋贫乏得多，但生物的个体数目多，生物量大。由于有大量的浮游生物供养着鲸群，因此本区是世界主要的捕鲸区。

在区系组成上，与南极区有许多相同的种类，也与北太平洋温水区和北大西洋温水区有许多共同的种类，例如南极鲸、海豹、带鱼、鲂𩽾等，这种现象称为“两极同源”。

7. 南极冷水区

本区位于南方温水区以南的环南极地带，水温特点与北极冷水区相似。由于环极洋流的存在引起了南极海的孤立，强化了这里的寒冷气候，对生物的生存十分不利。因此动物区系非常贫乏，缺乏许多世界性分布的集群。整个南极区具有代表性的鸟类是企鹅，哺乳类是鳍足类，后者除了海豹以外都是本区的特有属。

本区的鳍足类与北方各海区不同，本区的鳍足类属于海狗科，北方各海区则属于海豹科。本区包括长鬃海驴和南极海狗两个特有的属，前者比较接近于北太平洋温水区的海驴，后者则是北极海狗的近亲。它们广泛分布于南极区，并沿南美洲西海岸向北到达科隆群岛。海豹科除了象海豹外，还包括有各含一个种的四个属，其中三种海豹完全分布在本区，另一种则广泛分布于本区和南方温水区。

二、世界海洋植物区系区

海洋环境的特殊性决定了海洋植物区系比海洋动物区系要贫乏得多，结构也比较简单；同时，海洋植物也比陆地植物少得多。由于水环境具有均一性，因此海洋植物的生态类型也比较单一，群落结构较为简单，多数海洋植物都是浮游的或漂浮的，但也有一些是固着于水底或附生的。海洋植物中以孢子植物占优势，而陆地植物中是以种子植物占绝对优势，孢子植物几乎占次要地位。目前发现海洋中的维管束植物属于沼生目，大约有 30 种左右，分 12 属，其中有 9 属是眼子菜科，3 属是水鳖科，主要有大叶藻属、虾形藻属、海神草属、海菖蒲属、海龟草属和喜盐草属等的“海草”。海洋中的孢子植物主要是各种藻类。

尽管海洋植物区系与陆地植物区系具有不同的生活条件和不同的组成，但植物在海洋中与陆地上的地理分布的主要特点是类似的，即地理分布也服从地带性规律，海洋植物区系与陆地植物区系不同的是，寒冷的海域区系成分较为丰富，无论是水底植物还是浮游植物都是如此；热带海洋种属比较贫乏，特别是浮游植物。而陆地植物区系特点是热带区系成分丰富，寒冷区系成分反而贫乏。海洋植物区系可以划分为三个区：北方海洋区、热带海洋区和南方海洋区。

1. 北方海洋区

北方海洋植物区的特点是有大量褐藻类，墨角藻属、昆布属、雷松藻属等，种子植物中有大叶藻属的大叶藻，还有虾形藻、海菖蒲等。

2. 热带海洋区

热带海洋区的特点是有大量红藻类，褐藻中有多种马尾藻属。种子植物中有海神草属、海龟草属的某些种类。

3. 南方海洋区

南方海洋区的特点是有褐藻类的巨藻属和 *Durvillea* 属等植物。

第五节　中国陆地生物区系区

一、中国陆地植物区系区

中国植物区系起源古老，种类丰富，与相邻各植物区联系广泛，分布交错复杂。吴征镒根据世界植物区系区将中国植物区系分为泛北极植物区(并进一步划分为欧—亚森林植物亚区、亚洲荒漠植物亚区、欧亚草原植物亚区、青藏高原植物亚区、中国—日本植物亚区、中国—西马拉雅植物亚区)和旧热带植物区(马来亚森林植物亚区)(图 6-13)。

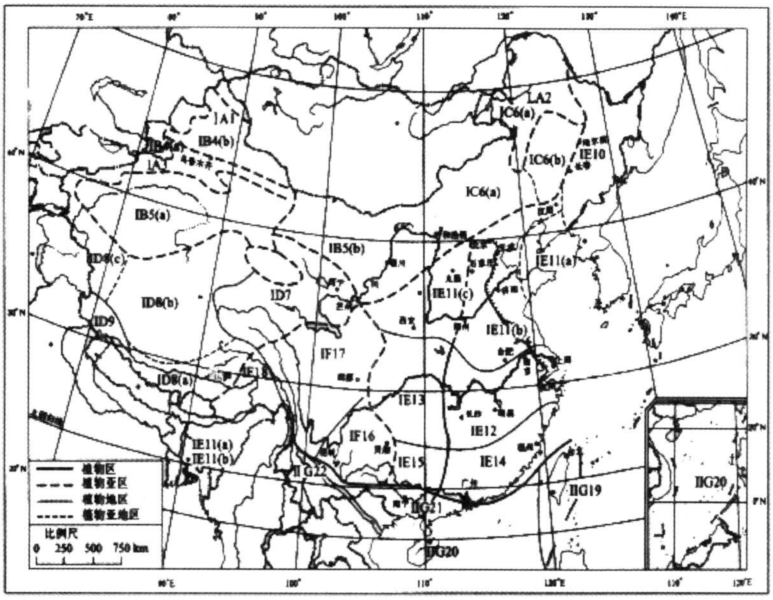

图 6-13　中国植物区系分布图(吴征镒，1983)

1. 泛北极植物区

1)欧—亚森林植物亚区

该亚区在泛北极植物区中是分布面积最广，区系组成比较简单的针叶林亚区。其北界与欧洲至西伯利亚大森林的北界吻合，南界是草原、荒漠和东亚的森林。在我国分布在东北的北部和新疆部分地区。该区系是在亚洲东南部(中国—喜马拉雅亚区为主)亚高山带的同类区系基础上发展起来的，经过第四纪几次冰期，一方面逐渐向北和向下迁移，另一方面也愈发贫瘠化。该区系主要由云杉、冷杉、落叶松等组成，破坏后则被桦、杨所代替。林下主要有花楸、柳、枸子、忍冬等。南缘常出现落叶阔叶树种，如水青冈、鹅耳枥、栎、槭、椴、榆等。

2)亚洲荒漠植物亚区

该亚区位于古地中海海浸地区，目前主要分布在我国西北大部地区。中间曾混杂有森林或草原成份，种类成份复杂而古老。特别发达的是藜科的猪毛菜属，拥有柽柳科、蒺藜科几乎全部的属种和十字花科、菊科、伞形科、唇形科、紫草科、百合科、蓼科、麻黄科等许多科的特有属种。本亚区在新近—古近喜马拉雅运动隆升成陆后，在古地中海南岸的干热植物区系基础上发展起来，并经过长期进化过程形成的。

3)欧—亚草原植物亚区

草原植物区系比较年轻，是新近—古近气候变迁、第四纪冰川作用以后由几个中心迁移形成的。它主要分布在内古蒙东部和东北西部，处于森林和荒漠的过渡区。因此在我国草原东部、东南部常有森林成分侵入，而在西部、西北部则与荒漠交错，在低洼部分多为荒漠类型的盐生植物区系。优势属有针茅、蒿、羊茅、异燕麦、落草等，并有较多的菊科、豆科、唇形科、伞形科等草本植物。也可出现少数灌木，如扁桃、绣线菊、锦鸡儿以及个别乔木，如榆、杨、杏等。

4)青藏高原植物亚区

该亚区是新近—古近末青藏高原隆起后形成的。由于形成历史短，环境条件严酷，限制了植物种类的发生和发展，仅有500种植物。地势一般由东南向西北逐渐升高，植物种类随之逐渐减少。东南部由嵩草属形成草甸或沼泽草甸，并由杜鹃、金露梅、柳等属形成灌丛。中间部分以草原为主，由紫花针茅、羽状针茅和西藏茅和西藏蒿等形成优势，高海拔地区有较多的垫状植物；虽然特有种较多，但主要是中国—喜马拉雅亚区的种属，并有一定的中亚成分。最西北是由垫状驼绒藜、藏亚菊和青藏苔草等特有种形成的高寒荒漠。高山带有较多的中国—喜马拉雅成份，主要有凤毛菊、火绒草和蚤缀、柔籽草等垫状植物。

5)中国—日本森林植物亚区

主要分布于20°N～40°N之间，植物种类相当丰富，属于相当古老的温带至亚热带植物区系之一，包括日本在内有植物20000种以上。自白垩纪起环境相对稳定，没有遭受第四纪冰川的直接侵袭，保留了新近—古近以前的残遗植物。北方有八种槭、三种椴、两种秽、黄檗、胡桃楸、臭椿、栾树、构树、糙叶树等；南方有省沽油、水杉、银杏、使君子、鹅掌楸等；蕨类植物有松叶兰、荷叶金钱蕨等。

本亚区特有属、种很多，如蚂蚱腿子、青檀、紫楠、白豆杉等，还有杜仲科、珙桐科、钟萼树科等。中国特有的单种科也集中分布在此，木本植物有许多古老的残遗科、属、种。木兰科、茶科、金缕梅科、安息香科等尤其显著。

本亚区水平分带比较明显，从北向南反映出温带、暖温带、亚热带的变化。主要由各种落叶、半常绿和常绿栎及相近的常绿栲、石栎和半常绿的水青冈等组成落叶阔叶林、混交林和常绿阔叶林。针叶树以喜温的松属为主。各类阔叶林都常混有喜暖的针叶树种，如罗汉松、竹柏、苏铁、金钱松、铁杉、黄杉、油杉、杉、柳杉、柏、建柏、花柏、翠柏等。

6)中国—喜马拉雅森林植物亚区

本亚区分布于20°N～40°N之间，植物区系丰富，包括我国境外的喜马拉雅山区，种类远远超过20000种，其中在我国云南高原和一部分横断山脉地区的种类就有12000种以上。一方面由于地形、气候复杂和天然“避难所”多，保留了许多新近—古近以前的残遗植物；另一方面又由于垂直变化大，许多新生类型不断出现，而在演化过程中许多中间类型得以保存。因此，这里植物区系成分新老兼备，垂直分布十分明显。从山脚到山顶可以见到热带、亚热带、温带、高山寒带各种类型的植被。

海拔较低的地区和中国—日本森林植物区系相似，并由相同的属所组成，但种类不同，往往形成替代现象。如云南松替代了马尾松；油杉替代了铁坚杉；滇青替代了青冈；白栎替代了苦槠；黄栎替代了赤皮；旱冬瓜替代了桤木等。亚高山、高山带依次出现铁杉、云杉、冷杉、落叶松和圆柏。与华中一带高山相似，也出现了一系列的替代种，如翠柏、油杉替代了中国—日本森林植物亚区的花柏、金钱松等。

2. 旧热带植物区

马来亚森林植物亚区分布在我国的最南部，包括台湾、海南岛等地，是世界上最丰富的植物区系之一，从新近—古近以后很少变化。主要是热带雨林，以龙脑香科占优势，豆科、桑科的榕属、大戟科、橄榄科、苦木科、无患子科等占很大比重。在山地雨林和亚热带雨林中，以樟科、木兰科、金缕梅科占优势。

二、中国陆地动物区系区

我国所产动物种类，目前难以详细统计，就陆栖脊椎动物来说，大概在 2000 种以上，约占世界种数的 10%。张荣祖、郑作新(1959)将我国陆栖脊椎动物分为两界、七个区、十九个亚区。两界即古北界和东洋界，其中古北界分为东北区、华北区、蒙新区、青藏区，而东洋界分为西南区、华中区、华南区(图 6-14)。

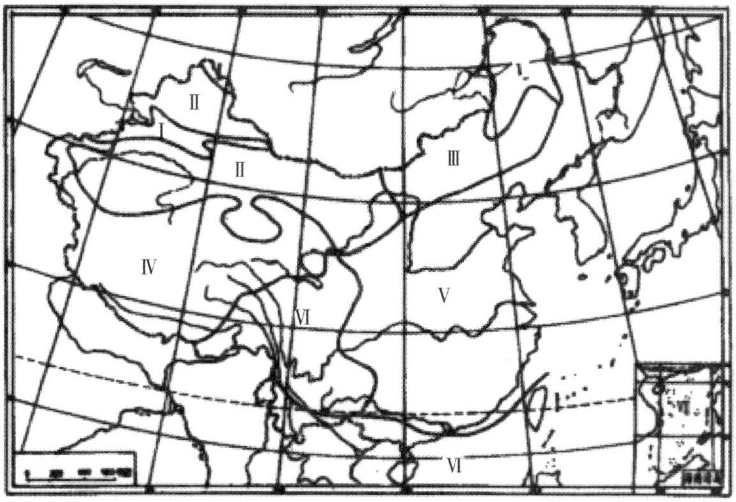

图 6-14 中国动物区系区(陈鹏，1986)

古北界：Ⅰ. 东北区 Ⅱ. 华北区 Ⅲ. 蒙新区 Ⅳ. 青藏区

东洋界：Ⅴ. 西南区 Ⅵ. 华中区 Ⅶ. 华南区

1. 古北界

1)东北区

本区包括大、小兴安岭、张广才岭、老爷岭、长白山地、松辽平原、阿尔泰山，分大兴安岭(IA)、长白山地(IB)和松辽平原(IC)三个亚区。鸟类、兽类及两栖类组成均较复杂，爬行类的组成相对比较简单。陆栖脊椎动物各纲中的东北型分布区多在区内相互重叠。主要代表种有粗皮蛙、黑龙江林蛙、中国林蛙、黑龙江草蜥、团花锦蛇、细嘴松鸡、小太子鸟、丹顶鹤、东北兔和紫貂等。北方型中的代表成分有极北小鲵、胎生蜥、柳雷鸟、攀雀、雪兔、森林旅鼠、驼鹿、驯鹿、牲、狼以及獾等。

2)华北区

本区北临蒙新区与东北区，南抵秦岭、淮河，西起西倾山，东临黄海和渤海，分黄淮平原(ⅡA)和黄土高原(ⅡB)两个亚区。属于本区特有或主要分布于本区的华北型种类很少，只有无蹼壁虎、山噪鹛、林猬，还包括大仓鼠和棕色田鼠等。动物区系主要由东北型的广布种类所组成。南、北方喜湿动物在季风区的相互渗透现象，在本区表现最为明显。蒙新区成分如小沙百灵、凤头百灵和达乌尔黄鼠等几乎渗透贯穿全区。所以华北区既是南、北方动物，又是季风区与蒙新区动物相互混杂的地带。

3)蒙新区

本区包括内蒙古高原和鄂尔多斯高原、阿拉善(包括河西走廊)、塔里木、柴达木和准噶尔等盆地以及天山山地等，分东部草原(ⅢA)、西部荒漠(ⅢB)和天山山地(ⅢC)三个亚区。境内大部分属荒漠和草原地带。两栖类中，西部的绿蟾蜍，东部的花背蟾蜍、大蟾蜍为仅有的种。爬行类中以沙蜥、麻蜥等属的种类为最多，分布也比较广泛。沙蟒为西部荒漠的代表种。鸟类中的典型种类有大鸨、毛腿沙鸡和几种百灵。野生双峰驼、野马、野驴和几种羚羊为本区有蹄类的代表。啮齿类以跳鼠科和沙鼠亚科的种类占优势。

4)青藏区

本区包括青海、西藏和四川西部。本区是一个由横断山脉(北端)、喜马拉雅山脉、昆仑山脉、阿尔金—祁连山脉等围绕的大高原——青藏高原，分青海藏南(ⅣA)和羌塘高原(ⅣB)两个亚区。海拔平均4500m以上。植被包括高山草甸、高山荒原和高寒荒漠。动物区系主要由高地型成份组成。最典型的代表有野牦牛、藏羚和藏野驴、藏雪鸡、雪鸽、黑颈鹤和多种雪雀以及温泉蛇、西藏沙蜥和青海沙蜥等。高山蛙是高原上唯一的两栖类。

2. 东洋界

1)西南区

本区包括四川省西部、昌都地区东部，北起青海、甘肃南缘，南抵云南南部(即横断山脉部分)，向西包括喜马拉雅山南坡针叶林带以下之山地，分为西南山地(VA)和喜马拉雅(VB)两个亚区。境内多高山峡谷，地形起伏很大，自然条件的变化因而动物分布也以垂直变化为特征。动物区系的主要成分，属于横断山脉——喜马拉雅分布型的种类。典型代表有兽类中的小熊猫和鸟类中的血雉和虹雉。动物分布集中于横断山脉，如两栖类的锄足蟾和湍蛙，鸟类中的画眉亚科和雉科，兽类中的鼠兔、绒鼠和食虫类等。

本区大部分属于南北向的高山峡谷。高山部分有利于北方种类的南伸，如岩羊、喜马拉雅旱獭等可沿高山草甸南伸至云南；而峡谷部分有利于热带种类北伸，如鹦鹉、太阳鸟、猕猴等可沿河谷地伸入横断山脉的北段。故本区的北界，即古北界与东洋界在横断山脉北段的分界不易确定，多数学者认为应自东北的若尔盖经黑水、马尔康、康定、理塘至巴塘一线，此线以虚线表示比较妥当。

2)华中区

本区包括四川盆地以东的长江流域，境内西半部主要为山地和高原，东半部主要是平原和丘陵，分东部丘陵平原(ⅥA)和西部山地高原(ⅥB)两个亚区。总的来看，华中区动物区系是华南区的贫乏化。所有分布于本区的热带—亚热带成份，几乎均与华南区所共有。与华北区共有的动物，大部为广泛分布于我国东部的种类。属于本区特有的种类很少。区内分布比较广泛的种类有东方蝾螈、隆肛蛙、灰胸竹鸡、黑麂、小麂和毛冠鹿等。扬子鳄和白鳍豚是本区特有残留成分。

3)华南区

本区包括云南与两广的南部，闽东南沿海一带及台湾、海南岛和南海诸岛，分闽广沿海(ⅦA)、滇南山地(ⅦB)、海南岛(ⅦC)、台湾(ⅦD)和南海诸岛(ⅦE)五个亚区。植被为热带雨林或季雨林。在我国范围内，动物区系中各类热带—亚热带类型的成份最为集中。典型热带种有鸟类中的红头咬鹃、橙腹叶鹎和兽类中的棕果蝠等。此外，还有一些在区内广泛分布的种，如台北蛙、变色树蜥、中国壁虎、鹧鸪、白鹇、竹啄木鸟和红颊檬、白花竹鼠、青毛巨鼠等。台湾和海南岛，种类与大陆相似。但因其环境孤立，种类比较贫乏，并有某些特有种和亚种分化。

第六节　中国海洋生物区系区

中国的海域包括渤海、黄海、东海和南海。它们都是北太平洋西部的陆缘海。生物区系的主要特点是种类繁多，成分复杂。在南海和东海广泛分布着热带种和亚热带种；而在北部的黄、渤海、特别是黄海北部和中部，冷水种和温水种则占极大的优势；不过温带种在整个区系中所占的比例很小。从生物区系组成上看，黄、渤海与东、南海有很大的不同，许多限于热带海洋生活的类群，在南海占优势，东海数量较少，而黄、渤海奇缺。反之，冷水性的种类，在黄、渤海有许多代表，在东、南海却很难见到。另外，随着纬度由低向高的变化，生物的种数也相应地减少，这种趋势和世界海洋动物分布是一致的。

一、黄、渤海区

黄、渤海区分布着暖温性种、暖水性种、冷温性种及广温性低盐种等生物。由于本区的水温季节变化比较剧烈，在渤海和黄海北部及近岸区冬季有结冰现象，夏季水温高，温度的年变幅可达 29℃，因此限制了许多狭温性种类和喜暖生物的生存。生物的区系组成较其他海区贫乏，主要是温水性种类。由于水温较低的黄海水团常年存在，有些北方冷水性种类得到大量发展。另外本区海水盐度相对较低(30‰～31‰)，所以一些低盐性种类占优势。

鱼类共约 300 种，暖温性种类约占一半以上，如小黄鱼、黄姑鱼、真鲷、长蛇鲻、赤眼鯥、大黄鱼、黑绿东方纯等。后两种仅发现于本区，大、小黄鱼为我国重要的经济鱼类。暖水性种次于暖温性种，种数占本区的第二位，如鳓鱼、银鲳、鲐鱼等。冷温性种所占比例最小，这些种的存在与黄海冷水团有密切关系，如高眼鲽、太平洋鲱和鳕鱼等。

浮游生物多属广温低盐性生物，如窄隙角毛藻；小拟哲水蚤、真刺唇角水蚤、强壮箭虫、半管藻、腹针胸刺水蚤等。另外黄海中部分布有笔尖根管藻、薄半管藻、中华哲水蚤、太平洋磷虾等，它们具有显著的低温高盐生态特征。

底栖生物特点是种类少，在数量上占优势的主要是广温性低盐种。渤海和黄海沿岸地带，基本属于印度—西太平洋区系的暖水性成分，如毛蚶、泥蚶、蛤仔、文蛤、蜕蛏、褶牡蛎、中国对虾、三疣梭子蟹等。温水性种不多，仅有贻贝、刺参等几种。

在黄海中部深水区，广泛分布着北太平洋温水区的种类，如北方真蛇尾、索足蛤、大寄居蟹、堪察加七腕虾等，形成了以北方真蛇尾为代表的冷水性群落。底栖植物以温带(包括暖温带和冷温带)成分为主，如肠浒苔、孔石莼、缘管浒苔、萱藻等。另外在冬、春季可出现个别的亚寒带优势种，如多管藻、袋礁膜等，夏、秋季还出现一些亚热带优势种，如印度网地藻(海蕴等)。

二、东海区

东海为开阔的陆缘海，温度和盐度的东西部差异显明。该区西部水温的年变幅较大，盐度低而近似于黄、渤海区。这主要是因为其大陆架平坦且水浅，并有大量的淡水注入，因此水温和盐度状况易受大陆影响。该区东部深水区的温度和盐度较高，因为主要受深水区黑潮影响。

本区东部热带暖水性生物显著增加，特别是台湾附近，热带性成份占的比例更大。鱼类区系以暖水性种占绝对优势，如隆头鱼科、雀鲷科、蝴蝶鱼科、海鳝科、蓝子鱼科等，多数为暖水性珊瑚礁种。暖温性种所占比例很小，象西部盛产的大、小黄鱼不能分布到东部，东部也无冷温性种。在暖流经过的地带，浮游生物带有明显的热带性特点。优势种有辐射漂流藻、钳形波水蚤、紧挤毛角藻、肥胖箭虫等，它们均为高温高盐种。底栖动物中高温高盐的热带成分大大增加，造礁珊瑚相当发达，多达 46 属，栖于珊瑚礁环境的热带虾、蟹和贝类十分丰富，如几何梯形蟹、珊瑚虾、长砗磲等，种数比南海的海南岛南部近海还多。底栖植物区系，受黑潮影响，以热带种为主，如海人草、多种伞藻。

本区西部生物种类组成基本上与黄、渤海区相同，但却增加了一些暖水性种，同时种的密度也有差异，如小黄鱼盛产于黄、渤海，而东海产量不高；大黄鱼则相反。大陆架部分鱼类有 450 种以上，其中暖温性种居第一位，尤其舟山群岛以南更为显著，凡在黄、渤海区出现的暖水性种，本区皆有分布。年产量居我国海洋鱼类首位的带鱼就在这里，另外一些南方种如棱虬、中华小公鱼、斑鳍白姑鱼、金线鱼等仅分布到本区而不再向北分布。暖水性种类在本区居第二位，如我国的著名经济鱼类大黄鱼主要产于本区；冷温性种如高眼鲽、长鲽等在本区所占的比例很小，而且只在冬季前后随大陆沿岸流与黄海冷水团向南的扩张而达东海的北部。浮游生物种类与黄、渤海区相似，主要有中华假磷虾、海龙箭虫等广温低盐近岸种类。另外，还有随沿岸水流分布到本区的黄海中部的太平洋磷虾，中华哲水蚤等。本区的区系组成复杂，有窄隙角毛藻、真刺唇角水蚤和强壮箭虫等温带种；也有中华假磷虾、隆长螯磷虾、肥胖箭虫等亚热带种和热带种。底栖动物与黄、渤海区类似，但热带性成分增多，如扁足异对虾、几种管鞭虾、几种小型梭子蟹、棒锥螺等。另外数量较多的还有长额仿对虾、毛蚶、红彩明缨蛤、纵肋织纹螺、薄壳刻肋海胆等。底栖植物，北部以暖温带种类为主，如昆布、圆紫菜等，另外还有一些亚热带种，如沙菜、鹧鸪莱等。南部以亚热带种类居多，如秋茄树、网球藻、长松藻等。另外还出现了个别热带种，如小伞藻等。

三、南海区

南海区海面辽阔，深度大，且与太平洋水交换频繁，受大陆影响较小，水温与盐度状况具有明显的热带深海特征——温度、盐度(34‰)均高，年变化小。北部沿岸浅海区，由于受大陆气候的影响，冬季水温仍然较低，属于亚热带性质。西沙群岛以南则完全属于热带海。本区北部受大陆气候影响，冬夏表层水温差可达 10℃以上，但比东海的近岸区更为温暖。

该区以暖水性种为主，暖温性种显著减少，无冷温性种。暖水性种如蛇鲻、绯鲤、红笛鲷、金线鱼等。许多在东海西部和黄海广布的暖温性种类都不能分布到本区，如小黄鱼和短鳍红娘鱼等。该区的鱼类达750种以上。

南海生物区系的种类组成特别丰富多样。从组成成分来看，完全属于热带和亚热带的成分，而见不到冷水性种类。除黄海、东海的一些常见种类在本区也普遍存在外，还有许多仅见于本区的典型热带种类。南海生物种类组成的丰富多样，不仅与其所占的面积广大和水温高而恒定有关，同时也与环境类型的多样化有关。例如，珊瑚礁和红树林集中分布于南海，因其生境比较特殊，所以这里生活着许多特殊的生物。

沿岸水域的浮游生物主要有具纹角毛藻、掌状冠盖藻，宽腹莹虾、钳形水蚤等。冬季由于强劲东北风的影响，受福建南下沿岸流和外海高盐水入侵的影响，温带近岸种(窄隙角毛藻)和热带外海种(伪细真哲水蚤)可同时在此处出现。

沿岸浅水区底栖动物区系的主要成分除东海常见的暖水种外，拥有更多的热带成分。在数量上占优势的种主要有锈蚶、日本日月贝、墨吉对虾、珠脊梭子蟹、薄壳刻肋海胆等。另外稍深一点的水域有骑士章海星、多节新海百合等棘皮动物。

北部的底栖植物区系以亚热带种为主，如长松藻、皮线藻等。南部处于暖水范围，温度变化甚小，鱼类约800种以上，大都为暖水性种。如蜂巢石斑鱼、甲尻鱼等。70米等深线以下的广大南海水域的浮游生物，纯系热带浮游生物区系。象短刺角毛藻、角锚哲水蚤等。南部的底栖植物区系为热带性，热带种类如仙掌藻、喇叭藻等生长繁茂。

参 考 文 献

C. B. 科克斯，P. D. 穆尔 . 1985. 生物地理学 . 北京：高等教育出版社 .

C. J. 汉弗莱斯，L. R. 帕伦特 . 2004.《分支生物地理学》. 北京：高等教育出版社 .

H. A. 莎芭林娜 . 1960. 植物地理学 . 上海：上海科学技术出版社 .

陈鹏，等 . 1986. 动物地理学 . 北京：高等教育出版社 .

陈鹏，等 . 1989. 生物地理学 . 长春：东北师范大学出版社 .

陈增阅 . 1997. 普通生物学 . 北京：高等教育出版社 .

河北师范大学 . 1975. 生物进化论 . 北京：人民教育出版社 .

文焕然 . 1995. 中国历史时期植物与动物变迁研究 . 重庆：重庆出版社 .

武吉华，张坤 . 2004. 植物地理学(第四版). 北京：高等教育出版社 .

殷秀琴，等 . 2004. 生物地理学 . 北京：高等教育出版社 .

张荣组 . 1999. 中国动物地理 . 北京：科学出版社 .

中国科学院《中国自然地理》编辑委员会 . 1979. 中国自然地理・动物地理 . 北京：科学出版社 .

中国科学院《中国自然地理》编辑委员会 . 1979. 中国自然地理・植物地理 . 北京：科学出版社 .

周明镇 . 1964. 中国第四纪动物区系的演变 . 动物学杂志，6(6)：274～278.

第七章　生物多样性保护

地球经过几十亿年的发展演变，形成了现今丰富多彩的生物世界。但当前人类的发展，也在更强烈地改变着地球的本来面貌，严重威胁着一些生物的生存，并加速某些生物的灭绝。《美国国家地理》发表文章指出，在过去 600 年中，至少有 4.4 万种昆虫从地球上销声匿迹。更令人吃惊的是，大量昆虫灭亡这一趋势将逐年恶化，预计在未来 50 年里，可能会有数十万种昆虫走向灭绝之路。生物多样性的丧失对人类自身的生存已构成了较大威胁。在严峻的形势面前，人类不得不重新审视自己，只有保护好生物多样性，才能保证人与生物的共存。

第一节　人类与生物

人类赖以生存的地球，是目前科学探索范围内发现的唯一有生命的星球。45 亿年前，地球形成时是一个无机世界，30 多亿年前开始有了生命。地球上的生命经过几十亿年漫长进化演变，生物个体由简单到复杂，生物种类及其组合由单纯到多样化，最终形成了适合人类生存的生物圈，人类才得以出现(距今大约 500 万年)，因此没有自然界的生物多样性，也就没有人类。

人类从诞生起就与周围的生物形成了一种相互联系、相互依存的对立统一关系。人有别于地球上的其他生物，表现为人的智能(智能使人类成为环境主体)和人的数量(已达数十亿)。但是人类为了自我生存，任意毁坏各种天然植被，捕杀各种野生动物，随着人类文明的发展，对生态环境的破坏也起来越明显。由最初被动地适应环境，到主动改造环境(逐渐破坏了人类与生物的和谐关系)，再到注重人与环境的可持续发展(逐渐认识到人类的生存与发展需要生物的多样性)，人类的发展大体经历了史前(采猎)文明、农业文明、工业文明和绿色文明几个阶段，人类生存繁衍的这一历史，可以说是人类社会同大自然相互作用、共同发展而不断进化的历史(图 7-1)。

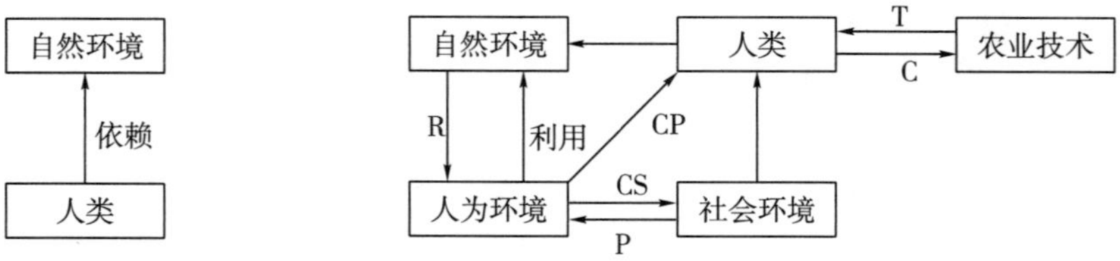

a. 史前文明时期人类与环境的关系　　b. 农业文明时期人类与环境的关系

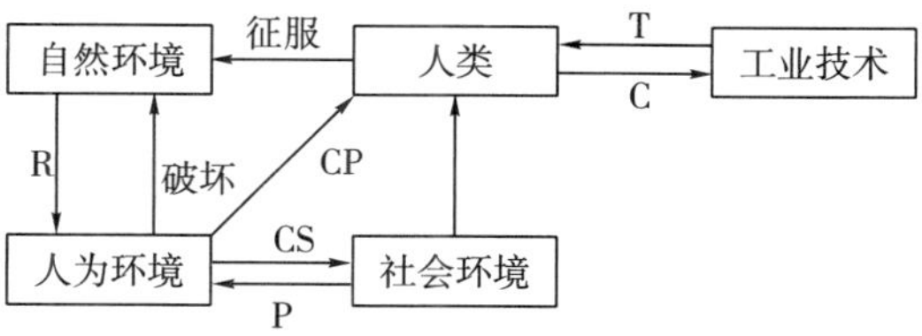

c. 工业文明时期人类与环境的关系

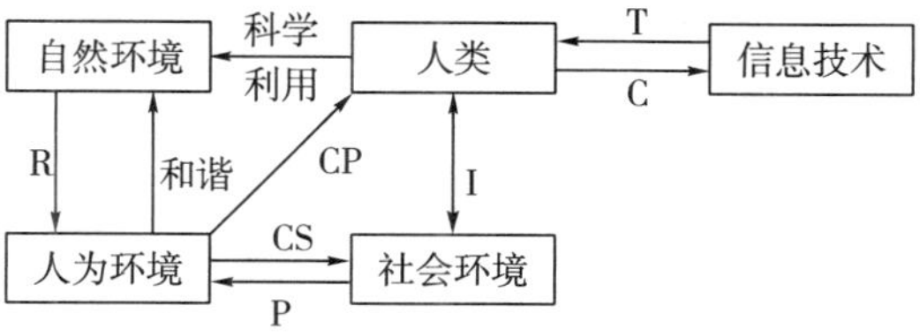

d. 绿色文明时期人类与环境的关系

图 7-1 人类文明演进与环境的关系(郭跃，2001)

CP. 生理消费；CS. 社会消费；I. 影响；G. 创造；P. 决策；R. 资源；T. 技术

史前文明时期，生产力水平很低，人类对自然环境的破坏能力较小。农业文明时期，人类与自然的关系经历了一次历史性的变化。在这一转变过程中，火的使用起到了最重要的作用。由于能够使用火这一体外能源，人类结束了受自然奴役的历史，开始了改造、驾驭自然的艰难而漫长的历程。火使人类开始由被动适应环境转向主动改造环境。

伴随着火的使用和工具的制造，人类改造自然的能力得到了提高，对自然环境的破坏也从此出现了。在史前社会，许多大型哺乳动物的灭绝(如美洲野牛绝迹)可能与人们过度狩猎有关。不过，在农业文明以前，人口一直很少，人的活动范围也只占地球表面的极少部分，人类对自然的影响力还很低，地球生态系统有足够的能力自行恢复其平衡，人类在很大程度上仍旧依附于自然环境。

农业文明以后，人口数量大大增加，人们有目的地耕种和驯养，成为获取食物的主要手段。此时，生产力水平低下，主要通过不断地扩大耕种面积来增加粮食产量。持续地开垦土地和草原，刀耕火种，导致大量已开垦的土地逐渐变成了不毛之地。生态环境破坏已经到了相当的规模，并产生了严重的社会后果，苏美尔文明、地中海文明和美洲玛雅文明等惨痛的衰落史就是几个例证。但从整体上看，农业文明时期，人类对自然的破坏作用尚未达到造成全球环境问题的程度。这时，人类的环境意识尚属原始，在宗教思想中表现为崇拜自然，畏惧自然，依赖自然。

进入工业文明以后，自认为已经能够彻底摆脱自然的束缚，主宰地球，企图驾驭自然，征服自然，创造新的文明。此时生物多样性，即地球上的基因、物种和生态系统的多样性总和可能处于历史最高点。在这段时期，科学技术突飞猛进，生产力有了较大提高，人对自然的影响力越来越大。生物多样性中对人具有实际或潜在用途的生物资源被无节制地开发和利用，引发了大气污染、水污染、土地荒漠化、酸雨等一系列全球性的环境问题。生物多样性受到极大的威胁，一些特有物种以地质史上的最快速度走向灭绝。

生物多样性总是随着社会的发展而变化，尤其是工业文明的发展付出了沉重的代价。人类在反思中领悟到生态环境问题对自身生存的严重威胁，再次提出绿色文明，强调人与生物的共生，认为只有保护好生物的多样性，人类社会才能可持续发展。

第二节 生物多样性

一、生物多样性的概念

20世纪以来，随着世界人口的持续增长和人类活动范围与强度的不断增加，人类社会遭遇到一系列前所未有的环境问题，面临着人口、资源、环境、粮食和能源等五大危机。这些问题的解决都与生态环境保护与自然资源合理利用密切相关。第二次世界大战以后，国际社会在发展经济的同时更加关注生物资源的保护问题，并且在拯救珍稀濒危物种、防止自然资源的过度利用等方面开展了很多工作。1948年，由联合国和法国政府创建了世界自然保护联盟(IUCN)。1961年世界野生生物基金会建立。1971年，由联合国教科文组织提出了著名的"人与生物圈计划"。1980年由IUCN等国际自然保护组织编制完成的《世界自然保护大纲》正式颁布，该大纲提出了要把自然资源的有效保护与资源的合理利用有机地结合起来的观点，对促进世界各国加强生物资源的保护工作起到了极大的推动作用。20世纪80年代以后，人们在开展自然保护的实践中逐渐认识到，自然界中各个物种之间、生物与周围环境之间都存在着十分密切的联系，因此自然保护仅仅着眼于对物种本身进行保护是远远不够的，往往也是难于取得理想的效果的。要拯救珍稀濒危物种，不仅要对所涉及物种的野生种群进行重点保护，而且还要保护好它们的栖息地。或者说，需要对物种所在的整个生态系统进行有效的保护。在这样的背景下，生物多样性的概念便应运而生了。

生物多样性是描述自然界多样性程度的一个内容广泛的概念。不同的学者对此定义是不同的。如oNorse等认为生物多样性体现在多个层次上；Wilson等认为，生物多样性就是生命形式的多样性；MicNeely定义为生命有机体及其借以生存的生态复合体的多样性和变异性；汪松、陈灵芝定义为"是所有生物种类，种类遗传变异和它们的生存环境的总称"；孙儒泳认为，生物多样性一般是指"地球上生命的所有变异"。在《生物多样性公约》(Convention on Biological Diversity，1992)里，生物多样性的定义是"所有来源的活的生物体中变异性，这些来源包括陆地、海洋和其他水生生态系统及其所构成生态综合体；这包括物种内、物种之间和生态系统的多样性。"在《保护生物学》中，蒋志刚等(1997)给生物多样性所下的定义为："生物多样性是生物及其环境形成的生态复合体以及与此相关的各种生态过程的综合，包括动物、植物、微生物和它们所拥有的基因以及它们与其生存环境形成的复杂的生态系统"。总之生物多样性是地球生物圈与人类本身延续的基础，也是生物资源丰富多彩的标志，具有不可估量的价值。生物多样性有四个层次，即遗传多样性、物种多样性、生态系统多样性和景观多样性。

遗传多样性是生物多样性的重要组成部分。广义的遗传多样性是指地球上生物所携带的各种遗传信息的总和。这些遗传信息储存在生物个体的基因之中。因此，遗传多样性也就是生物的遗传基因的多样性。任何一个物种或生物个体都保存着大量的遗传基因，因此，可被看作是一个基因库。一个物种所包含的基因越丰富，它对环境的适应能力越强。基因的多样性是生命进化和物种分化的基础。狭义的遗传多样性主要是指生物种内基因的变化，包括种内显著不同的种群之间以及同一种群内的遗传变异(世界资源研究所，1992)。此外，遗传多样性可以表现在多个层次上，如分子、细胞、个体等。在自然界中，对于绝大多数有性生殖的物种而言，种群内的个体之间往往没有完全一致的基因型，而种群就是由这些具有不同遗传结构的多个个体组成的。在生物的长期演化过程中，遗传物质的改变(或突变)是产生遗传多样性的根本原因。遗传物质的突变主要有两种类型，即染色体数目和结构的变化以及基因位点内部核苷酸的变化。前者称为染色体的畸变，后者称为基因突变(或点突变)。此外，基因重组也可以导致生物产生遗传变异。

物种多样性是指地球上动物、植物、微生物等生物种类的丰富程度。物种多样性包括两个方面，其一是指一定区域内的物种丰富程度，可称为区域物种多样性；其二是指生态学方面的物种分布的均匀程度，可称为生态多样性或群落物种多样性(蒋志刚，1997)。物种多样性是衡量一定地区生物资源丰富程度的一个客观指标。在阐述一个国家或地区生物多样性丰富程度时，最常用的指标是区域物种多样性。区域物种多样性的测量有以下三个指标：①物种总数，即特定区域内所拥有的特定类群的物种数目；②物种密度，指单位面积内的特定类群的物种数目；③特有种比例，指在一定区域内某个特定类群特有种占该地区物种总数的比例。

生态系统多样性是指生物圈内生境、生物群落和生态过程的多样性以及生态系统内生境差异、生态过程变化的多样性。此处的生境是指生物生存的无机环境，其多样性是生物群落甚至整个生物多样性形成的基本条件。生物群落的多样性主要是指群落的组成、结构和动态方面的多样化。生态过程主要是指生态系统的组成、结构和功能在时间上的变化以及生态系统的生物组分之间及其与环境之间的相互作用或关系。

景观多样性是20世纪90年代提出的。景观是指以一组重复出现、具有相互影响的生态系统组成的异质性陆地区域。景观要素是组成景观的基本单元，相当于一个生态系统，有其结构、功能和自身动态。因此，景观多样性是指由不同类型的景观要素或生态系统构成的景观在空间结构、功能机制和时间动态方面的多样化程度。地理表面的景观多样性是人类与自然相互作用的结果。

综上，遗传多样性是物种多样性和生态系统多样性的基础，或者说遗传多样性是生物多样性的内在形式。物种多样性是构成生态系统多样性的基本单元。因此，生态系统多样性离不开物种的多样性，也离不开不同物种所具有的遗传多样性。但所有层次的生物多样性，对于物种和自然群落的持续生存都是必需的，生物多样性代表物种进化的或对特定环境的生态适应的范围，生物多样性给人类提供了资源和资源替代品。

二、生物多样性的空间格局

生物多样性在地球上的分布是不均匀的。根据已知种类统计，物种最丰富的是热带雨林与珊瑚礁，虽然特定生物类群在特定地区可达到其最大的物种多样性，但不同生物类群之间，其物种多样性的分布具有一致的趋势，这使人们有兴趣探讨生物多样性形成的机制和动态。

1. 空间分布格局

就宏观而言，生物多样性的空间分布有五条规律。

(1)生物多样性从赤道往两极，物种数目有规律的递减。这种格局不仅仅存在于陆地上，深海的物种多样性也随纬度的增高而降低。

(2)生物多样性随海拔升高而降低。但在不同水热条件下，表现出不同的垂直分布格局。

(3)生物多样性随干旱程度的增加而降低。尤其是在水分受到限制的干旱、半干旱地区表现最为明显。

(4)海洋中生物多样性还随深度和盐度呈现出有规律的变化。如海水含盐量从正常值3.5‰增加或减少时，物种多样性都会降低。

(5)在人类活动或突发性自然因子的干扰下，生物多样性也会发生明显变化，许多研究证明，在中度干扰条件下，拥有最高的生物多样性。

2. 分布格局成因

对生物多样性分布格局形成的驱动力有多种解释与假说，目前认为它的形成大致受以下因素影响。

1)地质历史

地质历史古老的地区，可能拥有更多的物种，如热带雨林地区，从新近—古近以来气候没有发生过大的变化，许多物种被保留下来。高纬度地区受第四纪冰期影响，许多物种灭绝。又如欧亚大陆山系多东西走向，北美大陆山系多南北走向，第四纪冰期中欧亚大陆南部成为许多物种的避难所，而在北美冰川则长驱直下，消灭了许多物种，因此东亚比北美生物多样性高。

2)环境异质性与资源多样性

每个物种的生态幅与生态位都是独特的，它们对资源各有其特别需求。环境的异质性越高，就会提供更多的生态位与更多的资源类型，从而容纳更多的物种。Tilman 于1982 年提出资源比假说(resources ratio hypothesis)，认为生境如含有多种不同的资源比，就会有较多的种共存(邬建国，1992)。

3)岛屿生物地理学理论

美国生态学家 R. H. MacArthur 与 O. Wilson(1967)提出，岛屿的面积越大以及与大陆的距离越近，其物种的多样性越高，并给出了定量表述方法，这一理论被广泛接受并应用于自然保护区的建立。

4)生物因素

种间关系、种的生态位幅度等生物因素对生物多样性也起重要作用。如共生、寄生、传粉、捕食、竞争等，均影响一个群落或生态系统的多样性，物种的传播、外来种引入、生产量高低，均会对生物多样性发生重大影响，因此在生物多样性研究中尤其重视生物因素的作用。

5)尺度问题

生物多样性的测定都是在一定尺度上进行的，一定空间或时间上的测度结果不能用于说明其他尺度上的问题。因此，在比较不同地区或不同生态系统类型生物多样性的高低时，一定要有尺度概念，因为尺度大小不同，可能得到不同的结论。在探讨生物多样性的成因时，大尺度上物理因素起主导作用，但小尺度上生物因素可能是主要的。

三、生物多样性的测度和价值

1. 各种生物多样性指标的测定

1)遗传多样性的测定

众所周知，DNA 构成基因的基础，基因构成了染色体并决定蛋白质的种类及性质。而蛋白质是有机体形态、结构、发育和行为的基础。人们可以在不同的功能层次上对遗传变异进行测定。与此相应，遗传多样性可以在任何一个功能等级上进行测量。遗传多样性的功能等级包括：形态水平、染色体水平、等位酶水平和DNA 水平四级测定。遗传多样性必须用统计方法进行定量分析，因而测定的指标方法很多，目前常用二类。

(1)种群内基因多样性(genic diversity)

$$h = 1 - \sum X_i^2 \tag{7-1}$$

式中，X_i 是 i 等位的频率。所有位点 h 的平均值为该群体平均基因多样性 H。

(2)群体间遗传一致性(genetic identity，I)和遗传距离(genetic distance，D)

$$I = \sum X_i Y_i / \left(\sum X_i^2 \sum Y_i^2\right)^{1/2} \tag{7-2}$$

$$D = -\ln I \tag{7-3}$$

式中，X_i是 x 群体 i 等位的频率，Y_i是 y 群体 i 等位的频率。

2)物种、群落和生态系统水平上生物多样性的测定

包括了确定测定对象、取样面积、取样方法等生物学及统计学两方面的内容。R. H. Whittaker 总结出三种类型的生物多样性：α 多样性(群落内生物多样性)；β 多样性(群落间生物多样性)；γ 多样性(地理区域的生物多样性)。目前常用二类指标体系即 α 多样性和 β 多样性。

(1)α 多样性用于测量群落内生物种类数量以及生物种类间相对多度的一种测量。反应了群落内物种间通过竞争资源或利用同种生境而产生的共存结果。

①物种丰富度指数(D)，指对一个群落中所有实际物种数目的测量。

$$D = S/N \tag{7-4}$$

式中，S 为物种数目，N 为所有物种个体数之总和。

根据统计学原理，当研究的对象是样本而不是整个群落时，又可以表示为

$$D = (S - 1)\lg N \tag{7-5}$$

物种丰富度指数的不足之处是没有考虑物种在群落中分布的均匀性，因此统计出的物种数目不能完全反映群落中的生物多样性。

②Shannon-Wiener 指数(H)，其计算公式为

$$H = -\sum P_i \log P_i \tag{7-6}$$

式中，$P_i = N_i/N$，表示第 i 个种第一次被抽中的概率。

Shannon-Wiener 指数来源于信息理论。当群落中生物种类增多代表群落的复杂程度增高，即 H 值愈大，群落所含的信息量愈大。Shannon-Wiener 多样性指数值一般为 1.5～3.5，很少超过 4.5。

③Simpson 指数(D)，其计算公式为

$$D = 1 - \sum P_i^2 \tag{7-7}$$

式中，P_i 同上。

Simpson 指数对稀有种的作用较小，对普通种的作用较大。

目前还没有一个单独的统计指数能够恰当地描述群落中生物多样性，因此有人建议同时用几个多样性指数以达到较全面描述生物多样性的目的。

(2)β 多样性。用来表示生物种类对环境异质性的反应。它不仅描述生境内生物种类的数量，同时也考虑到这些种类的相同性及其彼此间的位置。不同生境间或某一生境梯度上不同地段间生物种类组成的相似性越差，β 生物多样性越高。β 多样性可以通过不同指数来计算。

①Whittaker 指数(Whittaker，1960)，其计算公式为

$$\beta_W = S/(m_a - 1) \tag{7-8}$$

式中，S 为物种总数，m_a为样本平均种数，a 为某一样方的物种数目。

②Cody 指数(Cody，1975)，其计算公式为

$$\beta_C = [G(H) + I(H)]/2 \tag{7-9}$$

式中，$G(H)$为增加的物种数目，$I(H)$为失去的物种数目。

③Wilson 和 Shmida 指数(Wilson 和 Shmida，1984)，是上述两种指数的结合，其计算公式为

$$\beta_T = [G(H) + I(H)]/m_a \tag{7-10}$$

④Bray-Curtis 指数，其计算公式为

$$\beta_N = 2N_j/(N_a + N_b)$$

式中，N_a为样地 A 的物种数目，N_b为样地 B 的物种数目，N_j为样地 A 和 B 共有种。

3)景观生物多样性的测定

Scheiner 和 Istock(1987)发表了一种测定景观水平分布格局多样性的方法，即类似性分析(affinity analysis)。类似性分析结合了多种多样性的分析方法，对于以种为列、样地为行的数据矩阵进行统计分析。最后将来自于某一景观的实际格局与计算机模拟原始数据而产生的期望格局进行比较。这种分析方法所产生的结果被称为缀块多样性或 β 多样性在多维梯度上的扩展(Scheiner，1990)。

2. 快速生态学评估

快速生态学评估(rapid ecological assessment)是国际自然保护协会(The Naure Conservancy，TNC)发展起来的一套有关生物多样性数据收集和分析的方法。TNC 是一个以科学资料为其行动基础的国际性生物多样性保护组织。为更有效的进行自然保护规划和自然资源的管理，收集和分析有关生物学和生态学方面的数据，TNC 发展了快速生态学评估的方法。该方法具有灵活性和综合性的特点，主要用来对一些没有调查过的、或是地形复杂难以调查的、以及调查费用很高的地区进行快速的生物多样性评估。

快速生态学评估的第一步是要根据研究的目的确定调查地区的地理位置及大小尺度，然后收集有关遥感图像及其他有关的地理信息数据。通过对卫星图像和航空照片等所提供的遥感数据、空间数据，以及现有地图进行的分析、综合，很快地划出具有高度生物保护价值的地理区域以及处于潜在危机中的地区。根据分析的结果，研究人员可以进一步进行有目的的航天勘察以及更进一步的野外实地考查，以确保分析结果的可靠性(图 7-2)。快速

评估方法能同时提供出较准确的生物学和非生物学以及人类活动所造成的影响调查报告。

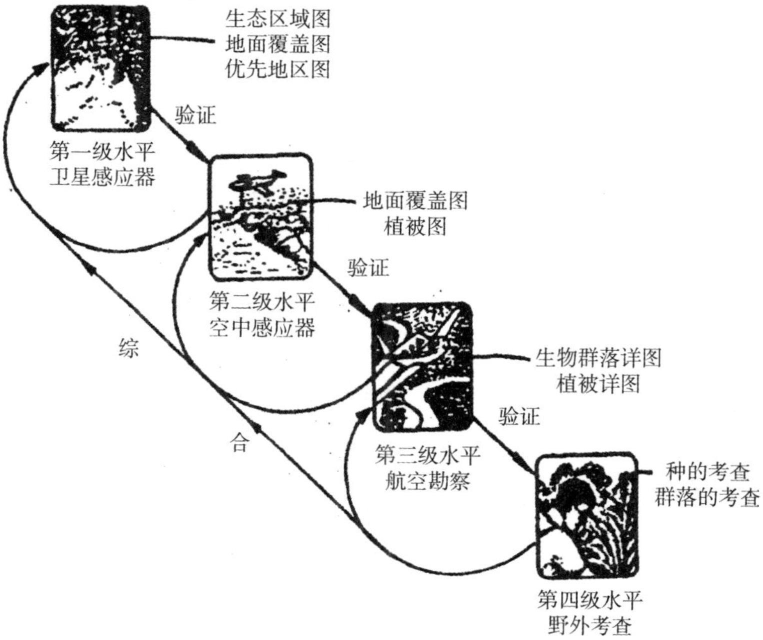

图 7-2　快速生态评估流程(李博，2000)

3. 生物多样性的价值

生物多样性是人类赖以生存的生物资源。“生物多样性公约”明确生物多样性像其他资源一样为所在国所有。据 1997 年 Nature 杂志估计，生物多样性每年为人类创造了约 3.3×10^4亿美元的巨大价值，美国为 3×10^4亿美元，中国约为 4.6×10^4亿美元(中国生物多样性国情研究报告，1997)。

生物多样性的价值估算近来一直是生物多样性研究热点之一。很多人提出各种不同的估算框架，世界经济合作与发展组织(OECD，1995)把总经济价值分成使用价值和非使用价值(图 7-3)。使用价值中又分为直接使用价值和间接使用价值。直接使用价值指那些直接利用的资源如薪炭、野味等，以及利用这些资源做成产品在市场上出售。间接使用价值常常指生态系统的服务功能所带来的价值如地面植物通过光合作用固定太阳能，使光能通过绿色植物进入食物链，又如涵养水源、保护土壤、调节气候等。

生物多样性的选择价值是指个人和社会对生物多样性潜在用途的将来利用，这种利用包括直接利用、间接利用、选择利用和潜在利用。例如昆虫学家为了防治某种害虫，可以到大自然中去寻找它的天敌；微生物学家寻找能帮助进行生物化学制造过程的细菌；药物学家试图从野生植物中寻找抗癌的物质等。生物多样性的选择价值也许更在于人类本身对未来的深刻忧患中，当人类需要某一物种来挽救自己的时候，却发现这一物种在不经意中已经消失了。

生物多样性的存在价值是指人们对野生动植物的关注，愿意付出大笔的经费以确保它们的存在。例如，某些特殊的物种，如大熊猫、狮子、大象等，被称之“有超凡魅力的动物”，人们喜爱它们，通过参加捐助的方式来表达对它们的关爱之情。在西方每年有数十亿美元捐献给环境和野生动物保护组织，这表明了物种和群落的存在价值，人们愿意付出，以避免物种灭绝和生境被破坏。

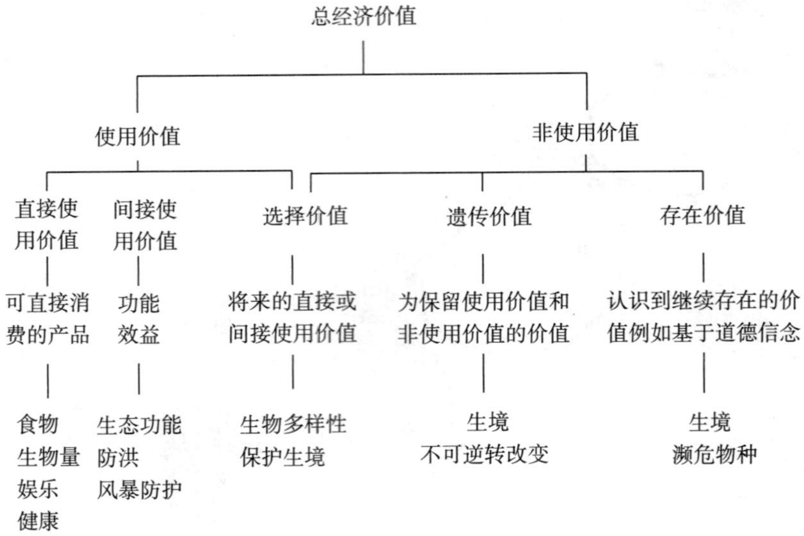

图 7-3　OCED 生物多样性经济价值分类

五、濒危生物的评估与分级

1. *珍稀濒危物种的划分原则*

世界各国确定珍稀动植物的原则大同小异，但根据各国的具体情况，也有所区别。自 20 世纪 70 年代以来，国际自然保护同盟(IUCN)编辑了濒危动植物的红皮书，包括全世界已知需要保护的动物名录(兽类、鸟类、爬行类、两栖类和鱼类)和最受威胁植物的名录。1972 年 6 月联合国召开的“人类环境会议”，即讨论了有关濒危动植物贸易公约的草案。会后，联合国环境规划署又委托国际自然保护同盟，制订《有灭绝危险的野生动植物国际贸易公约》。这个公约也列出了保护动植物的名录和限制贸易的规定，现在全世界已有几十个国家参加。我国于 1980 年正式加入该公约，这两个文献所列的动植物名录，可以认为大都为各国长期以来所公认的稀有或濒危的动植物。

对濒危生物进行保护的优先顺序，国际自然保护同盟在《世界自然保护大纲》(1980)一书中，提出了确定急切性的原则：①整个分布地区受到威胁的物种和唯一可以代表它的科或属的物种，应同样受到优先考虑以防止其灭绝，若潜在的遗传损失较大，则虽然损失的急切性较小，仍需采取防范的措施；②单一物种的科与属应比多型种的科与属优先，因为在理论上，科(或属)愈小，与其最接近的科(或属)之间的距离愈大。如果其他条件相等，一个受到威胁的物种应比一个易受威胁的物种优先；一个易受威胁的物种又比一个稀有的物种优先，而一个稀有的物种又比一个没有以上三种受威胁情况的物种优先。在受危程度和生物分类群两个因子中，首先应考虑分类群，分类群越高级，优先保护的急切性越大。另外，单型种的科与属应比多型种的科与属优先。

2. *物种濒危等级*

对物种进行濒危等级划分具有两方面意义：一方面，从科学角度，划分濒危等级可以对物种的濒危现状和生存前景给予一个客观的评估，并提供一个相互比较的基础，同时也是以前工作的成果汇总；另一方面，从实用角度，可以将物种按其受威胁的严重程度和灭绝的危险程度分等级归类，简单明了地显示出物种的濒危状态，并为开展物种保护及制定保护优先方案提供依据。

1)IUCN 等级系统

IUCN 的红皮书(Red Data Book)和红色目录(Red List)将全世界受威胁物种列入了不同的濒危等级。自 20 世纪 60 年代以来，IUCN 采用的濒危物种等级为 6 级：灭绝、濒危、易危、稀有、未定和欠了解。后来，IUCN 对原等级系统进行了修订，于 1994 年提出了新的等级系统，并对各等级给出了定义。

(1)灭绝(extinct)，物种(及其他类元，如亚种的变种)在野外已不存在、已经死亡，列为灭绝。

(2)野生灭绝(extinct in the wild)，物种仅存在于栽培或饲养条件下，或者仅在其原来的分布区之外存在着驯化的种群，在其已知的分布区内找不到该物种。

(3)极危(critically endangered)，物种在不远的将来走向灭绝的可能性极大，包括的物种数量已减至极点，如果该趋势仍旧继续的话，该物种生存的希望不大。

(4)濒危(endangered)，分类单元虽未达到极危，但在不久的将来野生灭绝的机率很高，即可列为濒危。

(5)易危(vulnerable)，分类单元虽未达到极危或濒危，但在未来的时期内野生灭绝的机率较高，即可列为易危。

(6)低危(lower risk)，分类单元经评估不符合列为极危、濒危或易危任一等级的标准，即可列为低危。列为低危的类群可分 3 个亚等级：①依赖保护(conservation dependent，cd)，已成为针对分类单元或针对栖息地的持续保护项目对象的类群，若停止对有关分类单元的保护，将导致该分类单元五年内达到上述受威胁等级之一；②接近受危(near threatened，nt)：未达到依赖保护但接近易危的类群；③略需关注(least concern，1c)：未达到依赖保护或接近受危的类群。

(7)数据不足(data deficient)，对某一分类单元无足够的资料，仅根据其分布和种群现状对其灭绝的危险进行直接或间接的评估，即可列为数据不足。列入该等级的分类单元可能已得到较好的研究，其生物学特性已相当清楚，但有关多度和分布的适当数据缺乏。因而，其数据不足不能列入某一受威胁或低危等级。将一些类群列入该等级表示需要获得更多的资料及承认可能通过今后的研究将其归入适合的濒危等级。在很多情况下，在对数据不足和受威胁等级之间做出选择时应十分小心谨慎。如果怀疑某一分类单元的分布范围相对局限或关于该分类单元的最后的记录已过去了很长一段时间，即可认为该分类单元处于受威胁状态。

(8)未评估(not evaluated)：未应用有关标准评估的分类单元可列为未评估。

2)我国物种濒危等级系统

在 1998 年出版的《中国濒危动物红皮书》采用“野生绝迹”、“国内绝迹”、“濒危”、“易危”、“稀有”、“未定”6 个等级。

(1)野生绝迹(EX)：指野生种群已经消失，但人工放养或饲养的有残存，如麋鹿。

(2)国内绝迹(ET)：指国内野生种群已经消失，但国外尚有野生种群，如高鼻羚羊。

(3)濒危(E)：指野生种群已经降低到濒临灭绝的临界程度，且致危因素仍在继续。如朱鹮、华南虎、东北虎、白鳍豚等。

(4)易危(V)：指野生种群已经明显下降，如不采取有效保护措施，势必成为“濒危者”或因近似其“濒危”物种，必须予以保护以确保该“濒危”物种的生存，如金猫、云豹。

(5)稀有(R)：指从分类定名以来，迄今总共只有为数有限的发现纪录，其数量稀少的原因主要不是人为因素。如海南绒鼠、沟牙鼯鼠。

(6)未定(I)：指情况不甚明了，但有迹象表明可能已属于或疑为“濒危”或“易危”者，如普氏原羚、假吸血蝠等。

3)我国的珍稀、濒危植物

我国珍稀植物种类非常丰富，有不少是我国特有或世界上著名的贵重用材树种。长期以来，由于对珍稀植物保护不够，使珍稀植物日益减少，有的甚至濒于绝迹。为了保护这些珍稀和濒危植物，1975年农林部颁发了《关于保护、发展和合理利用珍贵树种的通知》，公布了一批一、二类珍贵树种名录。

通知中对一、二类珍贵树种以及如何合理使用这些珍贵树种作了明确规定。规定指出：凡是数量很少或濒于灭绝的稀有和特有树种为一类保护树种，对于这类树种要加强管理，严禁采伐，如有特殊需要，报经农林部批准后才能砍伐；第二类保护树种指尚有一定数量，但已逐渐减少的优良树种，对这些树种要严格控制使用，由省(区)林业厅批准，报农林部备案。

1984年7月，国务院环境保护委员会公布了我国第一批《珍稀濒危保护植物名录》共354种(1个亚种，21个变种)，其中包括蕨类植物9种，裸子植物68种，被子植物277种，名录列出一级保护植物8种，二级保护植物143种，三级保护植物203种。同时还规定：一级重点保护植物是指中国特产，并具有极为重要的科研、经济和文化价值的濒危种类；二级重点保护植物是指在科研或经济上有重要意义的濒危或渐危种类；三级重点保护植物是指在科研或经济上有一定意义的渐危或稀有种类。

1987年，国家环境保护局和中国科学院植物研究所出版了《中国珍稀濒危保护植物名录》第一册，对1984年公布的保护植物名录作了修改，增加了35种，共389种(1个亚种，24个变种)。包括蕨类植物13种，裸子植物71种，被子植物305种。其中定为濒危的种类121种，稀有的种类110种，渐危的种类158种；列为一级重点保护的8种，二级重点保护的159种，三级重点保护的222种。

1999年国务院签发了《国家重点保护野生植物名录》，被列为一级保护植物的有67种(被子植物48种，裸子植物16种，蕨类植物3种)，二级保护植物343种(被子植物301种，裸子植物28种，蕨类植物14种)。

4)我国的珍稀动物

据不完全的资料表明，我国历史上有记载的灭绝动物种有麋鹿、犀牛、新疆虎等，野马、高鼻羚羊、白臀叶猴等的绝迹比较晚。另外，从近30年来的情况来看，野驼、白鳍豚、儒艮、野象、坡鹿、豚鹿、懒猴、多种长臂猿及叶猴、金丝猴、熊猫、东北虎、华南虎、雪豹、朱鹮、黑颈鹤、黄腹角雉、扬子鳄、鲟等相当多的物种，分布范围显著缩小，种群数量骤减，它们的濒危状况，应当引起极大的关注。实际上，国家对野生动物的保护已经给予重视，特别是多年来对于保护动物名录的制定。国家对于珍稀动物保护名录的确定，最早是在 1956 年 10 月林业部的《狩猎管理办法(草案)》中，即把受保护的野生动物划分为稀有珍贵和对农林有益的两类。在 1959 年 2 月《关于我国珍贵动物出口问题的请示报告》、1962 年 9 月《国务院关于积极保护和合理利用野生动物资源的指示》和 1974 年 8 月农林部草拟的《野生动物资源保护条例(草案)》中也分别做了规定。不同的文件对稀有、珍贵、特产的理解不太一致，但可看出随着野生动物的生境不断遭受破坏，保护动物的种数逐年增加。我国 1962 年列出的保护名录为 56 种动物，到 1980 年已达 148 种。

1987 年，国务院环保委员会正式公布《重点保护野生动物名录》，共有保护动物 206 种，分属 6 纲 36 目 60 科。属于一级保护的动物有 84 种，二级保护的有 122 种。其中哺乳纲 84 种，鸟纲 97 种，爬行纲 13 种，两栖纲 1 种，鱼纲 10 种。

1988 年 12 月 10 日国务院批准并公布了经修改的《国家重点保护野生动物名录》，共 257 种，属于一级保护的有 96 种，属于二级保护的有 161 种。其中兽类 82 种，鸟类 111 种，爬行类 17 种，两栖类 7 种，鱼类 16 种(包括文昌鱼)，贝类、昆虫类等 24 种。

2000 年 8 月 1 日，国家林业局第 7 号令发布了《国家保护的有益的或者有重要经济、科学研究价值的陆生野生动物名录》，共 46 目 177 科 1591 种。其中，兽纲 6 目 14 科 88 种，鸟纲 18 目 61 科 707 种，两栖纲 3 目 10 科 291 种，爬行纲 2 目 20 科 395 种，昆虫纲 17 目 72 科 110 种(另包括 21 属每个属的所有种)。

总之，中国的生物多样性是非常丰富的，其中珍稀保护物种很多，珍稀濒危及稀有生物种类如表 7-1 所示。

表 7-1 中国的珍稀濒危及稀有种类

类群	珍稀濒危及稀有种类	备注
藻类	不明	
地衣	不明	
苔藓	36 种以上	
蕨类	101 种以上	
裸子植物	约 63 种	
被子植物	约 1000 种	4000 余种受威胁
无脊椎动物	不明	
昆虫	不明	
脊椎动物	433 种	

五、全球生物多样性

1. 世界生物多样性及其分布

生物多样性的丰富程度通常直接以某地区的物种数量来表示。到目前为止，已经定名的物种为 1400000～1700000 种(表 7-2)，但除了对高等植物和脊椎动物的物种数量了解比较清楚外。对其他类群，如昆虫、低等无脊椎动物、微生物等的物种数量还很不了解，在1983年，美国昆虫学家Erwin研究亚马逊河流域热带雨林树冠层的昆虫之后，发现其中90%以上是未知物种；对一些特殊生境，像深海底层、珊瑚礁、土壤和森林树冠层的生物迄今研究很少。由此可见，人类对环境中的生物了解还很有限，分类学家对地球上的物种数量也估计不同，其范围在5000000～50000000种之间。

表7-2　世界生物多样性简况

类群名称	已知物种数	群类名称	已知物种数
细菌和蓝藻	4760	真核藻类	26900
真菌	46983	其他节肢动物和小型无脊椎动物	132461
地衣	26000	昆虫	751000
苔藓植物	23000	软体动物	50000
蕨类植物	12000	海星	6100
裸子植物	750	鱼类	19056
被子植物	250000	两栖动物	4184
原生植物	30800	爬行动物	6300
海绵动物	5000	鸟类	9189
珊瑚和水母	9000	哺乳动物	4181
线虫和环节动物	24000	总计	1476673
甲壳动物	38000		

生物多样性并不是均匀地分布于世界各国的，而主要分布于具有热带森林的国家，因为，热带森林仅占全球陆地面积的7%，但却拥有世界上半数以上的物种。通常将那些拥有物种生物多样性(包括海洋、淡水和陆地中的生物多样性)比例高的国家称为生物多样性特丰国家(mega diversity country)，包括巴西、哥伦比亚、厄瓜多尔、秘鲁、墨西哥、扎伊尔、马达加斯加、澳大利亚、中国、印度、印度尼西亚和马来西亚等12个国家，它们拥有全球生物多样性的60%～70%，甚至更高。其中，巴西、扎伊尔、马达加斯加和印度尼西亚等四国拥有全球213种灵长类，巴西、哥伦比亚、墨西哥、扎伊尔、马达加斯加、澳大利亚、中国和印度尼西亚等7国拥有全球一半以上的有花植物(表7-3)。

表7-3　生物类群落种数前十位的国家(Mcneely等，1990；陈灵芝等，1993)

名次	国家	哺乳类	国家	鸟类	国家	两栖类
1	印度尼西亚	515	哥伦比亚	1721	巴西	516
2	中国	499	秘鲁	1701	哥伦比亚	407
3	墨西哥	449	巴西	1622	厄瓜多尔	358
4	巴西	428	印度尼西亚	1519	墨西哥	282
5	扎伊尔	409	厄瓜多尔	1447	中国	279
6	秘鲁	361	委内瑞拉	1275	印度尼西亚	270

续表

名次	国家	哺乳类	国家	鸟类	国家	两栖类
7	哥伦比亚	359	玻利维亚	1250	秘鲁	251
8	印度	350	印度	1200	扎伊尔	216
9	乌干达	311	马来西亚	1200	美国	205
10	坦桑尼亚	310	中国	1186	委内瑞拉/澳大利亚	197
名次	国家	爬行类	国家	凤蝶	国家	种子植物(估计)
1	墨西哥	701	印度尼西亚	121	巴西	55000
2	澳大利亚	686	中国	99～104	哥伦比亚	45000
3	印度尼西亚	600	印度	77	中国	27000
4	巴西	467	巴西	74	墨西哥	25000
5	印度	453	缅甸	68	澳大利亚	23000
6	哥伦比亚	383	厄瓜多尔	64	南非	21000
7	中国	376	哥伦比亚	59	印度尼西亚	20000
8	厄瓜多尔	345	秘鲁	58～59	委内瑞拉	20000
9	秘鲁	297	马来西亚	54～56	秘鲁	20000
10	马来西亚	294	墨西哥	52	前苏联	20000

2. 中国的生物多样性

中国位于欧亚大陆的东南部，东南濒临太平洋，西北深处欧亚大陆腹地，西南与南亚次大地接壤，国土辽阔，海域宽广。我国从北到南有寒温带、温带、暖温带、亚热带和热带等多种气候带，东南半部受海洋气候的影响，植被呈现明显的纬向地带性；从东南到西北总体降水量减少，植被又有较明显的经向地带性。不仅如此，中国还有较古老的地质历史和世界上最高大的青藏高原，自然条件复杂多样，孕育了极其丰富的植物、动物和微生物物种，使中国成为世界上生物多样性最丰富的国家之一，居世界第七位，北半球第一位。

1)生物物种丰富

我国有已定名的高等植物 30000 余种，占世界 10%，居第三位。其中，在全世界裸子植物 15 科 850 种中，中国就有 10 科，约 250 种，是世界上裸子植物最多的国家；有脊椎动物 6347 种，约占世界 14%；鱼类 3862 种，均居世界前列。

2)特有属、种繁多

高等植物中特有种最多，约 17300 种，占中国高等植物总种数的 57%以上；种子植物有 243 个特有属；脊椎动物特有种有 667 种，占脊椎动物总种数 10.5%。

3)区系起源古老

由于中生代末中国大部分地区已上升为陆地，第四纪冰期又未遭受大陆冰川的影响，许多地区都不同程度保留了白垩纪、新近—古近的古老残遗成分。如松杉类世界现存 7 个科中，中国有 6 个科。动物中大熊猫、白鳍豚、扬子鳄等都是古老孑遗物种。

4)资源品种非常丰富

中国是水稻和大豆的原产地，品种分别达 5 万个和 2 万个。中国有药用植物 11000 多种，牧草 4215 种，原产中国的重要观赏花卉超过 30 属 2238 种。中国是世界上家养动物品种和类群最丰富的国家，共有 1938 个品种和类群。

5)生态系统丰富多彩

中国具有较完整的地球陆生生态系统，如森林、灌丛、草原和稀树草原、草甸、荒漠、高山冻源等各种类型，根据不同的气候、土壤条件和系统组成，又分 612 类群系。海洋和淡水生态系统类型也很齐全。

6)濒危物种较多

中国也是生物多样性受到威胁的国家之一，在《濒危野生动植物种国际贸易公约》列出的 640 个世界性濒危物种中，中国就有 156 种，约为总数的 25%。

第三节　保护生物学

一、保护生物学

保护生物学(conservation biology)是研究生物多样性保护的科学，是在全球生物多样性破坏日趋严峻的背景下形成和发展起来的。保护生物学正式作为一门学科诞生的标志是 1969 年在英国创刊的国际学术杂志 Biological Conservation 和 1970 年 Ehrenfeld 出版的著作 Biological Conservation。美国加洲大学生物学家 Soule 对保护生物学的发展和传播起了极为关键的作用，他到处游说，号召野生生物管理人员和从事生物学基础研究的人们进行广泛的合作，生态学家、生物地理学家和遗传学家协作，共同努力保护和拯救处于绝灭的生物种。1978 年，以他为首的保护生物学家在美国圣地亚哥野生动物园召开了第一届国际保护生物学大会(Gibbons，1992)。1980 年，Soule 和 Wilcox 编辑出版了 *Conservation Biology*：*An Evolutionary-Ecological Perspective* 一书，强调了进化生态学在保护生物学研究中的重要性。1984 年，他出版了 *Conservation Biology*：*the Science of Scarcity and Diversity*，产生了深远的影响。1985 年美国成立了保护生物学会(The Society for Conservation Biology)，两年后，学会杂志 Conservation Biology 正式创刊，标志着保护生物学趋于成熟。在科学家和大众的推动下，政治家和各国政府对生物多样性保护也表现出了前所未有的关注。1992 年 6 月各国政府首脑云集巴西首都里约热内卢，召开了联合国环境与发展大会(环发首脑大会)，并通过了生物多样性公约(Convention on Biological Diversity)和气候变化框架公约(Convention on Climate Change)。包括中国在内的 157 个国家在公约上签了字。到 1996 年 10 月，已有 162 个国家批准了它，截止 2004 年 2 月，该公约的签字国有 188 个。表明了各缔约国政府在保护生物多样性方面达成了共识。在环发首脑大会之后，中国的生物多样性保护和研究得到了较快发展。1994 年中国政府颁布了《中国 21 世纪议程》和《中国生物多样性保护行动计划》，1998 年，我国出版了《中国生物多样性国情研究报告》。这些为指导和推动中国的生物多样性保护和研究提供了良好的基础。保护生物学是在全球生物多样性保护和研究成为全球严重关注的背景下诞生的，保护生物学如其说是一门学科，倒不如说是与生物多样性保护有关的学科所组成的集合。它的目标是评估人类对生物多样性的影响，提出防止物种灭绝的具体措施(Soule，1986)，它具有理论科学和应用管理科学的双重性质，由基础生物学(其中包括生物地理学)、应用生物学和社会科学集合而成。

二、生物多样性保护

为什么要保护生物多样性？因为生物多样性具有资源价值(直接利用价值)、生态价值、科学价值和观赏价值。

(1)资源价值，野生生物为人类提供食物、建材、药品和其他日用品等，以直接或市场贸易形式被人类利用。

(2)生态价值，生态系统具有净化水质、水土保持、调节大气气体平衡、调节气候等。

(3)观赏价值，观赏动植物、生态旅游等都是生物多样性为人类提供的材料、对象和场所。

(4)科学价值，生物多样性的不同层次都具有科学研究的价值，通过科学研究和发现，为人类提供更多更好的可利用价值，促进人类进步和文明。

目前对进行生物多样性进行保护，一般分为两种方法。

1. 就地保护(in situ conservation)

是通过设定和管理自然保护区，限制捕获和采取，或者为了维持生态系统的平衡进行特定物种数量的调节，从而达到对所选定的保护对象进行现场保护的方法。

2. 迁地保护(ex situ conservation)

是通过建立动物园、植物园、种子库、基因库等方式，使野生生物资源及遗传基因离开原来生长地进行保护的方法。

就地保护是主要措施，迁地保护是补充措施。普遍认为，生境的“就地保护”是生物多样性保护最有力和最高效的保护方法。就地保护不仅保护了所在生境中的物种个体、种群或群落，而且还维持了所在区域生态系统中能量和物质运动的过程，保证了物种的正常发育与进化过程以及物种与其环境间的生态学过程，并保护了物种在原生环境下的生存能力和种内遗传变异度。因此，就地保护在生态系统、物种和遗传多样性三个水平都是最充分、最有效的保护，它是保护生物多样性最根本的途径。

确定保护区的面积、形状等有一些原则要求。不同保护区的面积和布局的不同，效果也有所差别(图 7-4)。保护区的总体规划一般分为三个部分：核心区(core area)，缓冲区(buffer area)和实验区。

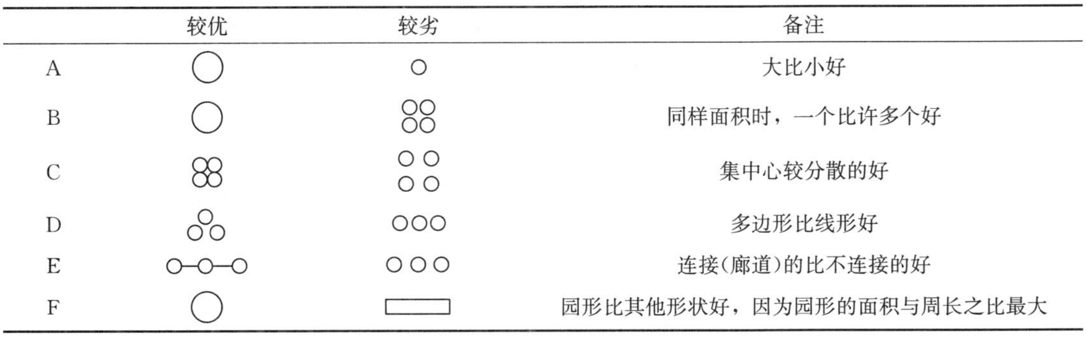

图 7-4　不同保护区面积和布局优劣示意图

三、中国的生物多样性保护

中国是世界上最大的发展中国家，人口众多，经济社会快速发展对生物多样性保护的压力不断增大，生物多样性保护面临的问题日益突出，主要包括：①人为活动使生态系统不断破坏，已成为中国目前最严重的生态问题之一；②由于人口的快速增长及经济的快速发展，对资源及生态的需求不断加大，对生物多样性保护构成了巨大压力，许多动植物物种严重濒危；③城乡工农业污水大量排放到水域，废气等污染物排放到大气，使许多生物及生态系统类型因生境恶化而濒危。作为《生物多样性公约》较早的缔约国之一，中国是世界上率先完成公约行动计划的少数国家之一。先后制定了与生物多样性保护相关的法律，还制定了一系列有关生物多样性保护的战略、行动计划和规划。近年来，我国加强了对重点地区、重点领域和特殊类群物种资源的调查与编目，先后组织了全国重点生物物种资源调查、全国陆生野生动植物资源调查、全国湿地资源调查和全国畜禽遗传资源调查等大规模调查工作。

1. 保护生物多样性的立法工作

中国政府历来重视生物多样性的保护问题。1962 年国务院发出了“关于积极保护和合理利用野生动物资源的指示”，提出了“加强资源保护、积极繁殖饲养、合理猎取利用的护、养、猎并举的方针”；1963 年颁布了《森林保护条例》，规定保护稀有珍贵林木和禁猎区的森林及自然保护区的森林；1964 年国务院又批发了《水产资源繁殖保护条例(草案)》。20 世纪 70 年代开始，国际上对环境保护的重视推动了我国珍稀物种的保护。1978 年 3 月 5 日全国五届人大一次会议通过的宪法，在总纲第九条提出“国家保障自然资源的合理利用，保护珍贵的动物和植物”。1983 年，国务院发出《关于严格保护珍贵稀有野生动物的通知》。1985 年，全国人大委员会颁布《草原法》，对在草原上猎捕野生动物和采挖野生植物都作了严格的规定。1986 年 1 月 20 日，国家公布了《渔业法》，大约两个月内就收到了 100 多个单位和个人提出的珍贵、稀有和濒危植物的名录及保护意见。在此基础上汇编成了《中国稀有、珍贵与濒临灭绝的植物名录(初稿)》。经过修订，1981 年改称《国家重点保护植物名录》。又经全国有关单位和专家反复讨论审议，最后汇编成我国第一册《珍稀濒危保护植物名录》。在《名录》的基础上，国家环保总局与中科院植物所组织全国 63 个高校、科研单位的 180 多位专家、教授进一步编写《中国植物红皮书》。1989 年由上海教育出版社出版了红皮书的普及本《中国珍稀濒危植物》，又于 1990 年由科学出版社正式出版发行《中国植物红皮书》第一册，同时向国外出版发行了该红皮书的英文版。《中国植物红皮书》的编写出版有力地促进了全国珍稀濒危植物的保护，对世界红皮书的编写和全球生物多样性的保护也做出了巨大的贡献。

2. 生态系统多样性保护

生态系统多样性的保护主要是在生物多样性关键地区，选择典型地段，集中管理起来，实行就地保护的措施。采用建立自然保护区、风景名胜区和森林公园这三种形式。

1)自然保护区的建设

根据国家标准《自然保护区类型与级别划分原则》(GB/T 14529-93)，自然保护区分为自然生态系统类、野生生物类和自然遗迹类三个类别，其中自然生态系统类自然保护区分为五种类型，即森林生态系统、草原与草甸生态系统、荒漠生态系统、内陆湿地和水域生态系统、海洋与海岸生态系统。到2002年底，全国共建立自然保护区1757个，保护面积为$1.329\times10^6 km^2$。

目前中国已初步形成全国自然生态系统保护区网络，有效地保护了一大批具有重要科学、经济、文化价值的自然生态系统。但是，草原与海洋生态系统自然保护区数量和面积尚偏少，需要重点加强。另一方面，值得关注的是中国自然保护区虽然数量较多，面积也已达世界平均水平，但管理质量不高，各地自然保护区普遍存在机构不健全，经费缺少，管理人员素质偏低的现象。

2)风景名胜区的建设

到2009年，全国已批准国家级风景名胜区208处，省级698处。其中泰山、黄山、武陵源、九寨沟、黄龙、四川峨眉山—乐山、云南三江并流等七处作为自然历史遗迹被列入"世界自然遗产名录"。风景名胜区虽然在客观上保护了自然生态系统，但由于旅游设施的大规模建设，实际上也不同程度地破坏了区内的自然景观，大量的游人涌入还导致部分景区内环境的污染。

3)森林公园的建设

近年来，随着森林旅游业的兴起，森林公园建设发展迅速。截至2011年底，全国已建森林公园2747处，其中国家级森林公园746处，全国森林公园经营面积$1.7\times10^5 km^2$。森林公园具有保护和经营旅游的双重性质，其客观上森林公园保护了大批森林生态系统，对保护生物多样性发挥了积极作用。但是在主观上其管理目标是开发旅游和经济创收，旅游人数过多和管理落后也会对景区环境造成一定影响。

目前，风景名胜区、森林公园和许多自然保护区都在大力开展旅游活动，取得了很大的经济效益。但是，自然保护区和森林公园的旅游开发需要正确引导和限制。目前一些自然保护区盲目追求旅游经济效益、兴建旅游设施，影响甚至破坏了原有的自然景观；对游人管理不善也常造成区内环境污染。甚至有的地方将自然保护区改为森林公园，专营森林旅游。为纠正此做法，林业部于1993年发出《关于自然保护区开展旅游活动有关问题的通知》，对自然保护区开发旅游活动提出具体规定。此外，自然保护区开展旅游，应注重开展生态旅游活动，激发游客公众保护生物多样性的责任，在欣赏自然景观的同时开展有益于生物多样性保护的活动。

3. 物种多样性保护

物种多样性的保护主要采取就地保护和迁地保护两种措施。

1)物种就地保护

中国野生生物类自然保护区的建立始于20世纪60年代，1995年底，全国共建立野生生物类(包括野生动物和野生植物两个类型)自然保护区285个，面积$1.912\times10^5 km^2$，国家公布的《重点保护野生动物名录》中的257种野生动物和《重点保护野生植物名录》中的354种植物中的大多数种已得到就地保护。

已建立野生动物类型自然保护区214个，面积$1.8\times10^5 km^2$。其中许多自然保护区是专门保护某一动物种或某几种动物。例如，建立了16个专门保护大熊猫的自然保护区，建立了20多个保护鹤类和10多个保护天鹅的自然保护区，还为保护金丝猴、黑叶猴、猕猴、东北虎、华南虎、野牛、亚洲象、赤斑羚、长臂猿、羚牛、坡鹿、白唇鹿、野骆驼、白　豚、儒艮、朱鹮、扬子鳄、海龟、中华鲟、文昌鱼等数十种野生动物建立了专门的自然保护区。自然保护区的建立使一些濒危物种的种群得到恢复和增殖。例如，在一些候鸟保护区栖息的丹顶鹤、黑颈鹤、白鹤等鸟类的种群数量逐年增加；西双版纳和卧龙自然保护区保护的亚洲象、大熊猫等物种种群都有增长趋势。但是由于许多保护区面积偏小，物种种群得不到充分保护，许多物种，如华南虎、东北虎、长臂猿等动物仍然处于濒危状态。

已建立野生植物类型自然保护区 71 个，面积 $1.12\times10^4\text{km}^2$，其中许多保护区是专门保护某一植物种群或群落的。例如，建有专门保护水杉原始林和保护珙桐、银杉、桫椤、金花茶、苏铁、百山祖冷杉、银杏、人参、望天树、连香树、水青树，龙血树等植物的专门自然保护区；还建立了许多野生药用植物资源的自然保护区，仅黑龙江省就有 36 个药用植物保护区。

2)物种迁地保护

目前中国共建有动物园和动物展区 171 个，其中具有一定规模的动物园 28 个，分布在全国 28 个大城市和省会城市。这些动物园保存的脊椎动物有 600 余种，10 万余只(头)，并通过交换、互赠等手段引进国外珍稀动物近 100 种，1000 只(头)。

此外，中国已建各种野生动物繁育中心 126 个，并建立了大熊猫、朱鹮、海南坡鹿、扬子鳄、麋鹿、高鼻羚羊、野马、白　豚、东北虎等珍稀动物驯养中心和珍贵动物救护中心等共 14 处。目前已有极少量驯养动物进行了野化放归试验。

中国植物园建设也是在新中国成立后得到发展，至 1994 年，已建植物园和树木园 110 个，引种各类高等植物 2.3×10^4 种，其中属于中国成分的 1.3×10^4 种以上。还在广州华南植物园建立了木兰科、姜科、苏铁科植物保存园；在昆明植物园建立了杜鹃花科、山茶科保存园；在西双版纳植物园建立了龙脑香科、肉豆蔻科植物保存园等。此外，还在广州、昆明、九江、南京、杭州、北京、西双版纳、西宁、四川都江堰、新疆吐鲁番等地建立了地区性珍稀濒危植物引种基地和人工繁育中心。

物种迁地保护已经取得显著成效，但从目前情况看，还存在两方面的缺点。一是迁地保护偏注重于大型动植物种，忽略了其他生物；二是迁地后繁育的种群尚未得到充分的利用，特别是绝大多数迁地繁育物种尚未实施野化放归实验。

四、遗传多样性保护

在过去的 10 年中，中国建立了一批现代化遗传资源保存设施。例如，中国科学院在北京建立了微生物苗种保存库，收集保存活菌 9×10^4 多株；在上海、昆明建立了野生动物细胞库；中国医学科学院在北京建立了药用植物种质保存库，保存了 900 种药用植物；中国农科院在北京建立了一个容量达 4×10^5 种质材料的大型作物种质资源长期保存库，保存有 30 多万份作物种质材料。农业部门还在全国建立了各种作物种质资源中期保存库共 27 座；建立了 15 个果树资源保存圃，入圃品种资源 2.27×10^4 份；建立了 10 个多年生作物种质资源圃；还建成淡水鱼类种质资源综合库、鱼类冷冻精液库、试验性牛、羊精液库、胚胎库等。至 1993 年底，林业部门已建林木种子库 19 个，林木良种基地 624 处，面积 6×10^4 多 hm^2，其中在河南建立了世界上最大的泡桐基因库。

在就地保护遗传资源方面，已建有保护果树野生亲缘种的新疆巩留野核桃和塔城巴旦杏自然保护区；保护野生花卉种质资源的湖北保康腊梅、广西金花茶和黑龙江老山头荷花自然保护区；保护鱼种质资源的江西鄱阳湖鲤鱼、鲫鱼产卵场自然保护区等。此外，在各畜种产区，先后建立了1768处马、牛、羊、猪、禽、兔等品种选育场和繁殖场及少数保护区。

总的说来，中国遗传资源保存设施多半是“七五”期间发展起来的，尚处于发展阶段。而且相对于中国丰富的遗传资源和普遍落后的保存技术来说，这些设施还远远不够，特别是地方中期库较少，建设缺口大。在就地保护方面，也存在较大差距。

第四节 自然保护区

一、自然保护区的概念和类型

1. 自然保护区的概念

自然保护区的定义分为广义和狭义两种。广义的自然保护区，是指受国家法律特殊保护的各种自然区域的总称，不仅包括自然保护区本身，而且包括国家公园、风景名胜区、自然遗迹地等各种保护地区。狭义的自然保护区，是指以保护特殊生态系统和进行科学研究为主要目的而划定的自然保护区，即严格意义的自然保护区。《中华人民共和国自然保护区条例》第二条定义的“自然保护区”为“对有代表性的自然生态系统、珍稀濒危野生动植物物种的天然集中分布区、有特殊意义的自然遗迹等保护对象所在的陆地、陆地水体或者海域，依法划出一定面积予以特殊保护和管理的区域”。中华人民共和国的自然保护区分为国家级自然保护区和地方各级自然保护区。《条例》第十一条规定，“其中在国内外有典型意义、在科学上有重大国际影响或者有特殊科学研究价值的自然保护区，列为国家级自然保护区”。《条例》第十二条规定：“国家级自然保护区的建立，由自然保护区所在的省、自治区、直辖市人民政府或者国务院有关自然保护区行政主管部门提出申请，经国家级自然保护区评审委员会评审后，由国务院环境保护行政主管部门进行协调并提出审批建议，报国务院批准。”在这些自然保护区中，既包括自然地带中各种生态系统的代表，又包括一些珍贵、稀有动植物品种的集中分布区，候鸟繁殖、越冬和迁徙的停歇地，以及饲养、栽培品种的野生近缘种的集中产地；还包括风光旖旎的天然风景区；同时也包括具有特殊保护价值的地质剖面、化石产地、冰川遗迹、岩溶、瀑布、温泉、火山口及陨石所在地等。此外，在传统的农业实践中创造出的一些成功地保护自然的范例，也属于自然保护区的特殊的保护范围。

2. 自然保护区的类型

自然保护区的类型取决于该特定地区、生态系统、物种或种组受威胁的程度，以及管理机构和当地的社会经济情况。一般将自然保护区分为以下六类。

(1)科学保护区(严格自然保护区)。在不受外来干扰的自然状况下，通过保护自然及其生态过程提供具有典型生态意义的自然环境，来进行科学研究、环境监测和教育，在动态和进化状态下维护遗传资源的自然保护区。

(2)国家公园(national park)。1969年在IUCN第十届大会上确定国家公园应且有相当大的面积，包括一种或几种基本上未受人类开发利用的、具有代表性的生态系统类型，并包括一定的自然景观以及以科学、教育和娱乐为目的而保护的具有突出的国家和国际意义的自然区和风景区。在这些地区禁止进行商业性资源开发。

(3)自然遗迹(自然纪念地)。保护和维护具有国家意义的自然风貌和当地特征的保护区。

(4)自然保护区(野生生物禁猎区)。确保和维护在自然环境中具有国家意义的物种、类群、生物群落，以及需要人特殊管理、允许有控制地利用某些资源的地区。

(5)风景保护区。在保持当地正常的生活和经济活动的情况下，既保护居民和土地相协调的具有国家意义的自然景观，又为社会提供娱乐旅游场所的地区。

(6)多用途管理区(资源保护区)。为综合利用和保护自然资源的地区，如水体、森林、牧场和户外娱乐场所。

中国的自然保护区按照保护对象和目的也分为六种类型：①以保护完整的综合自然生态系统为目的的自然保护区，例如以保护温带山地生态系统及自然景观为主的长白山自然保护区，以保护亚热带生态系统为主的武夷山自然保护区和保护热带自然生态系统的云南西双版纳自然保护区等；②以保护某些珍贵动物资源为主的自然保护区，如四川卧龙和王朗自然保护区以保护大熊猫为主，黑龙江扎龙和吉林向海自然保护区以保护丹顶鹤为主；四川铁布自然保护区以保护梅花鹿为主等；③以保护珍稀孑遗植物及特有植被类型为目的的自然保护区，如广西花坪自然保护区以保护银杉和亚热带常绿阔叶林为主，黑龙江丰林自然保护区及凉水自然保护区以保护红松林为主；④以保护自然风景为主的自然保护区和国家公园，如四川九寨沟、缙云山自然保护区、江西庐山自然保护区、台湾省的玉山国家公园等；⑤以保护特有的地质剖面及特殊地貌类型为主的自然保护区，如以保护近期火山遗迹和自然景观为主的黑龙江五大连池自然保护区，保护珍贵地质剖面的天津蓟县地质剖面自然保护区；⑥以保护沿海自然环境及自然资源为主要目的的自然保护区，主要有海南省的东寨港保护区和清澜港保护区、广西山口国家红树林生态自然保护区(保护海涂上特有的红树林)等。

二、自然保护区的设计原则

最早设立的原始自然保护区和国家公园是无意识设立的，其目的是出于宗教或娱乐，诸如自然物朝拜处、狩猎保留地或动物保护地等。随着自然保护区的相继出现，自然保护工作者意识到，以某一类生物资源或某一濒危物种为对象的保护工作已不再能满足全球生物多样性保护的要求。他们将目光转向保护自然资源和物种赖以生存的生态系统和栖息地，呼吁各国政府在特有种、稀有种、濒危种、受危种以及生态系统关键种分布的地区建立各种类型的自然保护区。

1. 保护区的选址原则

物种、基因与生态系统多样性在地球上并不存在一致的分布格局，由于人类活动的影响，自然生境退化与破碎化使生物多样性的分布格局复杂多变。对于自然保护区的选址问题，Noss 认为应该采用从上到下的递阶方法来作出决策，应考虑到生物的分布与生物多样性数量特征的热点地区。Scott 等认为应采用 GAP 来分析空间尺度上的物种组成、分布与其保护状态，寻求没有出现在生物多样性保护区中的植被类型和物种多样性保护的空白地区，在此建立新的自然保护区。根据《中华人民共和国自然保护区条例》，凡具有下列条件之一的应当建立自然保护区：典型的自然地理区域有代表性的自然生态系统区域以及已经遭受破坏但经保护能够恢复的同类自然生态系统区域；珍稀濒危野生动植物物种的天然集中分布区域；具有特殊保护价值的海域海岸岛屿湿地内陆水域森林草原和荒漠；具有重大科学文化价值的地质构造著名溶洞化石分布区冰川火山温泉等自然遗迹；经国务院或者省自治区直辖市人民政府批准需要予以特殊保护的其他自然区域。

一般说来，自然保护区的确立原则包括以下几点。

(1)典型性(typcialness)，在不同自然地理区域中选择有代表性生物群落的地区建立保护区，以保护其自然资源和自然环境，探索生物发展演化的自然规律。保护区所代表的自然地理区域的范畴对确定该保护区的类型和级别有着至关重要的意义。

(2)稀有性(rarity)，稀有种、地方特有种或群落及其独特生境，以及汇集了一群稀有种的所谓动植物避难所的地区，在保护区选址中具有特别重要的意义。

(3)脆弱性(fragility)，对环境改变敏感的生态系统具有较高的保护价值，但它们的保护比较困难，需要特殊的管理。

(4)多样性(diversity)，保护区中群落的数量多寡和群落的类型取决于保护区立地条件的多样性以及植被的发生历史因素，这也是保护区选址的重要依据。

(5)自然性(naturalness)，表示自然生态系统未受人类影响的程度。自然性对于建立以科学研究为目的保护区或保护区的核心区的选择具有特别的意义。

(6)感染力(intrinsic appeal)，虽然从经济的观点来看，不同物种具有不同的利用价值，但是由于科学的发展和认识的深化，一些动植物新的经济价值不断被发现。由于不同的物种和生物类型是不可替代的，就这个意义上来说，各个物种及生物群落和自然景观都是等价的。因此从科学观点来看，很难断言哪一种生物群落类型和哪一物种更重要。由于人的感觉和偏见，不同有机体具有不同的感染力，虽然这一标准只是人类的感觉要求，但对选择风景保护区来说仍很重要。

(7)潜在价值(potential value)，一些地域由于各种原因遭到了破坏(如森林采伐、沼泽排水和草原火烧等)，在这种情况下，如能进行适当的人工管理或减少人类干扰，通过自然的演替，原有的生态系统可以得到恢复，有可能发展成为比现在价值更大的保护区。

(8)科研潜力(scientific research potential)，包括一个地区的科研历史、科研基础和进行科研的潜在价值。

上述选择自然保护区的标准有时可能是互相交叉、互为补充的，例如一个具有代表性的保护区同时可能具有多样性、天然性、科研价值；有些标准则可能相互矛盾，相互排斥，如一个稀有的保护对象往往很难具有典型性或代表性等。因此保护区的选择是一个十分复杂的问题，运用上述标准进行选择和评价时，必须和建立自然保护区的目的结合起来，以保护物种多样性最丰富的地区，面积大、功能完整的生物群落或生态系统的典型代表，以及特有物种或特殊兴趣的群体。

2. 保护区的形状与大小

面积大的保护区与面积小的保护区相比，前者能较好地保护物种和生态系统，因为大的保护区能保护更多的物种，一些物种(特别是大型脊椎动物)在小的保护区内容易灭绝。保护区的大小也是生境质量的函数。保护区的大小可能部分地代表关键资源的数量与类型。就维持某一物种有效种群而言，低质量的资源比高质量的资源需要更大的面积。

一个保护区的重要程度随面积的增加而提高。一般而言，自然保护区面积越大．则保护的生态系统越稳定，其中的生物种群越安全。但自然保护区的建设必须与经济发展相协调，自然保护区面积越大，可供生产和资源开发的区域越小，这与人口众多和土地资源贫乏的国家发展经济是不相适宜的。为了兼顾长远利益和眼前利益，自然保护区只能限于一定的面积，因此保护区面积的适宜性是十分重要的。

保护区的面积应根据保护对象和目的而定，应以物种—面积关系、生态系统的物种多样性与稳定性以及岛屿生物地理学理论为基础来确定保护区的面积。通常物种数量与其生存空间存在着明显关系，在一个区域内，物种数目随面积的增加而增加，但面积增加到一定程度，物种数目并不一定无限增加。目前保护区大多是孤立地分布在人为活动环境中，呈岛屿状分布。按照岛屿生物学理论，随着岛屿上物种数目的增多，物种迁入率下降，但灭绝率提高。物种数随面积的变化符合下列关系式：

$$S = C \times A^{z} \tag{7-11}$$

式中，S 为物种数，A 为岛屿面积，C 为物种的分布密度，即单位面积内的物种数目，Z 为某个统计指数(0.05～0.37)。

保护区的大小也与遗传多样性的保持有关，在小保护区中生活的小种群的遗传多样性低，更加容易受到对种群生存力有负作用的随机性因素的影响。与试验饲养种群相似，小的种群容易导致遗传漂变和有奠基者效应的遗传异质性丢失(Lande，1987)。

保护区的大小也关系到生态系统能否维持正常功能。物种的多样性与保护区面积都与维持生态系统的稳定性有关。面积小的生境斑块，维持的物种相对较少，容易受到外来生物的干扰，只有在保护区面积达到一定大小后才能保持正常功能，因此在考虑保护区面积时，尽可能包括有代表性的生态系统类型及其演替序列。

保护区大小的确定还应该考虑干扰与环境变化的作用，特别是全球变暖对保护区的影响。根据国际上不同全球环流模型(CCM)的预测，到本世纪 20～30 年代，全球平均温度将增加 1.5℃～4.5℃，降雨量将增加 7%～15%。许多温带植被将向北移动数百公里或向高海拔地区移动数百米，多数地区的气候、生境条件有大的变化。所以在设计保护区大小时，还应该充分考虑到全球变化的影响。保护区的面积应尽可能地大，允许生态系统对气候变化自然适应，选址时特别优先考虑有完整的海拔梯度的地区。

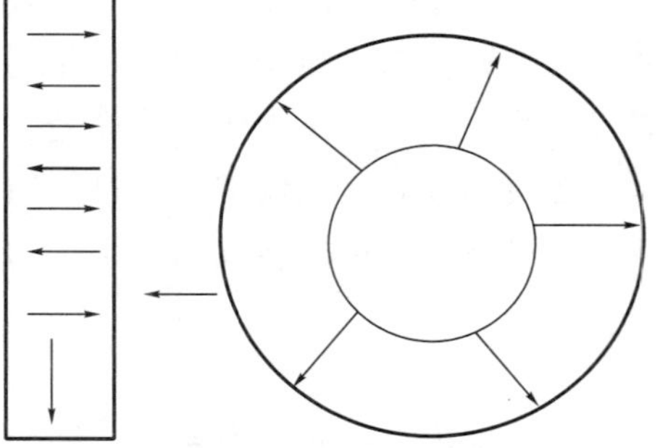

图 7-5　保护区面积和边缘关系示意图
(Meffe et al.，1994)

Wilson 和 Wills(1975)认为，考虑到保护区的边缘效应，狭长型的保护区不如圆形的好，因为圆形可以养活边缘效应，狭长型的保护区造价高，受人为影响也大(图 7-5)。如果采用南北向的狭长型自然保护区，则要保持足够的宽度。如果保护区很窄，则在矩形保护区中没有真正的核心区，而圆形保护区有核心区(中间小圆圈)。在图中，当保护区局部边缘破坏时，对圆形保护区中实际的影响很小，因为保护区都是边缘；而矩形保护区中，局部边缘生境的丢失将影响到保护区核心内部，减少保护区核心区的面积。

关于建立一个大保护区好还是几个小保护区好的问题曾经是 20 世纪 70 年代争论的焦点之一。大多数研究认为，一个大的保护区比几个小的保护区好。这是因为大的保护区可以包含有更多的物种。由于小保护区的隔离作用，保护区的物种数可能超过保护区的承载能力，从而使有些物种灭绝，这种现象称为“物种松弛”（species relaxation）（Harris，1984；Miller，Harris，1987），完全依赖于当地植被、需要大的领地和种群密度较低的物种很容易在保护区灭绝（Harris，1984）。然而，反对者认为，小保护区虽然容易发生局部灭绝，但能在相对大的范围内保护相当数量的代表生境（Quinn，Hastings 1987），因为大的保护区划分成较小的保护区以后，有利于提高生物避免灾难性突发事件（如火灾、传染病）的能力．多个保护区具有生境的多样性，保护的物种会更多。

3. 保护区内部的功能分区

保护区的内部功能分区区划是生物多样性保护区的一个全新的观点，在进行保护区内部区划时，一个典型的自然保护区，一般分为三个部分，即核心区、缓冲区和实验区（图 7-6）。自然保护区的功能分区基本上确定了其发展方向和管理架构，对保护区的有效管理和发展规划起着至关重要的作用。

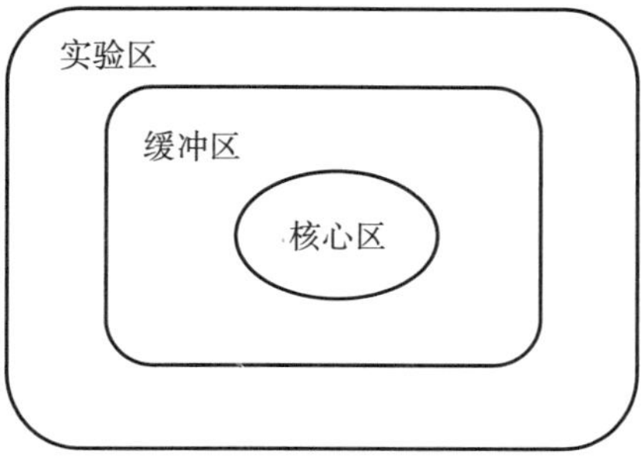

图 7-6　一个理想的自然保护区的功能分区（Meffe et al.，1994）

核心区是原生生态系统和物种保存最好的地段，应严格保护，严禁任何狩猎与砍伐。它突出反映保护区的保护目的，并且包括保护对象持续生存所必需的所有资源。重点是保护完整的、有代表性的生态系统及其生态过程，因此核心区的面积应大到足以构成有效的保护单元。核心区的人为活动应严格限制，一般仅限于物种调查和生态监测，不能采样或采集标木；为保持自然状态还应限制其中科学考察活动的频率和规模。核心区可以有一个或几个。

缓冲区一般应位于核心区的周围，可以包括一部分原生性的生态系统类型和由演替所占据的受过干扰的地段。缓冲区一方面可防止对核心区的影响与破坏，另一方面可用于某些实验性和生产性的科学研究。但在该区进行科学实验不应破坏其群落生态环境，可进行植被演替和合理采伐与更新试验，以及野生经济生物的栽培或驯养等。

核心区和缓冲区的外围是实验区，包括部分原生或次生生态系统，人工生态系统或荒山荒地，也可包括当地居民传统土地利用方式而形成的与周围环境和谐的自然景观。实验区主要是探索资源保护与可持续利用有效结合的途径，在有效保护的前提下，对资源进行适度利用，并成为带动周围更大区域实现可持续发展的示范地。在实验区内可进行一定规模的幼林抚育、次生林改造、林副产品利用、荒山荒地造林以及动物饲养、驯化、招引等活动，根据当地经济发展需要，建立各种类型的人工生态系统，为本区域的生物多样性恢复进行示范。此外还可在当地推广实验区的成果，为当地人民谋利益。

三、自然保护区的管理与评价

自然保护区建立以后，管理工作是最为重要的，管理是完成保护区目标的具体手段和措施。即在获取最佳生态效益的前提下，争取最大的经济利益与最好的社会效益。具体包括保护区的生态目标管理(群落与生态系统结构与功能的保护)、科研管理、行政管理、对外宣传、旅游管理等。评价是对保护区的目标与管理现状进行分析，确立该采取的行动。

1. 自然保护区科学的管理

自然保护区的科学管理工作包括行政管理系统、科研管理系统，生态与景观管理系统、经营管理系统及宣传教育系统等。

世界自然资源保护大纲规定的自然保护的三个目标为：保持基本的生态过程与赖以生存的生态系统；保存基因的多样性；保护物种使之能被永续利用。在中国的自然保护纲要中规定：自然保护的主要目标是保护人类赖以生存和发展的生态过程和生命支持系统，使其免遭破坏和污染，保证生物资源的永续利用，保存生物物种的遗传多样性与保留自然历史纪念物。

Meffe 等(1994)在世界自然资源保护大纲的三个目标的基础上，提出保护区管理的五个目标：①关键的生态系统必须保护，必须丢弃单个物种的管理方式，而应该重点保护生态过程；②管理的目标必须来自对保护区系统的生态学理解；③将外部的负面影响如污染等减到最小，而外部有益的方面必须使之达到最大；④进化过程必须得到保护；⑤自然保护区的管理应是顺应生态规律的，要将人为的介入降至最小。

中国自然保护区的建设目标有以下四条：①保护自然环境和自然资源，维护自然生态的动态平衡，在科学的管理下保持本来的自然面目，一方面维持有益于人类的良性的生态平衡，另一方面创造最佳人工群落模式和进行区域开发的自然参照系统；②保存物种的多样性，即保存动物、植物、微生物物种及其群体的天然基因库；③维持生态系统包括生物物种和自然资源的永续发展和持续利用，使其不但成为种质资源的提供基地，也成为经济建设的物质基础；④保护特殊的有价值的自然人文地理环境，为考证历史、评估现状、预测未来提供研究基地。

区域或一个国家自然保护区如何合理布局，保护区类型合理比例的确定，各级保护区(国家级、省级、县级)发展比例，以及每个自然保护区的资源管理和利用等，都要求通过规划的制定和实施来达到目的。因此，规划管理是自然保护区科学管理的基础。

自然保护区的规划还必须以区划工作为依据。自然保护区区划工作是一项十分重要的工作。要建立既能反映出我国复杂多样的自然地理环境的各种类型的自然保护区，又能使自然保护区在全国范围内的分布比较合理，形成体系完整的中国自然保护网络，并与世界自然保护网络协调地衔接起来，就必须首先搞好我国自然保护区划工作。

自然保护区法是调整自然保护区建立、保护、管理方面各种社会关系的法律规范的总和。它的宗旨是用法律手段保障自然保护区的正确建立和有效保护，以最充分地发挥这种特殊自然保护形式对人类长期的生存与繁荣的积极作用。

科学管理自然保护区必须以科学技术作为基础和后盾，没有科学研究的指导要进行现代化的管理是不可能的。自然保护区的研究包括以下内容：①保护区内生态系统调查和分析，包括其结构、功能稳定性、多样性、矿物质和能源等；②确定生物圈内的保护区单元是否具有代表性并研究和建立有关这种确定的方法。

2. 自然保护区的评价

自然保护区评价的主要目的在于：一方面，为新建的自然保护区选择地点及确定其分类性质和所属级别，寻找客观的根据和标准，比如通过评价判断其适合建立哪种类型的自然保护区；另一方面是加强对已建好自然保护区的监督与检查，提高建设质量和管理水平。自然保护区的评价应该包括三个方面：生态评价、管理现状评价和社会经济评价。自然保护区及其保护对象的生态评价是鉴别保护区的生态价值和科学意义，从而为选择建立自然保护区和保护区级别的晋升提供科学的依据，这是自然保护区建设和管理中的一项基本工作。

国内外在自然保护区和野生动物及其生境的生态评价指标方面的研究很多(张建华等，1993)。在过去评价用的比较多的指标主要有多样性、稀有性、自然性，面积、代表性、教育价值、科研价值、人类威胁、潜在价值、感染力、脆弱性、物种丰度、土地有效性等。在保护区的评价中，教育价值是与所开展的活动有关的，人类的威胁则与保护区管理关系密切，这是中国保护区与管理有关的主要问题。保护区面临的人类侵扰压力，一方面是指自然保护区机构实体本身的压力，主要指土地利用的竞争压力；另一方面指对保护区内保护对象的侵扰，如对林木资源的砍伐，对野生动物的猎捕，对保护区水资源的污染，保护区内开发活动对环境的影响等。

保护对象的生存威胁除人类的威胁以外，也有保护对象自身的因素，这常常表现为生态系统和物种的脆弱性方面，这是自然的属性。脆弱性的标准是复杂的，它反映了生物群落和物种对环境改变的敏感程度。脆弱的种群表现为生存力弱、繁衍能力差、对环境变化的适应性低，极易遭受威胁甚至灭绝。脆弱的生态系统在遭受破坏后难以恢复，需要及时保护和特殊管理。

自然保护区的有效管理应该从管理条件、措施、科研基础与成效等四个方面评价，薛达元等(1994)对这些指标进行了量化，提出了综合评判体系。

(1)管理条件。包括自然保护区管理机构的设置与人员配备、基础设施的建设水平与经费来源等。管理机构是保护区的指挥中枢，对内组织领导保护区职工和保护区内居民的日常管理、生产和生活，对外协调地方政府和上级主管部门对保护区的支持，并处理保护区与周围群众的关系。健全的管理机构必须分设若干职能部门，并配备一定数量的、训练有素的行政管理人员和技术人员，这是维持保护区正常管理和实现保护区管理目标与发展规划的根本保证。同时也应该包括基础设施，如办公设施、生活设施、保护设施和科研设施等。自然保护区必须有稳定的经费来源和充足的经费数额，以保证正常管理工作的开展和管理计划的实施。

(2)管理措施。实施保护区有效管理需要一套切实可行的管理措施，而管理措施的评价内容包括管理目标的确定与发展规划的编制、管理计划的制定和管理法规的建设这三个方面。实际上保护区的管理目标的制定是最重要的，即确立要保护的主要对象与发展规划、实现目标的手段和实现的时间。可通过立法，使保护区的土地面积、工作职能和保护责任以及管理手段等得到明确规定，从而使保护区的建设与管理工作规范化、正常化和法律化。

(3)科研基础。科学研究是保护区实施有效管理的基础，坚实的科研基础是制定保护区管理目标、发展计划和管理计划的依据。评价保护区科研基础主要是进行保护区的资源本底调查如地质、地貌、土壤、气候、水文的调查，动植物区系与分布及保护区及其周围的经济社会资料调查，在此基础上进行专题研究。而稳定的、训练有素的科研人才是科学研究的基础。

(4)管理成效。保护区内资源和主要的保护对象的状况是保护区管理成功与否的标志，保护区的经营能力可衡量其经济活力和自养水平，保护区的一切管理活动和发展前景都依赖于其经济实力。日常的管理包括保护区的宣传教育、火灾、污染、病虫害的防治、职工的生活、教育等。保护区与当地居民的和睦相处以及相互支持是维持保护区稳定发展的重要条件，是保护区管理评价的重要方面。

自然保护区是具有多种功能的自然－社会－经济实体，具有多种效益。除此之外，保护区有多种直接或间接的社会和生态效益。通过对各种价值的评估，进行量化，变为可比的市场价格并用货币表示，可对保护区潜在的社会和经济作用做出全面的评价。

参 考 文 献

AndrewS · pullin. 2005. 保护生物学(中文版). 贾竟波译 . 北京：高等教育出版社 .

Yuan Decheng. 1995. Systematics and Biodibersity Conservation. Chinese Biodiversity(suppl.).

Zhuang WY. 1995. Anewspecies of Lamberteella with Peculiar Ascospores. Mycotaxon，56.

Zhuang WY. 1995. Species Diversity of Discomycetesin China. Chinese Biodiversity(suppl.).

蔡运龙 . 2000. 自然资源学原理 . 北京：科学出版社 .

陈灵芝 . 1993. 生物多样性保护现状及其保护对策 . 北京：中国科学技术出版社 .

韩兴国 . 1994. 岛屿生物地理学理论与生物多样性保护 . 北京：中国科学技术出版社，83－103.

黄敏，陈鹏 . 2004. “生物多样性及其保护”一节网络教学 . 生物学通报，(4).

季维智 . 2000. 保护生物学基础 . 北京：中国林业出版社 .

蒋志刚 . 1997. 保护生物学 . 杭州：浙江科学技术出版社 .

李博 . 2000. 生态学 . 北京高等教育出版社 .

李迪强，李建文 . 2000. 三江源生物多样性 . 北京：中国科学技术出版社 .

刘峰贵，周强 . 2004. 人类环境学 . 北京：地质出版社 .

马克平，钱迎倩，王晨 . 1994. 生物多样性研究的现状与发展趋势 . 北京：科学技术出版社 .

马生林 . 2004. 青藏高原生物多样性保护研究 . 青海民族学院学报，(4).

王献薄 . 1994. 生物多样性的理论与实践 . 北京：中国环境科学出版社 .

薛达元，蒋明康 . 1994. 中国自然保护区建设与管理 . 北京：中国环境科学出版社 .

殷秀琴 . 2004. 生物地理学 . 北京：高等教育出版社 .

张金屯 . 2003. 应用生态学 . 北京：科学出版社 .

中国生物多样性保护行动计划总报告编写组 . 1994. 中国生物多样性保护行动计划 . 北京：中国环境科学出版社 .

中国生物多样性委员会 . 1994. 生物多样性研究的原理和方法 . 北京：中国科学技术出版社 .

第八章　生物地理学理论和模型

生物地理学主要研究生物在时间和空间上的分布及其规律(Cox，Moore，2005)，研究方法和内容涉及到生物学、地理学、地质学、古生物学和生态学等相关学科，是一门名符其实的交叉学科。20 世纪 60 年代以来，生物地理学在理论和实践上均发生了巨大变化，主要包括生态生物地理学和历史生物地理学两大基本分支，前者主要倾向于研究短时间尺度、小范围内的生态过程，其对象主要是现存动植物的物种或亚种(Cox & Moore，2005)，后者则倾向于研究大范围尺度、长期的进化过程，其对象常常是现存类群和灭绝类群(Morrone，Crisci，1995；Crisci et al.，2003)。此外，生物地理学还可根据不同标准划分出植物生物地理学、动物生物地理学、支序生物地理学、海洋生物地理学、岛屿生物地理学等分支。

生物地理学始于 18 世纪中期，其发展历史大致可划分为三个阶段：前达尔文时期、达尔文时期和现代生物地理学时期(Cox，Moore，2005)。第一个阶段(18 世纪中期～19 世纪中期)传统上也称为古典时期，以林奈、布丰、德·康多勒等早期的博物学家和探险家为代表，迁移扩散学思想和隔离分化思想的雏形在此时形成，同时完成了对动植物区系地理分布特点的认识性积累；第二个阶段(19 世纪中后期)以达尔文的进化论和扩散学派为主导的时期，生物地理学的概念在这一时期出现，得益于地质学、进化生物学和古生物学等学科的知识积累，现代生物地理分布格局形成的机制理论探讨得更加深入，迁移扩散学派和隔离分化学派研究思想都得到了更多事实证据的支持，并且岛屿生物地理学和生态生物地理学在这一时期也得到了长足的发展；第三阶段是 20 世纪以来的现代生物地理学时期，板块漂移学说导致历史生物地理学中隔离分化学说的复兴和主导。

在历史生物地理学方面，美国生物地理学家 L. Croizat 结合地壳演化活动的观点与系统发育生物学的观点，创立了“隔离分化生物地理学(Vicariance Biogeography)”，简称替代学派。该学派认为生物种类的分化主要是由于祖先种群被地理阻限隔离所致，最终致使“替代学派”从此向传统的“扩散学派”发起了挑战。在生态生物地理学方面，岛屿生物地理学理论日趋成熟，Mac Arthur 和 Wilson(1976)系统地发展了岛屿生物地理学平衡理论，该理论认为岛屿物种丰富度取决于两个过程：物种的迁入(immigration)和绝灭(extinction)，并建立了岛屿数学模型。在这两个理论的引导下，新理论不断出现，新方法不断被应用，尤其是地理学的 3S 技术(地理信息系统技术、遥感技术和全球定位技术)和分子生物学中的分子系统发育和分子钟技术的应用，不但提高了信息分析的手段和精度，而且还出现了许多新的理论和模型，如岛屿生物地理理论和模型、格局分支论、进化分支论、分替论以及生物统计模型、生产力模型和生物地理数学模型等。

第一节　岛屿生物地理学

岛屿生物地理学是生物地理学的重要组成部分，现已成为保护生物学中自然保护区建设的主要理论依据。它集中在生物自身上，它们的历史知之甚少，而其命运不可避免地在栖居岛屿的小范围内上演——若岛屿环境变得较不适宜时，没有它们可以后退的相邻区域。但是，一个岛屿的生物区系比一个大陆的生物区系简单的多了，因此它的组成和不同组分的相互作用是更容易分析的。这种比较的简单性使生物学家提出两种截然相反的问题。

第一类问题是涉及岛屿生物区系和环境的总体分析。岛屿生物区系以怎样的方式不同于大陆的呢？它又是怎样来到的呢？岛屿群落是怎样逐渐建立和成熟的呢？有关岛屿上进化变化的过程和速率，我们能够学到什么呢？它们的一些现在能够被精确鉴定年份吗？第二类问题是试图结合。从不同年代、气候、大小或地形的岛屿，或者位于不同纬度或到它们的拓殖者的来源地距离不同岛屿的生物区系间的比较，我们能够学到多少呢？推演可以控制岛屿生物区系的多样性的，并且或许使我们能够预测此点的，任何一般的、根本性的规律是可能的吗？尤其是这种研究力图定性和定量出控制以下 3 种现象的因子：①新的物种到达一个岛屿的速率；②物种在一个岛屿上绝灭的速率；③一个岛屿能够支持物种的数量。

一、岛屿的类型

岛屿主要划分为 3 种类型：①岛屿原来是一个邻近大陆的部分，但由于海平面上升与其分开来了(如纽芬兰、大不列颠等)，或者由于板块构造过程把它与其邻近大陆分开了(如新西兰)；②岛屿是一个火山岛弧的部分。这些岛弧在太平洋内沿着消减带形成，在那里老的洋壳消失进地球深处。随着洋壳的消耗，海沟的位置和岛弧的位置逐渐地移动，越过洋床，最终海沟和岛弧可能与邻近的陆块碰撞，形成火山岛和山脉(如苏门答腊和新几内亚北部的山脉等)；③作为地质学家称为“热点”的活动结果而形成的其它岛屿。“热点”是位置分散并固定在地球内部 700km 深处，从那里喷出的热物质能在地球表面形成火山。然而，因海底是移动板块的一部分，岛屿被逐渐带离炽热物质的喷出地。于是，岛屿里的火山活动停止，且周围的海底冷却和收缩，因此岛屿逐渐消失在海洋表面之下。同时，在现在位于“热点”上方的海底部分发育成一个新的火山（如夏威夷岛）。

二、岛屿生物地理学的理论

岛屿生物地理学的研究对象是海洋岛，海洋岛分为海洋岛屿(true oceanic islands)和陆地桥岛屿(land bridge islands)。陆地桥岛屿指过去曾经同陆地相连，生物种类数目曾经与原来相连的陆地相同，后来由于地质原因(如海平面上升)生物经历了与陆地生物不同的选择压力和进化过程；海洋岛屿的生物则是从陆地经过一定距离的水域逐渐迁入。因此，海洋岛是研究生物扩展的理想场所。

岛屿生物地理学研究的主要内容有：①岛屿生物群落与它的来源区生物群落性质之间的差异，迁移者到岛屿以后的适应过程；②新的生物种到达岛屿的速度以及生物种在岛屿上灭绝速度变化的影响因素和岛屿对生物的承载量研究；③岛屿生物的进化和繁衍过程以及形成的综合系统研究。每一种生物适应于岛上的各种因子，而某些类群的多样化，占据了陆上通常被其他类群占据的生态位。

生物地理学这一理论被广泛应用到岛屿状生境的研究中，因为岛屿为自然选择、物种形成与进化以及生物地理学、生态学诸多领域理论和假设的发展与检验提供了一个重要的自然实验室。对空间规模而言，小到树叶、个体植株的“微岛”，大到自然保护区和景观地理单元的“大岛”；而对生物类群而言，该理论涉及到植物、动物及微生物的不同分类单元。生态学家很早就注意到物种丰富度随岛屿面积或陆地群落的取样面积呈单调增加的趋势。Preston(1962)提出著名的种-面积方程(式 7-11)这一经验方程由于缺乏对种-面积关系机理的论述，因此生态学家又发展了不同的假说来解释种—面积关系，如生境多样性假说(habitat diversity hypothesis)、被动取样假说(passive sampling hypothesis)和动态平衡理论(dynamic equilibrium theory)。其中，以 Mac Arthur 和 Wilson 的岛屿生物地理学平衡理论最为出名。

Mac Arthur 和 Wilson 总结了大量的资料，创立了岛屿生物地理学平衡理论，该理论成功解释了岛屿生物群落的三个特征：①生物种数与岛屿面积呈正相关；②生物种数与岛屿距大陆或其他生物源地的距离呈负相关；③岛屿在生物种类组成上出现连续的种类流通，但种类数量保持大致稳定，同时发现栖居在岛屿生物种数量的拓殖与消亡间的平衡关系，认为岛屿物种丰富度取决于两个过程，即物种的迁入和绝灭。因为任何岛屿上的生态位或生境的空额有限，已定居的种数越多，新迁入的物种能够成功定居的可能性就越小，那么已定居物种的绝灭概率则越大。因此，对于某一岛屿而言，迁入率和绝灭率将随岛屿中物种丰富度的增加而分别呈下降和上升趋势(图 8-1)，当迁入率与绝灭率相等时，岛屿物种丰富度达到动态平衡状态，即虽然物种的组成在不断更新，但其丰富度数值保持相对不变。在理论上，平衡态时的物种周转率指单位时间内原有物种被新来物种取代的数目在数值上等于物种迁入率或物种灭绝率。就不同的岛屿而言，物种迁入率随其与大陆种库(物种迁入源)的距离而下降，这种由于不同物种在传播能力方面的差异和岛屿隔离程度相互作用所引起的现象称为距离效应(distance effect)；另一方面，岛屿面积越小，种群则越小，由随机因素引起的物种绝灭率将会增加，该现象称为面积效应(area effect)。因此，处于不同地理位置，具有不同面积大小的岛屿将会有其特有的平衡态物种丰富度。

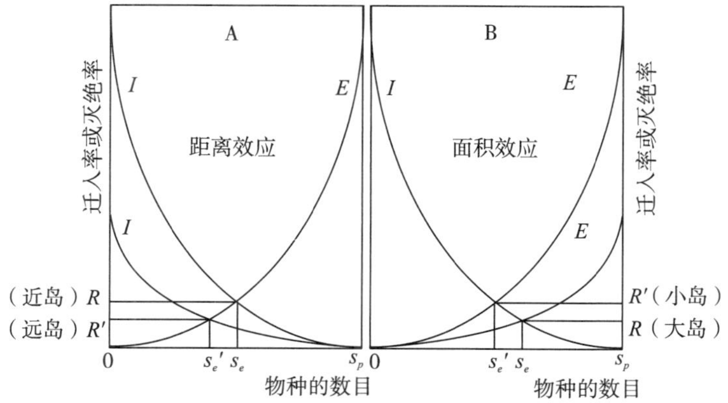

图 8-1　岛屿生物地理学理论图示(Wu，Vankat，1995)

I：迁入率；E：绝灭率；R：平衡点物种周转率；S_e：平衡点的物种数目；S_p：定居库中的物种数目。

岛屿上的物种数目由两个因素决定：物种迁入率和绝灭率。离大陆越远的岛屿，物种迁入率越小(距离效应 A)；岛屿面积越小，其绝灭率越大(面积效应 B)。因此，面积较大而距离较近的岛屿比面积较小而距离较远的岛屿的平衡态物种数目(S_e)要大；面积较小和距离较近的岛屿分别比大而遥远的岛屿的平衡态物种周转率 R 要高。

对于一个具体岛屿，当岛屿刚有生物开始拓殖时，拓殖的速度会很高。因为适应于散布的那些物种会很快达到岛屿，并且这些物种对岛屿来说全是新的，随着时间的推移，越来越多的移入者会在岛上拓殖，因此新物种出现的速度会下降；另一方面，消亡速度将上升，这是因为岛屿环境对拓殖者是个考验，所以每个物种都有灭绝的危险，到达的物种越多，就有越多的物种处在危险之中。因此，随着更多物种的到来，每个物种的平均种群大小将因竞争加剧而缩小。最初，少数现有物种占据的生态位的种类比大陆上可能占据的还多，因为它们在大陆上要同许多别的物种竞争。例如，巴拿马大陆和普埃尔科斯岛相比，岛屿上鸟类种数较少，但由于竞争缓和了，其种群就可能增大，岛上每公顷每种 1.35 对，相对之下，大陆的两个区域分别为 0.33 和 0.28。这种效应在横斑蚁鵙上尤其明显，在大陆上，它与 20 种以上其他食蚁鸟类竞争，每 40 hm^2 只有 8 对横斑蚁鵙，在岛上只有一种竞争者，每 40 hm^2 有 112 对横斑蚁鵙。

如果一个新物种后来拓殖一个岛屿，利用了与较早移入者相似的食料，两物种间就会发生竞争，尤其是在近缘种类之间，可能造成两个竞争者之一的消亡，或者造成它们食物偏向趋异，或者形成时间和空间的分离，即发生生态位的分离，使它们彼此竞争的程度缓和，结果每个物种的需求更为特殊化，更充分地利用种类较少的可能营养资源。例如，三种不同的唐加拉雀属鸟，在特立尼达共存，但其间的竞争因其猎食植物不同部位上的昆虫而得到缓和，点斑唐加拉雀主要在叶子上觅食，粟头唐加拉雀在大枝桠上，而青绿唐加拉雀主要在小枝桠上猎食。如果每个物种利用的食物种类都以此方式减少，随之是岛屿能支持的每个物种的种群就会变小，而较小的种群消亡的机会较多，消亡速度必因新物种在该岛拓殖而升高，直到达到拓殖速度和消亡速度相等的平衡点，这可以用一个简单的模式来解释，以岛上出现的种数为基础，得出岛屿生物拓殖、消亡速度的关系(图 8-2)。

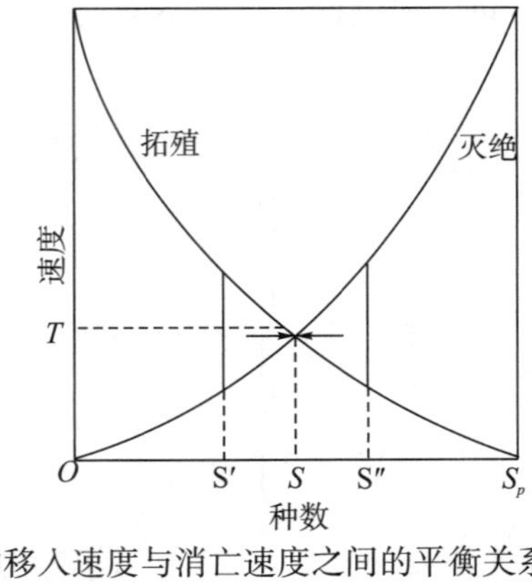

图 8-2　岛屿生物的移入速度与消亡速度之间的平衡关系(Browm J H，1983)

生物种数可以潜在地从零增加到最大值，从最近的大陆或其他源地迁到岛上的生物种类库(生物种类所在空间)是可变的。若假定当岛上没有生物时，迁入速度为最大值，而当岛屿已含有生物库中所有物种且没有新物种到达时为零；相反地，消亡速度在岛上没有生物时为零，在大陆库的所有种类假设都栖居在岛上时为最大值。在图 8-2 中 O 和 S_p 中间的某一种数上，代表对抗的迁入速度曲线和消亡速度曲线一定相交，在这个交点上，两个速度完全相等，这是一个稳定的动态平衡，因为如果种数从平衡值扰动，它将总是倒转，最后恢复到平衡值。例如，一种自然灾害(如飓风)引起一些岛屿物种的消亡，种类暂时从 S 减少到 S'，这时迁入速度将超过消亡速度，岛上的生物种数将积累直到再一次达到 S；同样地，如果 S 被干扰，从 S 增加到一个较大的数 S''，那么消亡速度将大于迁入速度，使岛上的种数减少，直到恢复到 S。现在把两种影响(岛屿的面积和岛屿的距离)结合到模式中来，假定岛屿的大小只影响消亡速度，虽然一个较大的岛对繁殖体的散布比一个小岛可能提供的目标大，但是这种对迁入速度的影响与岛屿大小在消亡速度方面的影响相比是不重要的，所有生物的种群将随岛屿面积的减少而减小，当一个种群变得很小时，消亡的概率迅速增加。因为生物不可避免地占据不同的生态位及具有不同的传播能力，尤其是生物在任一大小岛屿上的消亡速度将改变，所以对一个有许多种类的生物库小岛，生物的消亡速度比大岛大，这可用两条消亡速度曲线的模型来说明(图 8-3)。

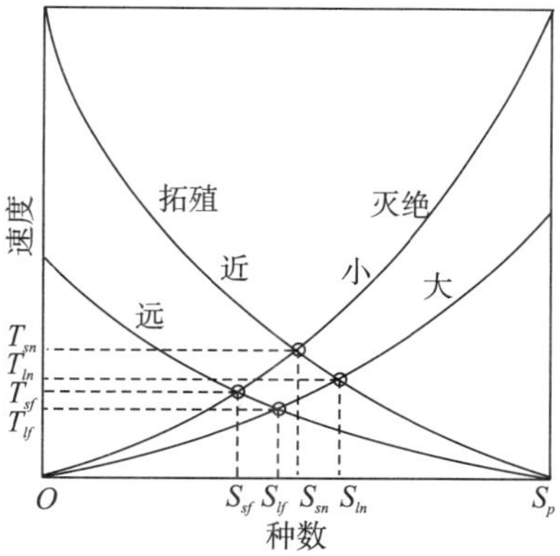

图 8-3　迈克阿瑟和威尔森的岛屿生物地理学模式(Browm J H，1983)

从这些消亡曲线和迁入曲线的交点可以看出，小岛与大岛相比，有较小平衡种数和较高平衡流通速度，岛屿的距离只影响迁入速度。不论什么样的散布机制，如果阻限起过滤作用，那么随着阻限宽度的增加，有机体穿越阻限的概率会减少。例如，在任何一种随机散布中，如植物种子的传播，离来源地的距离增加，到达的概率就会减少。岛屿距离的这种影响可以画出两条迁入速度曲线到模式中，离来源地近的岛的曲线总是比更隔离的岛的曲线高些。完全可以预测这些曲线与消亡曲线的交点在平衡时，距离近的岛比距离远的岛将有较多的种类和较高的流通速度。

通过图中的两个岛大小和距离影响的结合，可以用模式作预报。这四条曲线有 4 个交点，每个交点是岛屿面积(大和小)与距离(远和近)的一种组合，在平衡时，种数预报具有 $S_{ln}>S_{lp}=S_{sn}>S_{sf}$ 的顺序。

三、岛屿生物地理学的数学模型

岛屿生物地理学的数学模型是 1963 年由 Mac Arthur 和 Wilson 提出的，主要是一个预测模型，也称 M-W 模型。

对于某一岛屿而言，M-W 模型可用下列一阶常微分方程表示：

$$\frac{\mathrm{d}S(t)}{\mathrm{d}t}=I(s)-E(s) \tag{8-1}$$

式中，$S(t)$表示 t 时刻的物种丰富度，$I(s)$是迁入率，$E(s)$是绝灭率。假定两者具有种间均一、可加性以及随时间的稳定性，它们随物种丰富度增加而呈线性变化，即：

$$I(s)=I_0[S_p-S(t)] \tag{8-2}$$

$$E(s)=E_0S(t) \tag{8-3}$$

式中，I_0是单位种迁入率或迁入系数，E_0是单位种绝灭率或绝灭系数，S_p是大陆物种库中潜在迁入的总数，将方程(8-2)和(8-3)代人(8-1)便得

$$\frac{\mathrm{d}S(t)}{\mathrm{d}t}=I_0S_p-(I_0+E_0)S(t) \tag{8-4}$$

该微分方程表示非平衡状态时物种丰富度随时间的变化率。在某一时刻 t 的物种丰富度可通过对式(8-4)积分而得，即

$$S(t)=\frac{I_0}{I_0+E_0}S_p-\left[\frac{I_0}{I_0+E_0}S_p-S(0)\right]\exp[-(I_0+E_0)t] \tag{8-5}$$

式中，$S(0)$是岛上初始种丰富度，当迁入率等于绝灭率($I=E$)时，平衡态的物种丰富度为

$$S_e=\left(\frac{I_0}{I_0+E_0}\right)S_p \tag{8-6}$$

该式表明对于某一岛屿来说，平衡态物种丰富度取决于单位种迁入率和绝灭率以及大陆物种库的大小。为了探讨种丰富度变化率与其平衡态值的关系，式(8-4)可改写为：

$$\frac{\mathrm{d}S(t)}{\mathrm{d}t}=(I_0+E_0)[S_e-S(t)] \tag{8-7}$$

由此可见，种丰富度的变化率与 t 时刻和平衡态时种数的差成正比。简而言之，当 $S(t)<S_e$时，种丰富度增加；当 $S(t)>S_e$时，种丰富度则减小。若将式(8-6)代入式(8-5)，便得

$$S(t)=S_e-[S_e-S(0)]\exp[-(I_0+E_0)t] \tag{8-8}$$

该式反映了种丰富度的非平衡态值与其初始值、平衡态值以及迁入系数和绝灭系数的关系。根据式(8-8)可以求得岛屿从某一非平衡状态达到或恢复到平衡状态所需的时间，即

$$t=-\frac{\ln R}{I_0+E_0} \tag{8-9}$$

$$R=\frac{S(t)-S_e}{S(0)-S_e} \tag{8-10}$$

式中，R 是种丰富度相对于平衡值在 t 时刻的偏离与其初始偏离之比。种丰富度从某一时刻的偏离降低到初始偏离的 36.8%(即 1/e)时所需的时间，常被定义为松弛时间 T_r (relaxation time)：

$$T_r=\frac{\ln(1/\mathrm{e})}{I_0+E_0}=\frac{1}{I_0+E_0} \tag{8-11}$$

值得指出的是，上述 M-W 模型及其推论的合理性完全取决于对 I_0和 E_0所作的均一性、稳定性和可加性假设的真实性。然而，这些假设在实际当中是很难成立的。Mac Arthur 和 Wilson(1967)指出非线性凹形曲线比直线能更合理地反映物种迁入率和物种绝灭率与物种丰

富度的关系，他们认为传播能力最强的物种有可能是最早的定居者，而竞争力最弱的物种最有可能先绝灭。因此，物种定居能力的差异将会引起迁入率在早期随物种丰富度增加而陡然下降，然后变缓；随着物种数增加，逐渐增强的种间竞争作用将会使绝灭率大致呈指数上升。不少经验数据表明，随着物种丰富度的增加，单位物种的迁入率和绝灭率分别降低和增加；也有一些研究表明，随物种丰富度的不同，迁入率和绝灭率大致呈对数正态分布，而其种间差异可达几个数量级(Gilpin，Diamond，1981)。然而，Mac Arthur 和 Wilson (1967)认为只要这两种曲线是单调的，不管其形状如何变化，动态平衡理论的主要结论是不会改变的，Wu 和 Vankat(1991)的计算机模拟研究进一步证实了这一点。通过修改物种迁入率和绝灭率的数学表达式，M-W 模型可同时包括面积效应和距离效应，例如迁入率和绝灭率可分别表示为两个函数的乘积(Gilpin，Diamond，1976)。

$$\begin{aligned} \mathrm{d}S/\mathrm{d}t &= I(S,D,A) - E(S,A) \\ &= i(D,A)h(S) - e(A)g(S) \end{aligned} \quad (8\text{-}12)$$

式中，D 为距离，A 为面积，i、h、e 和 g 分别表示与括号中变量有关的函数。当 $S=S_p$时，$h(S)=0$；当 $0<S<S_p$时，$h(S)>0$；当 $S=0$ 时，$g(S)>0$；当 $S>0$ 时，$g(S)>0$。一般说来，I_0和 E_0的非均一性和种间竞争作用意味着 $h'(S)<0$，$(S)>0$，$g'(S)>0$，以及 $g''(S)>0$。函数 $i(D，A)$表示距离效应和“目标效应”，而 $e(A)$表示面积效应。根据对美国 Solomon 群岛 52 个岛屿鸟类的研究，Gilpin 和 Diamond(1976)对 13 组描述物种迁入率和绝灭率与岛屿物种丰富度、面积及其隔离程度关系的数学模型进行了逐对检验，其中与实测数据吻合最佳的是下列参数表达式：

$$I(S,D,A) = \left(1 - \frac{S}{S_p}\right)^m \exp\left(\frac{-D^y}{D_0 A^v}\right)\mathrm{e} \quad (8\text{-}13)$$

$$E(S,A) = \left(\frac{RS^n}{A}\right) \quad (8\text{-}14)$$

其中，m、n、y、v、R 和 D_0均为用统计方法获得的经验参数。

M-W 模型假定迁入率和绝灭率是相互独立的，但实际上并非完全如此，同种个体的不断迁入可能减小岛屿种群的绝灭率，该现象称为“援救效应”(rescue effect)。因此，隔离距离不仅会影响迁入率，而且会影响到绝灭率；另一方面，由于岛屿面积越大，其截获传播物种的概率越大，因而面积不仅影响绝灭率，同时还会影响迁入率。这一现象称为“目标效应”(target effect)。

M-W 模型中的物种丰富度完全取决于生态学时空尺度的物种迁入和绝灭过程，而物种形成和演化尺度上的过程均可忽略。Simberloff(1974)认为岛屿物种丰富度的平衡状态可分为四个阶段或四类。第一阶段是暂时性的非相互作用平衡(non-interactive equilibrium)，此时种群的个体数目小，种内作用微弱；第二阶段称为相互作用平衡(interactive equilibrium)，随着种群个体数增加，种间竞争作用对迁入率和绝灭率产生影响；第三阶段是选择平衡(assortative equilibrium)，在这一阶段，一个非随机的、协同适应的分类群逐渐形成。这三个阶段均为生态学时空范畴的动态平衡过程，而最后一个阶段，即演化平衡(evolutionary equilibrium)，则包括自然选择对物种丰富度的影响，并反映了种间和种与环境间的适应性以及新种形成与原有物种绝灭之间的平衡。

四、岛屿生物地理学理论的验证与应用

长期以来，围绕着岛屿生物地理学理论是否具有预测性的问题存在着大量争论与争议，然而在验证该理论的合理性和应用的可行性时，岛状生境必须同时满足以下标准：①显著的种-面积相关关系；②物种丰富度平衡状态的存在；③可测得的物种周转率；④物种丰富度方差与均值之比小于或等于 0.5；⑤具有可测得的距离效应。显然，单凭种—面积关系是不足以验证岛屿生物地理学理论的，更不足以保证其在任何岛状生境研究中应用的合理性。然而，岛状生境同时满足这五个条件却是十分困难的。

自 20 世纪 60 年代以来，有关检验和修正岛屿生物地理学理论的研究大量涌现，其中最具有说服力的首推通过野外实验途径的直接检验。例如，Simberloff 和 Wilson (1969)采用熏蒸方法，在美国佛罗里达对红树林群岛节肢动物的再定居做了详尽的实验研究，虽然其对物种周转率估计偏高，但他们的实验结论与岛屿生物地理学理论吻合甚好，成为验证该理论的卓越实例之一。Rey(1981)进行了类似的实验研究，证实了物种丰富度动态平衡的存在和面积效应，但距离效应不明显。

然而，由于未能准确理解该理论或对野外数据的误释，致使许多有关研究常表现出小完整性或结论欠妥。此外，由于对物种周转率、迁入率和绝灭率相对值的误用，也给该理论的检验过程带来诸多混乱，因而岛屿生物地理学理论有待于进一步修正、检验和完善。对于岛屿生物地理学理论的批评和修正不应该否认其应有的应用价值，该理论的产生和发展丰富了生物地理学理论和生态学理论，促进了人们对生物物种多样性地理分布与动态格局的认识和理解。尤其是在 20 世纪 80 年代兴起的景观生态学中，岛屿生物地理学理论的应用更为引人注目。在 Burgess 和 Sharp(1981)的专著中，该理论在景观研究中得以广泛应用；Harris(1984)系统地将该理论应用到森林景观研究和管理中；Forman(1986)试图将景观缀块的物种多样性与缀块的结构特征及其他因素联系起来，即 $S=f$(生境多样性，干扰，面积，年龄，基底异质性，隔离程度，边界特征)。作为一个概念的构架，岛屿生物地理学理论是生物地理学的重要理论之一。

在自然界中，许多明显区别于周围生态系统的生境都可看作大小、形状和隔离程度不同的岛屿，即生境岛屿，如周围被水包围的陆地，周围被陆地围着的湖泊、河流，相互分离的山顶，沙漠中的绿洲，被农田包围的林地，甚至是一片树叶、一棵孤立的植株也可以看作为“微岛”。因此，岛屿生物地理学的理论都可应用。但是，在生境岛的研究中陆地生境岛屿和海洋岛屿存在着明显差别，主要表现在陆地生境岛屿周围的生境中有哺乳动物、鸟类和其他生物类群，它们能够比较自由地进出这些生境岛屿，而海洋岛屿则是被水域包围，陆栖生物要迁入或扩散到岛屿上去，必须克服水的阻限作用，迁入的成功率必然要低得多。因此岛屿生物地理在海洋岛屿的应用较多，在陆地生境岛屿的应用目前仅仅是如何建立自然保护区，自然保护区在很大程度上可被看作被人类栖息地包围的陆地“生境岛”。岛屿生物地理学理论是讨论物种存在的时空耦合理论，既涉及到物种的空间分布(范围、型式、格局等)，又涉及到物种的迁入速率、灭绝速率和动态平衡，因而成为自然保护区设计的重要理论基础。

“岛屿生物地理学”理论认为：①岛屿面积越大，生境多样性越大，物种灭绝率越小，因此物种丰富度亦越大；②隔离程度越高，物种迁入率越低，物种丰富度越低；③

面积大而隔离度又低的岛屿，具有较高的平衡物种丰富度的功能；④面积小或隔离度低的生境，具有较高的物种周转率。根据“岛屿生物地理学理论”，自然保护区的设计应遵循以下原则：①保护区面积越大越好；②一个大保护区比具有相同总面积的几个小保护区好；③对某些特殊生境和生物类群，最好设计几个保护区，且相互间距离愈近愈好；④自然保护区之间最好用廊道相连，以增加物种的迁入率；⑤为了避免“半岛效应”，保护区以圆形为佳。然而，由“岛屿生物地理学”理论所得出的这些原则，在实践中也引起了很多争议。许多研究和分析显示出相反的结果：①就保护区的形状而言，并非圆形最佳；②保护区之间的通道可以增加物种迁入率，并可通过种群互补效应减少局部绝灭率，但是传播疾病和扩散干扰源的弊端也不容忽视；③大保护区的建立常会受到社会、经济以及管理方面因素的限制。

自然保护区类似于岛屿，其周围被人类创造的异质环境包围，保护区内的物种受到不同程度隔离(李义明等，1996)。Diamond 等(1975)根据岛屿生物地理学种—面积关系和“平衡理论”，提出保护最大物种多样性的自然保护区设计原则：①大保护区比小保护区好，原因是大保护区内物种迁入速率和绝灭速率平衡时，拥有物种较多，大保护区物种绝灭速率低；②栖息地是同质的保护区，一般应尽可能少地分成不相连的碎片，原因是大保护区物种存活率高，小保护区物种存活率低，大保护区比几个小保护区(总面积之和等于该大保护医)拥有较多物种；③栖息地是同质性的保护区，如果要分成几个不相连的保护区，这些保护区应尽可能地靠近，这将增加保护区物种迁入率，减少物种绝灭率；④如果是几个不相连的保护区，这些保护区应等距离排列，意味着每一个保护区的物种可以在保护区之间迁移和再定居，线性排列的保护区，位于两端的保护区相隔距离较远，减少了物种再定居的可能性；⑤如果有几个不相连的保护区，用廊道把它们连接起来(花费代价可能较大)，也许会明显地改进保护功能，这是因为物种可以在保护区间扩散，而不需要越过不适的栖息地之“海”，从而增加物种存活机会；⑥只要条件允许，任何保护区应尽可能接近圆形，以缩短保护区内物种扩散距离，如果保护区太长，当保护区局部发生种群灭绝时，物种从较中间区划向边远区域扩散的速率会很低，无法阻止类似于岛屿效应的局部绝灭。

几十年的检验表明岛屿生物地理学理论在自然保护区设计与管理方面的应用还有待提高，这一模式本身也并不是十分完善，主要原因是“岛屿”栖息环境及其生物区系历史十分复杂，但是该理论的贡献将是不可低估的，因为该模式可广泛应用于各种类型的岛状分布环境(湖、山、林地、公园和自然保护区等)，其方法论也比较严谨，极富启发性，在当今世界人类活动如此强烈的情况下，生物物种自然栖息地就像岛屿镶嵌在人为生态环境这一汪洋大海之中，为了今后人与自然和谐共生，保护好野生动植物资源，走向可持续发展的道路，加强对这些“岛屿”的研究，无疑是非常重要的。当今岛屿生物地理学理论面临的挑战是如何改变其理论内涵，以适应如何研究“减少人为生态入侵”与“维持自身反弹能力”之间平衡的难题，对生物学和生物地理学工作者来说，这是一个已经进入，但却落后于形势要求的实践领域。

第二节　历史生物地理学

一、历史生物地理学

历史生物地理学因为关系到“世间万物如何而来”这个世界观基本问题，因此从林奈、布丰时代到达尔文、虎克时代，再到20世纪的现代生物地理学时代都受到广泛关注(Cox，Moore，2005)。历史生物地理学关心长达几百万年，大至全球的时空尺度上的进化历程，它不满足于解释现有生物的分布，主要寻求分布的起因。历史生物地理学有两大支系，即扩散迁移学说和隔离分化学说(Cox，Moore，2005)。达尔文、华莱士(A. R. Wallace)等是扩散迁移学说的主要代表，他们继承早期学者林奈和德·康多勒等的扩散学说思想，认为生物类群的进化时间尺度小于地质历史的时间尺度，生物通过扩散可以逾越某些生物地理学阻障，从而形成间断分布；隔离分化学说的主要代表有胡克、福布斯和莱尔等，他们继承早期学者布丰、范·洪堡等的隔离学说思想，主张物种类群的进化比地质历史更漫长，早期连续分布的类群因为生物地理学阻障形成导致隔离，从而产生间断分布。迄今为止，已经形成了扩散学派、种系发生学派、泛生物地理学派和分支生物地理学派，其中植物学家德·康多勒(1820)是区分生态生物地理学与历史生物地理学的第一位学者，他认为生态假说主要讨论“目前还在起作用的自然因素”，而历史假设研究“现在不存在的原因”，主要处理大范围尺度、跨越百万年的进化过程。

历史生物地理学发展到今天，按照Ball的划分，经历了三大历史发展时期：①描述时期，1860年以前，林奈、洪堡德、德康多、虎克对生物区系的记录、描述阶段；②叙述时期，1860～1950年，指虎克、达尔文、华莱士开始，动植物区系用隔离分化、扩散的观点解释、叙述的阶段，这一时期达尔文、华莱士的扩散学说占统治地位；③分析时期，从20世纪50年代以来，由于生物系统学中W. Hennig的分支系统学(cladistics)和L. Croizat的泛生物地理学(panbiogeography)诞生和蓬勃发展，特别是后者明确反对扩散学派和起源中心论，认为隔离分化是最重要的进化过程，历史生物地理学的理论、方法以及应用进入了一个崭新的发展时期。

二、历史生物地理学的学派、理论和方法

对间断分布(disjunction)的解释是隔离分化生物地理学和扩散生物地理学两大学派的分水岭和试金石。历史生物地理学中所谓间断指生物分布上相隔遥远，但亲缘关系相近的生物类群的间断分布，如东亚—北美间断，非洲—澳大利亚—南美间断。隔离分化学派用不动相(immobolism)解释生物区系的形成，即生物区系最初是连成一片，由于地质、气候等原因产生了阻障，使生物区系片断化，导致物种异域形成；扩散迁移学派则用可动相(mobolism)解释生物区系，认为地球是稳定不变的，生物区系是扩散、扩张的结果，物种最初起源于某一中心，异域物种形成是跨越生物阻碍产生分化的结果。

隔离分化学说的奠基人胡克于1853年完成对南极植物区系考察，其后7年相继发表了南美、新西兰、塔斯曼植物区系著作，在此基础上认为南半球生物区系开始是广布的一片，由于地质、气候作用而导致分裂、分离。与胡克的观点相反，达尔文和华莱士在假设全球性的主要地理特征是稳定的前提下，认为间断是跨洋长距离扩散的结果，根据

北方大陆多维性以及丰富的脊椎动物化石，认为南半球生物区系是北方大陆起源而扩散的结果。因此，正是由于对间断有着两种截然不同的观点和解释，所以目前历史生物地理学形成了诸多不同的理论学派。

1. 扩散迁移学派

达尔文和华莱士是进化学派和扩散学派的代表人物，他们认为物种起源于一个中心，个体从起源中心随机地扩散，然后通过自然选择产生变异。其理论依据主要有五个方面的原因：①较高级的生物类群从起源中心生长，因而在那里发生过物种形成；②一个分类群的起源中心可以由一个特殊的标准评估；③化石的分布是根本性的，因为最古老的化石也位于起源中心附近；④新物种取代较原始的种类，较原始的物种远离起源中心朝着边缘进化和扩散，在起源中心有可能找到最演化(apomorphic)的物种；⑤有机体的扩散宽度随其扩散能力和环境允许的物理情况而发生变化，因此较进化的分类群把较原始的分类群“推”向分布区的边缘。

然而，扩散迁移理论目前受到许多生物地理学家的批评，主要是因为扩散迁移理论属于叙述生物地理学的框架和组成。常用的是一些无可检验的假设而且许多是相互矛盾的，它没有提供解释分布式样的一般理论，而是对某个分类群在某种情况下凭空想象的，除了起源中心等一些假设中的种种漏洞外，没有严格规范的分析程序和算法。

2. 系统发育生物地理学

系统发育生物地理学是首次对某一个有机体类群确切地以其系统发育假设作为基础来推断生物地理历史的方法，代表人物是创立分支系统学的德国昆虫学家 W. Hennig 以及瑞典昆虫学家 L. Brundin。他们在时空范围上研究某单系类群(monophyletic group)的历史，重视生物的分支谱系图、前进演化(anagenesic)、异域物种形成(allopatry)和隔离分化的证据、同域物种形域(sympatry)、扩散的证据以及古地理学事件。系统发育生物地理学主张：①关系近缘的种类在空间上相互替代，高级分类群也可以被隔离分化，但通常表现在同域性水平上；②如果一些不同的单系类群表选出相同的生物地理格局，它们也许就拥有相同的生物地理历史。这条原则一般未能被应用，因为系统发育生物学家一般只侧重于某个类群的历史，还未进行同区域中不同类群拥有的一致性分布的研究。

虽然系统发育和扩散迁移生物地理学可能归为相同的途径，因为两者都强调起源中心和扩散迁移，一些学者如 Humphries、Parenti 和 Wiley 把系统发育生物地理学当作扩散迁移学派的进步，然而系统发育生物地理学具有确切的系统发育假设，即分支图(cladogram)，而不是扩散迁移学派叙述性的列举和说明。尤其是分支图或系统发育树，要求特殊的假设，不能像共近裔(synapomorphy)方案那样，即一般所作的分支分析，能被它们所根据的信息所检验。在具体分析某个分类群时，系统发育生物地理学使用两条规则：衍进规则和衍生规则。衍进规则是基于边缘隔离异域物种形成的形式，因而它不能、并且拒绝应用到其他物种形成的形式中。

3. 泛生物地理学

与扩散迁移学派和系统发育学派相对立，特别是与扩散迁移学派相对立。无论是扩散迁移学派还是系统发育学派的分支生物地理学皆是以非空间标准（如生态因素、生物学关系、化石证据等）构建生物地理学同源关系，而泛生物地理学作为历史生物地理学研究领域中唯一基于空间或地理关系分析的方法，是隔离分化学派生物地理学各种方法中引起生物地理学最为广泛争议的一个科学研究领域。L. Croizat 设想地球和生命有机体是共同进化的，赞成 Daniele Rosa 提出的全发生说(hologenesis)，也就是说，地理阻限和生物区系是同时进化的，从根本上都是隔离分化的，Croizat 所用的方法称为轨迹分析(track analysls)，即在地图上对有机体的分布进行标记，然后用线段连接间断分布，或者把不同的线集结起来，这些连线称为轨迹。无亲缘关系的类群，如果其一些轨迹重合或相一致，则这个重合称为一般轨迹(generalized track)，一般轨迹表达出祖先生物区系历史上的存在格局，它们后来被板块或气候变化所支解、分隔。

泛生物地理学有三个最基本的概念。

(1)轨迹，一个轨迹表示一个物种或近缘物种的空间坐标或位置。操作时在其所在地图上最接近的位置和分布区域之间画线段；在数学图论上一个轨迹等价于一个最小生成树。当轨迹构建好后，它的定向(如根的确定)可应用以下某个或多个标准来确定：①基线如横越大洋和海或者巨大的板块结构；②主群(main massing)在某个分布区内一个分类群的数量上、遗传上或形态上的多样性密集区；③系统发育(phylogeny)如果分支系统学的信息是适用的，可以用它对分类群按从最原始到最进化的方向确定。

(2)一般轨迹，无亲缘关系的分类群或类群组恰好重合的轨迹组成一般轨迹，它提供了生物地理学上同源性的空间标准。

(3)结点(node)，两个或两个以上一般轨迹相互交叉的分布区，意味着不同的祖先生物区系和地质上的断块在空间上、时间上的内部作用，作为地带碰撞、剪截、衔接或缝合的结果，它们组成了一个复杂的区域。

泛生物地理学方法的应用以澳洲的三个生物分类群：平胸鸟(ratite birds)、南山毛榉(Notho fagus)和滑蟾(Leiopelma)为例说明。在图 8-4 中，三个类群的轨迹表明它们在空间上是不同源的，只有平胸鸟是冈瓦那大陆的，其分布由大西洋和印度洋定向。尽管部分地在澳大利亚和南美南部同域(sympatry)，然而滑蟾和南山毛榉是地理上同源的，属于相同的祖先生物区系，而不与平胸鸟同源，这个结果与平胸鸟和南山毛榉先前假设的两者都属于相同祖先生物区系的生物地理学研究结论相矛盾。

然而，近 20 多年来的争议主要是在泛生物地理学和分支生物地理学追随者之间展开的，泛生物地理学的追随者中，新西兰的几位学者如 R. Page，R. C. Craw 等，极力支持 Croizat 的泛生物地理学理论，并提出了泛生物地理学的最小生成树方法，他们也经历了来自各方面的批评和指正。例如，在许多情况下，泛生物地理学对系统学的研究结果漠然处之，主群被简单地处理为起源中心；Platnick 和 Nelson 摒弃对于地理分布式样作粗略的轨迹描划，因为他们认为在任何历史生物地理学分析中，考虑分支系统学中的分支信息是一个先决条件。

Page 和 Craw 发展了定量泛生物地理学程序，把轨迹处理成所分析区域的特征，然后对分布区 x 轨迹矩阵用轨迹的相容性分析(comptibility)，类似于分支分析中分类群性状的相容性分析，两个或两个以上个体轨迹如果它们相互包含或相互复制，则被看作是相容的，由于生物地理学的相容性是很少、很局限的，因而轨迹一般是非重叠的，而非重叠的轨迹则是不相容的。总之，由于泛生物地理学的理论与方法有别于其他生物地理学的方法，所以到目前为止仍然受到人们的重视、应用和青睐。

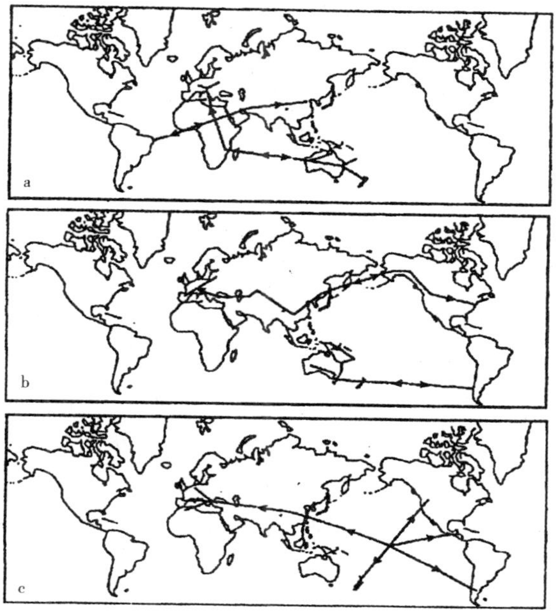

图 8-4　三个分类群的轨迹(Morrone、Crisci，1995)

4. 分支生物地理学

分支生物地理学是由 D. E. Rosen，G. Nelson，N. Platnick 和 J. Cracrft 等动物学家提出和发展的，与隔离分化生物地理学之间没有严格区别，有时被认为是一回事。它将生物分布的历史阐述置于中心位置，并认为任何生物地理学分析必须分析格局；生物地理学分析所应该说明的现象是作为各种不相关类群的互相吻合的分支图的格局，而不是单一类群的分布。与生态分析寻找对时间上相对近期事件个别反应的解释不同，历史生物地理学分析着重于格局的寻找。对分支生物地理学来说，它假设分类群的亲缘和分布区之间的亲缘是最具有信息的，由某区域内来自不同动植物的分布区分支图之间的比较所获得的一般格局是最具有解释性的。它是隔离分化学派生物地理学各种方法中较成熟，被采用最多、发展最快的方法。分支生物地理学分析一般包括两个步骤：首先由不同的分类群分支图构建分布区分支图，然后导出一个普通的分布区分支图，如图 8-5 所示。

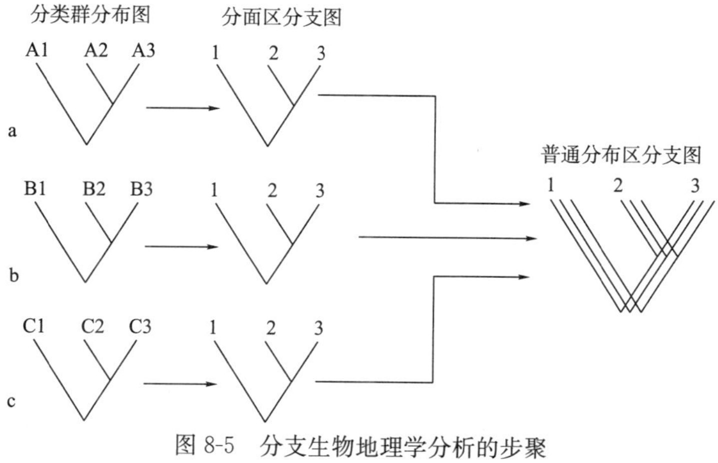

图 8-5　分支生物地理学分析的步骤

在分类群分支图上用分类群所在的分布区替换分类群，就得到了分布区分支图。但是，这个过程往往很复杂，这是由于有三个非常重要的原因存在：广布分类群（widespread taxa），即一个分类群在多个分布区内分布；丢失分布区（missing area），分布区没有在分类群分支图中出现；过剩分布（redundant distributions），分布区内出现过多的分类群。在这三种情况出现时，分布区分支图就必须转换成解析分布区分支图，一般应用假设 0、假设 1、假设 2 才能得到分布区分支图。譬如，图 8-6 表达了对一个广布分类群的 3 种假设处理。对于广布分类群，在假设 0 下，分布区变成共近裔的，因此分布区关系被看作单系（monophyletic）的、姊妹关系的；假设 1 允许分布区关系单系或并系（paraphyletic）；假设 2 则把它们在解析分支图中处理成分离的或漂浮的，所以分布区关系可能是单系、并系或复系（polyphyletic）的。在假设 1 和 2 下，丢失分布区是不具信息的，而在假设 0 下，则作为初始不存在。对于过剩分布，假设 0 和 1 认为，如果两个分类群出现在同一个分布区，它的出现就是合乎逻辑的，而假设 2 下，每个过剩分布的出现就被认为是分离（隔离）的。在不同的解析分布区分支图中，由于这些假设是互不包含的，所以对不同的问题可选择某个或结合处理，例如对广布分类所利用假设 2，对过剩分布利用假设 0。

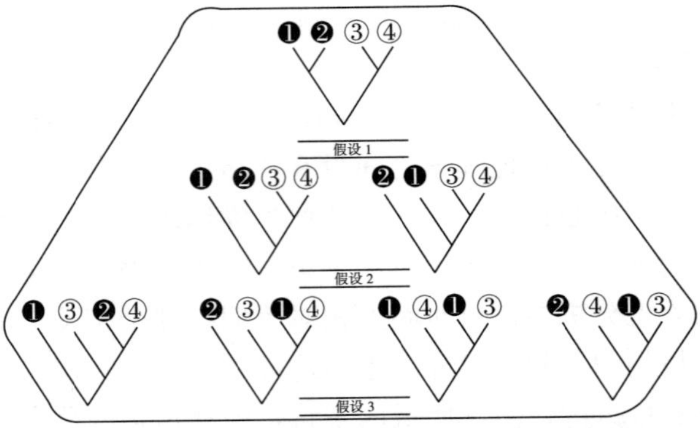

图 8-6　分布区 1、2 含某广布种在假设 0、1、2 下得到的解析分布区分支图

（1）散布－隔离分化分析法：是 Ronquist 提出的，认为在历史生物地理学研究中，无论是种下的比较亲缘地理学研究，还是种上水平的生物地理学分析，都需要数量化的方法去评估各种互相竞争的假说的可能性。现在人们使用的多数方法都是基于仅存在单一的因隔离事件产生的分布区特有性的分支格局，而这单一格局对很多不同的生物类群皆是共通的。虽然这个基本观点很单纯，但在实际研究中，散布和灭绝事件的处理对于寻找、发展一个分析性的方法造成了很严重的困难，因此大多数方法并不开诚布公地处理散布和灭绝事件，仅将其做事后解释。

Briggs 认为，隔离分化模式的两项预设限制局限了生物地理学作为一个研究领域的发展：首先，它只承认某种类型的异域物种形成具有生物地理学的重要性；其次，它不承认起源中心的存在。他同时认为，与隔离分化现象相比，散布现象更加普遍，是几乎所有物种世世代代每天都发生的事情，而隔离分化现象因为涉及到分割现存居群的隔障的形成，是一种稀有得多的现象。

虽然散布和隔离分化现象无疑皆是确实存在的自然现象，而且这些概念在生物地理学的历史上皆起过重要作用，但生物分布的散布假说和替代假说数十年来一直处于水火不容的地步。最新的生物地理重建方法确认了二者各自的潜力，而剩下的问题是找出它们之间的相对发生频率。散布－替代分析法就是在这种认识背景下发展起来的。

(2)祖先分布区分析：是 Bremer 提出的一种改进的方法。但 Ronquist 批评其采用 Camin-Sokal 而不是 Wagner 的简约性方法的做法。Ebach 认为该方法旨在寻找起源中心，利用而不是减少分布谬误，这与分支生物地理学的方法相矛盾，并提议通过三分布区原则与假设 2(对于一个广泛分布的种来说，它在其一个分布地区对于其它地区的关系，未必同于其另一分布地区对于其它地区的关系)、假设 1(对于一个广泛分布的种来说，它在其一个分布地区对于其它地区的关系，同于其另一分布地区对于其它地区的关系)联系起来，以期减少或消除类群－分布区分支图(JKL)中的分布谬误。

5. 普通分布区分支图

从分布区分支图或解析分布区分支图得到普通分布区分支图，目前常用方法有三种：成分分析、布鲁克斯简约性分析和三对象分析。

(1)成分分析。即用假设 0、1、2 得到分布区分支图。如果分布区分支图是多个，用所谓一致性树的方法把多个树归结成一个树。Wiley 认为成分分析中假设 1、2 不如假设 0 来得简约；Page 认为把成分分析和一致性分析连接起来是个误导，因为它混淆了分布区分支图的结构和比较。然而，无论如何，成分分析是组成分支生物地理学的主要方法和程序。

(2)布鲁克斯简约性分析。由 wiley 根据布鲁克斯在分析历史生态学问题的最初想法提出的一种方法，主要步骤是把分支图结点处的位置作为分布区的性状进行编码，对分布区分支图进行瓦格那简约性分析(wagner parsimony analysis)。布鲁克斯简约性分析类似于假设 0，所不同的是把缺失分布区处理成不具有信息，而不是假设 0 时认为的初始不存在。

(3)三对象分析。由 Nelson 和 Ladiges 提出，该方法将分布区分支图的分布资料作为三个对象状况进行编码，得到一个数据矩阵，然后用瓦格那简约性分析方法，得到一个普通分布区分支图。

调和性树(reconciled tree)的概念分别来自分子系统学、寄生物学和生物地理学中描述基因与有机体、寄生物与寄主，以及有机体与分布区之间历史关系的含义。Page 提出了一个分支生物地理学的程序，当综合不同的分布区分支图到唯一的普通分布区分支图时，尽可能极大化不同分布区分支图之间共趋异的、共拥有的历史的量。它也意味着极小化缺失(如绝灭和无标本的分类群)、复制(分布区中独立的隔离分化物种形成事件)、水平性转换(扩散)等。图 8-7 表达了两个调和分析的例子，图 a 较简单，图 b 较复杂，在 f 处有一个重复，需要建立某个分布分支图和其普通分布区分支图之间的调和。

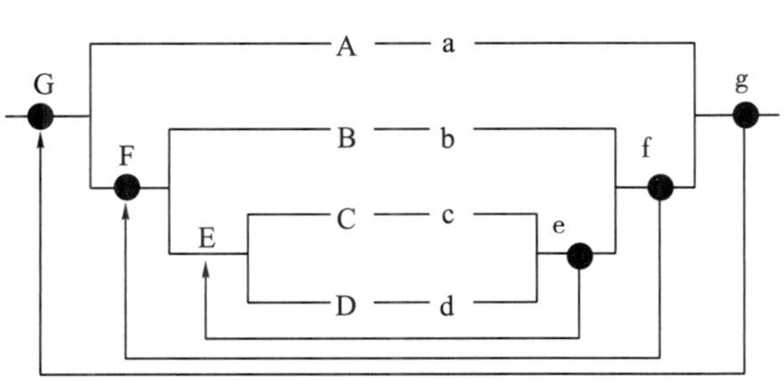

a. 分布区分支图与其普通分布区分支图

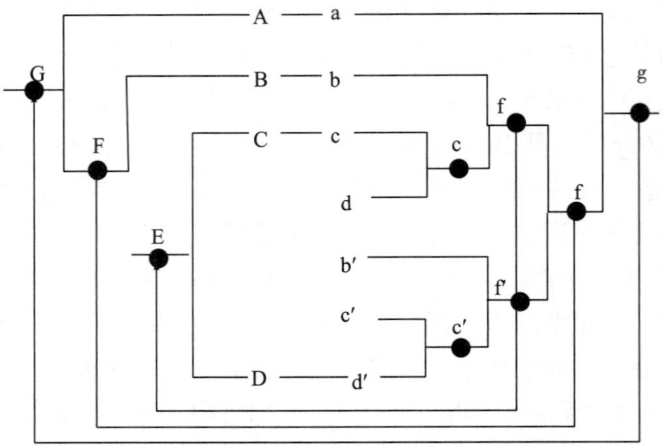

b. 较复杂的调和性树，f 处重复需要调和

图 8-7 调和性树(Morrone，Crisci，1995)

6. 地区特有性简约性分析

最初是由地质学家 B. R. Rosen 在古生物学领域提出的一种新的生物地理分析方法，称为特有性简约分析(parsimony analysis of endemicities，PAE)。此法不考虑特有性类元的种系发生关系，但是以支序学对待同远态的方法对待区域类元的共存。设有三个区域(类元出现在这些区域中)，仅在一个区域出现类元是这个区域的地理、地质的自远态性状，这个区域独特性的表征；在三个区域都出现的类元是三者的近态性状，说明三个区域的共同性——它们都是共同祖先的区域分替而成的后裔区域；只出现于两个区域的类元是那两个区域的同远态，表明在三个区域中这两个区域的关系比较密切。这样作为“分支类元”考虑的区域，实际上是标本产地的集合。因此，PAE 直接从类元的地理分布产生样本产地的区域分支图，它将类元出现整体作为性状，不像分支分替分析那样先从类元的性状推导类元分支图，再由之推导区域分支图。分支分替分析可以使用来自任何地质层位的有关类元，但 PAE 是使用同代类元集合居优势。近态和远态类元的判别用外群比较方便，外群区域是一个实际的或假想的原始区域，因为看来没有什么定义真正原始区域的满意方法，所以可以假设一个没有任何类元出现的区域作为外群，这正如类元支序分析中以所有性状全是近态(一组 0)的一个类元作为外群(Rosen，Smith，1987)。

PAE 采用 PAUP 程序来计算，也可以用其他的支序分析算法。赵铁桥(1991)按 PAE 用定量简约算法研究了河西阿拉善内流区的鱼类分布，所得结果区域分支图的拓朴结构，是介于表相分析的结果区域表相图和分支分替(PAUP)分析的结果区域同义树之间。PAE 途径不需要对特有性类元先做种系发生分析，自然比分支分替分析简捷易行。目前，做过详细严格的支序分析的生物组群还很少，PAE 就显得切实可行，但是 PAE 仅以特有性为基础，没有类元种系发生关系的推论，似乎不够严谨。Myers 和 Giller (1988)也认为 PAE 方法还很新，需要检验，尚难定评，它似乎在大标度空间和大跨度时间上的历史生物地理学分析上最有用。

这个方法把分布区内的分类群作为其特征，组成一个分布区 X 分类群矩阵，然后对其进行简约性分析，得到分布区之间的关系。两个最邻近的分布区表达了它们最近的生物区系内部变化的关系，这一方法最初由地质学家 B. R. Ronsen 在古生物学领域提出。

表达分布区关系的分支图基于一系列古老的地质水平面的资料，以及某个水平面上古老的内部变化事件，它能被年青的事件所证实。在化石记录缺少和仅处理现存分布时，可以从某一时间水平、在不同分类学等级获得 PAE 结果。特有性简约性分析是有别于其他生物地理学方法的另外一种分析方法。

7. 谱系地理学

在生物地理学研究中，分子技术应用最多的是在探讨生物地理学赖以存在的系统发育重建上，而重建系统发育时广泛使用的分子技术可采用分子钟为散布或隔离分化的物种形成事件的时间提供更好的检测机制。与分子技术紧密联系在一起的生物地理学与进化研究的最新进展是近 20 年来谱系地理学发展。

谱系生物地理学研究虽然最早可追溯到上世纪 70 年代，但最近几年随着分子技术的广泛采用，才得到了快速发展。谱系生物地理学是研究有密切亲缘关系的种间和种内支系的现有地理分布格局的形成过程和形成机制的新兴学科。它研究基因支系空间分布的历史和系统发育因素。时间和空间是谱系生物地理学研究中基因系谱标图上的两个坐标。

有密切亲缘关系的广布的生物种类的分子遗传学数据能通过提供隐性物种遗传边界的独立证据、估计物种分歧时间、提供物种分歧格局的系统发育重建、比较种内和种间等位位点地理分布格局等方面的信息来探讨生物地理学的机制。谱系生物地理学研究发源于用动物线粒体 FWB 进行基因系谱分析。线粒体 FWB 的母系遗传、丰富的种内变异以及没有分子间的遗传重组等特点使得这方面的研究能够跨越微观进化与宏观进化之间的鸿沟。而在此之前的等位酶研究虽然为群体遗传学提供了行之有效的手段，但在提供系统发育信息方面存在极大的局限性。

谱系生物地理学研究所采用的研究方法可以分别从鼠类类群 Peromyscus 和小地鼠 Geomys 的居群分子调查研究中获得大致的了解：利用限制性酶对线粒体 DNA 进行切割，根据所研究种类在其分布范围内所显示的线粒体 DNA 酶切片段的分布，建立种下各基因型的系统发育关系，结合各基因型的具体分布位置，重建物种分布区的变化历史。Avise 等用 16 种限制性内切酶对来自整个分布区的 87 个小地鼠个体的线粒体 DNA 进行分切，然后有琼脂胶对产物根据其分子量进行分离、然后染色并获得 RFLP 图谱。通过对 RFLP 图谱的分析得到各种基因型，然后获得种内居群间的母系系统发育关系。他们的研究有两个革命性的影响：首先，不同于传统的概念，它明确了个体可以作为居群遗传分析的分类操作单元(OTU)；其次，它引进了种下进化的系统发育概念。

总之，历史生物地理学分析包含了三个方面的研究内容，即空间同源性的识别、特有性分布区的鉴定以及分布区关系假设的形成。空间同源性的识别是指某生物分布区如果找到动物、植物单个分类群的分布格局或轨迹，它们可以集结为众多分类群分布的共同特征，即泛生物地理学的一般轨迹，那么一般轨迹说明它们的空间同源性；特有性分布区的鉴定，除了一般性统计得到特有性分布区，利用特有性简约性分析亦可以找到；分布区关系假设的形成主要由分支生物地理学提供的成分分析、布鲁克斯简约性分析和三对象分析，以及特有性简约性分析等得到普通分布区分支图，从而建立分布区关系。

第三节 生物地理学统计

生物地理学统计是生物地理学研究中常用的一种方法，它应用数理统计的原理和方法来分析和解释生物界的空间格局和现象，即它是传统的数理统计方法在生物地理学研究中的具体应用。然而，传统的生物统计方法在解决实际问题时存在明显的不足，如它对于任何空间问题的抽样结果只记录样本值的大小，不附任何其他条件。而生物地理学统计方法则认为既然是对空间现象的抽样，由于空间现象在各不相同区域间存在空间上的相互影响，同时存在空间上的异质性，因此空间相关性分析与样本的相对位置有关，所以在抽样记录中多加了距离和方向两个属性。因此，生物地理学统计方法是以数理统计原理为导向，以计算机统计软件为技术支撑，在生物地理学研究和发展方面显示出前所未有的优越性和灵活性。

一、描述性统计

描述性统计实际上就是对原始资料进行整理并作基本分析的一种方法，具体要求把大量复杂的数据进行整理归类，使其系统化，便于统计分析，从而得出正确的科学结论。数据整理的作用就是按不同的标志把数据的特征反映出来，研究它们的规律性和相互关系，对原始数据的整理，结果需要用数字来表明，同时可将整理的数据制成表格，以分门别类的表格来表达比较繁琐的生物统计结果。

描述性统计的基本特点是以样本推断总体。如果在大样本情况下，就需要通过统计资料初步整理之后，再从资料中计算出特征统计量，即平均数、标准差、标准误差等。这些值用来根据样本推断总体的特征：一是资料的集中性，以平均数来表示；二是资料的离中性，以标准差来表示；三是衡量平均数的可靠性，用标准误差来表示。

对同一批统计数值可以用不同的方法求出各种代表数，表示资料集中位置代表数的种类较多，最主要的是平均数。平均数是统计资料中变数的中心位置比较确切的代表数，由于计算平均数的方法不同，它可分为算术平均数、几何平均数和调和平均数。在生物学统计模型中，使用最多的是算术平均数，简称为平均数。

1. 平均数(基本集中量数)

一个数量资料中各个观察值的综合除以观察值个数所得的商，称为算术平均数，记作 x，由于其应用极为广泛，因此常称为平均数或均数。平均数的计算方法可根据样本含量的大小和分组情况采用不同的方法，如果样本容量较小，即资料内包含观察值的个数不多，可直接计算平均数。

假设试验所得的 n 个数值为 $x_1, x_2, x_3, \cdots, x_n$，则其算术平均数 $\overline{x}$ 为

$$\overline{x} = \frac{\sum_{i=1}^{n} x_i}{n} \tag{8-15}$$

为简便起见，常把 $\sum_{i=1}^{n} x_i$ 写成 $\sum x_i$，因此上式可写为

$$\overline{x} = \frac{\sum x_i}{n} \tag{8-16}$$

除此之外，表示资料集中位置的代表数还有中位数和众数等。在同一性质资料中，将所有观察值按大小顺序排列，居中间位置的观察值称为中位数，简称中数(M_d)；在同一性质的资料中，如某一观察值出现的次数最多，即称该观察值为众数(M_o)。中位数、众数和平均值一样，都能从不同的方面来表示观察数据的集中程度。

2. 变异量数

每个样本都有一批观察值，以平均数作为样本的代表值，样本平均数代表性的好坏与样本内各个观察值的变异程度大小有关，因此为了更全面地描述样本，只有平均数是远远不够的，还必须度量其变异度。表示变异度的指标主要包括极差、平均差、方差、标准差和变异系数等。

(1)极差，又称全距，记为R，是资料中最大观察值与最小观察值的差数。当样本极差较大时，它的变异范围较大，其平均数的代表性较差；相反，当样本极差较小时，它的变异范围较小，其平均数的代表性就较好。极差虽对资料的变异度有所说明，但它仅由两个极端观察值决定，没有充分利用资料的全部信息，而且容易受到资料中不正常极端值的影响，因此全面反映事物变异实际情况的精确度较差，一般只作参考，说明大致情况，而不常作为使用的依据。

(2)平均差，由平均数的性质可以看出，一个样本中各变数与其平均数的离差之和等于0，这对于测定离散度是没有价值的。由于一个变数是以某一距离高于或低于平均数，对于描述离散程度来说是无关重要的，因此离差的符号可以不考虑，离差全取非负数的平均数即离均差绝对值的平均数，成为衡量资料在乎均数周围离散程度的尺度，称这个尺度数为平均绝对离差，简称为平均差。

设有n个观察值$x_1, x_2, x_3, \cdots, x_n$，其平均数为$\bar{x}$，平均差用$MD$表示，定义为

$$MD = \frac{\sum_{i=1}^{n} |x_i - \bar{x}|}{n} \tag{8-17}$$

(3)方差，平均差是样本离散程度的较好反映，但由于用了绝对值符号，在数学中运算极不方便。为了既能较好地反映样本的离散程度，又便于运算，把各个离均差平方，即可消除正、负抵消的影响，并可以加重较大离均差的分量，借以增加度量变异度的灵敏度。将各个离均差平方的总和所得数值称为离均差平方和，简称平方和(SS)，定义为

$$SS_{样本} = \sum_{i=1}^{n} (x_i - \bar{x})^2 \tag{8-18}$$

$$SS_{总体} = \sum_{i=1}^{n} (x_i - \mu)^2 \tag{8-19}$$

式中，μ为总体平均数。

由于各个样本所包含的观察值数目不同，为了便于比较，用观察值数来除平方和，得到平均平方和，简称均方或方差。样本均方用S^2或MS来表示，定义为

$$S^2 = \frac{\sum_{i=1}^{n} (x_i - \bar{x})^2}{n-1} \tag{8-20}$$

样本的均方S^2是它的总体方差的最好估计值，总体方差用σ^2来表示，定义为

$$\sigma^2 = \frac{\sum_{i=1}^{n} (x_i - \mu)^2}{N} \tag{8-21}$$

式中，$n-1$ 为自由度，N 为有限总体所含个体数，均方和方差这两个名称常常通用，但习惯上样本的 S^2 称为均方，而总体的 σ^2 称为方差。

(4)标准差，方差这个数值远比平均偏差大得多，有时用它来说明个体变异程度是不适合的。同时，离均差经平方后其数值所带有的度量单位也进行了平方，不宜表达其原有的意义。因此，有必要把这变异量缩小到原来程度，使其度量单位还原。标准差就是将这变异量进行开方所得的值，其单位与观察值的度量单位相同。从样本资料计算标准差的公式为

$$S = \sqrt{S^2} = \sqrt{\frac{\sum_{i=1}^{n} (x_i - \bar{x})^2}{n-1}} = \sqrt{\frac{\sum_{i=1}^{n} x_i^2 - (\sum_{i=1}^{n} x_i)^2 / n}{n-1}} \tag{8-22}$$

样本标准差是总体标准差的估计值，总体标准用 σ 来表示，其公式为

$$\sigma = \sqrt{\frac{\sum_{i=1}^{n} (x_i - \mu)^2}{N}} \tag{8-23}$$

若一样本中有许多观察值，此时用直接法求标准差，不仅繁琐，而且容易发生差错，这时可用频数分布函数 f_i 来计算方差，其公式为

$$S^2 = \frac{\sum_{i=1}^{n} f_i x_i^2 - (\sum_{i=1}^{n} f_i x_i)^2 / n}{\sum_{i=1}^{n} f_i - 1} \tag{8-24}$$

(5)变异系数，标准差描述了样本中观察值与它们的平均数偏离的绝对水平，如果要对两个总体从性质上进行评价，比较变数值偏离平均数的程度，即判定哪个变异程度大，哪个变异程度小，由于单位不同或平均数不等，直接用标准差进行比较是不妥当的。例如样本 1：4，5，6，计算得 $\bar{x}_1 = 5$，$S_1 = 1$，而样本 2：99，100，101，计算得 $\bar{x}_2 = 100$，$S_2 = 1$，虽两个样本的标准差都是 1，但两个样本变异程度却大不一样。

另外，单位不一致也不能互比。由于这两个样本的平均数并不相同，而且计量单位也不一致，故得出前者变异程度小，而后者变异程度大的结论。在这种情况下，为了对两个样本变异情况作出判断，可以用它们各自的变异系数来时行比较。

一个样本的变异系数为该样本标准差对平均数的百分比，其计算公式为

$$CV = \frac{S}{\bar{x}} \times 100\% \tag{8-25}$$

式中，CV 为变异系数，常用百分数(%)表示。

变异系数是样本内观察值相对变异程度大小的指标。从变异系数的公式，可以看出变异系数既受到标准差的影响，也受到平均数制约，因此在应用变异系数来表示样本的变异程度时，宜同时列平均数和标准差，以表示基本特征。此外，若平均数等于零时，则变异系数为无穷大，所以当一分布的平均数接近零时，所求得的变异系数就是一个不可靠的统计量。

二、显著性检验（又称假设检验）

在进行生物科学研究工作中，经常会遇到两组或两组以上数据的平均数，它们之间进行比较，就有一个有无显著差异的问题或者说孰优孰劣的问题。平均数之间的比较，需要通过一定的统计方法，并且要注意抽样是否合理，否则它们没有比较的基础，这需要应用均数差异显著性检验的统计分析方法，才能作出较可靠的判断，不致被某些偶然性因素所蒙蔽。

在生物学统计上经常会遇到样本观察值对总体的某些特征进行推断的问题，利用这些观测值来推断原来的假设是否正确，就得依靠显著性检验。由于抽样的随机性，样本观测值不可避免地会出现抽样误差，这样一来，利用样本观测值来推断总体时与通常的数学推理就不大一样。一般这种推断没有一个百分之百肯定的结论，它总是带有随机性的特点，这一类推理称为统计推断或称之为假设检验。

1. 假设检验的基本方法

在此通过生物学的一个实例来介绍假设检验的基本方法。例如，某种动物的脉搏平均为 72 次/min，抽样测得 10 个患病的动物的平均脉搏为 67.4 次/min，并测得样本方差为 35.16。那么，这些动物的脉搏是否正常？也就是说，如果把所有被调查的动物看成是一个总体，问题是利用这些数据来判断这个总体的期望值是不是 72 次/min。一般可以按如下的步骤解决。

(1)对所研究的总体提出一个假设 H_0，这是进一步分析的基础，因此必须要恰当。这个假设首先必须与要分析的问题紧密地联系在一起，将来无论是拒绝这个假设还是不拒绝这个假设都可能成为所讨论问题的答案；其次，所做的假设也必须有利于构成和计算某个统计量，这样一来，就可以根据统计量的分布规律来判别观测值出现的概率。

在例子中，最合适的假设为假设 $H_0: \mu=72$，也就是说，患病动物的脉搏是正常的，他们的期望值等于正常动物的脉搏 72 次/min，这时样本平均值 $\bar{x}=67.4$ 和 μ 之间的差异 $|\bar{x}-\mu|=4.6$ 应理解为随机误差，而 H_0不成立所对应的假设就是 $H_A: \mu\neq 72$，称之为 H_0的备择假设。不同问题中所需要做的假设将在下面具体的检验问题中介绍。

(2)在假设 H_0下构造一个样本统计量并研究这个统计量的分布。构造统计量为

$$t=\frac{\bar{x}-\mu}{\sqrt{S^2/n}} \tag{8-26}$$

在假设 H_0下有 $\mu=72$，而且知道 $\bar{x}=67.4$，$S^2=35.16$，$n=10$。因此，这个统计量就可以使用上述的样本观测值算出

$$t=\frac{67.4-72}{\sqrt{35.16/10}}=-\frac{4.6}{1.857}=-2.453$$

还可以根据上一章的分析知道这个统计量服从自由度 $df=n-1=9$ 的 t 分布。

(3)确定假设 H_0的否定域。前面算出的 $t=-2.453$，只是在承认假设成立的前提下得到的，现在还不知道平均脉搏是不是符合这个假设。经验表明，如果这样算出来的值是不合理的，那么 H_0是不合适的，这时就应该拒绝或否定原假设 H_0；如若不然，就不能拒绝或否定 H_0，这时称原来的假设是相容的。检验拒绝或否定原假设 H_0的 t 值的全体称为假设 H_0的否定域。

确定否定域的关键在于分清哪些值是"合理"的，而哪些值是"不合理"的，这里所说的"合理"与"不合理"实际上是基于人们在实践中广泛采用的一个原则：小概率事件在一次观测中可以认为基本上不会发生，如果一次观测就发生了小概率事件，就认为这个现象是不合理的。

在上述例子中，如果假设 H_0成立，那么 $\mu=72$ 就是总体的期望值。$|\bar{x}-\mu|$ 只是表示随机误差，因此这时的 $|\bar{x}-\mu|$ 或者 $|t|$ 一般来说数值不会太大，它们虽然可能取到较大的数值，但概率是较低的。由前面的分析知道，给定 $\alpha>0$，对于分布来说，可以求出它的临界值 t_α，使得 $P\{|t|>t_\alpha\}=\alpha$；如果我们把 t 取得相当小，譬如 $\alpha=0.05$，就可以由 t 值表查得 $t=2.262$，这表明在假设 H_0成立的前提下，虽然变量 t 可能取不同的值，但一般来说 $|t|$ 的数值不会太大，满足不等式 $|t|>t_\alpha=2.262$ 的 t 值出现的机会已经很小了，只有 5%的可能性，于是就称事件 $\{>t\}=\{|t|>2.262\}$ 或事件 $\{|\bar{x}-\mu|>S_x\}$ 为小概率事件。如果在一次观测中发生了这个事件，也就是说由观测样本算得的值满足不等式 $|t|>t_\alpha=2.262$，它表明在这次观测中发生了小概率事件。按照前面提到的原则，就应该认为这个现象是不合理的，从而拒绝或否定原来的假设 H_0。因此，由不等式 $|t|>2.262$ 给出的值的范围就构成了假设 H_0的否定域。

(4)对原假设进行推断。在例子中，由样本观测值算出 $t=2.453$，它落入了假设 H_0 的否定域 $|t|>2.262$ 之内，因此认为假设 H_0是不成立的，或者说 $u\neq72$ 次/min，即这时的差数 $|\bar{x}-72|=4.6$ 次/min 已经大到如此的程度，将它解释为随机误差已经很牵强了，因此要否定原假设 H_0，这时也可以称这个差异是显著的。

2. 两类错误和显著性水准

前面在做统计推断时是基于"小概率事件在一次观测中不会发生"这样一个认识来拒绝原来的假设的，但是在这次观测中是不是真的不会发生小概率事件呢？更具体地说，在前面的例子中会不会在假设 $H_0:\mu=72$ 成立的前提下也能得到使 $x=67.4$ 的观测值呢？由于样本是随机抽取的，这个现象当然有可能发生，但在推断过程中却把原来正确的假设否定了。这时，在这个问题上做了一个错误的判断把原本正确的假设否定了，称为第一类错误。与此相应，当不能否定假设 H_0时，也会出现类似的情况，假设 H_0是错误的，但在做统计推断时却不能否定它，这就是所谓的第二错误，其关系如表 8-1 所示。

表 8-1　假设检验的两类错误

统计假设 / 检验结果	H_0是正确的	H_0是错误的
否定 H_0	第一类错误	没有错误
不能否定 H_0	没有错误	第二类错误

小概率事件发生的概率，正好是否定正确的原假设 H_0的概率，也就是做统计推断时犯第一类错误的概率。上例中的假设 H_0：$\mu=72$ 次/min，取 $\alpha=0.05$，由前面的推导可知 x 落在 $\mu\pm t_\alpha S_x$ 范围之外，即 $x>72+2.262\times1.875=76.24$ 或 $x<72-2.262\times1.875=67.76$ 的概率是 0.05，这时就否定了原假设 H_0，也就是说，在假设 H_0成立的条件下，样本均值 x 有 5%的可能落入到上述的否定域内，因而得到了对一个正确的假设作出否

定的结论的概就是 $\alpha=0.05$，这就是犯第一类错误的概率。这说明我们利用小概率事件的原则进行统计推断时，否定原假设是冒着 5%的风险来下结论的，也就是说有 5%的危险把原来正确的假设否定掉了。

犯第二类错误的概率用 β 表示，它给出了当假设 H_0 不成立时，通过检验却不能否定这个假设的可能性的大小，当然这种情况只有在 H_0 不能否定的情况下发生。在前面的例子中，如果假设 H_0 是错误的，而实际病人脉搏的期望值是 $\mu=70$ 次/min 时，这个总体的真实分布的密度函数应该为

$$P_1(x)=\frac{1}{\sqrt{2\pi\sigma}}\mathrm{e}^{\frac{1}{2\sigma^2}(x-\mu_1)^2} \tag{8-27}$$

这时，观测值的平均数落入区间［67.76，76.24］的概率可以由密度函数 $P_1(x)$ 在这个区间上的积分给出。

$$\begin{aligned}P\{67.76\leqslant x\leqslant 76.24\}&=1-P\{x<67.76\}-P\{x>76.24\}\\&=1-P\left\{\frac{x-\mu_1}{S_{\bar{x}}}<\frac{67.76-70}{1.857}\right\}-P\left\{\frac{x-\mu_1}{S_{\bar{x}}}<\frac{67.24-70}{1.857}\right\}\\&=1-P\{t<-1.947\}-P\{t>3.328\}\\&=1-0.132-0.005=0.862\end{aligned}$$

这表明在 $\mu_1=70$ 的真实总体中，样本均值落入假设 H_0：$\mu=72$ 的不能被否定的区域［6776，7624］中的概率大约是 0.862，也就是说，有 86.2%的可能性否定不了原来的错误的假设，这就是犯第二类错误的概率为 $\beta=86.2\%$。

由上述的分析可以看到，只要用抽样的方法进行判断，不管怎样选择否定域，总是要犯错误的，而且当样本的容量给定以后，否定域越“小”，犯第一类错误的概率就越小，犯第二类错误的可能性就越大；反之，假设的否定域越“大”，犯第一类错误的可能性越大，犯第二类错误的可能性就越小。

在用样本对原假设作检验时，要想两类错误都避免是不可能的，因此下面所做的统计检验所依据的原则是使犯第一类错误的概率不超过某个给定的数 $\alpha(0<\alpha<1)$，同时使犯第二类错误的概率尽可能地小。当然，这时 β 并不一定是很小，它的大小还取决于样本容量的多少，通常取为 0.05 或 0.01，叫做检验的信度或显著性水准。如果在 $\alpha=0.05$ 的水准下否定原假设则称差异是显著的，在 $\alpha=0.01$ 的水准下否定原假设则称差异是极显著的，这种检验又称为显著性检验。

显著性检验对于假设 H_0 来说是个保护性的检验，也就是说，它保证了在否定假设 H_0 时不至于犯重大的错误，在做显著性检验时，在水准 α 下否定原假设 H_0 的情况已经讨论清楚了。如果在水准 α 下分析的结果不能否定原假设，是否就相当于“接受原假设 H_0”呢？正如前面所估算的那样，当“接受原假设 H_0”时有可能冒有相当大的犯第二类错误的风险。在例子中，如果接受假设 H_0，就会有 86.2%的可能接受的是错误的假设(因为正确的不是 72 次/min，而是 70 次/min)。这样一来，“接受原假设”这一术语的可信度就很低了。

三、生物地理学统计分析

1. *回归分析*

回归是指两个或两个以上的变量存在着从属关系，即一个变量 x 变化时，引起另一

变量 y 相应变化的估计。它们的从属关系可以用回归分析的方法进行研究，根据实际数据建立的关系式称为回归方程式，用以对某些指标进行预测和预报。

设变量 y 与变量 $x_1, x_2, x_3, \cdots, x_p$ 间存在着线性关系，它的第 α 次试验数据是 $(y_{\alpha 1}, y_{\alpha 2}, y_{\alpha 3}, \cdots, y_{\alpha p}), \alpha = 1, 2, \cdots, N$，于是有

$$\left.\begin{aligned} y_1 &= \beta_0 + \beta_1 x_{11} + \beta_2 x_{12} + \cdots + \beta_p x_{1p} + \varepsilon_1 \\ y_2 &= \beta_0 + \beta_1 x_{21} + \beta_2 x_{22} + \cdots + \beta_p x_{2p} + \varepsilon_2 \\ &\vdots \\ y_n &= \beta_0 + \beta_1 x_{n1} + \beta_2 x_{n2} + \cdots + \beta_p x_{np} + \varepsilon_n \end{aligned}\right\} \tag{8-28}$$

其中 $\beta_0, \beta_1, \cdots, \beta_p$ 是 $p+1$ 个待估参数，$x_1, x_2, \cdots, x_p$ 是 p 个可以精确测量或可控制的变量，$\varepsilon_1, \varepsilon_2, \cdots, \varepsilon_p$，是 n 个相互独立且服从同一正态分布 $N(0，\sigma)$ 的随机变量。

为简便起见，用矩阵形式来描述回归问题。设

$$\boldsymbol{X} = \begin{bmatrix} 1 & x_{11} & x_{12} & \cdots & x_{1p} \\ 1 & x_{21} & x_{22} & \cdots & x_{2p} \\ & & \vdots & & \vdots \\ 1 & x_{n1} & x_{n2} & \cdots & x_{np} \end{bmatrix}$$

$$\boldsymbol{Y} = (y_1, y_2, \cdots, y_n)'$$

$$\boldsymbol{\beta} = [\beta_0, \beta_1, \cdots, \beta_p]', \quad \boldsymbol{\varepsilon} = [\varepsilon_1, \varepsilon_2, \cdots, \varepsilon_n]'$$

则多元线性回归的数学模型可以写成矩阵形式

$$\boldsymbol{Y} = \boldsymbol{X\beta} + \boldsymbol{\varepsilon} \tag{8-29}$$

2. *趋势面分析*

趋势面分析是多元回归分析的一种特殊形式，它是用空间位置坐标的多项式回归来估计未知位置值的方法。实际上，多项式回归早在 1914 年(Cliff et al.，1981)已经出现，计算机的使用才使得这项工作变得十分简单。

对于一个变量的多项式回归是用已知的数据根据最小二乘法原理拟合下的多项式，扩展到两个变量的形式即拟合二元多项式：$\varphi(x) = \sum\limits_{0 \leqslant k \leqslant p} a_k x^k$ 扩展到两个变量的形式即拟合二元多项式：

$$\varphi(x, y) = \sum_{i+j \leqslant p} a_{ij} x^i y^j \tag{8-30}$$

上式即二维趋势面模型表达式，通常也称为趋势面分析模型。虽然也有使用三维趋势面分析的，但是三维趋势面应用较少(图 8-8)。

0 阶的趋势面形式：α——水平面

1 阶的趋势面形式：$\alpha = bx + cy$——一般平面

2 阶的趋势面形式：$a + bx + cy + dx^2 + cxy + fy^2$——二次曲面

在趋势面模型中，整数 p 称为趋势面的阶。对于 p 阶的趋势面，系数 α_{ij} 共有$(p+1)(p+2/2)$个。系数的选择通常使用最小二乘法，即使 $\sum_i \{z(x_i, y_j) - \varphi(x_i, y_j)^2\}$ 最小，求出 α_{ij} 的值。在给定样本值后，即可拟合趋势面函数，一旦趋势面拟合成功，所有未知点上的值都可以用趋势面函数作插值得到。

通常，统计回归形式的趋势面模型为

$$Z(x,y)=\varphi(x,y)+e(x,y) \tag{8-31}$$

一般回归分析假设误差项 $e(x,y)$ 的均值为 0、方差 σ^2 且二者都与空间坐标 (x,y) 无关，而且对不同的空间坐标 (x_i,y_i) 对应的误差 $e(x_i,y_i)$ 间是相互独立的，这是很不现实的。从图 8-8 可以看出，趋势面是十分光滑的，而实际数据肯定不会那么光滑的变化，因此有理由希望由趋势面得到的估计值其误差在短距离是正相关的，这种条件下趋势面分析的假设以及趋势面回归估计中的统计检验等都是有问题的，但无论如何，趋势面分析是显示数据大范围特征的很有用的工具。

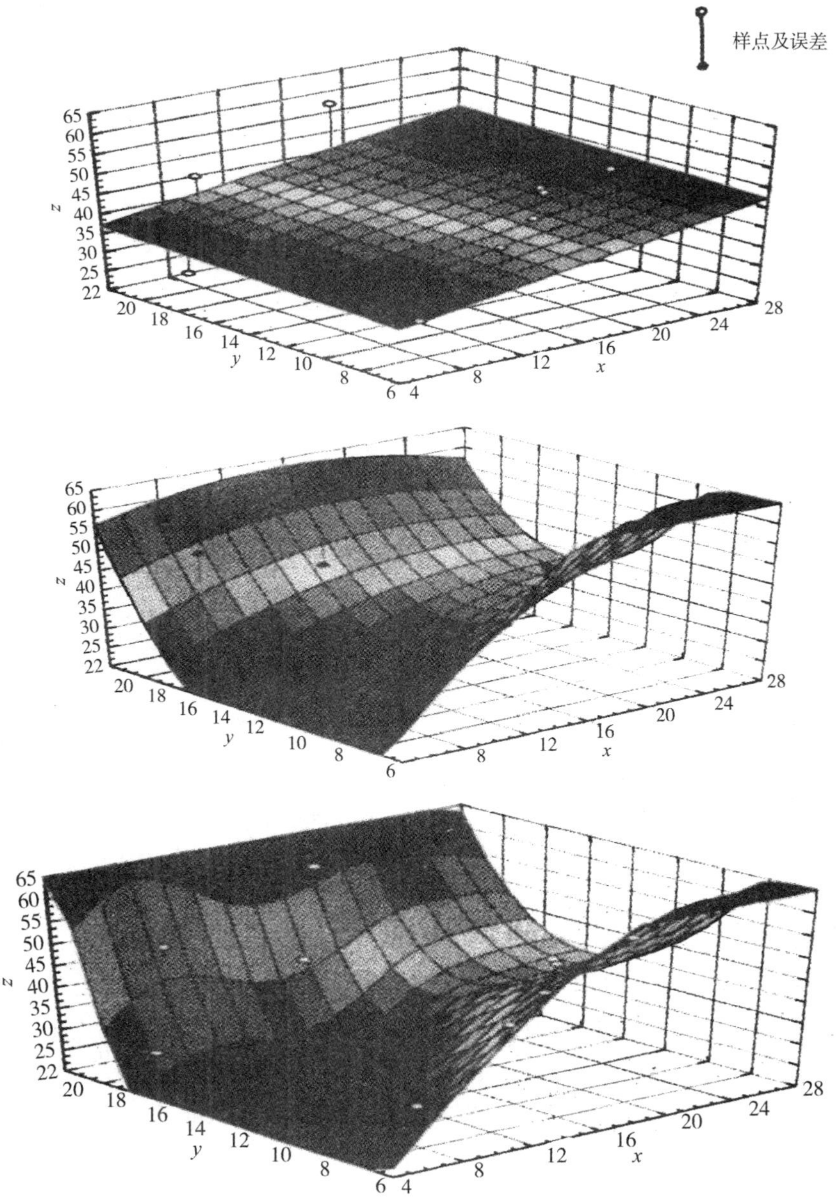

图 8-8　趋势面分析三维模型图(周国法，1998)

10 个点对应的趋势面，自上而下为一阶、二阶、三阶趋势面

3. 主成分分析

设观测样本矩阵为

$$X = \begin{bmatrix} x_{11} & x_{12} & \cdots & x_{1p} \\ x_{21} & x_{22} & \cdots & x_{2p} \\ \vdots & \vdots & & \vdots \\ x_{n1} & x_{n2} & \cdots & x_{np} \end{bmatrix}$$

n 为样本数，p 为变量数。为了使该样本集所引起的平方误差最小，首先进行坐标变换，即用雅可比方法求解正交变换矩阵；再选取 $m(m<p)$个主成分。将原始数据进行标准化处理：

$$x'_{ik} = \frac{x_{ik} - \overline{x}_k}{S_k} \quad (i = 1,2,\cdots,n; k = 1,2,\cdots,p) \tag{8-32}$$

其中，

$$\overline{x}_k = \frac{1}{n}\sum_{i=1}^{n} x_{ik}$$

$$S_k = \frac{1}{n-1}\sum_{i=1}^{n}(x_{ik} - \overline{x}_k) \quad (k = 1,2,\cdots,p)$$

主成分分析有一个明显的特征，就是每个主分量依赖所有变量所用的尺度，当尺度改变时，会得到不同的特征值 λ，为了克服这个困难，需对初始变量进行初始化处理，使其方差为 1。

计算其相关系数矩阵

$$K = \begin{bmatrix} r_{11} & r_{12} & \cdots & r_{1p} \\ r_{21} & r_{22} & \cdots & r_{2p} \\ \vdots & \vdots & & \vdots \\ r_{n1} & r_{n2} & \cdots & r_{np} \end{bmatrix}$$

经标准化处理后数据的相关系数为

$$r_{ij} = (\sum_{i=1}^{n} x'_{ki} \cdot x'_{kj})(n-1) \quad (i,j = 1,2,\cdots,p) \tag{8-33}$$

对应于相关系数矩阵 $\boldsymbol{R}$，用雅可比方法求特征方程 $|\boldsymbol{R}-\lambda I| = 0$ 的 p 个非负的特征值 $\lambda_1 > \lambda_2 > \cdots > \lambda_p \geqslant 0$，对应于特征值 λ_i 的相应的特征向量为

$$C^{(i)} = (C_1^{(i)}, C_2^{(i)}, \cdots, C_p^{(i)}) \quad (i = 1,2,\cdots,p)$$

并且满足

$$C^{(i)}C^{(j)} = \sum_{k=1}^{p} C_k^{(i)} C_k^{(j)} = \begin{cases} 1(i = j) \\ 0(i \neq j) \end{cases}$$

选择 $m(m<p)$ 个主分量，若前面 m 个主分量 $z_1, z_2, \cdots, z_m (m<p)$ 的方差和占全部总方差的比例 $a = (\sum_{i=1}^{m}\lambda_i)/(\sum_{i=1}^{p}\lambda_i)$ 接近于 1 时(如 $\alpha \geqslant 0.85$)，选取前 m 个因子 $z_1, z_2, \cdots, z_m$ 为 1 ～ m 个主分量，而这 m 个主分量之方差和占全部总方差的 85% 以上，基本上保留了原来因子 $x_1, x_2, \cdots, x_p$ 的信息，这样因子数目将由 p 个减少为 m 个，起到了筛选因子的作用。

主分量是原来 p 个变量的线性组合，它不能简单地解释为单个变量属性的作用，因

而不能直接说明原变量属性对主分量的作用，但是与主分量相对应的特征向量中各元素数值反映的各个变量属性对该主分量作用的大小，即可理解特征向量中各分量对该主分量作用的权数。

为了进一步估计各变量对主分量的作用，可引进新的估计数值，即原变量属性（原坐标轴）对主分量（新坐标轴）的负荷量。

令变量 I 对 j 个主分量的负荷量为

$$I_{ij} = \sqrt{\lambda_j}\mu_{ji} \quad (i, j = 1, 2, \cdots, p) \tag{8-34}$$

即有

$$L = (l_{ij}) = \begin{bmatrix} \sqrt{\lambda_1}\mu_{11} & \sqrt{\lambda_2}\mu_{21} & \cdots & \sqrt{\lambda_p}\mu_{p1} \\ \sqrt{\lambda_1}\mu_{12} & \sqrt{\lambda_2}\mu_{22} & \cdots & \sqrt{\lambda_p}\mu_{p2} \\ \vdots & \vdots & & \vdots \\ \sqrt{\lambda_1}\mu_{1p} & \sqrt{\lambda_2}\mu_{2p} & \cdots & \sqrt{\lambda_p}\mu_{pp} \end{bmatrix} = \boldsymbol{U}\boldsymbol{\Lambda}^{\frac{1}{2}} \tag{8-35}$$

式中，$\boldsymbol{U}$ 为特征向量矩阵，$\boldsymbol{\Lambda}$ 为特征值矩阵。

4. 聚类分析

聚类分析是数理统计中研究“物以类聚”的一种方法。在数值分类方面，可分为两大类问题：一类是已知当前研究对象的分类情况，将某些未知个体正确地归属于某一类，这是判别分析所要解决的问题；另一类问题是不存在一个事前分类的情况下而进行数据结构的分类。

聚类分析的职能是建立一种分类方法，它是将一批样品或变量，按照它们在性质上的亲疏程度进行分类，而描述其亲疏程度通常有两个途径：一是把每个样品看成 m 维（变量的个体为 m 个）空间的一个点，在 m 维坐标中，定义点与点之间的某种距离；另一个是用某种相似系数来描述样品点之间的亲疏程度。

确定了样品或变量间的距离或相似系数后，就要对样品或变量进行分类，方法很多，一类是在样品距离的基础上定义类与类之间的距离，首先将 n 个样品自成一类，然后每次将最小距离的两类合并，合并后重新计算类与类之间的距离，这个过程一直继续到所有样品归为一类为止，把这个过程作为一张聚类谱系图，这种聚类方法称为系统聚类法（又称谱系聚类）；另一类是将 n 个样品初步分类，然后根据分类函数尽可能小的原则，对已分类别进行调整，直到分类合理为止，这称为调优法。

系统聚类法的基本算法是将 n 个样品自成一类，先计算 $1/2n(n-1)$ 个相似性测度，并且具有最小测度的两个样品合并成两个元素的类，然后按照某种聚类方法计算这个类和其余 $(n-2)$ 个样品之间的距离，这样一直持续下去。并类过程中，每一步所做的并类（样品与样品、样品与类、类与类）都要使测度在系统中保持最小，这样每一次减少一类，直至所有样品都归为一类为止。

聚类的基本思想是把样品看成 m 维空间的点，而把每个变量看成 m 维空间的坐标轴。如果所选择的聚类方法是通过各个类之间所张起的界面起作用，但不改变原来空间中点的相对位置，这种聚类方法称为空间守恒；如果所选择的聚类方法，使得由于一个类的扩张，空间似乎围绕着这个类扩张，因此当这个类扩张时，相应的距离也扩张，就好象它吸收了其他的点，这一类并类方法称为空间扩张，这种方法凝聚速度较快。另外，还有一些聚类法，它由于一个类增长时，相应的距离比空间守恒距离缩短，空间似乎围绕它收缩，最常见的聚类方法为最短距离法。

设 d_{ij} 表示样品 x_i 与 x_j 之间的距离，D_{ij} 表示类 G_i 与 G_j 之间的距离。它的聚类算法是把两个类之间的距离定义为一个类的所有个体与另一类的所有个体之间距离的最小者。

即类 G_p 与类 G_q 之间的距离 D_{pq} 定义为

$$D_{pq} = \min d_{ij} \quad x_i \in G_p, x_j \in G_q \tag{8-36}$$

最短距离法聚类的步骤是：

(1)在原来 $m \times m$ 距离矩阵的非对角元素中找出最小元素，把分类对象 G_p 与 G_q 并为一类新类 G_r；

(2)然后按计算公式计算原来各类与新类之间的距离，得到一个新的 $(m-1)$ 阶的距离矩阵；

(3)从新的距离距阵中选出最小者 d_{ij}，把 G_i 和 G_j 归并成新类；

(4)计算各类与新类的距离；

(5)一直这样计算下去，直到各分类对象被归为一类为止。

第四节　植被生产力模型

植被是陆地生物圈的主体，通过光合作用所产生的有机物质是陆地生态系统中一切生命成分及其功能的基础，而陆地生态系统是主要的生命支持系统，是人类赖以生存与发展的物质基础，大约 42%陆地生态系统的生产力被人类直接或间接利用。随着人口的增长、气候的恶化、资源的减少、粮食和能源的短缺，人类给地球生态系统造成的压力越来越大，使这些系统可持续能力日益下降。因而，保持和提高陆地生态系统可持续性的重要条件是保护生态系统的系统生产力，这也是生物地理学研究中务实且具有战略性意义的问题。

植被生产力及其地理分布除受本身生物学特性限制外，主要还受气候因子(阳光、温度、CO_2浓度、降水等)、土壤(如营养元素、土壤质地、有机物分解、呼吸过程)和人的干扰(如火、病虫害、采伐、土地利用等)的影响。

植被净第一性生产力(NPP)是指绿色植物在单位面积、单位时间内所积累的有机物数量，是光合作用所固定的有机碳总量和自养呼吸消耗量之差，不仅直接反映着植被群落在自然环境条件下的生产能力，而且还反映植被通过光合作用对大气中 CO_2 的固定能力。因此 NPP 一直被认为是陆地生态系统碳循环和碳平衡的重要环节，判定生态系统碳汇和调节生态过程的主要因子和重要指标。它受若干环境条件制约，陆地上植被生产力首先与温度及有效水分有关，这就提供了一种可能，即用现有的生产力测定资料以及气象观测记录建立起它们之间的相关模型，以便利用这些模型，根据气象记录的环境参数预测一个地区的生产力。利用计算机模型估算陆地植被的净第性生产力已成为一种重要而被广泛接受的研究方法，植被净第一性生产力的估算模型可概括为三类，即统计模型

(statistical model)、参数模型(parameter model)和过程模型(process-based model)。统计模型也称为气候相关模型，以 Miami 模型、Thornthwaite Mcmorial 等模型(Lieth 1975)为代表，主要利用气候因子温度降水等来估算植被净第一性生产力。由于模型中用到的气象数据比较容易获得，因此模型曾得到广泛的应用。但统计模型存在以点带面的缺点，所以计算的只能是趋势或潜在净第一性生产力，还不能很好的反映现实的 NPP。参数模型亦称光能利用率模型，是在农作物研究基础上发展起来的模型，以光能利率理论为基础，贯穿资源平衡的观点，这种观点假定生态过程趋于调整植物特性以响应环境条件，认为植物的生长是资源可利用性的组合体，在资源平衡观点成立的前提下，就可以利用植被所吸收的太阳辐射以及其他调控因子来估算植被净第一性生产力。参数模型简单实用，并由遥感获得的 FPAR 直接监测 NPP，因此参数模型一度成为 NPP 模型的一个重要发展方向；但是参数模型不能从机理上解释生产力变化的机制，仅能在生态过程趋于调整植物特性以适应环境条件的前提下，进行模拟和估算，有一定的局限性(冯险峰，2004)。过程模型是在参数模型基础上的引申，根据植物生理、生态学原理来研究植物生产力，时间尺度都比较短，通常以一天或小于一天作为模拟时间步长，如 FOREST-BGC 模型(Rynning coughlan，1988)、BIOME-BGC 模型(Foley，1994)、BEPS 模型(liu et al，1997)等，由于过程模型具有坚实的理论基础，因此在大尺度植被净第一性生产力研究和全球碳循环研究中被广泛采用。事实上，我们常用的模型有 Miami 模型、Thornthwait 纪念模型以及 Chikugo 模型等。

(1)Miami 模型是 1971 年在迈阿密讨论会议上提出的，Lieth 于 1972 年以概括的形式公布，该模型是在计算了世界上 50 多个地点的净生产率与年平均温度(T)以及降水量(P)关系的基础上得出的，其公式如下(Lieth，1975)(图 8-9)。

$$P_n = \frac{3000}{1 + e^{1.315-0.119T}} \tag{8-37}$$

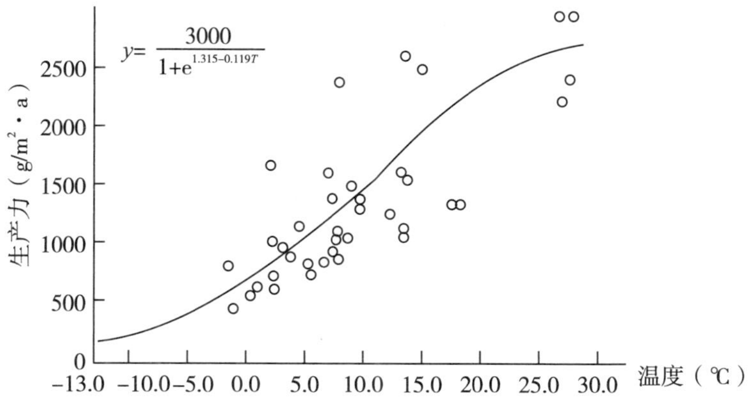

图 8-9 年净第一性生产力与年平均温度之间的关系

(2)Thornthwait 纪念模型的公式为

$$\begin{aligned} P_n &= 3000[1 - e^{-0.0009695(E-20)}] \\ &= 3000(1 - e^{-0.000664x}) \end{aligned} \tag{8-38}$$

这个模型又称为蒙特利尔模型，它是用实际年蒸散量 E(mm)预测生产力，1972 年在蒙特利尔纪念 Thornthwait 的讨论会议上提出，所以以后又称为 Thornthwait 纪念模型，生产力与蒸散量之间的关系如图 8-10 所示。

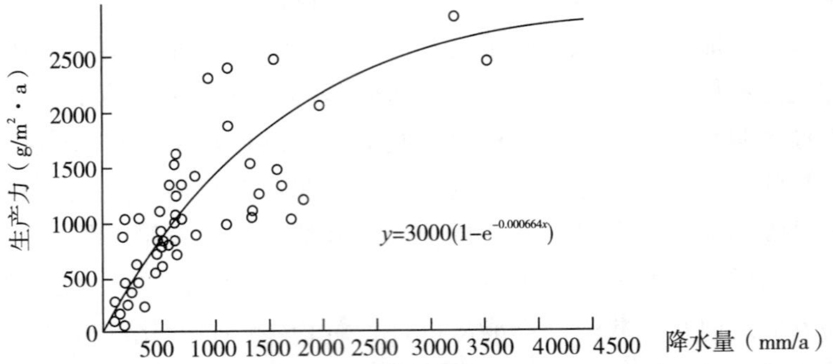

图 8-10　年净第一性生产力与年平均降水量之间的关系(Lieth et al.，1975)

这是一条抛物线，降水量在 1000 mm 以下时，净生产力与降雨几乎为直线关系

(3)Chikugo 模型是内岛等(1985)建立的。此模型根据植被的 CO_2 通量方程和水汽通量方程之比(Budyku 的辐射平衡公式)来确定植被对水的利用效率，以及国际生物学研究计划(IBP)对世界植被潜在净第一性生产力的研究成果编制而成，其公式为

$$P_n = 0.29[\exp(-0.216 \times RDI^2)] \times R_n \tag{8-39}$$

式中，RDI 为辐射干燥度，$RDI = R_n/(L \cdot r)$，L 为蒸发潜热，r 为年降水量，R_n 为年净水辐射($KJ/m^2 \cdot a$)。

近年来，我国学者周广胜和张新时(1995，1996)对 Chikugo 模型做了修订，他们利用陆地表面所获得的降水量及其所获得的净辐射资料建立了自然植被净第一性生产力模型。该模型表示为

$$P_n = RDI\frac{rR_n(r^2 + r_n^2 + rR_n)}{(r + R_n)(r^2 + R_n^2)}\exp(-\sqrt{9.87 + 6.25RDI}) \tag{8-40}$$

式中，P_n 为自然植被第一性生产力，RDI 为辐射干燥度，R_n 为年净辐射($\mathrm{KJ/m^2 \cdot a}$)，r 为年降水量(mm)。上式可写成如下形式

$$P_n = RDI^2\frac{r(1 + RDI + RDI^2)}{(1 + RDI)(1 + RDI^2)}\exp(-\sqrt{9.87 + 6.25RDI}) \tag{8-41}$$

RDI 与可能蒸散 PER 存在高度的相关，得出的回归方程为

$$RDI = (0.629 + 0.237PER - 0.003PER^2)^2。 \tag{8-42}$$

其中 PER 利用 Holdridge 可能蒸散量与生物温度及降水量之间的关系获得。

$$PER = PET/r = BT \cdot 58.93/r$$

式中，PET 为年可能蒸散量，BT 为年平均生物温度。

该模型虽然综合考虑了多种因素的影响，但它是建立在土壤水分供给充分的条件下，因而它估算的 P_n 之间具有差距，尤其是在亚热带地区，由于区域内土壤水分供给充分，因而其预测结果则较为准确。

陆地植被生产力及其地理分布的研究具有很久的历史，陆地植被生产力的研究不仅是当前可持续发展战略的重要问题，而且是 IGBP 和京都协定的核心内容之一。20 世纪

90年代以来，植被生产力的研究倍受重视，无论在研究方法、方向、组织形式和时空尺度上，都出现了前所未有的发展和创新。与此同时，测定植被生产力的方法和技术也得到不断发展，除传统的直接收割法和光合作用测定法外，新的实测技术和方法，如涡流关联法、遥感和GIS等已开始应用于植被生产力及其地理分布的研究。

陆地植被的生产力及其地理分布一般除受生物学特性制约外，还受气候、土壤和人类干扰等因素的影响，研究人员常用两种不同的方法即实验观测和模型预测来深入了解环境因子对陆地生产力的影响。虽然短期的实验观测提供了最可靠的资料和信息，但是由于实验技术、条件和成本的限制，以致于无法在地区或全球尺度上直接观测和记录生态系统生产力的动态变化。相反，计算机模型已成为在大尺度上估算现在和预测未来植被生产力及其分布的一种重要研究方法。其中，经验回归模型和生态系统过程模型是目前最常用的两种方法。经验回归模型(如Miami模型)简单、实用，但是缺乏生理生态的内在机制和过程，只适用于短期平衡态的预测和估算；相反，生态系统过程模型(如TEM)则考虑了更多的生理生态过程和机制(光合作用与呼吸作用等)，描述了碳、水、营养元素在植物、土壤和大气之间的流动和互相作用，已成为长期预测未来气候变化影响陆地生产力的有用工具。目前，大多数过程模型仍然停留在平衡状态的预测，对瞬时态的模拟将是新一代过程模型的研究重点。此外，由于生态过程模型自身结构复杂，需要大量的参数估计和输入变量，目前还很少应用于生产管理部门。同时，模型的验证仍然停留在样点上的独立数据，将模拟的结果与面上的实测数据相比较和验证，能够极大地增加模型预测的可靠性和真实性。

第五节 生物地理学模型

生物地理学模型，尤其是计算机模拟模型，在生物地理学研究中占有十分重要的地位。生物地理学模型是描述大尺度上植被(或生物群区、生命带、生态系统类型)与气候之间关系的模型。生物地理学模型的重要性和必要性主要体现在以下几个方面：①由于受时间、空间以及设备和资金的限制，在大尺度上进行实验和观测研究往往困难重重，而模型可以充分利用和推广所得的有限数据；②在实际生物地理学研究中，由于很难找到两个在时间和空间上相同或相似的景观，重复性研究往往不可能，而这一问题完全可以通过模型模拟来帮助解决；③生物地理空间结构和生物地理过程在多重尺度上相互作用、不断变化，对于这些动态现象的理解和预测就必须要借助于模型；④生物地理学模型可以综合不同时间和空间尺度上的信息，成为环境保护和生物资源管理的有效工具。与其他地学和生物学领域相比，生物地理学中模型的应用更为广泛、更具多样性。

一、生物地理学模型概述

1. 模型的定义

模型的定义有多种，但其一般定义是指某种对现实系统或现象的抽象或简化，具体来说，模型是对真实系统或现象最重要的组成单元及其相互关系的表述。真实系统或现象的那些组成单元最重要，不仅与这些系统或现象本身的特点有关，而且与研究目的也有密切关系。因为这种抽象或表述可以通过文字、图形、实物以及数学方法来实现，所以有与此相应的文字或语言模型、图像模型、实物模型(如飞机、轮船、建筑模型等)以及数学模型。然而，在生态学中一般所谈及的模型是指数学模型。

模型的重要作用有：①预测，即根据已知信息，通过运算来探究系统的将来；②增进理解，即通过建模、运转模型、分析模型结果以及验证模型等过程，对所研究的系统或现象进行更深入、全面的了解；③诊断现有知识中的漏洞或薄弱环节(如数学要求变量定义准确，变量间具有合理的数量关系，这就使得对系统的不知或所知不详之处容易暴露出来；此外，模型运转中有时出现的“异常”结果常为研究者提供下一步操作的重要线索)；④综合(在研究复杂系统或现象时，大量而又庞杂的数据往往超出人脑的信息处理能力，而模型是唯一能够将不同学科、不同尺度和不同格局与过程的资料整合到一起，并转化“信息”为“知识”的工具)；⑤支持管理与决策(经过验证的模型可以用来模拟不同管理措施或自然干扰事件对生态系统或景观结构、功能和动态的影响，因此是管理和决策系统的有力工具)。

2. 模型的种类

生物地理学模型的种类很多，可依照不同的标准加以区分。例如，根据计算机在建模中的作用，模型可分为解析模型(analytic model)与模拟模型(simulation model)。前者通常涉及少数几个变量，其数学方程多为线性，易直接求得精确解，而后者通常考虑许多变量，甚至涉及到空间异质性和非线性作用关系，因此模型的建立和求解有必要通过计算机程序来实现。根据时间和空间上的连续性，模型可以划分为连续型模型与离散型模型；根据数学方法，模型可以区分出微分方程、差分方程和矩阵模型；含有随机变量或参数的模型称为随机型模型，相反便称为确定型模型；根据模型所涉及的生物地理过程和机制的多少，模型可以被分为现象模型、机制或过程模型；根据模型的内容，可区分出干扰传播模型、复合种群模型、植被动态模型、土地利用变化模型以及生物地球化学循环模型等；根据模型所涉及的生物地理组织层次，则有单种群模型、多种群模型、群落模型、生态系统模型以及全球模型等。随着生态学家对空间缀块性越来越重视，以模型包含空间异质性的程度或处理空间信息的方式来划分模型显得尤为重要，因此在各个生态学组织层次(从种群到景观乃至全球)都可区分出点模型(point model)或非空间模型、半空间模型(semispatia model)或准空间模型以及空间显式模型(spatlaliy explicit model)或简称空间模型(spatial model)。空间显式模型中的空间可以是虚拟的或相对的(即不对应于某一实际地理区域，许多用于理论性研究的空间生态模型属于此类)，也可以是以真实地理区域为基础的，后者又称为空间真实模型(spatiallly realistic model)(Hanski，Gilpin，1997；Hanski，1999)。

分类方法最重要的是给庞杂的信息或资料赋于一种合理的结构，从而达到“纲举目张”、简化复杂性并增进理解的目的，这些“结构”即使是合理的，也难免有主观因素。上述模型分类虽然有助于理解生态学模型的多样性，但在实际中往往是多种类型的组合(如空间显式种群动态随机模型，关于生态系统养分循环的确定型微分方程机制模型等)，内容、方法以及组织层次诸方面的多样性和整合性在景观模型中表现得更为突出。

二、生物地理学建模的一般原理和过程

模型是对现实系统或现象的简化或抽象，如何来简化或抽象现实生物地理学系统就

是生物地理学建模的一般原理。这种标准是更好地理解生物世界与其环境间的关系，生物学家不可以像艺术家那样自由想象，或随心所欲地表达所涉猎的事物。然而，既然是简化或抽象，生物地理学建模就必然要包含一定的“艺术”成份，许多建模者认为生物地理学模型是科学和艺术的杂合体。所谓“艺术”成分是指整个建模过程包含许多人为或主观因素，同样的一个真实系统可用不同的风格或不同类型的模型来描述，而且模型表达方面也涉及到一系列技巧细节。一个好的模型可以把一个复杂系统简单化、明白化，而一个劣等模型常常是把一个不甚复杂的现象变得既复杂又玄秘。模型的目的不是“复制”现实，而是为理解和预测复杂的现实系统提供一个有效的代替，这种替代就像是某一事物的漫画，它极为简化，但仍能够再现现实事物的关键特征(图 8-12)。

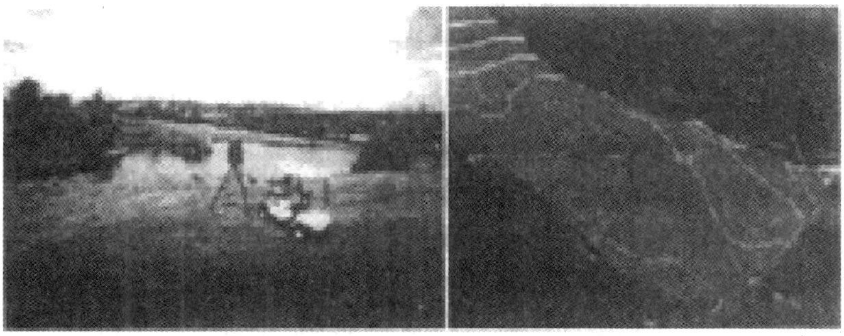

(a)现实世界　　(b)现实世界的抽象或简化

图 8-12　模型与现实的关系(韦玉春，陈锁忠，2005)

Levins(1966)提出了关于建模的“三分”观点(trichotomy)，即模型的普遍性、真实性和准确性之间的相互制约关系。普遍性是指其能够代表系统或现象的总数，真实性是指模型的结构(包括变量、参数、定量关系以及假设)与真实系统的相似程度，而准确性是指模型输出结果与真实系统观察值的吻合程度。他还声称，虽然模型的这三个方面可以同时改进，但至多只能同时使其中的两个方面得到最大限度的提高。换言之，模型的普遍性、真实性和准确性之间存在着相互制约和相互交替的关系，生物地理学模型往往在这三个方面表现出不同的完善程度。一般而言，用于理论探讨的模型多注重其普遍性和真实性，而应用模型则往往强调其准确性和真实性。Levins 的建模“三分观”对选择生态学建模策略以及模型评价诸多方面均有指导意义。然而，Orzack 和 Sober(1993)对 Levins 的建模“三分观”和有关建模策略的论述进行了批驳，并加以彻底的否定，虽然文中的一些分析是有益的，但他们混淆了“战略”和“战术”之间的区别，因此其结论不足以信。Levins 应邀撰写了一篇回复文章，进一步阐述了模型的普遍性、真实性和准确性的相互制约和相互取代的关系，并指出除以上三者外，还可以考虑模型的可操作性和可理解性。一个模型不可能在这些方面都达到最佳状态，因此建模要根据研究目的突出主要方面，同时尽量提高其他方面的完善程度。

一般而言，生物地理学建模可分为四个阶段，如图 8-13 所示。

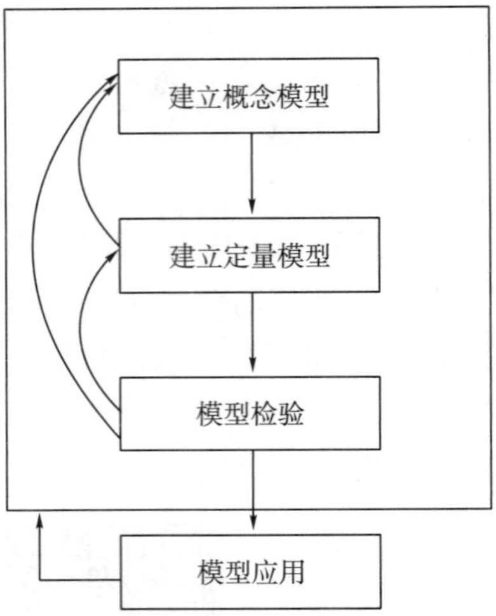

图 8-13　生物地理建模的四个阶段(据邬建国改绘，2002)

(1)建立概念模型，包括明确地定义所研究的问题、确定建模目的、确定系统边界以及建立要素关系图。

(2)建立定量模型(概念模型的定量化)，包括选用适当的物理或数学方法、确定变量间的函数关系、估计参数值、编写计算机程序、确定模拟的时间步长以及运转模型并获得最初结果。

(3)模型检验，模型检验包括模型确认和模型验证(model validation)。模型确认是指仔细检查数学公式和计算机程序以保证没有运算方面技术问题的过程，也就是说，模型确认的目的是保证概念模型的数量化是直接的和确切的，而且计算机程序中能够影响模型结果的错误已全部排除，显然模型确认与模型的真实性、准确性和合理性并无任何直接关系。模型验证是指确定模型在其既定的应用范围内运转结果与其相对应的现实系统行为的吻合程度，其衡量标准应该与预定的研究目的有密切关系，模型验证常常涉及到对模型的结构和变量间关系合理性的检验、模型输出结果与实际值的直接比较、模型的敏感性分析以及模型的不确定性分析，这并非意味着一个模型必须要经过上述多种方法的检验，但多种方法为模型检验提供了必要的选择余地。

(4)模型的应用，包括设计和执行模拟实验，分析、综合和解译模型结果，最后与生态学同行或应用领域的对象交流模型结果并征求改进意见。当然，模型交流的一个重要方面是发表论文和专著。

总之，建模的四个阶段相互联系、相互促进又相互制约，建模往往是一个循环往复、不断修正的过程，无论是种群模型、生物地理学模型还是景观模型，建模的一般原理和过程都是相似的，但其具体内容是不同的，而且在数学方法和模拟途径方面也各有特点。

三、常见的生物地理学模型

影响较大的模型有 Holdridge 生命带模型、BIOME 模型、MAPSS 模型和迁移率模型等。模型有两个基本假设，即陆地植被与气候处于平衡状态且不存在滞后效应，气候因子决定不同植被类型的分布和特征。生物地理学模型通常是一种平衡模型，可用于模拟自然植被的潜在分布以及预测陆地生态系统对气候变化反馈作用的强弱，这类模型在概念和方法上虽然相似，但对生态系统类型的划分标准和综合气候指数的选择各不相同。如 Holdridge 生命带模型将地球表面划分成 39 种生命带类型。由于植被对全球变化的反应可能包括植被的迁移以及植物种的重新组合，在 BIOME 模型中应用了植物功能类型(PET)的概念，BIOME 共划分出 13 种植物功能类型，不同的植物功能类型组合成新的植被类型。

当前，生物地理学模型的发展也包括生理过程模型，反映生态生理因子对植被结构和分布的限制作用。植被类型及其分布取决于两种边界条件的限制，其中生理生态限制因子(如积温)决定主要植被的分布，资源限制因子(如水力、光照等)通常是用潜在蒸发散(PET)、蒸发散(ET)或湿度指数等来表达，决定植被的结构特征。如 MAPSS 模型中包含了一个两层水文模型，用于模拟土壤水分分布，并影响到叶片的物候期、叶面积指数和混合植被之间的竞争平衡，再由植被的叶面积持续时间和蒸发散计算生产力指数，这些指标与气候因子的限制作用共同决定了叶形、物候和植被类型及其分布。

1. Holdridge 生命带模型

Holdridge 生命带模型是由美国植物生态学家 L. R. Holdridge 在对中南美洲哥斯达黎加和加勒比地区热带植被生态系统长期研究发现的，以年平均生物温度、年降水和可能蒸散率等简单的气候指标来表示植被性质的一种方法。Holdridge 生命带模型反映的是潜在自然植被与气候之间的关系，植被类型及其分布基本上取决于三个要素：年降水、年平均生物温度与可能蒸散率，后者取决于前两者，植物群落组合可以用这三个气候变量来划定，这种植物群落组合就称为生命带。该生命带具有双重意义，既揭示了一定的植被类型，又反映了产生该类型的热量和降水的数值幅度，是气候的生物作用与植被相结合的产物。植被类型及其分布可以在这三个气候指标的基础上予以限定，这些气候指标与冰冻线相交形成了 37 个六边形的生命地带包含于一个三角形的坐标系统之中，每个六边形限定着由一个植被类型命名的生物气候。生物温度(BT) 是出现植物营养生长范围内的平均温度，在 0 ～ 30℃ 之间，具体计算公式为：$BT = 1/12\sum T_m$，T 为超过 0℃ 的月均温，超过 30℃ 的平均温均按 30℃ 计算，低于 0℃ 时则按 0℃ 计算。可能蒸散率(PER) 是生物温度的函数，是可能蒸散(PET) 与年降水的(P) 的比率，计算公式为

$$PER = PET/P = BT \times 58.93/P \tag{8-43}$$

Holdridge 生命带模型是一个正三角形：正三角形的左边和底边为可能蒸散率，最小值为 0.125，最大值为 32，以 2 的对数为刻度值；正三角形的右边为年平均降水，最小值为 6.25，也是以 2 的对数为刻度值；水平方向上为年平均生物温度，由 3 个变量来决定各个植被带所代表的生命地带(图 8-14)。从 Holdridge 生命带分类图上，可明显分为四大区域：①热带亚热带季节性湿润生物气候区，包括 $BT>17$℃(冰冻线)，$PER<2$ 的植被类型，有热带雨林、季雨林、落叶阔叶林等，主要分布在南美洲的大部分，非洲和 10°以南的亚洲地区；②温带湿润生物气候区，17℃$> BT >$6℃，$PER<2$ 的植被类型，有温带落叶阔叶林、寒温性针叶林、草原，主要分布在北美和印度以北的亚洲地区；③干旱生物气候区，$PER>2$ 的植被类型，有沙漠灌丛，生物气候范围比较大；④北方极地生物气候区，$BT<3$℃的植被类型，有寒温性针叶林、冻原和极地荒漠。

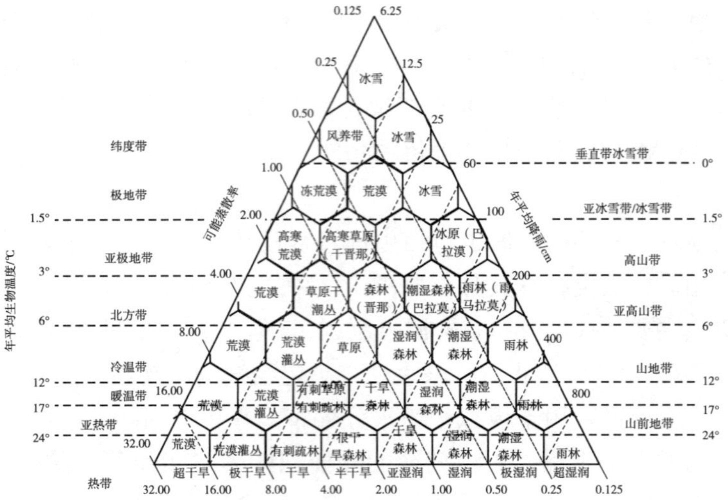

图 8-14　Holdridge 生命带分类图解

2. BIOME 模型

BIOME 模型是 Prentice(1996)从植物功能型的生态生理限制、资源有效性和竞争三个方面，提出的一个基于过程的陆地生物圈模型。该模型通过输入一定栅格精度的土壤质地、绝对最低温、月气候指标(温度、降水、日照百分率)，计算出每个栅格点的净第一性生产力(NPP)和叶面积指数(LAI)，并确定其优势植物功能型(PFTs)，然后由 NPP、LAI 和优势 PFTs 且辅以极端低温(0℃、5℃积温)、土壤有效水含量等几个次要环境因素来确定出每个栅格点的 BIOME 类型，主要包括以下几个模型。

(1)BIOME1 模型(Prentice e t al. ，1992)是以影响不同植物功能型分布的生理限定性为基础，预测植被外貌的全球格局一种模型。模型的初始驱动变量是最冷月平均温度、大于 5℃的年积温和一个表明降水季节性的干旱指数以及土壤的有效水含量。模型假设不同的植物型生活在一定的环境中，它们中间存在潜在的优势类型，生物群区是这些优势植物类型的归并，利用 13 个植物功能型，模拟产生 17 类生物群区。BIOME1 已被用来评价气候模型的性能(Claussen，Esch，1994)以及过去、现在和未来气候条件下预测植被的格局和潜在碳储量(Prentice et al. ，1993；Prentice，Sykes，1995)。

(2)BIOME2 模型，与 BIOME1 相比，BIOME2 是一个全新的模型，在该模型中通过碳和水通量的生物地球化学计算来获取大尺度的环境对植被结构和物候型自然分布的控制(Haxel tine et al. ，1996)，由于高精度、高质量气候、土壤和植被数据的限制，该模型仅被应用于澳大利亚地区。模型输入包括纬度、土壤类型和月均气候数据(气温、降水和日照百分率)，均被插值为 0.1°经纬网数据。模型输出包括植物投影盖度(foliage projective cover，FPC)、净第一性生产力以及植被分布格局。该模型利用 4 个植物功能型，输出 9 类生物群区。模型实际上模拟沿着湿度梯度上植物投影盖度的变化，该湿度梯度是光的捕获和水分胁迫平衡的结果，增强了对生物群区的预测能力，能够模拟许多定量指标如树木和草的 FPC 与 NPP，并尝试比较了遥感数据驱动和预测的 FPC 及其季节变化以验证模型，通过进一步引入寒冷气候条件下对 FPC 的约束，该模型可在全球尺度上得以应用。

(3)BIOME3 模型，在 BIOME1 和 BIOME2 模型的基础上，平衡态陆地生物圈模型——BIOME3(Haxeltine & Prentice，1996)得以建立，并尝试在一个全球框架下联合生物地理和生物地球化学模拟方法来模拟植被分布和生物地球化学特征，以及将植被分布直接耦合入生物地球化学中。BIOME3 的原理为生态生理限制因子决定着一个地区能够存在哪些 PFTs，耦合的碳和水通量模型(BIOME2)用来计算每个植物功能型获取最大 NPP 的叶面积指数(leaf area index，LAI)，而且这个 NPP 必须能够满足并保持这个 LAI。在模型中，利用每个植物功能型的最适 NPP 作为竞争性指数，以及近似估计光竞争所驱动的自然干扰和演化之间的动态平衡来模拟植物功能型之间的竞争；冠层导度为最适光合作用速率和水分胁迫的函数，区域蒸散的计算是利用简单的行星边界层参数化，通过冠层导度、平衡蒸散和土壤含水量的函数来完成，该方法通过冠层的双向碳和水通量耦合，来模拟光合作用、气孔导度和叶面积对环境因子(包括大气 CO_2 浓度)的响应。模型输入包括纬度、土壤质地等级、极端最低温和月气候数据(气温、降水和日照百分率，0.5℃网格)，模型输出包括一系列植被状态的定量描述，如优势 PFT、次要 PFTs 以及生态系统的总 LAI 和 NPP。该模型所用植物功能型为 9 个，所输出的生物群区为 18 类。

(4)BIOME4 模型，全球生物圈模型 BIOME4 是一个交互式的、平衡耦合的生物地理和生物地球化学模型，它在前 3 个模型的基础上，增加了 C_3 和 C_4 植物功能型，大幅度提高了所模拟的生物群区数量(28 个)，尤其是对冻原(5 种冻原植被)和灌丛的模拟。在模型方法上，它增加了对自然火干扰制度的考虑，使该过程模型更加完善。

3. 迁移率模型

(1)生物地理学优算法(BBO)。由美国学者 D. Simon 首次创建，是一种生物地理学理论应用于优化问题而形成的新型进化算法，基本思想是根据栖息地之间物种迁移来完成信息流通，通过调整迁移过程中的迁入率与迁出率、迁移拓扑、迁移时间间隔和迁移策略来实现信息共享，提高栖息地的适应性，从而得到问题的最优解。BBO 最大的特点是在进化的每一代中，其原始种群(这里指栖息地)不会消失，而是通过迁移来提高种群的适应度，反过来又通过适应度来决定迁移率的大小。

生物地理学基本理论大致描述如下：在一个区域内，如果某个栖息地非常适合生物居住，则该栖息地具有高居住适宜度指数(habitat suitability index，HSI)，与该指数相关的因子包括该区域内的降雨量、温度和湿度等自然因数称之为适宜度指数变量(suitability index variables，SIV)，具有高 HSI 的栖息地往往能够容纳较多的物种，而具有低 HSI 的栖息地则只能容纳少量物种。另外，高 HSI 栖息地上的物种由于生存空间饱和等问题而大量迁出到相邻栖息地，同时只有少量物种迁入；而低 HSI 的栖息地由于物种稀少而使得较多的物种迁入和较少的物种迁出，但是当一个栖息地的 HSI 一直保持较低水平时，那么由于某种自然灾害可能造成居住在这里的某些物种趋于灭绝，造成其他大量物种的迁入，将研究这种自然现象的理论称之为生物地理学理论。由于栖息地的 HSI 与该地的物种多样性成正比，因此物种迁移有助于提高栖息地上的物种多样性，从而改善和提高栖息地的 HSI。类似于一般的智能计算方法，假定有一优化问题和多个候选解，并且给定解集可以用 HSI 作为适应度函数量化，那么一个好的解集对应具有高 HSI 的栖息地，一个不好的解集对应于具有低 HSI 的栖息地，通过栖息地之间的物种迁移，造成具有高 HSI 的解集与低 HSI 解集共享某些特征，这并不意味着高 HSI 解集的这些特征消失，相反，可以使具有低 HSI 的解集从高 HSI 的解集中接受一些新的特征，从而提高解集的适应度，将这种基于生物地理学理论的智能方法称为生物地理学优化算法。

根据上述的生物地理学理论，并以适应度最优化为求解目的，提出了生物地理学优化算法(BBO)。该算法具有一般进化算法简单有效的特性，是一种解决优化问题的新的智能方法。假定有一优化问题和用栖息地 H 表示的多个候选解，进一步假定 HSI 作为评价解集好坏的标准，那么 HSI 类似于遗传算法中的适应度函数。对 BBO 而言，其进化过程主要有 2 个步骤，分别是迁移和变异。

定义 1 迁移是一种依据迁移率来调整栖息地 H 的概率算子。首先根据其迁入率λ依概率选择需要迁入的栖息地 H_i，确定 H_i 后，根据迁出率 μ 依概率选择需要迁出的栖息地 H_j；接着从 H_j 中随机地选择 SIV 替代 H_i 中的 SIV，这里 SIV 表示解集特征，等同于遗传算法中的"基因"；最后通过计算 HSI 来评价解集的适应度。

定义 2 变异是一种在先验概率 m 基础上修改栖息地 H 的概率算子。即依概率 m 选择需要修改的栖息地 H_i，确定 H_i 后，随机产生一个 SIV 替代 Hi 中的 SIV。这种变异策略使得具有低 HSI 的解集通过变异得到一次改进，同时使得具有高 HSI 的解集获得提高的机会。

BBO 是在迁移算子和变异算子基础上修改栖息地 H 的一种进化迭代算法，其中一代的实现方式为：

```
For(每个栖息地)
    For(每个 SIV)
      根据迁入率 λ 决定是否需要迁入到栖息地 Hi；
      If(需要迁入)
        根据迁出率 μ 选择迁出的栖息地 Hj；
        Hi(SIV)←Hj(SIV)；
      End if   根据变异率 m 决定是否对栖息地 Hi 实行变异；
        If(实行变异)
          随机产生一个 SIV 替代栖息地 Hi 中的 SIV；
        End if
    Next
Next
```

(2)迁移率模型分析。根据生物地理学物种分布情况，可以得到不同的迁移率模型，如图 8-15 所示。图中，迁入率 λ_k 与迁出率 μ_k 是关于栖息地上物种种类 k 的函数；I 表示最大迁入率；E 表示最大迁出率；k_0 为栖息地平衡时的物种种类，即在该点处迁入率与迁出率相等。

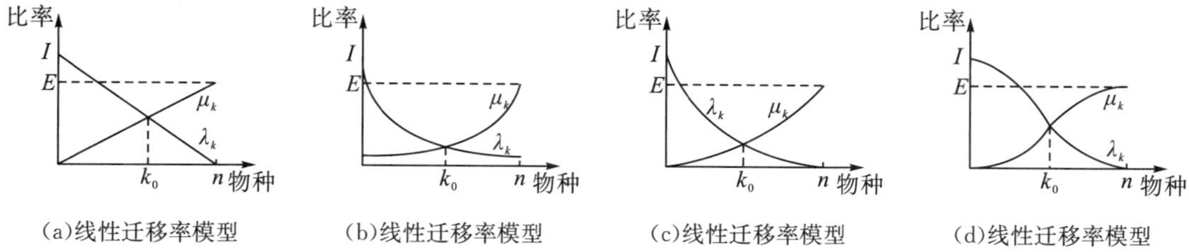

图 8-15　迁移率模型

①模型 1(线性迁移率模型)。

$$\lambda_k = I\left(1-\frac{k}{n}\right)$$

$$\mu_k = \frac{k}{n}E$$

在该模型中，如图 8-15(a)所示，迁入率 λ_k 和迁出率 μ_k 是关于物种种类 k 的线性函数。从曲线可以看出，当栖息地上没有物种的时候，迁入率为最大 I，而迁出率为零，随着物种种类的增加，栖息地变得越来越拥挤，迁入的可能性越来越小，而离开该地，到相邻栖息地的物种越来越多，即迁出率越来越大，最后当物种种类达到饱和状态 n 时，迁入率为零，迁出率为最大 E。

②模型 2(指数迁移率模型)。

$$\lambda_k = I\mathrm{e}^{-\frac{k}{n}}$$

$$\mu_k = E\mathrm{e}^{\frac{k}{n}-1}$$

在该模型中，如图 8-15(b)所示，迁入率 λ_k 和迁出率 μ_k 是关于物种种类 k 的指数函数。从曲线可以看出，当栖息地上有较少的物种时，迁入率快速下降而迁出率缓慢增加，而当栖息地临近饱和状态时，迁入率缓慢减少，同时迁出率快速上升。

③模型 3(二次迁移率模型)。

$$\lambda_k = I\left(\frac{k}{n}-1\right)^2$$

$$\mu_k = E\left(\frac{k}{n}\right)^2$$

图 8-15(c)显示了栖息地的二次迁移率模型。从曲线可以看出，其迁移变化特点类似于指数迁移率模型。

④模型 4(余弦迁移率模型)。

$$\lambda_k = \frac{1}{2}\left(\cos\left(\frac{k\pi}{n}\right)+1\right)$$

$$\mu_k = \frac{E}{2}\left(-\cos\left(\frac{k\pi}{n}\right)+1\right)$$

图 8-15(d)显示了栖息地的余弦迁移率模型。从曲线可以看出，当栖息地上有较少或较多物种时，迁入率和迁出率变化比较平稳，而当栖息地具有一定数量的物种时，迁入率和迁出率变化相对较快。

目前，BBO 算法还处于研究的起步阶段，其潜在的优越性还有待于进一步探索。因此，下一步的工作，主要包括以下几个方面：理论分析，利用有效的数学工具对算法的运行行为，收敛性及计算复杂度进行分析；算法改进，算法参数的自适应和利用其他进化算法的优势，改进BBO存在的不足，提高性能。

参 考 文 献

Hong Qian，Rober T E. 2004. Notes and Comments Taxon Richness and Climate in Angiosperms：Is There a Globally Consistent Relationship that Precludes Region Effects? The American Naturalist，(5).
丁圣彦．2004. 生态学——面向人类生存环境的科学价值观．北京：科学出版社．
方精云．2003. 全球生态学——气候变化与生态响应．北京：高等教育出版社．
韩兴国．1994. 岛屿生物地理学理论与生物多样性保护．马克平，钱迎倩主编．生物多样性研究的理论与方法．北京：科学技术出版社．
蒋志刚，等．1997. 保护生物学．杭州：浙江科学技术出版社．
黎虢，陈建平，陈彦生，等．2003. 生物多样性信息系统的研究进展．农业网络信息，(10).
李春喜，王志和，王文林．2000. 生物统计学(第二版). 北京：科学出版社．
李哈滨，等．1999. 空间异质性定量研究与理论方法．应用生态学报，(6).
李忠武，蔡强国．2002. 作物生产力模型及其应用研究．应用生态学报，(9).
刘昌明，岳天祥，周成虎．2000. 地理学的数学模型与应用．北京：科学出版社．
陆建身，赖麟．2003. 生物统计学．北京：高等教育出版社．
宋永昌．2001. 植被生态学．上海：华东师大出版社．
绦春达，高晓飞．2003. 作物生产潜力模型在中国的应用．干旱区资源与环境，(6).
韦玉春，陈琐忠．2005. 地理建模原理与方法．北京：科学出版社．
邬建国．1929. 岛屿生物地理学理论．模型与应用．生态学杂志，(6).
邬建国．2000. 景观生态学——格局、过程、尺度与等级．北京：高等教育出版杜．
许升全，郑哲民．2003. 支序生物地理学方法的发展和应用——方法的应用．陕西师范大学学报．(2).
岳天祥．2000. 生物多样性遥感研究方法浅议/生物多样性，(3).
张奠湘．2003. 历史生物地理学的进展．热带、亚热带植物学报，(11).
张风峙，王翠婷．1993. 生物技术．长春：东北师范大学．
张明礼．2000. 历史生物地理学的理论和方法．地学前缘，(8).
赵铁桥．1995. 系统生物学的概念和方法．北京：科学出版社．
周国法，徐汝梅．1998. 生物地理统计学．北京：科学出版社．

第九章　青藏高原生物地理分布

青藏高原是自然科学与环境科学研究的天然实验室，同时也是生物学和地理学研究的一座巨大宝库，它的隆起虽然只有几百万年的时间，但是高原的存在对其本身和毗邻地区的自然环境和人类活动，乃至全球变化都有着深刻影响。由于平均海拔高度在4000m以上，冰川广布，素有“世界屋脊”和“地球第三极”之称，是亚洲许多大河的发源地。

第一节　青藏高原的区域特征

青藏高原是地球上最年轻的高原，它的形成是与喜马拉雅造山运动——地球上最近一次大规模的强烈地壳变动密切相关，亚洲大陆板块与印度板块的相互碰撞不但形成了喜马拉雅山脉，而且导致了青藏高原的强烈隆起(隆起的年代始于晚新近—古近上新世末，一直延续到今天)。上新世时青藏地区的海拔仅为1000m左右，上新世至今约300万～400万年，青藏高原大幅度抬升，高原生物地理环境不但受到全球性冰期——间冰期气候波动的影响，还主要随海拔高度的增加产生了深刻的环境变化(表9-1)。

表9-1　青藏高原古生物地理环境与高度变迁

地质历史时期	古地理环境	高原面海拔/m
全新世新冰期	冰期之前高温期高原上为高山灌丛带，动物全部属于现代种(发现灵芝人和石器)	4700 4300
晚更新世珠穆朗玛冰期与间冰期	冰期时为高山草甸，间冰期主要为针叶林	4000
中更新世聂聂雄拉冰期与间冰期	冰期为草原，间冰期为针阔叶混交林(动物化石有麝、鹿、羊、野驴)	3000
早更新世希夏邦马冰期与间冰期	冰期为草原，间冰期为针阔叶混交林	2000
上新世暖湿期	热带或亚热带森林和森林草原，生活着三趾马动物群	1000

从表可知，随时间的推移和高原的抬升，青藏高原依次发生了四次冰期和三次间冰期，从整体看，是由低海拔热带亚热带生物地理环境向高寒生物地理环境演变的历史。生物群落的演替及土壤发育等自然地理过程，均日益偏离所处纬度的自然地带性特征，形成今日独立于中低纬自然地带的大面积高寒生物地理特征。

一、青藏高原的范围

青藏高原位于我国西南部，因主体在青海和西藏而得名。青藏高原南自喜马拉雅山脉南缘，北起昆仑山—祁连山北侧，纵贯约13个纬度，南北宽达1532km，西起帕米尔高原，东至秦岭，横跨31个经度，东西长约2945km，地理坐标为26°00′12″N～39°46′

50″N，70°18′52″E～104°46′59″E，面积 2.5724×10⁶ km²。其外形轮廓犹如无头的鸵鸟，占我国陆地总面积的 26.8%(图 9-1)。关于青藏高原的地质结构目前虽然有些争议，但一般认为青藏高原是由 5 条缝合带分隔的 6 个地块组合而成。5 条缝合带自南而北分别为雅鲁藏布江缝合带、班公错—怒江缝合带、金沙江缝合带、昆仑南缘缝合带和西昆仑—阿尔盒—祁连缝合带。6 个地块的名称自南而北是喜马拉雅地块、拉萨地块、羌塘地块、巴颜喀拉地块、昆仑地块、塔里木地块。

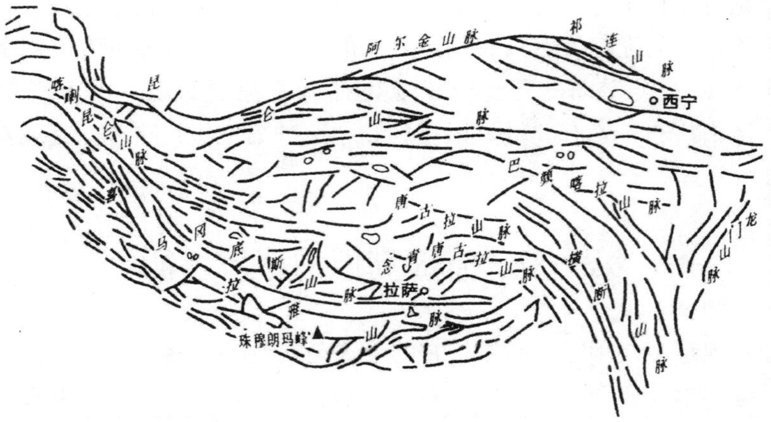

图 9-1　青藏高原轮廓及山脉图(孙鸿烈，1996)

二、青藏高原自然地理特征：

1. 高寒气候特殊复杂

气候学将青藏高原划成一个单独的“高寒气候区”，主要是依据青藏高原抬升后气温低，全年无夏，寒冷、低温，其气温大致与南北极相以，因此常被称为地球的“第三极”气候。高原的低温现象表现在许多方面：从年平均气温来看，青藏高原不少地区在 0℃以下，比同纬度东部地区低 10～18℃。冬季，我国北部和东部低地由于北方强冷空气频繁地从西伯利亚等地入侵，气温比全球同纬度其他地区较低。青藏高原虽然对于寒潮有阻挡和减弱的作用，气温下降的程度不如东部低地剧烈，但由于地势的影响仍使它的大部分地区远比同纬度东部低地寒冷得多。夏季，我国因盛行东南季风和西南季风，纬度对温度的分布影响很小，加之地势的干扰，南北气温差别不大，大部分地区 7 月平均温度在 20～30℃之间，但独有青藏高原成为全国“最冷”的地区。7 月平均温度与南岭以南的 1 月平均温度相似，高原内部则比我国南亚热带的 1 月平均温度还要低(表 9-2)。可见，高原无夏的气候特点明显，突出地反映了地势所给予的深刻影响。由于高原面积巨大，景观变化多姿多彩，气候复杂多样是青藏高原气候的又一大特点。在高原随着地势和纬度的不同，从东南至西北有明显的规律变化，大致可分出热带、亚热带、暖温带、寒温带、寒冷带和寒冻带气候类型。按照水分条件，从东南到西北可以分出湿润、半湿润、半干旱和干旱地区。

表 9-2　青藏地区 1 月、7 月平均气温与我国其他地区的比较

地点	那曲	拉萨	呼玛	哈尔滨	北京	郑州	南昌	广州	海口
北纬	31°29′	29°42′	51°43′	45°41′	39°48′	34°43′	28°40′	23°08′	20°02′
海拔/m	4507.0	3658	177.4	171.7	21.2	110.4	6.7	6.3	14.1
1 月均温/℃	−14.8	−2.4	−27.0	−19.0	−4.0	−0.2	5.1	13.1	16.9
7 月均温/℃	8.8	15.0	20.2	22.5	26.1	27.8	29.7	28.3	28.3
年均温/℃	−2.2	7.1	−2.1	3.5	11.6	14.3	17.7	21.8	23.6

2. 冰川、积雪、冻土普遍

青藏高原的现代冰川面积 $4.7\times10^4 km^2$，占全国冰川面积 80%以上。积雪是高原风化作用和地貌形成过程中的一个重要因素。高原上不同区域现代雪线有所不同：大部分地区在海拔 6000m 左右，东南部一般较低，约在海拔 4500～5200m，中西部为 5800～6200m，永久积雪的面积比冰川大得多。比积雪作用更为普遍的是寒冻风化，高原强烈的直接太阳辐射使地表和近地面空气白昼强烈增温，但夜间迅速冷却，温度的日较差很大，经常出现日温正负交替的变化。因此造成冻土在高原上广泛发育，且冻融现象普遍，主要表现为高原北部的连续多年冻土；高原中部及藏南高原的岛状多年冻土；雅鲁藏布江谷地的季节性冻土。可以说高原上冰川、积雪、冻土具有普遍性。

3. 高原生物地理区系独特

青藏高原动植物区系及其地理分布无论是起源还是生态都表现出两类不同。植物方面：高原东南部隶属于泛北极区的中国喜马拉雅森林植物亚区，高原内部属于泛北极区的青藏高原植物亚区。历史比较古老的喜暖湿成分占据其东南部，历史比较年轻的耐寒旱成分占据高原内部。在横断山脉植物垂直分带明显，成为世界高山植物区系最丰富的区域，山地上部是典型的中国—喜马拉雅成分，低山则与印度、马来西亚和非洲有渊源。动物方面：高原东南部属于东洋界区系，高原内部属于古北界区系。高山上主要是古北界的东亚亚界(相当于植物的中国—喜马拉雅区)，低山部分的成分及历史亲缘与植物相同。

4. 高原隆升的作用显著

青藏高原在大幅度隆起前已经形成亚洲晚新近—古近夷平面，后被抬升到 4500～5000m，成为现代高原面，是地球上最年轻的高原。隆升过程中河流的侵蚀基准面大幅度下降，使河流的侵蚀得以恢复或加强，形成了许多高原独特的地形。与此同时，高原上的冰川不仅得以保存，而且在气候变迁下产生大陆性冰川和海洋性冰川的分化，高原内部寒冻风化和干旱化过程进一步加强。根据孢粉和古植物的研究，在高原隆起过程中，由于纬度及地势的影响，高原各地植被的演替存在着区域和垂直的差异。若将时空变迁关系联系起来(图 9-2)，可得出以下的结论：随高原的隆起，气候逐渐恶化，森林不断由内部向外边缘退缩，在退缩的过程中，高原东南边缘湿润气候条件有利于森林的保存，西北的寒旱气候则促使森林消失。目前，在高原东南边缘切割带的负地形部位几乎所有的森林及动物中，喜暖的东洋界成分都有留存。中亚的喜干成分则在高原广泛分布。

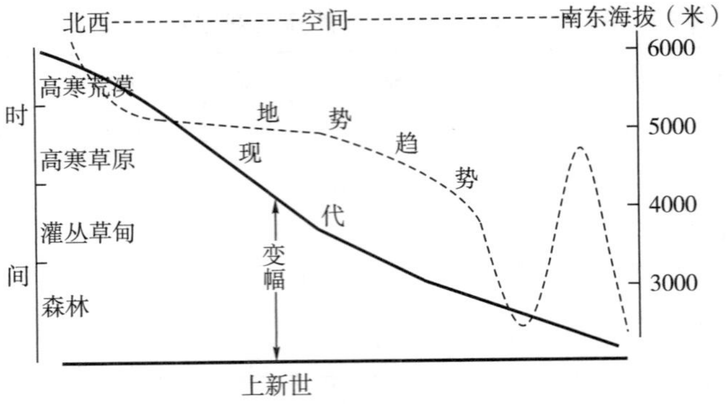

图 9-2 青藏高原的时空变迁(张荣祖，郑度，杨勤业，1982)

第二节 高原生物的区系成因

青藏高原动植物区系呈现出两大特征，即较年轻的耐寒耐旱成分占据高原内部，较古老的喜暖湿成分占据其东南部。因此地域差异十分明显，形成了较独特的高原高寒生物区系。

一、高寒植物区系

青藏高原的植物区系十分特殊，一直受到我国及世界各国植物学家的重视。F·K. Ward 首次提出了中国喜马拉雅植物区系的概念，我国学者对青藏高原植物区系的研究是从 20 世纪 30 年代开始的，刘慎谔第一次划定了青藏植物区系区域的范围。其系统研究是从 20 世纪 50 年代开始的，分别对西藏自治区、横断山地区、喀喇昆仑—昆仑山地区进行了大规模的综合科学考察，获得了十分丰富的资料，为青藏高原植物区系研究奠定了基础。

1. 高原植物区系特征

(1)种类组成丰富。青藏高原植物区系组成十分丰富，据统计，蕨类植物、裸子植物和被子植物的属数、种数均占全国总种数的 40%以上(表 9-3)。共有维管束植物 1500 属，12000 种以上，占中国维管束植物总属数的 50%；另外有真菌 700 属，5000 种，约占真菌总属数的 82.4%，总种数的 41.67%。此外，还有数量众多的藻类、苔藓和地衣植物。

表 9-3 青藏高原维管植物科、属、种数与全国的比较

类别	科		属		种	
	全国	青藏高原	全国	青藏高原	全国	青藏高原
蕨类植物	61	43	223	124	约 2000	约 800
裸子植物	10	7	34	18	约 200	80
被子植物	292	169	3116	1494	约 27000	约 12000

据统计，在青藏高原种子植物中，裸子植物以松科种数最多，其次为柏科；被子植物种数较多的科有菊科、禾本科、豆科、杜鹃花科、蔷薇科、兰科、玄参科、毛茛科、龙胆科、报春花科、虎耳单科、唇形科、石竹科、莎草科、十字花科、罂粟科、伞形科、

百合科等，它们的种数都在100种以上。

(2)地理成分复杂。青藏高原隆起所产生的热岛效应强化了西南季风，在其影响下，热带季风气候向北直抵喜马拉雅的南麓，并沿雅鲁藏布江谷地延伸至29°N～30°N的大拐弯处甚至更远，使热带位置在藏南高山高出北回归线6个纬度，这对青藏高原植物区系的形成产生了重大的作用。由于地处古热带植物区域和泛北极植物区域的交汇处，使得物种在植物区系地理上所属的分布区类型多种多样，中国15个分布区类型的植物在青藏高原都有分布，地理成分相当复杂，反映了青藏高原植物起源发生和发展的多样性。高原植物区系主要由温带成分、热带成分、世界广布的和中国特有类群组成。温带，特别是北温带成分种类分化强烈，所包含种数很多，是高原面上和东南高山峡谷区中上部群落的标志成分和优势成分。热带分布属多为少数种，是高原东南热带森林和干热(暖)河谷的主要组成成分。因此，青藏高原植物地理成分反映了植物区系以温带成分为主的特征，在其东南部也明显带有热带性质，同时也印证了青藏高原由东南向西北方向从湿热向干冷过渡的生物地理环境。

(3)富含特有种类。青藏高原独特的地理环境和与周边的界面条件，加之复杂多变的气候，为种的起源和分化创造了条件，使之成为山地物种形成和分化中心。吴征镒(1987)认为，青藏高原隆升过程中随着生态环境的急剧变化，东亚成分中的中国—喜马拉雅分布是青藏古陆和东南部在新近纪植物区系的基础之上发生新的进化和活化的结果，是热带东南亚植物区系的湿润山地衍生物。该地理成分有许多特征属是新分化的比较年轻的属，因分化时间较短，所以大都为单种属或少种属。

特有种的分布主要在高原内部高原区和高原东南部边缘湿润地区，来源包括古老的孑遗种又包括了年轻新分化类群。青藏高原东部及东南缘的川西—滇西北属中国三个特有现象中心之一，该中心含有80个中国特有属，也可能是一些属种发源地和分化中心。据估计，青藏高原维管植物约含50个地区性特有属，其中90%以上分布于青藏高原南部及东南部边缘地区，维管束植物特有种数量不少于2000种，约占物种总数的1/5。青藏原植物区系特有科属很少，而特有种很多；热带成分特有性弱，温带成分特有比较集中而强烈。

(4)明显的过渡性。青藏高原的地理位置非常特殊，在地貌、生物、气候和土壤方面都跨越了几个地带。因此，植物区系的地理分布和种类在不同尺度上具有替代性和过渡性的特点。这些特点表现为东西方向为中国—日本成分、中国—喜马拉雅成分和中亚成分的地理替代，南北方向为热带成分和温带成分的交错过渡。四川的雅安至西藏墨脱直达尼泊尔一线，可作为热带分布和温带分布的大致分界线。此线以南分布着以泛热带和热带亚洲分布为主的热带区系成分，此线以北的高原面上分布着以北温带分布为主的地理成分。

东西方向地理成分的过渡主要反映在地域性种类的地理替代现象上，不仅反映在中国—日本分布型的种为中国—喜马拉雅型的种类所替代，或中国—喜马拉雅分布型的种为中亚分布型的种所替代，也反映在同一分布型间物种替代现象。例如，圆柏属(*Sabina*)的圆柏(*S. chinensis*)从贡嘎山东坡分布到日本及朝鲜，为典型的中国—日本分布类型，而另一种滇藏方枝柏(*S. wallichiana*)则从贡嘎山的西南坡、南坡向西分布到喜马拉雅山区的印度、锡金、不丹及尼泊尔，又是一个典型的中国—喜马拉雅分布类型，这两个种形成了明显的种类替代和地理分布现象。

2. 植物区系的演变

青藏高原植物区系的形成与演变，经历了一个漫长而复杂的过程。依据现有的历史植物地理学资料追溯青藏高原植物区系，大致可以分为以下过程。

(1)早白垩纪，藏南一带已有了繁茂的植物生长。以拉萨古植物群为例，已有柏囊蕨(*Weichselia reticulata*)、西藏硬羊齿(*Scleropteris tibetica*)等，形成以古蕨类及本内苏铁类为主的植物区系，也反映了当时该地海拔不高的热带、亚热带生物地理环境。

(2)晚白垩纪，这是全球被子植物在陆地上蓬勃发展的时期。但在青藏高原上，尚缺少晚白垩世直至古新世的植物化石证据。目前发现的始新世植物群有拟胡桃(*Juglandites sinuatus*)、圆叶栎(*Quercus orbicularis*)、番石榴叶榕(*Ficus myrtifolia*)以及数种桉树(*Eucalyptus*)。化石证据证明了从白垩世晚期直至始新世，孕育了青藏高原植物区系的雏形，是青藏高原植物发展的源地。

(3)中新世，中新世时除硬叶常绿的栎类以外，出现了不少温带的落叶阔叶树种，如桦(*Betula*)、鹅耳枥(*Carpinus*)、扬(*Populus*)、榆(*Ulmus*)等，一些喜温凉的高山植物，如杜鹃、黄华属(*Thermopsis*)也开始出现。从资料推测，青藏高原在中新世时已出现。从资料推测，青藏高原在中新世时已出现了南北水平地带和垂直的分异。

(4)上新—更新世，上新世晚期至更新世随着青藏高原的强烈抬升，全球性气温下降以及冰期和间冰期的频繁交替，是青藏高原植物区系骤变的时期。上新世晚期至更新世四川理塘本拉组植物群出现的云杉、铁杉、冷杉、杜鹃均与现代依旧分布于该地的种相近。早更新世的第一次冰期中，高原内部的植物区系开始贫瘠化，一些热带、亚热带的区系成分，已开始退至南部和东南部的温暖地区，但局部地点仍可能以云杉、松、桦为主的山地针阔混交林；更新世晚期，喜马拉雅和青藏高原上升到近现在的高度，再加上冰期严酷的气候，热带、亚热带区系成分已完全从高原面上退出，并在原有基础上衍生出年青的高山植物区系。

3. 高原隆起对植物区系的影响

青藏高原的植物区系是以白垩纪晚期至新近—古近早期的古北大陆南缘、古地中海沿岸东亚古热带植物区系为基础，而横断山、喜马拉雅及高原隆起过程中形成的多变而复杂的自然环境，又为物种的迁移、传播、融合，为植物区系的演化和发展创造了外部条件。在高原上产生了许多适应极度寒、旱生生境的新类群，而其南部和东部的山区则是古老类群在冰期中的避难所，又是冰后期回流和产生分化的源地。

1)特有物种形成

青藏高原植物区系中一个突出的特点就是特有种占很大比例。这些特有的新种绝大部分是在高原隆起的过程中，适应多变、恶劣的生态环境而产生的。喜马拉雅的抬升阻挡了孟加拉湾暖湿气流的北上，形成了中亚的干涸旱荒漠和寒、旱的高原。一些起源于东亚温带森林中的类型，向着适应高寒和干旱的两个方向演化。锦鸡儿属(*Caragana*)从较原始的刺叶组产生了两个分支，一支向适应青藏高原寒、旱环境发展的针刺组(*Sect Spinosae*)，一支则是适应干旱荒漠气候发展的掌叶组(*Sect Frutescentes*)。生物物种的形成是自然界最复杂的现象，也是生物学领域中最基本的理论问题。对青藏高原物种形成的认识，目前还处于极为表象的阶段。

2)趋同演化

不同门类的植物，生存环境基本一致的情况下，经过无数次的选择，积累了一些相同的新的形态学特征，共同沿着有利的方向生存发展，即趋同演化。青藏高原海拔高、气温低、多大风、氧分压低、辐射强烈。在此恶劣的环境下，许多不同门类、科属的植物，形成了相同的形态学和生态学特征，最典型的是垫状植物。高原共有垫状植物 11 科 15 属 40 余种。虽科属不同，但都具有一些基本相同的形态特征：如植株低矮，高仅 2～3cm，外形圆垫状，紧贴地面，冬天不枯死；分枝多而密集，老茎枝常宿存，叶柄基部扩展，紧裹茎枝；叶簇生于枝顶，垫状体表面形成覆盖层；植物体常被各式毛被。

3)通道作用和阻隔作用

喜马拉雅山脉东西横亘，西与中亚的高山相连，东部则是区系丰富且相对古老的横断山脉地区。山区相对均一、稳定的气候条件，为植物东西向的传播提供了条件，成为东西传播的通道，特别是由区系丰富的横断山区沿喜马拉雅向西传播的例证甚多，如杜鹃花属的冉花杜鹃组(*Sect. pogonanthum*)共 19 种，大多数种均分布在横断山区，只有一种沿喜马拉雅分布到克什米尔，一种向西分布得更远，直到巴基斯坦的西北部和阿富汗。这种东西向的迁移散布和之间的融合，丰富了青藏高原的植物区系。

南北向而言，巨大的青藏高原和喜马拉雅山脉却成为植物传播难以逾越的屏障，青藏高原南北植物区系迥然不同。青藏高原南部是湿润的森林植物区系，而北部则是荒漠植物区系。一些典型的中亚荒漠成分很难越过昆仑山进入高原，一般只分布于昆仑山北坡海拔 3000m 最多至 3800m 以下的地带。可见喜马拉雅和诸大山系，既是物种东西传播的通道，又是南北分布的屏障。随着高原的不断隆起，高原内部的植物区系将继续沿着寒旱化和贫瘠化的方向发展。喜马拉雅和青藏高原隆起对该区植物区系的形成和演变的影响是决定性的，不仅形成了现代区系的独特性质，也形成了高原内部不同的区系区域。

二、高寒动物区系

青藏高原高寒动物区系的组成特征和形成演变一直是学术界关注和研究的焦点。

1. 动物区系特征

(1)区系组成多样。20 世纪 50 年代末至 80 年代，我国动物学工作者多次深入青藏高原进行野生动物考察，尤其是对陆栖脊椎动物的研究认为，青藏高原陆栖脊椎动物有 1 047 种，约占全国该类动物总种数的 43.7%(表 9-4)。

表 9-4　青藏高原陆栖脊椎动物数量统计

纲名	目	科	属	种	占全国总种数/%
两栖纲	2	9	21	80	28.7
爬行纲	1	8	43	83	22.1
鸟　纲	19	63	268	678	54.5
哺乳纲	10	28	102	206	41.3
合　计	32	108	434	1047	43.7

据高原现生陆栖脊椎动物的地理分布特征，其区系组成主要包括9个部分，并分别隶属于特有种、古北种、东洋种及广布种四大类型。

(2)垂直差异明显。青藏高原打破了我国同纬度东部地区所呈现出来的纬向地带性的水平分布规律。空间分布格局的垂直分异现象明显，因海拔高差悬殊，地势由西北向东南倾斜，这里的生物地理环境产生了明显的垂直差异，从而使本区的动物区系在分布格局上呈现出显著的垂直分布格局。在2500m以下以东洋界占优势，随着海拔的逐渐升高，特有种和古北种的比例增大；在3000m以上，均以特有种占优势，并且特有种中的高原型又随着海拔的增高而增加。

(3)特有种类较多。青藏高原的地形复杂，气候植被带的类型十分繁多，每一气候植被带都有与之相适应的优势物种或典型代表种，因而，青藏高原特有种、孑遗种及生态类型都较丰富。青藏高原素以特有物种丰富而著称，有哺乳类59种(占高原总种数之28.6%)、鸟类141种(占高原繁殖鸟总数之26.3%)、爬行类32种(占38.6%)、两栖类49种(占总种数之62.8%)。上述4纲动物的特有种累计达281种，至少占我国陆栖脊椎动物特有种总种数的80%，是其他地区无法比拟的。另外，还大量的孑遗种如小熊猫、大熊猫和野牦牛等，它们的地史时期曾经有过更为广泛的分布，如今仅限于东缘与南缘(如小熊猫)高原东缘(如大熊猫)以及高原腹地(如野牦牛)。总之，青藏高原的种具有生物多样性的特点。

2. 动物区系的演变

青藏高原抬升过程中，曾经历过多次古地理环境的变迁，必然影响高原动物区系的演变与发展。依据现有的动物地理学资料，青藏高原动物区系大致有如下形成过程。

(1)渐新世。在高原北缘出现有古刺猬(*Palaeorinaceus* spp.)、古鼠兔(*Sinolagomys* spp.)、古竹鼠(*Tochyorycoides* spp.)和巨犀(*Indricotherium* sp.)等。就分类系统而论，已有不少是现代哺乳动物的科，如猬科(*Erinaceidae*)、鼠兔科(*Ochotonidae*)、竹鼠科(*Rhizomyidae*)及犀牛科(*Rinocerotidae*)等等。中新世时期，于高原东北部(西宁盆地)中新统地层中发现过长鼻目的间型三棱齿象(*Trilophodon connexus*)、维氏锯齿象(*Serridentinus wimani*)；在青海贵德盆地发现有三趾马(*Hipparion* sp.)化石，在乐都还有青海皇冠鹿(*Stephanocemas chinghaiensis*)等。估计这些动物当时生活在海拔较低、气候较暖和的生态环境中。

(2)上新世。本阶段青藏地区海拔大约仅有1000m，在上新世早期地层中发现有喜湿热的西藏三趾马动物群，它们与南亚西瓦利克群庆吉(Chinji)组动物的成分相似，说明当时喜马拉雅山脉的高度尚未成为古动物交往的屏障。在同一地质时代的西藏西部(札达县)还生存过小古长颈鹿(*Palaeotragus microdn*)。上新世中期，在西藏南部吉隆盆地(现今海拔4100～4300m)所发现的除有吉隆三趾马(*Hipparion guizhongensis*)和西藏大唇犀(*Chilotherium xizangensis*)外，尚有葛氏羚羊(*Gaezlla gaudryi*)、吉隆鼠兔(*Ochotona guizhongensis*)和跳鼠科的异蹶鼠(*Hetercsminthus* sp.)等，其中跳鼠科的现生种类仅见于青藏高原的北部和东部，而其他地区均已绝迹。据研究，认为吉隆三趾马动物群与我国华北地区三趾马动物群(篷蒂组)的属种一样或接近，且同属于欧亚大陆三趾马动物群；上新世中期，本阶段西藏地区的海拔大约仅有1000m左右，而喜马拉雅山脉的平均高度超过 3000m，已对山体南北两侧动物群的扩散起了屏障阻隔的作用。

(3)早更新世。青藏高原抬升至 2000m，到中更新世高原已增高至 3000m。由于自然环境的变迁，气候变冷变干，亚热带植被向东部及南部边缘山地撤退，因而三趾马动物群全部灭绝，继而在中晚更新世地层中出现了现代的属种，如藏野驴(*Equus kiang*)、盘羊(*Ovis ammon*)、麝(*Noschus noschiferus Linnaeus*)、野牛(*Bos gaurus*)、鹿等有蹄类化石。

(4)晚更新世。青藏高原再一次强烈隆起，动物区系组成也随之产生了相应的变化。如在西藏聂拉木县以北的亚汝雄拉(即聂聂雄拉)平台上的全新世地层中，发现有黑唇鼠兔(*Ochotona curzoniae*)、松田鼠、喜马拉雅旱獭、白唇鹿等，动物区系的组成已接近现代高原的区系。另从西藏昌都卡若全新世晚期的地层中，所发现的哺乳动物群还有马鹿(*Cervus elaphus*)、斑羚、鬣羚、狍(*Capreolus capreolus*)、熊猴、猴、喜马拉雅旱獭及鼠兔等，它们与现在西藏东部针阔混交林带、暗针叶林带或林线以上的草甸草原动物种类是相当一致的。

3. 高原动物区系的形成

青藏高原古地理的变迁一直伴随着古气候与古植被的变化，因此也影响到动物区系的形成与演化。主要表现在特有种、东洋种和古北种的形成。

1)特有种成分

青藏高原特有种成分主要来源于两种途径，即残留于高原的孑遗种和高原演化而形成的特有种，陆栖脊椎动物区系的特有类群占全国特有物种总种数的 80%以上。

(1)青藏高原哺乳类。由于高原的大幅度隆起迄今只有 2Ma～3Ma 的历史，故产生于高原本身的特有属或古老的特有属非常少。第四纪更新世是青藏地区隆起最为剧烈的地史时期，有利于新的、高原特有物种的形成。由于地势不断增高，高原上出现了低氧、干旱、低温、多强风及太阳辐射强烈等独特的自然环境，致使原来栖息于本区的哺乳动物或者遭受淘汰而灭绝，或者向南向东撤退并寻找最宜栖居地，或者在自然竞争中逐渐地适应了高原的极端环境，且通过种群自身的形态适应(如体色、毛被、体型及内部器官的微观结构等)、生理生化适应和生态行为适应而最终导致种群间的生殖隔离(特别是横断山区之纵向平行的深切峡谷给动物创造了良好的自然隔离环境)，从此产生了适应高原特殊生态环境的特有种。

(2)高原鸟类。已知有(10 个特有属)141 种特有种，均分布于横断山区，其中部分可分布在喜马拉雅山或高原腹地。就特有种而言，横断山—喜马拉雅山共有的特有成分竟有 83 种，占鸟类全部特有种总种数的 58.8%，其中大部分物种的繁殖区主要在该两山系的高山和中山地区，且多集中于海拔 3000m 以上的山地森林及高山灌丛等各类生态系统中。值得注意的是，海拔愈高，鸟类区系成分中特有种就更多。横断山随喜马拉雅造山运动的抬升，生物种系分化更为剧烈。尤其是峡谷深处因地形的局限性，既保留了古老成分，同时也产生了不少特有成分，所以特有种也多。

(3)高原两栖类。主要分布于喜马拉雅山南坡及横断山区，尤其是横断山区物种较为丰富。通过对横断山两栖类物种的多样性，因适应环境变化而导致性状分化、新种乃至新类群的形成及其与横断山古地理演变的关系进行的，表明两栖类具有明显的特有性。

2)东洋种成分

青藏高原隆起前，四川、云南、华南与中南半岛曾是紧密相连的，是华南古陆的一部分，气候上同属古热带区。据推断，在新近—古近时(南北动物区系分化前)热带亚热带的古南大陆物种在青藏地区就已经存在。直到青藏高原隆起及第四纪冰期的全球气候变冷，许多喜暖湿的陆栖脊椎动物，也随着古热带的南移而逐渐向南(包括现今的横断山低山谷地和喜马拉雅山南坡)退缩。同时它们在此地域再度繁衍生息与分化，以致这些地区的东洋界物种与南亚、东南亚的同一物种相比较，往往形成不同的生态地理种——亚种。青藏高原绝大多数现生的东洋界种类与南亚、东南亚的动物区系有着共同的渊源，均是古热带与亚热带物种的直接后裔，因而，青藏高原与印度—马来地区共有的东洋界成分占有较高的比例。

3)古北种成分

青藏高原在晚更新世经历了急剧的整体抬升(平均海拔 4000m 以上)，至全新世初期，高原面的高度与现代相近。随着青藏高原的隆起，高原内部(腹地)的森林植被逐渐演替直至完全消失，代之以高寒草原和高寒草甸，在高原西北部地域还存在高寒荒漠。此过程中，动物区系也发生了相应的变化即高原内地气候的变冷变干，有利于欧亚北大陆及亚洲北方的古北界类群(主要是哺乳类与鸟类)渗向本区，逐渐成为高原动物区系组成中的重要成分。爬行动物中几乎没有欧亚北大陆的物种，而仅有的 7 种亚洲北方型种类却以沙蜥类、滑蜥类和麻蜥类的物种为主，两栖动物的古北成分共 3 种，唯一见于欧亚北大陆的绿蟾蜍以及另两种限于亚洲北部的种类，均栖息在高原的边缘地带而避开了气候十分干旱寒冷且海拔超过 4500m 的高原腹地。

综上所述，在上新世已有不少是现代哺乳动物的科属，从更新世到全新世，由于高原经历过几次大幅度的抬升，从而使高原上的动物区系组成逐渐接近现代的区系。

第三节　青藏高原的生物群落

青藏高原独特的地理位置和山地气候，使生物群落具有明显的高原“高寒”特征。同时，由于内陆的水热分布格局递变规律，从东南向西北形成了森林、灌丛、草原、草甸和荒漠等不同的高寒生物群落类群。

一、高寒生物群落的形成

高寒生物群落的发生发展要具备一定的条件。首先是高寒生态环境，其次是相关的生物物种迁移、演化、适应、定居，并相互依存、建立的协调关系，青藏高原高寒生物群落的发生发展与新近—古近末以来高原的强烈隆升致使气候极端寒旱化有着密切的关系。上新世，青藏地区平均海拔在 1000m 左右，广大区域主要被喜暖热湿润的森林或森林草地所覆盖。到上新世末，青藏地区气候开始出现旱化趋势，在广阔的山间盆地开始出现了温性的中生草甸和旱生草原群落。

从新近—古近来到第四纪，青藏高原大幅度隆升，高原气候强烈趋向于寒、旱化，生态环境更加严酷，喜暖热潮湿的亚热带、热带生物成分已不能适应高原的环境，纷纷向海拔较低、气候较优越的高原南部边缘峡谷区和东部区域后退；而高寒生物群落在隆升更高的诸多高山和广阔高原面上则得到了迅速发展，并伴随着第四纪冰期与间冰期气候冷暖干湿的多次交替变化而发生着大幅度的升降进退，并逐步演化形成了现代高寒生物群落的分布格局和面貌。

早更新世初期，高原气候更加寒冷。这时高原面上生长的温性中生草甸和旱生草原群落获得了进一步的发展，同时在青藏高原北部出现了喜温的荒漠；但寒温性暗针叶林的分布有所收缩。其后随着早更新世中期第一冰期的多雨期出现，高原气候变得湿润而凉爽，辽阔的高原上又广泛分布着暗针叶林，高山灌丛群落也更大地扩展；但是到早更新世晚期，由于气候逐渐趋于干热，寒温性暗针叶林，分布缩小，并向较湿润的山地迁移，而在大气降水条件最差的高原西部地区，喜温性质的荒漠群落获得了扩展。

随着中更新世早期第四纪最大冰期的到来，高原各高大山峰均出现较大规模的冰川，雪线下降了数百米。因此，山地上部的耐寒高山灌丛、草甸及寒温性暗针叶林等生物群落被迫逐步退至山坡下部或谷地、湖盆边缘地带，而高原面上广泛分布的旱生喜温的荒漠和草原也受到了冷湿气候的强烈抑制。冰期结束后，青藏高原进入了最温暖的大间冰期。在间冰期早期，高原气候较为温爽，对暗针叶林和高山耐寒灌丛、草甸等中生性生物群落的扩展比较有利，它们随冰川的后退而再度伸展到更高的山地和更广的区域。中更新世末，青藏高原气候日趋干旱，寒温性暗针叶林代之以更耐寒和干旱的高寒草原、高寒草甸和高寒荒漠群落，在高山上，高山垫状植被此时可能也有了一定发展。在高原东南部山地仍有繁茂的寒温性暗针叶林分布。

进入晚更新世以后，青藏高原隆起加速，高原气候变得更加寒冷而干燥，高原上除东南部以外，其他地区的森林几乎全部消失，仅局部环境生长有少量的暗针叶林和杨、柳等落叶阔叶林，而耐寒旱的高寒草原、高寒荒漠以及高山垫状植物群落、高山冰缘流石坡稀疏植被等却有了进一步的扩展。进入全新世冰后期，气候趋势是干旱化加剧，超旱生的旱生草原群落和荒漠由高原西北部向东南部扩展，中生的草甸、灌丛和森林则沿同一方向依次后撤；寒温性暗针叶林完全退居于高原东部和南部的湿润山地，在半湿润的高原中东部高山广泛发育了高寒草甸和高寒灌丛，而在半干旱和干旱的高原中西部和北部则被高寒草原及高寒荒漠所占据(在海拔相对较低气候较温暖的高原边缘地带和宽谷发育着喜温的草原和荒漠)，在高山冰缘流石坡上普遍发育了流石坡稀疏植被，遂奠定了青藏高原现代高寒生物群落分布的基本轮廓与格局。

青藏高原的隆起，特别是中晚更新世以后，高寒生物群落得到了迅速发展。高寒生物群落是各种生物成分(主要是植物、动物、昆虫等)有规律的组合，其形成与高原植物区系和动物区系的起源、迁移、演化有着密切关系。研究表明，青藏高原特有成分和与高原毗邻地区共有的耐寒高山种在高原高寒生物群落组成中占有绝对优势，起着主导作用。随着高原气候极端寒旱化，在严酷的环境下，一些山地耐寒成分经过长期的适应、分化、演化与特化而形成了大量的高原特有种，与此同时，高原与周围毗邻地区高山的生物物种进行着持续的相互渗透与融和，发育演化了许多共有的种类或类群。它们构成了高原高寒生物群落的主体。

综上所述，青藏高原高寒生物群落主要是当地发生的，是在新近—古近末，尤其是中更新世以后随着高原强烈隆升和气候寒旱化，由适应、分化、特化形成的新的高原特有物种为主，同时渗透融进了周围毗邻地区，一些高山成分，逐渐演化发展而形成的较为年轻的生物群落。青藏高原特殊的高原环境和特殊的生物种群造就了高寒生物群落。青藏高原高寒生物群落主要是当地发生的，是新近—古近末，尤其是中更新世以后随着高原强烈隆升和气候寒旱化，由适应、分化、特化形成的新的高原特有物种为主，同时渗透融进了周围毗邻地区。一些高山成分和其他成分，逐渐演化发展而形成的较为年轻的生物群落。

二、高寒生物群落的类型

由于地形的抬升，青藏高原由东南向西北形成了森林、灌丛、草原、草甸和荒漠的自然景观规律，也形成了与景观相一致高寒生物群落类型。

1. *森林生物群落*

青藏高原的森林是以寒温性的针叶林为主，主要分布在高原的东南部，包括川西、甘南、西藏东部、青海的东部和云南西北部，属于我国东部亚热带和温带向青藏高原过渡的高山峡谷区域。此外，在喜马拉雅山南坡、横断山的南坡和藏东南、高山峡谷的下部和低山还分布着少量热带雨林、季雨林及亚热带常绿阔叶林等类型。

1)亚高山暗针叶林

暗针叶林是寒温带的地带性植被，是北半球分布最广的一种植被类型。在55°N以北，此种植被是泰加林的主体，55°N以南，暗针叶林的分布海拔高度逐渐增高，成为山地垂直带谱中亚高山地带的典型植被(李文华等，1985)。

暗针叶林主要由云杉属、冷杉属树种所组成，具有郁闭、阴暗的群落外貌特征。青藏高原云杉属常见种主要有紫果云杉(*Picea purpurea*)、川西云杉(*P. likiangensis* var. *balfouriana*)、丽江云杉(*P. likiangensis*)、林芝云杉(*P. likiangensis* var *linzhiensis*)、油麦吊云杉(*P. brachytyla* var. *complanata*)等，尤以川西云杉分布最广，广布于西藏东部和横断山区。冷杉属种类较多，其中以岷江冷杉(*Abies faxoniana*)、鳞皮冷杉(*A. squamata*)、长苞冷杉、急尖长苞冷杉、川滇冷杉(*A. forrestii*)、黄果冷杉(*A. ernestii*)和喜马拉雅冷杉(*A. spectabilis*)等为常见种。

暗针叶林通常由乔木层、灌木层、草木层和苔藓层所组成。此外，尚有发育程度不等的层外植物。由于云杉、冷杉优势树种的强烈作用，形成了暗针叶林独特的群落生态环境。暗针叶林是亚高山地带的一种顶极森林群落，根据群落中下层植物的层片结构特征大致又可分为六种不同类型。

2)亚高山落叶针叶林

亚高山落叶针叶林是由落叶松属植物为建群种组成的森林，又称落叶松林。落叶松林在山地垂直带中通常形成纯林，有时散生于云杉、冷杉林中，在高山栎和桦木林中形成混交林。在云杉、冷杉林环境中，常受到排挤而分布在生境条件较为严酷的地方。青藏高原的落叶松林多是较为原始的红杉组，常见的落叶松树种有红杉(*Larix potaninii*)、大果红杉(*L. potaninii* var. *macrocarpa*)、西藏落叶松(*L. griffithiana*)、喜马拉雅落叶松(*L. himalaica*)和怒江红杉(*L. speciosa*)等。川西还有少量四川红杉(*L. mastersiana*)林分布。

落叶松喜阳，由它们组成的森林比较稀疏，林下明亮，因此，落叶松林又称明亮针叶林。落叶松群落植物组成、层片结构在生态发生上有很大差异，并在很大程度上取决下立地条件。落叶松林下，在湿润肥沃土壤的环境中，发育着各种中生性的下木和宽叶草本植物，同时还有亚高山草甸植物或高山植物区系成分，常见的有金露梅(*Potentilla fruticosa*)、高山茶藨子(*Ribes alpinum*)、珠芽蓼(*Polygonum viviparum*)以及嵩草(*Kobresia* spp.)等。落叶松林冠通透、阳光充足，草本活地被层发育完好，层次分化显著。大致可分为三个亚层。第一亚层常为蕨类植物；第二亚层为大量的苔草类和禾本科；第三亚层主要由高山植物区系成分的低矮草本植物和苔藓所组成，苔藓植物发育程度视林下环境湿润状况而定，多为欧亚大陆寒温性针叶林下的广布成分。

3)山地柏林

(1)柏木林是一类适应于温暖的旱生环境的阳性森林，多分布于海拔2000m～3000m的干旱河谷谷坡。主要的山地柏木林类型有分布于西藏南部和东南部的巨柏(*Cupressus gigantea*)林、喜马拉雅柏(*C. torulosa*)林，分布四川西部的冲天柏(*C. duclouxiana*)林和岷江柏木(*C. chengiana*)林，这些柏木林多生长在变质石灰岩坡积物的山地棕褐土上。群落外貌深绿色，林冠不整齐，结构简单，多呈疏林状，郁闭度0.2～0.6。除分布在藏东南的藏柏林水热条件较好，林下灌木为山地亚热带森林常见种类外，其他几种柏木林下灌木层和草本层植物都带有旱生性质，常见的灌木草本植物有细刺蓝芙蓉(*Ceratostigma griffithii*)、西藏狼牙刺槐(*Sophora moorcroftiana*)、多花杭子梢(*Campylotropis polyantha*)、钝叶栒子(*Cotoneaster hebephyllus*)、波叶山蚂蝗(*Desmodium sinuatum*)、小叶香茶莱(*Rabdosia parvifolia*)、金花小檗(*Berberis wilsonae*)、岷谷木兰(*Indigofera lenticellata*)、绣线菊(*Spiraea* sp.)、矮探春(*Jasminum humile*)、丛茎滇紫草(*Onosma waddellii*)、蒿(*Artemisia* sp.)、苔草(*Carex* sp.)、火绒草(*Leontopodium* sp.)、茅叶荩草(*Arthraxon lanceolatus*)、糙野青茅(*Deyeuxia scabrescens*)、中华槲蕨(*Drynaria baronii*)等。

(2)圆柏林是亚高山林线上的由针叶林向高寒灌丛或高寒草甸过渡的疏林。常位于云杉、冷杉林的上限地带或云杉、冷杉林及落叶松林所不能生长的严酷生境中。圆柏林是亚高山阳坡树线上的优势森林群落，建群种有喜光、耐旱、耐寒、抗风的特性。其生境气候特点是气温低、风大、雨量少、日照强烈。青藏高原主要圆柏林包括大果圆柏(*Sabina tibetica*)、垂枝圆柏(*S. pendula*)、方枝圆柏(*S. saltuaria*)、塔枝圆柏(*S. komarovii*)等。圆柏林分布的土壤为山地棕褐土或山地棕壤、山地灰棕壤，林地干燥，枯枝落叶极少，土壤发育较浅，表层有微弱碳酸盐反应，呈弱碱性，圆柏下木层中等发育，主要由中生性或旱生性的耐寒灌木组成。草本层植物，因郁闭度小，林内光线充足，小生境多样，出现的种类较复杂，有时树干上附生一些地衣、苔藓植物。圆柏林是亚高山针叶林树种中生长最为缓慢的一类森林，圆柏胸径生长量和树高都很小，但其增长时间很持久，平均生长量在100年以上达到最高点，以后逐渐下降。

4)山地温性针叶林

(1)青藏高原的松林树种多，类型复杂。单维管束亚属中属于五针叶松组的有乔松(*Pinus griffithii*)和华山松，属于白皮松组的有西藏白皮松和白皮松(*P. bungeana*)。双维管束亚属的长叶松组的有西藏长叶松(*P. roxburghii*)，油松组的有油松

(*P. tabulaeformis*)、高山松和云南松(*P. yunnanenisis*)。西藏是松树类型最繁多和种类最丰富的地区，乔松和高山松是该区分布最广的树种。松林群落结构比较简单，通常具有同龄的整齐高大的乔木层，发育程度不同的下木层和灌木草本层，苔藓层和层外植物发育较差。松林下常见灌木、草本植物。松林下的土壤以黄棕壤和棕壤为主，土壤较疏松，大多属于轻壤或中壤，有机质含量较高，土壤呈酸性反应。松树一般喜深厚、湿润、排水良好的土壤，对于干旱和季节性的活水浸渍也有一定的适应力。松树均为阳性树种，但五针叶松组的几个树种在幼年期有一定耐荫力。松树天然更新良好，特别是云南松、高山松、乔松具有飞籽成林的能力，在经过清林的采伐迹地或火烧迹地上，往往能产生密集的幼树。松树生长迅速，尤以海拔较低的乔松和云南松最为突出。

(2)青藏高原的侧柏林主要分布在滇西北德钦一带的澜沧江河海拔 2500m 附近，在垂直分布系列上居于干热河各灌丛之上，而在高山栎林、高山松带的下部。侧柏林所在的土壤以黄土母质上发育的褐色土或石灰岩以及由冲积母质发育的石灰性草甸土为主，具石灰性反应，偏碱性。其外貌稀疏而不整齐，群落结构简单，种类组成也比较单纯。伴生的乔木树种主要有栓皮栎(*Quercus variabilis*)、盐肤木(*Rhus chinensis*)、小叶朴(*Celtis bungeana*)、榔榆(*Ulmus parvifolia*)、黄栌(*Cotinus coggygria*)。灌木种类很多，主要有白刺花(*Sophora viciifolia*)、小花溲疏(*Deutzia parviflora*)、滇榛(*Corylus yunnanensis*)、杭子梢(*Campylotropis macrocarpa*)，草本层有黄背草(*Themeda triandra* var. *japonica*)、苔草、白羊草等。柏木林下由于所在地土壤瘠薄，柏木生长缓慢，木材多扭曲，经济价值不高，但作为干旱河谷造林树种以保持水土和涵养水源是比较好的。

5)针阔混交林

青藏高原亚高山针阔混交林是由铁杉属(*Tsuga*)与其他针阔叶树组成的森林群落。铁杉阔叶混交林为稳定的温性阴湿针阔混交林，该群落位于亚热带山地云雾聚集的地带，生境温和而潮湿。群落中树种多样复杂，除铁杉以外，尚有多种常绿和落叶树种混生，林下并有多种杜鹃和箭竹，苔藓植物也很丰富，地面满布有山羽藓。林地土壤一般为酸性棕壤。群落外貌呈现出一片深绿浅绿镶嵌色调，点缀着铁杉翠绿斑点景象。林内各结构层中各种植物的配置也是呈现色彩缤纷的特点，因而有“五花林”之称。组成群落的树种和林内其他植物，大都是亚热带的植物区系成分。

(1)云南铁杉针阔混交林，以云南铁杉(*tsugadumosa*)为群落优势种，与高山栎类、槭、桦、华山松、黄果冷杉、丽江云杉组成针阔混交林，分布于藏南和滇西北海拔 2500m～3000m 的山地，乔木层混生多种针叶和阔叶树种，灌木层有明显的箭竹(*Sinarundinaria nitida*)和杜鹃层片，苔藓植物生于树干下部和地表，盖度 50%以上。

(2)铁杉针阔叶混交林，该群落以铁杉(*Tsuga chinensis*)占优势，与槭、桦等落叶树种组成的混交林。主要分布在川西岷江中上游海拔 2500m～3000m，大渡河下游 2200m～2500m 的山地阴坡、半阴坡及狭窄山谷的半阳坡上。常以箭竹形成显著层片，其次尚出现桦叶荚蒾(*Viburnum betulifolium*)、小叶小檗(*Berberis parvifolia*)、陕甘花楸(*Sorbus koehneana*)、圆叶菝葜(*Smilax cyclophylla*)等。伴生乔木树种有色木槭(*Acer mono*)、多毛椴(*Tilid intoasa*)、糙皮桦(*Betula utilis*)、川白桦(*B. platyphylla* var. *szechuanica*)等。

6)硬叶常绿阔叶林

硬叶常绿阔林是由壳斗科栎属(*Quercus*)中高山栎组树种所组成的森林。主要分布在金沙江中藏东南山地和上游河谷两侧，与夏季多雨且冬季干冷的气候相联系。我国的硬叶常绿阔叶林与近代地中海沿岸的硬叶常绿栎林在生态群落特征方面有一定的相似之处。从植被发生起源方面来看，它可能是古地中海西退后遗留下来的近海热带植被的直接衍生物，因喜马拉雅山抬升以来的地史环境的变迁而产生了分化和新的适应。我国的硬叶常绿阔叶林是世界硬叶常绿阔叶林的亚洲山地变型，称为“山地硬叶常绿阔叶林”。

硬叶常绿阔叶林树种有明显耐干旱、耐寒的生态特征和形态结构，主要表现在：常绿叶革质坚硬，中型叶偏小，叶缘具尖刺或锐齿；叶面常光滑而叶背一般都密被黄色或灰色短绒毛，树干多弯曲，树皮厚而纹粗。组成硬叶常绿阔叶林的高山栎类树种主要有川滇高山栎(*Quercus aquifolioides*)、帽斗栎(*Q. guyavaefolia*)、黄背栎(*Q. pannosa*)、川西栎(*Q. gilliana*)、光叶高山栎(*Q. rehderiana*)、刺叶栎(*Q. spinosa*)、藏高山栎(*Q. semecarpifolia*)、灰背栎(*Q. senescens*)、匙叶栎(*Q. spathulata*)、铁橡栎(*Q. cocciferoides*)、锥连栎(*Q. fiancheii*)等。

硬叶常绿阔叶林垂直分布幅度很宽，在分布区内，北部在2900m～4300m，个别可下延至2000m；南部2600m～3900m，个别沿峡谷下延至1500m左右；在山地植被垂直带中，跨越了暖性针叶林、温性针叶林、寒温性针叶林至亚高山灌丛等垂直生物气候带。由于植被适应的生态幅度大，因此，组成树种的个体形态差异大，在不同生境下出现了乔木林、矮林、高灌丛、矮灌丛等不同外貌。群落结构简单，多为单种优势林，林下伴生种类少。根据不同立地条件下形成的不同类型，硬叶常绿阔叶林可分为暖性灌木高山栎乔林、湿性米饭花高山栎乔林、长松萝高山栎矮林和高山栎灌丛等类型。

7)山地落叶阔叶林

山地落叶阔叶林系杨柳科的杨属(*Populus*)、桦术科桦木属(*Betula*)和桤木属(*Alnus*)植物组成的群落，大多成片状或块状分布于山地垂直带中，除少数外，大部分带有一定程度的次生性，多是在森林破坏后出现的次生群落。

青藏高原的落叶阔叶林中常见的种类有藏杨(*Populus szechuanica* var. *tibetica*)、山杨(*P. davidiana*)、长序杨(*P. pseudoglauca*)和吉隆缘毛杨(*P. ciliata* var. *gyinongensis*)。桦木林如白桦(*Betula platyphylla*)、糙皮桦(*B. utilis*)、高山桦(*B. delavayi*)等。桤木林如旱冬瓜(*Alnus nepalensis*)等。林下的灌木层组成，往往与其类型的地理位置及类型性质而有所不同。常见的灌木有忍冬、茶藨子、柳、蔷薇、小檗、绣线菊、栒子及杜鹃等属植物，草本层的组成，比较复杂，常见的有唐松草、银莲花、老鹳草、早熟禾、苔草、蒿、马先蒿(*Pedicularis*)等属和一些蕨类植物所组成。

除杨柳科和桦本科组成的落叶阔叶林外，还有沙棘(*Hippophae rhamnoides*)林，在川西高山峡谷的低中山还分布着少量的落叶阔叶林如麻栎(*Quercus acutissima*)林和栓皮栎(*Q. variabilis*)林。根据落叶阔叶林分布的水热条件可分为寒温性杨桦林、暖温性杨桦林和山地亚热带桤木林。

8)山地亚热带常绿阔叶林

山地亚热带常绿阔叶林是青藏高原东南湿润山地亚热带的地带性植被类型，其建群种以壳斗科、樟科、木兰科、山茶科、五加科等常绿树木占据优势。由于分布区受季风气候和西风环流南支的交替影响，一年中干湿季节分明，与亚热带典型常绿阔叶林相比，有适应偏干性气候的旱生性特征，表现在群落中或多或少混有落叶阔叶树成分和旱生性植物区系成分。青藏高原的山地常绿阔叶林主要分布在西藏境内的雅鲁藏布江大拐弯处以下的下游地区，察隅、中喜马拉雅山脉南坡低海拔局部湿润的内切河谷、东喜马拉雅山脉南坡，以及四川西部高原东南缘高山峡谷湿润山地。

分布在西藏的常绿阔叶林，外貌整齐、均匀，乔木建群种类明显，结构清晰。优势种主要以壳斗科栲属(*Castanopsis*)的刺栲(*C. hystrix*)、蒺藜栲(*C. tribuloides*)、印度栲(*C. indica*)，青冈属(*Cyclobalanopsis*)的薄皮青冈(*C. lamellosa*)、西藏青冈(*C. xizangensis*)、墨脱青冈(*C. motuoensis*)、滇青冈(*C. glaucoides*)，石栎属的泥锥石栎(*Lithocarpus fenestratus*)、细柄石栎(*L. gracilipes*)、墨脱石栎(*L. obscurus*)、西藏石栎(*L. xizangensis*)、多变石栎(*L. variolosus*)、包石栎(*L. cleistocarpa*)，栎属的俅江栎(*Quercus kiukiangensis*)、曼青冈(*Q. oxyodon*)、环带青冈(*Q. annulata*)，樟科的樟属(*Cinnamomum*)、楠属(*Phoebe*)、润楠属(*Machilus*)、琼楠属(*Beilschmiedia*)、厚壳桂属(*Cryptocarya*)、新樟属(*Neocinnamomu*)、黄肉楠属(*Actinodaphne*)、木姜子属(*Listea*)、新木姜子属(*Neolitsea*)、山胡椒属(*Lindera*)、木兰科的木兰属(*Magnolia*)、脱轴木兰属(*Talauma*)和含笑属(*Mechelia*)，山茶科的木荷属(*Schima*)，五加科的鹅掌柴属(*Schefflera*)、刺通草属(*Trevesia*)、羽叶五加属(*Pentapanax*)等为主，其他常见的科还有冬青科、山矾科、杜鹃花科等树木，其中在林带的下部不乏热带科属分布，林带上限处混杂有许多落叶树种和针叶树种，如泡花树属(*Meliosma*)、鹅耳枥属(*Carpinus*)、朴属(*Celtis*)、桤木属(*Alnus*)、杨属(*Populus*)树种等。

青藏高原雅鲁藏布江下游河谷和东南缘的高山峡谷区，夏季温暖湿润的西南季风带着丰富的水气北上，带来了丰富的降水，孕育这颗青藏高原的明珠。由于历史因素和特殊地质地貌原因，这里不仅保留了许多古老孑遗植物，而且也是中国—喜马拉雅成分的分化中心，和印度—马来西亚区系成分向欧亚大陆区系成分的过渡地带，拥有丰富的新的区系成分和特有种类。因此，这里是青藏高原物种多样性最为丰富的地区。

由于区系发生的历史因素加以山地亚热带垂直带上水热条件的分异，青藏高原东南的山地常绿阔叶林可分为山地下部的亚热带常绿阔叶林和山地上部的亚热带常绿阔叶林和落叶阔叶混交林。前者混杂着许多热带区系成分，其分布的下限为热带常绿雨林或季雨林，后者混有许多落叶成分，由此过渡到上部针阔叶混交林或亚高山针叶林。

9)热带雨林和季雨林

西藏东南部高山峡谷的下部和低山丘陵区，海拔 1000m 以上的地带，出现了热带特征的森林，其分布区大致位于 29°N 以南，92°E～97°E，这里是欧亚大陆分布最北的热带森林。西藏低山热带森林主要分布于察隅、墨脱和错那一线以南直到边界的地区，尤以雅鲁藏布江下游米什米山地最为集中。

在西藏的热带森林分布区，由于降水按季节分配的差异，促进了森林中落叶成分的发育和生长，特别是由于降水量自东喜马拉雅向西减少，到中喜马拉雅山地下部，出现了以热带落叶阔叶树为建群种的热带季雨林。根据分布区降水量差异和群落的季相可将西藏的热带森林分为山地常绿雨林和山地季雨林。

西藏的常绿雨林是印度—马来西亚热带雨林群系的一部分，具有常绿雨林的一般特征。但由于雨量季节分配不均，年平均温度受夏季正值雨季、纬度偏北和山地的影响而偏低，群落有一定的旱季落叶成分，板根现象不很发达，但在群落组成和结构方面都反映着雨林特征。西藏常绿雨林主要以龙脑香科植物为标志，包括楝科、四数木科、大戟科、藤黄科、梧桐科、第伦桃科、桃金娘科、天料木科、桑科、豆科、禾本科、使君子科、金缕梅科、茜草科、海桑科、橄榄科、水东哥科、棕榈科、天南星科、樟科、木兰科、荨麻科、爵床科、姜科、兰科等分布于热带的属所组成；壳斗科有一定数量，并包括有高大的竹类和禾草；蕨类植物也很丰富，并有树蕨生长。群落物种组成非常丰富，乔木层树种复杂，优势种不明显；层外植物发达，有大型藤本和攀援植物，以兰科为主的附生植物种类繁多。群落林冠浓郁，色调多样，组成林冠的树木高差很大，使整个林冠量巨大，波浪状起伏，乔木层、灌木层和草本地被层层次较多，但分化不显著。

西藏的热带季雨林有明显的季相变化特征，其第一层乔木中几乎都是落叶成分，在雨季来临前(3～5月)要落叶或换叶。主要以葱臭木(*Dysoxylum gobara*)、麻楝(*Chukrasia tabularis*)、千果榄仁(*Tenninalia myriocarpa*)、小果紫薇(*Lagerstroemia minuticarpa*)等优势种组成群落。群落外貌不整齐，结构复杂，除第一层高大乔木外，乔木层层次分化不明显，郁闭度大；因而灌木层和草本层重要性显得较小。群落内部由于藤本和生植物丰富显得杂乱无章。

2. 高寒灌丛生态群落

高寒灌丛是青藏高原上广布的类型之一，是指由高5m以下，不具明显直立主干而多分枝成簇生的耐寒中生、旱中生灌木为建群层片所组成的植被类型。种类组成较丰富，结构比较复杂。外貌整齐，覆盖度较大。主要分布于青藏高原水、温条件较好的东部地区，大约北起青海省的祁连山东段，向南经青海省的海北、海南、黄南、果洛、玉树的东部以及甘南、川西、藏东和云南的西北部。上述地区海拔较低，平均海拔在3500～4000m，气温较高，加之该区受西南季风和东南季风的影响，降水较丰富，自东南部的1000mm降到东北部的600mm左右。特别是东部地区山高谷深，生境多样，垂直气候带明显，成为各种生态系统的汇集之地。由于南北横跨约12个纬度，地域辽阔，地形复杂，气候条件各异，故而导致高寒灌丛类型多样化，主要有以下几种。

(1)高寒常绿针叶灌丛，常绿针叶灌丛是以常绿针叶灌木为建群种组成的群落，在青藏高原主要山圆柏属(*Sabina*)植物构成。主要分布在森林区及其外缘地带的亚高山带上部和高山带的阳坡，海拔3600～4600m和4400～4900m，由东向西逐渐升高。生境寒冷至寒凉，圆柏灌丛喜阳，具适应干旱条件的能力和较强耐寒性。

常绿针叶灌丛主要建群种有高山柏(*Sabina squamata*)、高山香柏和滇藏方枝柏(*S. wallichiana*)，在植物地理区系上，它们是中国—喜马拉雅区系成分。这种灌丛在结构上，以常绿针叶层片构成建群层片，并有小檗属、蔷薇属、栒子属、绣线菊属，以及忍冬属和少量高山柳组成落叶阔叶灌丛属层片。草本层比较发育，多为草甸中的嵩草和杂类草成分，苔藓层片不甚发达。

(2)高寒常绿革叶灌丛，高寒常绿革叶灌丛是由耐寒的中生或旱中生常绿革叶灌木为建群层片、苔藓植物为亚建群层片组成的灌丛。在我国主要分布于青藏高原东部地区，大约从青海省祁连山东段起，经海北、海南、黄南、果洛、玉树以及甘南、川西、藏东南和滇西北。主要分布于山地森林带以上的高山带。在高山带，主要位于山地寒温性针叶林带以上，与高寒草甸成复合分布，构成高山灌丛草甸带，是具有垂直地带分布的相对稳定的原生植被类型。其种类组成比较丰富。建群层片以北温带成分杜鹃属(*Rhododendron*)植物为主，主要有十多种杜鹃。它们分别占据山地的不同部位，生长在海拔较低，水、热条件较好地段的杜鹃个体高大，枝干粗壮，而有的种类则因分布海拔较高，气候相对较冷，风大，植株生长低矮，枝条短，甚至呈团状或匍匐状。杜鹃灌丛生长茂密，盖度达80%～90%，伴生种类较少，经常可见一些落叶灌木，主要有高山绣线菊、金露梅(*Potentilla fruticosa*)、狭叶鲜卑花(*Sibiraea angustata*)、毛枝山居柳(*Salix oritrepha*)、银露梅(*Potentilla glabra*)、箭叶锦鸡儿(*Caragana jubata*)等。由于建群层植物生长茂密，灌丛内部环境阴暗潮湿，不利于革本植物的生长和发育，因而草本层植物种类较少，多以耐阴植物为主。

高寒常绿革叶灌丛最大的特征为具有极其发达的苔藓层，主要种类有丛生真藓(*Bryum caespiticum*)、黄色真藓(B. *pallescens*)、赤藓(*Syntrichia ruralis*)、山羽藓(*Abietinella abietina*)、弯叶灰藓(*Hypnum hamulosum*)、尖叶灰藓(*Hypnum callichroum*)、球蒴真藓(*Bryum pseudotriuetrum*)、对叶藓(*Distchium capillaceum*)、云南红叶藓(*Bryoery throphyllum yunnanese*)、湿地藓(*Hyophila rosea*)、毛尖藓(*Cirriphyllum* sp.)、冰川金发藓(*Polytrichum glaciale*)、偏叶曲尾藓(*Dicranum peoliatum*)、羽藓(*Thtddium rubiginosilm*)等，苔藓植物生长密集，盖度高达80%～90%。由于苔藓植物具有良好的保水性能，因而群落内更为湿润。

(3)高寒落叶阔叶灌丛，高寒落叶阔叶灌丛是指由耐寒中生或旱中生落叶阔叶灌木为建群层片所形成的群落类型，其分布范围主要围绕在青藏高原东部，由北而南为北起青海省的祁连山东段南坡，经海南、黄南、果洛、玉树以及甘南、川西、云南西北部至西藏的东部并抵达喜马拉雅山北坡。广泛分布于海拔3200～4500m的山地阴坡以及山麓洪积扇和河谷低阶地，北部祁连山东段南坡也有分布。

高寒落叶阔叶灌丛的外貌比较整齐，结构简单，一般仅分为灌木和草本两层(在灌丛茂密的局部可分为三层，而苔藓层发育较弱)，灌木层以耐寒中生或旱中生的冬季落叶植物为主，灌木层植物因所占据的地形部位不同灌木层的高度和盖度有所差别。在局部地段，灌木生长茂密，形成阴湿的灌丛内环境，草本层植物生长相对较少，而为苔藓植物生长发育提供了良好的条件。在这些地段，苔藓层比较发育，有时可形成优势层片，常见的有墙藓(*Tortell subulata*)、泽藓(*Philonotis fontana*)、红蒴真藓(*Bryum erythrocarpum*)等。由于高寒落叶灌丛分布广泛，地形复杂，地域辽阔，生境条件多样，故群落类型非常之丰富。

3. 高寒草甸生物群落

高寒草甸是指由耐寒的多年生中生地面芽和地下芽草本植物为优势种所形成的植物群落。主要分布于我国大陆性气候强的西北、西南与青藏高原东部的亚高山针叶林带以上，高山流石坡稀疏植被以下以及辽阔的高原面的东部。由于分布地域辽阔，生境条件多样，群落的种类组成比较丰富，主要以禾本科的羊茅属(*Festuca*)、针茅属(*Stipa*)，莎草科的苔草属(*Carex*)、嵩草属(*Kobresia*)，蓼科的蓼属(*Polygonum*)植物为建群种形成丰富的群落类型。除沼泽草甸外，主要分布在土壤含水量适中的滩地和山地，成为典型的高原水平地带性和垂直地带性植被类型，种类以北极—高山和中国—喜马拉雅成分为主，侵入少量的华北成分。

高寒草甸的分布与发育受一定的生态地理条件所制约。分布海拔为3200～5200m，分布地区的气候特点是高寒、中湿、太阳辐射强、风大、日照充足、积雪时间长。在青藏高原的东部，由于受西南季风和东南季风的影响，水汽充沛，湿润多雨，气候寒冷而较湿润，年平均气温一般在0℃以下，最冷月的平均气温低于－10℃，年降水量在400～700mm，多集中于6～9月。而冷季受西风环流控制，气候严寒、干燥、少雨。土壤为高山草甸土，表层具有根系盘结致密紧实的毡状草皮层为最主要的表现特征，有机质含量高，土壤水分适中，土壤发育年轻，土层较薄，一般为30～50cm，除草皮层外，全剖面含有多量砾石，一般无石灰反应或下部具弱至中等石灰反应，在高海拔山地与高原中部海拔较高(4600m)的地区，地下发育着多年冻土，在寒冻作用下产生冻胀裂缝、冻胀丘和泥流阶地等微地形，由此造成群落的镶嵌和复合现象。高寒草甸具有较复杂的层片，主要有短根茎嵩草层片、杂类革层片、根茎苔草层片、根茎种层片、从生草层片。高寒草甸草层低矮，结构简单，层次分化不明显，一般仅有草本一层，草群生长密集，覆盖度大，生长季节短，生物量低等特点。由于高寒草甸种类组成丰富，群落多样，以建群层片不同可分三大类型。

1)高寒嵩草草甸

指以青藏高原及亚洲中部高山特有的耐寒中生多年生地下芽密丛短茎嵩草属植物为建群种所构成的植物群落，主要分布于寒温性针叶林带以上、流石滩稀疏植被带以下和辽阔的高原东部，是青藏高原典型的水平地带性和垂直地带性类型，构成青藏高原独特的植被类型。据中国科学院西北高原生物研究所的多年调查，组成高寒草甸植物群落的种类比较丰富，有500余种，其中莎草科嵩草属植物为典型代表，诸如小嵩草、矮嵩草、线叶嵩草、藏嵩草、短轴嵩草、甘肃嵩草等均为群落的建群种。高寒蒿草在高寒气候的影响下，植物生长低矮，一般高5～10cm，小嵩草高仅1～5cm，生长密集，一般均为单优势种群，结构简单，仅1～2层，因而亦影响到动物种群的多样性，在高寒草甸分布区域，动物种类较少，但数量较大，因而形成生态系统的结构与能流、物流的独特性。

高寒草甸的形成、发展与分布，受生态地理条件的制约，是生物气候的综合反映，也是一定区域生物气候的产物。高寒草甸分布辽阔，主要受西南暖湿气流和高寒气候的影响，气候寒冷而较湿润，年平均气温一般在0℃以下，最冷月平均气温低于－10℃，积温仅0～300℃，即使在最暖的7月亦经常出现霜冻和降雪。年降水量400～700mm自东南向西北递减，降水主要集中在6～9月，冬春多风少雨。高寒草甸下发育着高山草甸土，高山草甸土以生草过程为主导，形成致密、紧实而具弹性的毡状草皮层，土层较薄，淋溶作用较强，有机质含量高，呈微酸性或微碱性反应，土壤含水量除沼泽化草甸外一般为30%左右，在一定深度往往有冻土层的存在，引起地表环境的不一致，影响着植物群落水平分布的差异，而形成群落的镶嵌现象。以其群落对水分条件的适应和建群层片优势种生物—生态学特征，可划分为典型草甸，沼泽化草甸和草原化草甸等类型。

(1)高寒草原化草甸。该类型主要是由耐低温的旱中生多年生地面芽和地下芽植物组成的植被类型，或在典型高寒草甸中大量混生有旱生多年生草本植物的草甸植被类型，是过渡于草原与草甸的中间类型。其种类组成较为丰富，植物生长密集，覆盖度大。主要建群种有小嵩草、异针茅等。植物区系组成仍以中国—喜马拉雅和北极—高山成分为主。该类型广泛分布于青藏高原海拔 3200～5200m 的山地阳玻、高阶地以及浑圆低丘。气候特点为寒冷、日照强、风大、少雨、蒸发强，年平均气温－1.8℃以下，年均降水量 400～700mm。土壤为碳酸盐高山草甸土，土体较厚且干燥，并有一定的石灰反应。

小嵩草植株低矮，高仅 1～5cm，秆纤细，叶片呈针状，具有较强的适应寒冷、干旱的特点。群落结构极其简单，仅草本层，草丛生长茂密，盖度可达 85%，形成非常密集的地毯状铺展在高原之上，特别是盛夏季节，各种花朵点缀其上，非常美丽。伴小种类较少，常见的有异针茅、羊茅、早熟禾、美丽风毛菊、沙生风毛菊、粗喙苔草、雪白委陵菜、矮火绒草、兰石草(*Lencea tibetica*)、条裂银莲花(*Anemone trullifoia* var. *linearis*)、川藏蒲公英(*Taraxacum maurocarpum*)、川西小黄菊(*Pyrethrum talisinense*)、高山唐松草(*Thalicltурm alpinum*)、华丽龙胆(*Gentiana sinoornata*)、丝颖针茅(*Stipa capillacea*)、球花马先蒿(*Pedicularis globifera*)和十点地梅(*Andromtmsace graminifolia*)等，在 5000*m* 阻上山地顶部，垫状植物增多，主要有金发藓状蚤缀(*A. polytrichoides*)、垫状蚤缀(*A. pulivinata*)等。

(2)典型高寒嵩草草甸。该类型是指山地型耐寒中生多年地下芽短根茎蒿草植物为建群层片所形成的植物群落，是青藏高原分布普遍的类型之一。主要分布于北起青海省北部的祁连山东段向南经海南、黄南、果洛、玉树以甘南、川西、藏北和滇西北等地，海拔 3200～5200m 的山地阳坡、排水良好的滩地和浑圆低山。典型高寒嵩草草甸分布地域辽阔，暖季在西南季风和东南季风的影响之下，一者携带较充沛的水汽，逆横断山脉河谷和高原东部到达高原，遇冷气而凝结降水，因而高原东部地区降水略多，一般在 700mm 左右，随着高原向西纵深，降水逐渐减少，至 400mm 的降水线典型草甸消失，冷季青藏高原处在蒙古—西伯利亚和青藏高原控制下，气候寒冷、干噪、多风、少雨。在这种气候的影响下，形成了高原地带性植被，土壤为高山草甸土：土壤发育年轻，土层较薄，全剖面无石灰反应或中下部有弱的石灰反应，生草层较草原比草甸发育稍弱。典型高寒嵩草草甸草层低矮，结构简单，层次分化不明显，一般仅为草本层草群生长茂密，覆盖度达 85%以上，生长季节短，一般从 4 月 20 日左右；开始返青，9 月下旬枯黄，生物量低，其峰值出现在 8 月下旬。种类组成以中国喜马拉雅成分和北极—高山成分为主，侵入少量的华北区系成分。建群种主要有矮嵩草、线叶嵩草、短轴嵩草、喜马拉雅嵩草、禾叶嵩草、四川嵩草、方嵩草等。

2)高寒苔草草甸

以根茎芥淮为建群层片的苔草草甸在青藏高原分布面积很小，仅见于青藏高原北部的祁连山比较湿润的老冰碛丘和流石坡下部平缓台地等处。土壤为高山草甸土，但与高寒嵩草甸相比较，土壤因经常处在冰冻和消融作用之下，没有坚实的草皮层。一般较薄疏松，并具有多的裸露砾石。苔草地下根茎发达，在湿润疏松的土壤中容易生长发育，群落结构简单，层次分化不明显，仅在局部地段有苔藓地衣出现，建群种主要为粗喙苔草、黑穗苔草、黑花苔草(*Carex melanantha*)等。草层高 3～6cm，生长稀疏，盖度为 15～40%，伴生种类多以高山植物为主，主要有圆穗蓼、无尾果(*Coluria longifolia*)、黑心虎耳草(*Saxifiaga melanocentra*)、地虎耳草、青藏虎斗草(*S. przewalskii*)、丽江风毛菊(*Saussurea likiangensis*)、镰形假龙胆、淡黄香青矮金莲花(*Trollius farreir*)、五脉绿绒蒿(*Meconopsis quintuplinervis*)、微糙紫堇(*Corydalis scaberula*)、高山龙胆、高山紫菀(*Aster alpinus*)以及少数禾草等。

3)高寒杂类草草甸

以杂类草为建群层片的高寒草甸类型，主要分布在青藏高原及其周围山地的流石坡下部冰碛夷平面，是与高寒嵩草草甸的过渡地带。所占据的地形一般比较平缓，气候严寒多风，冬季多被大雪所覆被，夏季冰雪消融不断向土壤补给水分，因而土壤比较湿润，上层薄，无草皮层，具有裸露的砾石。

植物群落分布比较普遍，但面积小，一般呈块状分布。群落结构简单，建群种主要有珠芽蓼、圆穗蓼、虎耳草、高山龙胆等。常见伴生种类有早熟禾、羊茅、垂穗披碱草、粗喙苔草、麻花艽、唐山唐松草、康滇火绒草(*Leontopodium souliei*)、聚叶虎耳草、变红风毛菊(*Saussurea erubescens*)、柔软紫菀(*Aster flaccidus*)、黑心虎耳草、甘青虎耳草、盘花垂头菊(*Cremanthodium discoideum*)、矮垂头菊(*C. humile*)、毛颏马先蒿(*Pedicularis lasiophrys*)、绵穗马先蒿(*P. pilostachya*)、无尾果、西北蚤缀(*Arenaria przewalskii*)、微糙紫堇、喜山葶苈(*Draba oreades*)、矮金莲花、五脉绿绒蒿、冰川鸦跖花(*Qxygraphis glacialis*)、胎生早熟禾(*Poa attenuta* var. *uivipara*)、鸭首马先蒿(*Pedicular anas*)等。

4. *草原生物群落*

草原植被是指由耐寒、耐旱旱生丛牛禾草为建群层片所形成的群落类型，是青藏高原广泛分布的类之一。在青藏高原东北部的湟水流域，分布着以长芒草(*Stipa bungeana*)为建群种的温性草原，而在青藏高原西部以及祁连山、昆仑山等山地下部分布着以紫花针茅(*S. purpurea*)为主的高寒草原。

(1)温性草原，主要分布于青海省东部的湟水流域。这里深居内陆，地处高原的过渡地带，东南季风到此已成强弩之末，年平均降水量 350mm，气候趋于寒冷，因而温性草原已没有中心分布区那样的典型，在湟水流域所分布的温性草原以长芒草草原为代表。然而该地区河谷两岸以及低山均已被开垦为农田，天然植被残存无几，仅在局部黄土覆盖较厚而未被垦殖的地尚存在着较大面积的长芒草群落。

长芒草常形成不大的密集草丛，叶层较低，呈匍匐状贴于地表，高 5～10cm，生殖枝 15～30cm、该类型种类组成比较简单，植物生长稀疏，盖度仅 30%～40%，在水分条件较好的地段盖度稍高，也只有 50%～60%。伴生种较少，常见的种类如冷蒿(*Artemisia algida*)、羊茅。

(2)高寒草原，主要分布于青藏高原的中西部以及昆仑山和祁连山等亚洲中部的高山带。在高原面上呈水平分布，具有一定的水平地带性，而在山地，由北往南随着纬度的降低和旱化的加强而逐步上升。常占据山地宽谷、高原湖盆外缘、古冰碛平台、洪积—冲积扇、河流高阶地、剥蚀高原面和干旱山坡。高寒草原分布区冷季受干冷西风环流所控制，气候寒冷、少雨、多大风，而暖季西南季风影响较弱，因而降水较少，且自东向西逐渐减少。年平均温度低于−4℃，只能发育耐寒抗旱的植物种类。

青藏高原的高寒草原因气候条件严酷，类型较少，其中分布面积最大的，以紫花针茅为建群种的草原为代表。紫花针茅为青藏高原、帕米尔高原和亚洲中部高山的特有种，在极端环境胁迫下生长发育良好。群落种类组成简单，外貌单调。除紫花针茅外，常见的伴生种类有羊茅、高山早熟禾(*Poa alpina*)、冷地早熟禾(*P. crymophila*)、昆仑针茅(*Stipa roborowskyi*)、固沙草(*Orinus thoroldii*)、细火绒草(*Leontopodium pusillum*)、异叶青兰(*Dracocephalum heterophyllum*)、青藏狗哇花(*Heteropappus boweri*)、沙葱(*Allium semenovii*)、高原大戟(*Euphorbia altotibetica*)、垫状点地梅(*Androsace tapete*)、千叶棘豆(*Oxytropis microphylla*)等。由于紫花针茅草原分布区域辽阔，地形条件复杂，所以可以与其他种类组成不同的类型。

5. *荒漠生物群落*

荒漠是指具有稀少的降水和强盛蒸发力而极端干旱的、强大陆性气候的地区或地段，其植被通常十分稀疏，甚至无植被，土壤中富含可溶性盐分。我国的荒漠以温带荒漠为主体，其地理特征为：处在大陆性干燥气团控制下的中纬度地带的内陆盆地与低山；气候极端干旱，年降水量少于250mm，蒸发量大大超过降水量，干燥度大于4，日照强烈；夏季酷热，冬季寒冷，昼夜温差大，多大风与尘暴，土壤发育不良，层薄，质地粗砾，缺乏有机质，富含盐分。另一类为高寒荒漠，主要分布于大陆性高山和青藏高原，主要特征为大气降水十分稀少(50～100mm)，且大风和低温寒冻造成的生理干旱，植物生长期很短，而且地下发育着永冻层，地面与山坡的融冻与泥石流作用十分强烈。

1)温性荒漠

温性荒漠基本上是由超旱生、中温、叶退化或落叶(落枝)小乔木、灌木和半灌木所构成的稀疏植被。我国分布于西北部的新疆维吾尔族自治区的准噶尔盆地和塔里木盆地，甘肃省和宁夏回族自治区北部的阿拉善平原，以及内蒙古自治区鄂尔多斯台地的西段，占我国总面积的1/5，其中沙漠与戈壁面积约占$1\times10^6 km^2$。青藏高原的温性荒漠主要分布于青海省西北部的柴达木盆地。

组成柴达木温性荒漠的植物种类比较简单，据统计，盆地及其周围山地共有植物种类约400种，盆地内共有230种。因为周围山地上部气温低，青藏高原的草原和草甸成分的侵入，增加了山地类型的分布丰富程度。区系组成中最主要的科为禾本科、菊科、豆科、藜科、蔷薇科与莎草科，虽然杨柳科和蒺藜科种类较少，但在植被组成中占有很重要的地位。在这些植物组成中地中海－中亚成分的种有：驼绒藜(*Ceratoides latens*)、中亚广布的有胡杨(*Populus euphratica*)、几种杨柳、盐白刺(*Nitraria schoberi*)、沙米(*Agriophyllum squarrosum*)、锁阳(*Cynomorium songaricum*)。亚洲中部荒漠成分的种是组成荒漠植被的核心。如膜果麻黄(*Ephedra przewalskii*)、白刺(*Nitraria tangutorum*)、蒿叶猪毛菜(*Salsola abrotanoides*)、细枝盐爪爪(*Kalidium gracile*)、尖叶盐爪爪(*K. cuspidatum*)、黄花红砂(*Reaumuria trigyna*)、中亚紫菀木(*Asterothamnus cen-*

traliasiaticus)等。柴达木盆地特有种类不多，其中有柴达木沙拐枣(*Calligonum zaidamense*)、柴达木猪毛菜(*Salsola zaidamica*)等。中亚成分有琐琐(*Haloxylon ammodendron*)、红砂(*Reaumuria soongarica*)、木本猪毛菜(*Salsola arbuscula*)等。

荒漠中特有的叶退化和落枝性小乔木琐琐和白刺是温性荒漠的建群种，它们形成特殊的荒漠丛林。另外半灌木、灌木分别是各类荒漠群落中的建群层片。其他从属层片的生活型有多年生草类、类短生草类和一年生短生草类。根据柴达木温性荒漠的建群层片与群落结构的性质，主要分为小乔木荒漠，半灌木、小半灌木荒漠、灌木荒漠。

(1)小乔木荒漠的建群植物是超旱生的无叶小乔木琐琐和白琐琐，其高度一般为2～4m，在良好的条件下植物群落种类组成比较丰富，生物量较高，但在各群落中种类组成差异很大，多的可选20余种，少则4～5种，而有时可形成单种群落。

(2)半灌木、小半灌木荒漠是以超旱生半灌木和小半灌木为建群种的荒漠，它们在柴达木盆地广泛分布。其分布的生境多种多样，从砾石戈壁、壤土、平原、沙漠、盐漠，直到石质山地，具有最广的适应幅度。根据种类组成与生态特点可分为：盐柴类半灌木、小半灌木荒漠，多汁盐柴类半灌木、小半灌木盐漠和蒿类牛灌木、小半灌木荒漠。

(3)灌木荒漠是以超旱生或真旱生的灌木和小灌木为建群种的荒漠类型。山于组成此类荒漠的植物种较多，自然条件极其复杂，根据组成荒漠建群种的生态特征可划分为典型的灌木荒漠、草原化灌木荒漠和沙生灌木荒漠。

2)高寒荒漠

与温性荒漠相对应的还有一类高寒荒漠。是亚洲大陆最干旱的高山和高原的代表类型，是在高原与高山隆起引起的高寒气候的产物，它们是温性荒漠在高原极端干旱、寒冷条件下的变体。主要是以耐高寒、干旱的垫形小半灌木为建群卧构成的植被类型。主要分布于青藏高原最西北部的昆仑山和喀喇昆仑山之间，海拔4600～5500m的高原湖盆、宽谷与山地下部的石质坡地。气候特点为十分寒冷和干旱，年均温度−8～−10℃，月均温在0℃以下的有9个月至10个月，全年不存在无霜期，年降水仅20～50mm，全系固态降水，并有大面积永久冻土层发育。高寒荒漠以垫状驼绒藜(*Ceratoidescorr*)为建群种，它是青藏高原北部的特有成分，为垫形小半灌木，高8～15cm，垫状体直径为20～40cm，基部有小斗土丘，植物生长稀疏，盖度仅10%左右，在湿度条件较好的山坡，其盖度可达25%。伴生种很少，群落结构简单，常见的仅有无茎荠(*Pegacephyton scapiflorum*)、藏荠(*Hedinia tibetica*)、无茎短柱荠(*Parrya exscapa*)、昆仑棘豆(*Oxytropis* sp.)等。在山坡上则山蚤缀(*Arenaria monticola*)、青藏苔草、矮亚菊(*Ajania scharnhorstii*)、羽柱针茅(*Stipa subsessiliflora* var. *basiplumosa*)等。

第四节　高原生物垂直地带性

在青藏高原，海拔的变化和地势的起伏会引起温度和水分条件的差异。生物群落依据其适宜的高度，通常在一定的海拔范围内组成不同的垂直自然分带。它们在各个山系的不同地段，自低到高地组成不同类型的垂直自然带谱。研究垂直自然带类型系统的划分，阐明主要带谱系统的基本特征，揭示其地域分异规律和分布模式，是探讨青藏高原地理地带性的基础。

一、垂直自然带类型系统

从全球角度看，垂直自然带类型系统的划分主要取决于山地所处的温度带和水分状况的差异。从自然地理角度可将全球高山划分为：寒带高山、亚寒带高山、中纬度高山、干湿交替的亚热带高山、干旱区高山、干湿交替的热带高山以及热带内部的高山等。在我国，则以三大自然区为基础，将山地垂直带按不同自然地带予以组合归类；或按照不同区域的植被生态气候特征等划分出若干基本类型。

1. 垂直带谱结构类型

决定山地垂直自然带结构类型的因素比较复杂，如山地所处的自然地区或自然地带的位置，山体地势结构特点，大气环流特别是湿润气流的作用，地势及坡向差异以及自然历史背景等。

按照生物气候原则，不同的水平自然地带有相应的垂直自然带结构类型。山体所在的自然地域单元通常决定着垂直带谱的基带，反映出其所在的温度水分条件组合。如高原北缘诸山系北翼山地垂直带，则多以小灌木及半灌木荒漠为基带，具有温带干旱山地的特点。而横断山区东缘以山地常绿阔叶林为基带，具有亚热带湿润山地垂直带谱的特色。

在宏观尺度上，自然地区或自然地带的形成受气候条件的制约。因而湿润气流对山地垂直自然带谱的特点有重要影响。如青藏高原东南部受夏季湿润气流的作用，形成以山地森林各分带为主体的垂直带谱；而在夏季风难以到达的高原腹地及西北部的山地，则以高山山地草原及高山山地荒漠各分带占优势。

通常所在山体的走向及地势特点对湿润气流的作用有重要影响。如高原东部的横断山区，高山峡谷南北并行，与湿润气流方向相交，形成东西两翼的明显差异，并引起峡谷底部基带的变化，在垂直带谱结构类型上也有明显的反映。又如横亘在高原南部的喜马拉雅山脉中段成为南来湿润气流的巨大阻障，南北两翼的垂直带谱迥然不同。南翼以湿润、半湿润结构类型为主，北翼处于雨影地带，具有高寒半干旱的特色（郑度等，1975）。

山体地势差异和结构对垂直带谱的结构类型也有显著影响。如喀喇昆仑山东段南北翼的山体地势差异悬殊，空喀山口附近山地南翼面向班公错盆地，以山地荒漠带为基带，而北翼则以高山荒漠带为基带；冈底斯山南北翼分属不同的垂直带谱类型，南冀以山地灌丛草原带为基带，北翼则以高山草原带为基带，这与其地势结构、位置及坡向均有一定的联系。又如西、中昆仑山地由若干列近于平行的山地组成，外侧山地通常比山体腹地略湿润，从而形成带谱结构类型的差异。

山地垂直基带的优势类型、自然带谱的结构等与毗邻地区联系密切，受到自然历史的明显影响。如藏东川西山地的硬叶常绿阔叶林和喜马拉雅山南翼的类型相近，与古地中海的演变有关。而青藏高原中，东部各山系高山带的种群则与北温带及中国—喜马拉雅成分紧密相联。

根据青藏高原各山系垂直自然带谱的研究认为，对独特自然地域单元的青藏高原，其垂直自然带谱结构类型的划分应当遵循统一的原则。从影响垂直自然带的因素分析可以看出，垂直自然带谱所处的自然地带，在决定带谱结构类型方面具有十分重要的意义。它们能反映出所处的温度、水分条件组合，既可与毗邻自然区域的垂直自然带谱相比较，又能体现高原自然地带的特点。

山体地势结构的不同会引起垂直带谱的基带发生变异。因此，要掌握各垂直带谱中具优势的或具特征的垂直分带，作为带谱结构类型划分的重要依据。如横断山区山峦起伏，垂直带谱的基带有明显变化。有的以山地针阔叶混交林带为基带，不少谷地则以干旱河谷灌丛为基带，但它们都以山地暗针叶林为主组成优势垂直分带。据此可将它们进一步归并和区分。

因此，根据青藏高原各山系垂直自然带谱的基带、类型组合、优势垂直带以及温度水分条件等特点，可将它们划分为季风性和大陆性两种性质迥异的带谱类型。其下可按温度水分状况及带谱特征进一步划分为不同的结构类型组。

在山地垂直带谱类型系统的研究中，有的按照地域名称命名不同的结构类型组，如对新疆山地植被垂直带结构类型的划分以亚洲中部荒漠、帕米尔—西部昆仑等地域名称命名(李世英等，1966)。青藏高原主体上广泛分布的高山草甸、高山草原和高山荒漠具有水平地带性意义，因而将具有相应地带为基带的垂直带谱结构类型组冠以“高寒”两字命名，以示其具有的特色。未冠以“高寒”的结构类型组，则分别以山地森林带、山地草原带和山地荒漠带为基带。除了这种由垂直带高度引起的温度条件的差异外，分别按照水分状况来划分相应的结构类型组，如以山地荒漠为基带的可列入干旱和极干旱结构类型组，以山地草原为基带的划归半干旱结构类型组；而半湿润结构类型组则由不同的山地森林分带为基带。

2. 大陆性垂直带谱系统

大陆性垂直带谱系统广布于青藏青藏高原腹地、西部和北部。它以高山草原、高山荒漠、山地草原和山地荒漠各分带为主，主要植被则以旱生及超旱生植物占优势。物理过程强烈，发育着高山草原土(寒冻钙土及寒钙土)、高山寒漠土(寒漠土)、山地栗钙土、山地棕漠土和山地灰漠土等，呈中性到碱性反应。受温度、水分状况地域差异的影响，可再划分为六种不同的结构类型组(郑度等，1989～1990)。

(1)高寒半干旱结构类型组。这是以高山草原还为基带的结构类型组，常见于藏南喜马拉雅北翼及羌塘高原诸山地。其带谱结构是高山草原带－高山草甸座垫植被带－亚冰雪带－冰雪带。主要植被类型是以紫花针茅(*Stip purpurea*)为代表的丛生禾草草原、蒿属(*Artemisia* spp.)小半灌木草原，发育着高山草原土(寒钙土)。由于气候偏干，以蒿草(*Kobcesia*)草甸为主的高山草甸带常发育不好，或代之以高山座垫植被。在连续植被以上地带，分布着一些适冰雪的风毛菊(*Saussurea* spp.)、红景天、蚤缀(*Arenaria* spp.)等植物组成的稀疏不连续的斑状植被，可一直分布至雪线附近。

(2)高寒干旱结构类型组。高山荒漠是垂直带谱的基带，其带谱结构简化，通常为高山荒漠－高山荒漠草原带－亚冰雪带－冰雪带。主要见于喀喇昆仑山东段北翼的羌塘高原北部，可以熊彩岗日北翼剖面为代表。高山荒漠带以垫状驼绒藜(Ceratoides compacta)荒漠占优势，高山荒漠土剖面发育差，土层浅薄、粗骨性强，表层有多孔结构，有机质含量低，有碳酸钙聚集。随着基质的差别，形成不同类型的镶嵌组合，高山荒漠带以上可见有高山荒漠草原带，在这一结构类型组中垂直带不再出现高山草甸带，高山草原带则具荒漠化特征。

(3)高寒极干旱结构类型组。以高山荒漠为垂直带谱的基带，其带谱结构更为简化，即高山荒漠带－亚冰雪带－冰雪带。主要见于西昆仑山东段南翼、中昆仑山南翼及喀喇昆仑山中段北翼一带。与高寒干旱结构类型组的差别主要在于缺失高山荒漠草原带。

(4)半干旱结构类型组。以山地灌丛草原带、山地草原带为基带的垂直自然带谱属于半干旱结构类型组，在局部山地阴坡可有山地针叶林分布，其上接高山灌丛草甸带(或高山草原带)。青海东部、祁连山东段及藏南山地多属于这一结构类型组。

(5)干旱结构类型组。山地荒漠带是干旱结构类型组垂直带谱的基带，其上的山地草原带占有较宽的幅度。分带的组合系列是：山地荒漠带－山地荒漠草原带－山地草原带(或含山地针叶林)－高山草甸带－亚冰雪带－冰雪带。这一结构类型的垂直带谱在青藏高原北部和西部有较广泛的分布。根据垂直带谱组合的不同及分带配置特点，可以再区分为三种结构类型(郑度等，1989)。

旱中生型垂直带谱类型含山地针叶林，其上具高山草甸。这一结构类型带谱比较完整，主要分布于西昆仑山西段北翼山地。

中旱生型垂直带谱类型含高山草甸带，但缺失山地针叶林。高山草甸的发育程度不一，有的比较原始或具草原化特点，高山草甸土草皮层的形成也较差。这一类型见于喀喇昆仑山西段北翼山地及西昆仑山北翼山地。

旱生型垂直带谱类型含山地高山草原带，但缺失山地针叶林和高山草甸带。主要见于西昆仑山西南翼、喀喇昆仑山东段南翼、中昆仑山北翼、阿尔金山及西祁连山北翼。

(6)极干旱结构类型组。以山地荒漠带占优势，基本上缺失山地草原带，常常与高山荒漠带相接，发育着高山荒漠土，其上为亚冰雪带。其组合系列为：山地荒漠带－高山荒漠带－亚冰雪带－冰雪带。主要见于昆仑山与喀喇昆仑山之间的干旱谷地、中昆仑山腹地以及阿尔金山部分地段。

3. 季风性垂直带谱系统

季风性垂直自然带谱系统以山地森林各分带为主体，如山地常绿阔叶林带、山地针阔叶混交林带、山地暗针叶林带等。植被多属中生类型，生物化学风化作用占优势，发育着山地森林土壤，为硅铝土和铁硅铝土，多呈酸性反应。由于水分条件较好，属湿润、半湿润气候，温度条件在垂直分异中起主导作用。这一带谱系统主要分布于受湿润气流影响比较大的青藏高原东南部，如喜马拉雅山南翼、念青唐古拉山及唐古拉山东段和横断山区等。可进一步划分为湿润、半湿润和高寒半湿润三种结构类型组。

(1)湿润结构类型组，以喜马拉雅南翼山地为代表。热带雨林或季雨林为基带，山地常绿阔叶林带为优势垂直带。带谱结构比较完整，向上依次为山地针阔叶混交林带－山地暗针叶林带－高山灌丛草甸带－亚冰雪带－冰雪带。山地森林土壤以各类富铝化土和淋溶土占优势，山地森林带之上发育有棕毡土(亚高山灌丛草甸土)和黑毡土(亚高山草甸土)等。整个带谱结构显示出热带北缘及亚热带湿润山地垂直自然带谱的特征。

(2)半湿润结构类型组，其此结构类型组的垂直自然带谱广泛分布于高原的东南部，如中喜马拉雅南翼部分地区、西藏东南部察隅以及藏东川西的横断山区等。由于属季风性带谱系统，所以垂直自然带谱的结构与湿润结构类型组相似，差别在于类型组合的不同变化。且因所处位置不同，基底地势变化，有不少地段缺失山地常绿阔叶林及其以下各带，而多以山地针阔叶混交林带为基带，山地暗针叶林带常成为优势垂直带。在横断山区，由于若干谷地气候干旱，常出现旱中生落叶灌丛作为垂直带谱的基带。相应地，自下而上土壤类型分别为：山地黄壤/山地黄棕壤/山地褐土－山地棕壤－寒毡土及初育土等。

(3)高寒半湿润结构类型组，主要分布于高原中东部。高山灌丛草甸带及高山草甸类型在缓切割高原的谷地及河间分水岭的高原面上广泛分布，成为具有过渡色彩的高寒半湿润结构类型组的基带。一方面它反映出季风性湿润气流对高原腹地外缘的影响；另一方面则表现出大陆性寒旱化的作用。由于高山灌丛草甸带是湿润半湿润结构类型组山地森林带上部的垂直分带，是水平地带和垂直带相互交错的地段，所以归入季风性带谱系统。土壤为亚高山灌丛草甸土(寒毡土)。带谱结构比较简单，为高山灌丛草甸带－高山草甸带－亚冰雪带－冰雪带。

二、分布模式与分异规律

青藏高原各垂直自然带结构类型的区域分异是明显的。随着所处位置的不同，形成条件的差异，垂直自然带谱的基带、分带数目、带内类型及其组合，以及森林上限、现代雪线等都呈现有规律的变化，并且反映了山地和高原的若干生态学问题。

1. 垂直自然带结构类型分布模式

根据各山系垂直自然带的基带、带谱结构、优势垂直带以及温度水分条件特点，按照其所属结构类型的性质加以归纳整理，得出分布模式图(图 9-3)。该图揭示了青藏高原垂直自然带结构类型的分布规律，从边缘山地到高原内部腹地随着所处位置的不同，地势起伏渐趋和缓，地面海拔逐渐增高，形成条件有很大的差异，垂直自然带谱不仅基带有所不同，而且带谱结构由繁及简，分带数目也相应减少。如南缘的中喜马拉雅山南翼自低山热带季雨林带向上经山地森林各分带、高山灌丛草甸带、高山草甸带、亚冰雪带至冰雪带一共有八个自然分带；北缘的昆仑山从山地荒漠带至冰雪带也有五个至六个分带，但在高原内部腹地一般只有三个或四个分带，如唐古拉山南翼以高山草甸带为基带，基带上只有亚冰雪带和冰雪带。

从分布模式图可以看出，在青藏高原上大陆性和季风性两类性质迥异的垂直自然带谱的对比十分鲜明。大陆性带谱系统以草原和荒漠各分带占优势，山地森林带仅局部出现。森林上限有自半干旱类型向干旱类型升高的趋势，其上的高山灌丛草甸带逐渐分异为高山草甸带及高山草甸与座垫植被带，亚冰雪带的分布高度向高原腹地升高。季风性带谱系统在地域上则以东南部占优势，山地森林各分带组成垂直带谱的主体，随着水分状况的类型不同，基带出现分异，各分带内类型组合也有变化，各分带的界线，特别是森林上限有自湿润类型向半湿润递增的趋势。高山带由高山灌丛草甸向高原内部逐渐发展并分异出高山草甸带，显示出高原的特色，高山带及其以上的亚冰雪带和冰雪带具有趋同的特点。

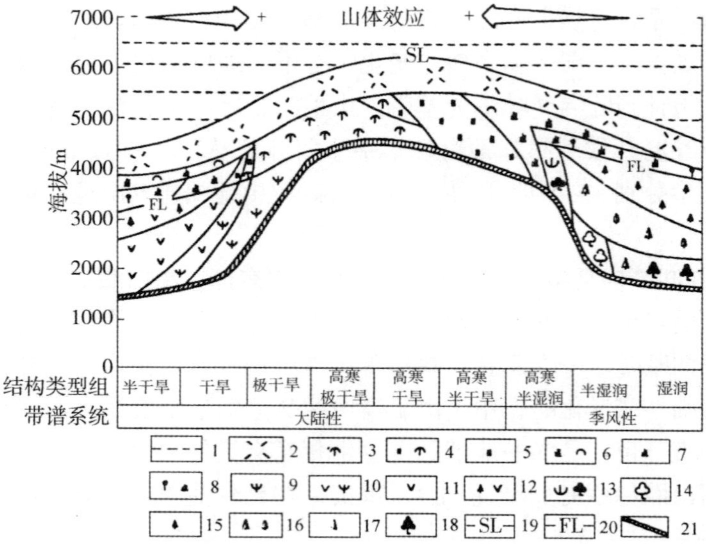

图 9-3　青藏高原垂直自然带结构类型分布模式(孙鸿烈、郑度，1998)

1. 冰雪带；2. 亚冰雪带；3. 高山荒漠带；4. 高山荒漠草原带；5. 高山草原带；6. 高山草甸、座垫植被带；7. 高山草甸带；8. 高山灌丛草甸带；9. 山地荒漠草原带；10. 山地荒漠草原带；11. 山地草原带；12. 山地森林；13. 山地灌丛草甸；14. 干旱河谷灌丛带；15. 山地暗针叶林带；16. 山地针阔叶混交林带；17. 山地(暖热性)松林；18. 山地常绿阔叶林带；19 现代雪线；20. 森林上限；21. 山麓线

可以看出，冠以“高寒”的几个结构类型组分别以高山草甸、高山草原和高山荒漠为基带。它们在高原腹地展布，反映出基带的温度、水分条件组合，体现出高原自然地带的分异。各自然分带界线大体上都指向高原腹地逐渐递升，反映出高原热力作用及巨大的山体效应。

2. 森林上限与雪线的分布规律

森林上限是垂直自然带谱中区分高山和山地的一条重要界线，其分布高度也随区域不同而变化。在藏东半湿润的工布江达、洛隆等地海拔高达 4400(阴坡)～4600m(阳坡)，分别由川西云杉林和大果圆柏林组成，是世界上海拔最高的森林上限。整个青藏高原森林上限高差变幅大达 1000～1200m(阴坡)。通常在湿润地区分布低，在半湿润地区则较高；而偏北的纬度位置也对其分布高度有重要的影响。

森林上限分布的海拔高度既取决于组成森林树种的生态生物学特性，又与所在位置的外界因素有关。前者包括树木本身在高海拔环境中有利季节的生长能力，以及在不利时期内耐干寒、抗风雪等性能。后者则包括地势、土壤、气候、生物及人类影响等。

通常认为，在决定森林上限分布的外界因素中，生长季的温度起主导作用，从而把森林上限视为温度条件不足的(或寒冷的)界线，并指出，在中纬度温带山地森林上限的分布高度和最暖月平均气温 10℃等值线的位置接近或大体吻合。据中东喜马拉雅地区的观测资料分析，森林上限附近的最暖月均温变动于 9～10℃。由于地势和风等引起森林上限分布高度下降的现象可以见到，如东喜马拉雅山东段多雄拉山口南侧，森林上限可下降至海拔 3500m。但这不应作为简单否定森林上限和温度关系的根据。

与全球高山地区相比较，青藏高原东部山地森林上限居世界之冠。除了它所处亚热带的纬度位置(30°N～31°N)外，还和高原上的热力作用及与其相联系的山体效应有密切关系。至于个别地点森林上限偏低或分布异常，则要考虑地形气候条件，如风、积雪、山顶效应以及人类活动等因子的影响。

组成森林上限树种的不同，表明它们对当地条件的适应特点。如在高原的南部及东南部，阴阳坡都有森林分布，各类冷杉林、云杉林连片生长，形成明显的垂直分带，带幅宽度可达800～1000m。而在森林分布区的西北部，森林逐渐呈斑块状零星分布，且仅在阴坡有川西云杉林出现，带幅宽度缩小至400～500m，继续向西北，该带逐渐变窄以至消失。因此，从地域水平分异角度看，森林地区边缘的分布界线还可以看成是由于水分条件的限制而形成的一条干旱界限。此外，长期以来人类的生产活动，如放牧牲畜、采伐林木、开山筑路以及森林火灾等，都对森林上限的分布有明显的影响。垂直自然带中另一条重要界线是作为冰雪带下界的现代雪线，其分布高低主要决定于温度和水分条件。青藏高原东南缘的雪线位于海拔4500～5000m，至高原内部，中喜马拉雅山北翼、冈底斯山等雪线海拔5800～6000m。珠穆朗玛峰北侧，东绒布冰川及羌塘高原的昂龙岗日雪线可达海拔6200m，是北半球分布海拔最高的雪线。可以看出，青藏高原范围内现代雪线分布高度相差达1600～2200m，大体上有从边缘向内部、自东南向西北升高的趋势。从大范围看，降水条件的不同对雪线分布的海拔高度有重要的影响。高原东南部云量多、降水丰沛、雪线偏低；高原内部云量少、降水较少、太阳辐射强，雪线也较高。但雪线所在的温度条件有较大的差异，东南部海洋性冰川雪线附近年均温变动于0～6℃之间，而高原内部的大陆性冰川则大于－6℃。

第四纪冰期中雪线普遍下降，在高原东部和东南边缘最低的古雪线为海拔3600m，向西北逐渐上升至海拔5500m以上，最高的古雪线出现在阿里地区，末次冰期雪线分布高度与现代雪线高度的比较表明，古今雪线分布的趋势一致，都是从高原东南向西北升高，由外缘向高原腹地升高。这说明末次冰期气候差异与现代近似，为西北干旱、东南湿润。古雪线下降值在东南部和边缘山地最大，一般为500～800m，最大可超过1000m；而高原腹地及西北部古雪线下降一般仅200～300m，说明末次冰期时降水分布梯度更大。

3. 垂直自然带的地生态学

青藏高原边缘山地垂直自然带的形成和类型组合的变化与温度、水分条件的组合有密切的关系。除森林上限和雪线外，还涉及山地最大降水带、垂直带倒置以及高山带趋同现象等问题(孙鸿烈等，1996)。

一个地点降水量的多寡决定于大尺度的地理因素、地形高度、山脉走向和坡度。在高差很大的山地，至少有一个“最大降水高度”，其分布颇有规律，从高原外围向内部逐渐增高。在几个主要水汽来向的迎风面，如喜马拉雅山南翼和川西山地等，最大降水高度在海拔2000m。高原内部资料较少，最大降水高度不易确定。从少数考察报告来看，大部分地区都在海拔5000m以上。

山地最大降水带及其与垂直自然带的关系在喜马拉雅山有明显的表现。喜马拉雅山系绵亘于青藏高原南缘，通常可分成东、中、西三段。东喜马拉雅山脉是整个山系最湿润的部分，具有独特而完整的湿润类型的垂直带谱。相比之下，中喜马拉雅湿润程度略差，而南北翼差异十分明显，至西喜马拉雅，则气候更趋干旱。就降水量来说，喜马拉雅山南翼的最大降水带在东段较低，向中、西段略有升高。据东喜马拉雅的观测资料推算，最大降水带位于海拔 2000m 左右，年降水量可达 3000mm。这与山地常绿阔叶林带上段相当，林内十分潮湿，具有苔藓林或雾林的特征。由于山体走向不同，局地变化也不小，如多雄拉南侧支沟中以海拔 3000m 的拿格附近降水最高，年降水量达 3500～4000mm(彭补拙等，1996)。

据推算，西昆仑山西段北翼海拔 3000～3500m 一带，年降水量可达 350～400mm，策勒至于田之间的西昆仑山东段北翼，年降水量也可达 400mm。这反映出高山地形对降水形成过程的作用以及高山区局部环流的影响，与高山草甸的出现是相联系的(杨利普等，1987)。

湿润或半湿润结构类型中，云杉林常位于冷杉林之下。如察隅阿扎地，在高原东南边缘山地，丽江云杉(*Picea likiangensis*)林之上为长苞冷杉(*Abies georgei*)林。在横断山区，部分山地针叶林带中存在着云杉林位于冷杉林之上的现象，过去曾以逆温层的存在或提出所谓“倒置”排列来解释。实际上这种分布趋势原因较复杂，它既与冷杉喜冷湿、云杉偏寒旱的生态生物学特性及树种生态型有关，也与其所在的位置、坡向以及温度水分状况有联系。对照在北半球云杉属(*Ptcea*)的分布比冷杉属(*Abies*)偏北的事实，上面所提的垂直分布关系应当是一正常现象(管中天，1982)。在横断山区冷杉林更多分布在边缘及较湿润地段，而云杉林占据横断山森林区域的内部，并且往往组成森林向西北方向尖灭的林地建群树种，表明其更适应大陆性高原寒旱化的影响。

应当指出，在分布图式中，高山带以上的亚冰雪带和冰雪带是互相联通的，并不再按干湿状况予以划分。例如，对珠穆朗玛峰南北翼垂直自然带的研究表明，无论从地面组成物质、主导成土过程和植被类型结构等自然地理特点来看，南比翼的同名垂直自然带，南北翼出现这种相近的自然分带类型是与高海拔处生长期气温低、降水量差异不明显、干燥度较低等相联系的(郑度等，1975)。

4. 高原生态系统的分布规律及其数学模型

青藏高原的生态系统类型丰富多样，它们随着温度、水分条件组合的不同、地势差异和海拔高度的变化，形成有规律的分布。无论是垂直分布还是水平区域变化，都与温度水分状况密切相关。

珠穆朗玛峰地区自然分带主要类型分布图揭示了南北翼各自然带与温度水分条件(包括最热月、最冷月均温、日均温≥5℃期间积温和干燥度)的关系(郝度等，1975)；青藏高原与我国温带自然地带的比较研究，提出了最暖月均温与年湿润系数的关系图式(Zhengetal，1981)，构建了西藏主要生态系统类型分布图式(张荣祖等，1982)；对横断山区南段森林分布与水热因子相关的定量化模型，以温暖指数和湿度指数作为水热因子的综合指标(李文华等，1983)。

在对西藏森林的研究中，构建了暗针叶林分布上限的数学模型，对我国和欧亚大陆北部暗针叶林分布的上限或北界，也可获得较好的结果(李文华，1985)。

1)高原东南部山地暗针叶林上限分布的数学模型研究

研究生态系统类型分布的数学模型，其目的在于了解它们沿水平、垂直方向的变化速率，确定不同地理位置出现某一类型的可能性及其分布的海拔高度。考虑到青藏高原自然地带性受海陆分布及地势等非地带性因素的强烈作用，建立了暗针叶林带上限分布的数学模型(郑远长，1996)。

$$H = \exp(-0.1415 + 0.1264x + 0.1797y - 0.0007x^2 - 0.0029y^2) \quad n = 46 \quad r = 0.93 \tag{9-1}$$

其中，H 为自然带分布的高度(m)，x 为东经(°)，y 为北纬(°)。经过方差分析，达到 0.01 水平的显著相关，表示模型的可行性。

地带性分布函数 $\ln H = A + bx + Cy + Dx^2 + Ey^2$。在经向和纬向呈 S 形曲线，具有极值点和拐点。自然带分布的高度随纬度与经度增大并不是单纯递减，而是从赤道或西部开始，先随纬度或经度增大到最高点后，逐渐降低。暗针叶林分布上限沿经向的极值点出现在 90.3°E，沿纬向极值点出现在 31°N。

暗针叶林带处温暖指数为 16℃，同 Kim 和 Fang(1989)提出的 15℃值接近。walter (1979)用最热月平均气温 10℃表示山地森林上限和寒温性森林带北界。青藏高原暗针叶林带上限 7 月份气温在各地有一定差异，其平均值约在 10.3℃左右，说明了 7 月份温度对暗针叶林分布起了重要作用。

2)高寒草甸分布的模型研究

涉及青藏高原的一些对自然环境十分敏感的自然地理界线，如现代雪线、森林上限及多年冻土线等分布高度的资料，常被用于宏观大尺度的综合研究，这无疑反映了青藏高原在地带性方面的普遍性。但青藏高原更引人注目的是它的独特性。这种独特性来源于它所处的地理位置、高亢的地势、广阔的面积，以及由此而产生的高原热力、动力作用和对周边地区的强烈影响。青藏高原上的高寒草甸与上述自然地理界线在分布特征上，既有共同性又有差异性。正是基于这种普遍性和独特性，综合青藏高原大量科研成果资料而建立高寒草甸分布的模型(图 9-4)。

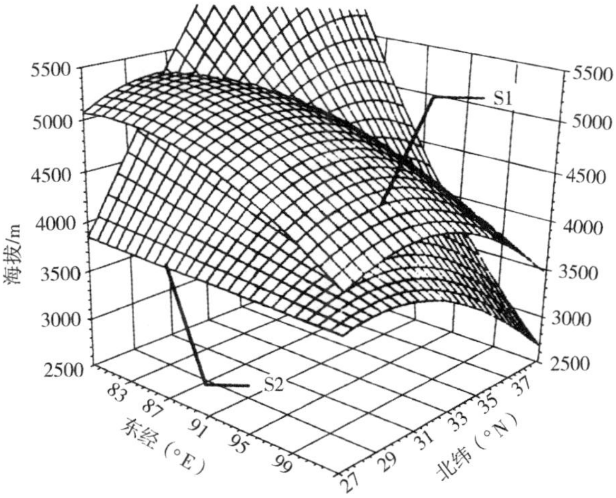

图 9-4　青藏高原高山草甸分布上限和下限趋势面(孙鸿烈、郑度，1998)

S1：高寒草甸上限趋势面；S2：高寒草甸下限趋势面

通过逐步回归分析，得出适合高寒草甸上限分布的数学模型是

$$H = \exp(2.46 + 0.0734x + 0.203y - 0.000448x^2 - 0.0033y^2) \quad n = 144 \quad r = 0.895 \tag{9-2}$$

适合高寒草甸下限分布的数学模型是

$$H = \exp(-4.18 + 0.0923x + 0.557y - 0.00351y^2 - 0.00344xy) \quad n = 135 \quad r = 0.833 \tag{9-3}$$

从上下限模拟的相关系数值可以看出：上限分布的规律性较强，这与海拔较高处水热条件比较稳定，有类似海洋性的气候条件因素有关；而下限分布规律较差，这与海拔较低处自然条件比较复杂，有大陆性的气候条件有关。高寒草甸上限分布极大值，由南而北，出现在冈底斯山、念青唐古拉山附近；由东而西，出现在东经 81.9°E，但继续向西其上限下降幅度不大。高寒草甸下限分布特点是：下限分布在高原东南部较低，向西北方向逐渐增高，而东北部最低。高寒草甸的分布幅度可近似地视为其上下限分布高度之差。其分布特点可由方程(9-2)、(9-3)得出，用幅度随经纬度变化的曲面方程表示为

$$w = \exp(40.6 - 2.14y - 0.00334x^2 + 0.0211xy) \quad n = 131 \quad r = 0.567 \tag{9-4}$$

根据曲面变化趋势分析，分布幅度在西北部很小，沿东南方向逐渐增大，而到东南角时又有所减小。显然，分布上下限趋同处，亦即分布幅度趋零处就是垂直带中高寒草甸消失的地方。令方程(9-2)、(9-3)式相等，两个曲面的相交曲线就是垂直带中高寒草甸可能消失的水平界线。通过计算得出此曲线，即

$$x^2 - 7.7xy - 0.4y^2 + 42.4x + 790.2y - 14821.4 = 0$$

曲线的上方即高寒草甸消失的地带，高寒草甸的消失原因主要是由于在高原西北部不存在其所需的温度、水分条件组合，故其下限高度沿西北方向逐渐升高。另一方面，由于高寒草原的适应性，其逐步入侵而使高寒草甸渐趋消失。

通过逐步回归分析，在 89°E～103°E、29°N～37°N 范围，高原基面趋势面的方程为

$$H = \exp(-35.4 + 0.577x + 1.09y - 0.00318x^2 - 0.0167y^2) \quad n = 225, \quad r = 0.799 \tag{9-5}$$

高原基面趋势面和高寒草甸下限趋势面相交的闭合曲线区就是高寒草甸可能的水平分布范围(图 9-5)，闭合曲线的方程为：

$$x^2 - 1.08xy - 4.15y^2 - 15.42x - 167.61y + 9817.61 = 0$$

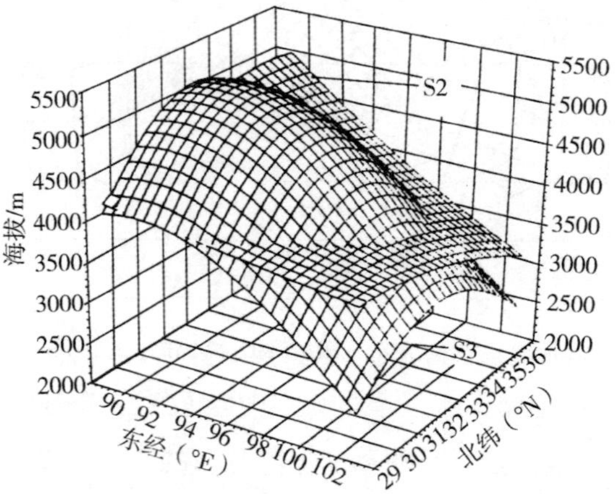

图 9-5　高原基面趋势面与高寒草甸下限趋势面相交，显示其水平分布区域(孙鸿烈、郑度，1998)

S2：高寒草甸下限趋势面；S3：高原基面趋势面

第五节　高原生物多样性保护

一、高原生物多样性

青藏高原的隆起构建了巨大的陆面和复杂的地质地貌类型，其强烈的热岛效应形成了高原及其周边地区独特的高原大气环流体系，加之高原周边海拔显著差异形成的界面条件，保持了该区生态环境和气候的多样性，并对生物区系以及生态系统的形成演化产生深刻的影响。

1. 物种丰富，地理成分复杂

1)种类丰富

青藏高原多样的生态系统，各系统间复杂多变的界面条件，为高原古老物种的保存，新物种的分化以及各种地理成分的交流创造了良好的条件，在这种条件下青藏高原形成了独特的生物物种多样性。根据目前掌握的资料(武素功等，1992)，处于我国境内的青藏高原有维管束植物 1500 属，12000 种以上，约占中国维管束植物总属数的一半多、总种数的 34.3%；真菌 700 属，5000 余种，约占中国真菌总属数 82.4%，总种数约 41.67%；哺乳类动物 29 科，210 种，约占中国哺乳类动物总科数 65.90%，总种数的 46.67%；鸟类 57 科，532 种，约占中国鸟类总科数的 70.37%，总种数的 44.97%；鱼类 115 种，约占中国鱼类总种数的 6.28%。需要指出的是，青藏高原生物种类分布极不平衡。在喜马拉雅和横断山脉地区，总面积不到青藏高原的 1/5，却集中了高原 80%以上的生物种类，而广大高原内陆干旱地区，因生态环境严酷，生物种类稀少，如总面积约占青藏高原 1/4 的藏北羌塘高原，其生物种却不及其总数的 1/10。

2)地理成分复杂

在西南季风影响下，热带季风气候向北延到喜马拉雅南坡坡麓，最北处沿雅鲁藏布江谷地伸延至 29°N～30°N，几乎高出北回归线 6 个纬度。这对青藏高原生物区系的形成起了极其重要的作用，高原因此成为两个生物地理区域：植物的泛北极区与古热带区，动物的古北界与东洋界的交汇处。两大生物地理区的物种在此发生混合，在某些方面也可以说是古老的湿润热带生物地理区的物种在其北缘山地界面上分化，为泛北极域植物区系和古北界动物区系的形成做出了贡献。青藏高原的生物含有我国两大生物地理区域的几乎所有地理分布类型。

2. 物种分化活跃，富含特有成分

青藏高原是世界山地生物物种极其重要的形成与分化中心，对世界高山与北极生物区系的形成起着至关重要的作用。

在维管束植物中，东亚成分中的中国—喜马拉雅地理成分，即是在青藏高原隆升过程中，随着生态环境的迅速变化，由青藏古陆及其东南部古老的新近—古近热带东南亚植物区系演变而成，是其湿润山地的衍生物(吴征镒，1987)。该地理成分有 135 个特征属，其中单型属和少型属约占 80%。许多是新分化的比较年轻的属，这些属因分化时间较短，所以大都为单种属或少种属。如就种级而论，青藏高原亦是许多种的起源和现代分化中心。如杜鹃花科的杜鹃花属(*Rhododendron*)，该属全世界约 800 余种，我国约

650 种，其中分布于青藏高原的近 400 种，占国产种类的 60%，如加上青藏高原南缘国外部分，该地区集中了世界杜鹃化属的 60%的种，该属原始和较原始的种也集中分布在这里，足见青藏高原对该属种的分化所起的巨大作用。类似的例子还可以举出很多，如裸子植物中的松科云杉属(*Picea*)、冷杉属(*Abies*)，被子植物中毛茛科的乌头属(*Aconitum*)、报春花科的报春花属(*Primula*)、点地梅属(*Androsace*)、石竹科的蚤缀属(*Arenaria*)，天南星科的天南星属(*Arisaema*)，龙胆科的龙胆属(*Gentiana*)，桔梗科的蓝钟花属(*Cyananthus*)罂粟科的紫堇属(*Corydalis*)、菊科的风毛菊属(*Saussurea*)、垂头菊属(*Cremanthodium*)等。在青藏高原腹部干旱区，还有另一类起源于中亚干旱荒漠与其外围半干旱草原区系的物种，其形成时间更为年轻，种类远不如中国—喜马拉雅成分丰富。

在动物界中构成青藏高原动物区系的两种主要成分为：分布于高原东、南边缘湿润山地的横断山—喜马拉雅地理成分和分布于高原干旱腹部地区的高地型地理成分，均是在高原隆起过程中分化而成。前者起源于青藏及其东南缘地区新近—古近的热带、亚热带湿润森林生态环境的东洋界动物群，后者起源于青藏北与西北部毗邻地区新近—古近亚热带、温带的干旱荒漠与草原的古界动物群。

在横断—喜马拉雅地理成分中，哺乳类的白唇鹿(*Cervusts albirostris*)，即是南方的黑鹿属(*Rusa*)的地理分化种，黑麝(*Moschus fuscus*)、喜马拉雅麝(*Moschus leucsogaster*)是麝属(*Moschus*)在这些地区的地理分化种。类似的物种还有喜马拉雅塔尔羊(*Hemitragus jemlahicus*)、大爪长尾鼩鼱(*Soriculusnigrescens*)、蹼麝鼩(*Neclogale etegans*)、喜马拉雅鼠兔(*Ochotona himalayana*)、橙腹长吻松鼠(*Dremomys lokriah*)灰腹鼠(*Niviventereha*)、锡金松田鼠(*Pitymys sikimensis*)、四川田鼠(*Volemys millicens*)；鸟类中最有说服力的是角雉属(*Tragopan*)，青藏高原东、南缘为该属分化的中心，如黑头角雉(*Tragopan melanocephalus*)、红胸角雉(*Tragapon satyra*)均为该地区特有种。虹雉属(*Lophophorus*)亦有类似情况，棕尾虹雉(*Lophophorus impejanus*)、白尾梢虹雉(*Lophophorus sclteri*)均仅产于该地区。此外，还可以举出有棕颈钩嘴鹛(*Pomatorhinus ruficollis*)、锈脸钩嘴鹛(*Pomatorhinus erythrogenys*)、蓝大翅鸲(*Grandala coelico Lor*)、大树莺(*Cettia major*)、藏黄雀(*Carduelis thibetanus*)、点翅朱雀(*Capodacus rhodopeplus*)等许多例子。这里是两栖类角蟾(*Megophrys*)、齿突蟾(*Scutiger*)、齿蟾(*Oreolalax*)的现代分布与分化中心，集中了上述三属的绝大多数种类。

高地型地理成分的演化与形成和高原隆升后有关。如哺乳类中，唯一的青藏高原特有属——藏羚羊属(*Pantholops*)与中亚荒漠型中的高鼻羚羊属(*Saiga*)亲缘较近，可能是中新世从山羊亚科(*Caprinae*)分化出来，而牦牛属(*Poephagus*)则是上新世末从牛亚科(*Bovinae*)分化出的高地种类。作为高原动物分化的例证，鼠兔属(*Ochtona*)是个很好的例子，该属多数种类集中分布在高原上，这里是其现代分化和分布的中心。类似的例子还可以举出高原兔(*Lepus oiostolus*)、喜马拉雅旱獭(*Marmota himalayana*)和藏狐(*Vulpes ferrilata*)等。鸟类中雪鸡属(*Tetraogallus*)是青藏高原的特有属，其中的一种藏雪鸡(*Tetraogallus tibetanus*)主要产于青藏高原。另外如高原山鹑(*Perdix hodgsoniae*)、西藏毛腿沙鸡(*Syrrhaptes tibetanus*)、藏鹀(*Emberiza koslowi*)、红头灰雀(*Pryr-*

rhula eryahrocephala）、红眉朱雀（*Carpodacus pulcherrimus*）、赤朱雀（*Carpodcua rubescens*）、褐翅雪雀（*Montifringilla adamsi*）、白腰雪雀（*Montifringilla taczanowskii*）、棕颈雪雀（*Montifringilla ruficollis*）和棕背雪雀（*Pyrgilauda blanfordi*）等。均是在高原环境下分化出的特有种，对于两栖和爬行类而言，高原环境是过于严酷的，因而仅分化出少数耐寒的特有种。例如高山蛙（*Altirana parkeeri*）、西藏蟾蜍（*Bufo tibetanus*）、西藏沙蜥（*Phrynocephalus theobaldi*）、青海沙蜥（*Phrynocephalus vlangolii*）和温泉蛇（*Thermophis baileyi*）等。

据初步估计，青藏高原维管束植物中，约含有近50个地区性特有属，其中90%以上分布于青藏高原的东部与南部的边缘地区。青藏高原维管束植物特有种的数量也相当可观，估计不少于2000种。由此可见，青藏高原其东、南缘地区是植物物种的一个重要的现代分化中心和古老物种的保留中心。

当然，由于动物活动区域广泛，其特有现象远不如植物，但青藏高原的特有动物物种依然十分丰富。在我国特有的动物种类中，青藏高原特有的哺乳动物40余种，约占我国特有哺乳动物的60%以上；特有鸟类28种，占我国特有鸟类的近30%，特有爬行类2种，特有两栖类10种。与植物相同的是，青藏高原动物特有种，亦由青藏高原东、南缘（喜马拉雅山脉与横断山脉）和青藏本部高原二个区域特有种组成。

总而言之，青藏高原既是一个年轻物种的分化中心，又是古老物种的保存中心，两者共同造就了青藏高原丰富的特有物种。

二、高原的自然保护

青藏高原拥有以高寒草原与草甸生态系统为主，兼有沙漠、湿地及多种森林类型等不同自然生态系统的特殊地域，它既有极其丰富的野生动植物种类，又有众多珍稀物种资源，也有在漫长的地质发育与自然过程中形成的许多绚丽多姿的自然景观和蔚为奇观的地质遗迹。由于交通闭塞、人为干扰作用相对较少，得天独厚的高原自然环境保存较完好，为世人留下一笔极为丰厚、宝贵的自然遗产。

1. 自然保护区建设的重要意义

青藏高原这块净土所受到的威胁主要来自人类经济行为的破坏和影响，局部自然环境的退化已十分严重，亟待治理和保护。为此，除了改善生态环境、进行保护自然与资源和有利于高原地区经济可持续性发展的重要措施外，建立自然保护区是十分重要而有效的措施。

青藏高原的自然保护区建设大多起始于20世纪80年代初，近年来有长足发展。至今在高原范围内已相继建立了多种不同类型的自然保护区，保护区的总面积逐年扩大，加之近年来有不少自然保护区正在申请待批之中，预计保护区数量和面积还会有明显的增长。

无疑，较大范围自然保护区的建立，将有利于改善高原的自然环境、保持水土、涵养水源及维持生态平衡，并借此保存高原众多迥异的自然生态系统，为人类提供自然界珍贵的原始“本底”。就地保护高原现存的珍稀濒危的野生动植物，将使各类型的自然保护区成为青藏高原上许多珍贵物种基因的天然储存库，亦即通过建立足够数量的自然保护区，来保证高原各类自然生态系统中所有物种的正常发育与进化过程，以及物种与环境的生态过程，以期保护物种在原生环境下的生存能力和种内的遗传变异度，从而保护高原地区生物种类与生态系统的多样性。当然，这样的自然保护区必将成为开展有关青藏高原的地质、地理环境、生态和生物以至社会及经济等许多学科的科学研究基地和天然实验室，不仅可以长期监测高原自然环境的演变，开展一些珍稀物种的繁殖与驯化等研究，还可以成为合理利用与保护自然资源以及协调人类活动与高原环境变化之间关系的实践基地，探讨高原可持续发展的途径。此外，高原上各类自然保护区还是宣传国家自然保护法规、政策的自然讲堂和进行有关高原自然、环境、资源等科学普及知识教育的天然课堂和自然博物馆。其中一些国际知名的保护区还可开发为生态旅游活动场所，以弥补保护区建设、管理费用和改善当地居民的物质生活，促进高原地区经济的发展。

2. 高原自然保护区

1)自然保护区的主要类型

青藏高原自然保护区所占有的土地面积比例高于全国，自然保护区面积大、类型丰富多样。按照现有的自然保护区的保护对象及目的，可将它们划分为以下五种主要类型。

(1)自然生态系统保护区，以保护高原特有的综合性自然生态系统为目的自然保护区。如保护高山草原与山地森林等多种生态系统(兼登山旅游)的珠穆朗玛峰自然保护区、保护高寒草原生态系统及原始高原景观为主的藏北羌塘自然保护区和保护高原内陆湿地与水域生态系统的申扎自然保护区等。

(2)特殊植被类型或珍稀植物保护区，以保护特殊植被类型或珍稀植物为目的。如保护热带季雨林为主的雅鲁藏布大峡谷自然保护区。保护山地亚热带松林与常绿阔叶林为主的察隅自然保护区，保护喜马拉雅长叶松与长叶云杉林为主的吉隆江村自然保护区和林芝巴结的古老巨柏林保护点等。

(3)珍稀野生动物保护区，以保护珍稀野生动物为目的。如保护国家一类保护动物黑颈鹤为主的隆宝、中甸纳帕海等自然保护区，保护珍稀动物大熊猫为主的卧龙自然保护区。

(4)特殊地质地貌类型保护区，以保护特殊地质地貌类型等自然遗迹为目的。如松潘黄龙寺石灰泉华堆积自然保护区和泸定贡嘎山海螺沟冰川森林公园等。

(5)自然风景保护区

以保护自然风景为主的自然保护区，如南坪九寨沟自然保护区，青海湖自然保护区。

各类型自然保护区的划分，并非绝对的，它们中很多是在保护自然生态系统为主要目的的同时，也兼具保护某些珍稀动植物的目的，或在保护珍贵动植物种类或特殊植被类型为主要目的同时，也保护了所依附的自然生态系统。

2)重点保护的生物种类

青藏高原独特多样的生态环境使其拥有许多高原特有动植物种类以及若干古老孑遗种。据统计，高原哺乳动物约有 210 种，占全国总种类的 50%左右，其中珍贵稀有或有较大科研与经济价值的资源动物共 94 种(冯祚建，1992)。如大熊猫、金丝猴、雪豹、藏羚羊、野牦牛、野驴、盘羊、梅花鹿、羚牛、鬣羚、白唇鹿、黑颈鹤、褐马鸡、绿尾虹雉、红腹角雉等国家一类保护动物和棕熊、猞羚、自臀鹿、麝、藏羚羊、岩羊、藏雪鸡、金雕等国家二类、三类保护动物。1987 年国务院环境保护委员会公布的第一批《珍稀濒危保护植物名录》共354种，其中青藏高原即有67种，约占全国总数的19%。如此丰富的种质资源(或物种基因)乃是高原大多数自然保护区的特色之一(表9-5)

表9-5　青藏高原生物科、属、种统计表

地区	真菌		维管植物		鱼类		鸟类		哺乳类	
	种	属	种	属	种	属	种	科	种	科
世界	45000	5100	250000	13000	18000	—	8590	156	4237	122
中国	12000	850	35000	3400	1830	—	1133	81	450+	44
青藏高原	5000	700	12000	1500	115	9	532	57	210	29

3. 青藏高原几种典型的自然保护区

青藏高原区域已经建立了很多自然保护区(图9-6)，其中位于高原北部的羌塘和与之毗邻的可可西里(青海)、三江源(青海)、阿尔金山(新疆)和锡林措等保护区一起，组成了一个近约万平方公里的保护区群，为生活在高原上濒危而独特的野生动物、植物和生态系统提供了继续生存的保障。

图9-6　青藏高原自然保护区分布

(1)羌塘国家级自然保护区(西藏)。羌塘，藏语意为“北方高原”，羌塘自然保护区以30万km^2的面积居中国自然保护区之首，在世界上仅次于格陵兰岛国家公园。以丰富多样的生物种类和高原特有的动物、植物及其相对原始的生态环境闻名。羌塘自然保护区于2000年4月被国务院批准为国家级自然保护区，它是全国第二大自然保护区。主要保护对象为保存完整的、独特的高寒生态系统及多种大型有蹄类动物。羌塘保护区地广人稀，大面积都是广袤的无人区。

羌塘国家级自然保护区是全球具有独特生态系统的地理单元，其生物多样性具有无可比拟的特色。保护区中大中型野生动物储量较多，多数是青藏高原特有种。最具有代表特色的几种动物是：野牦牛、藏羚、西藏野驴、盘羊、藏原羚、藏狐、西藏棕熊、高原兔、黑颈鹤、斑头雁、棕头鸥、喜山兀鹫、藏雪鸡、西藏毛腿沙鸡、雪雀等。羌塘自然保护区的冰川、雪山、河流以及众多高原植物为生活在这里的藏族牧民和高原野生动物提供着生存所需的能量和空间。

(2)阿尔金山国家级自然保护区(新疆)。以巍巍昆仑山为界，位于80°10′E～90°18′E，36°00′N～37°49′N，东西长360km，南北宽190km，总面积45000km²，平均海拔4 500m，1985年3月经国务院批准，将它列为国家级自然保护区。南部与青海的可可西里自然保护区和西藏的羌塘自然保护区紧邻。

阿尔金山国家级自然保护区内有野生动物359种。其中，有蹄类30种，鸟类79种，昆虫250种，是中国最大的自然保护区，同时也是中国四大无人区之一。国家一类保护动物12种、国家二类保护动物17种。这里分布的国家一级保护动物除野牦牛、藏野驴和藏羚羊外，还有雪豹、北山羊、黑颈鹤、胡兀鹫、玉带海雕及金雕；二级保护动物有马熊、石貂、猞猁、豺、兔狲、盘羊、岩羊、藏原羚、秃鹫、兀鹫、藏雪鸡、猎隼、红隼、棕尾鵟等二十余种。

(3)可可西里国家级自然保护区(青海)。1995年经青海省人民政府批准建立，1997年晋升为国家级。位于青藏高原西北部，夹在唐古拉山和昆仑山之间，是长江的主要源区之一，面积4.5万km²，连接了青海的三江源、西藏的羌塘草原和新疆的阿尔金山脉，是重要的动物通道，因保护藏羚羊而闻名。

可可西里自然保护区是目前世界上原始生态环境保存最完美的地区之一，也是最后一块保留着原始状态的自然之地。这里地势高峻，周围没屏障，平均海拔高度在5000m以上。可可西里自然条件恶劣，人类无法长期居住，但却是野生动物的天堂。有资料显示，可可西里目前是中国动物资源比较丰富的地区之一，拥有的野生动物多达230多种，其中属国家重点保护的一、二类野生动物就有20余种。

(4)三江源国家级自然保护区(青海)。位于青藏高原腹地，著名的长江、黄河及国际河流澜沧江发源于此，故得名“三江源”或“中华水塔”、“风雪仓库”，构成了欧亚大陆上发育河流最多的地域。

三江源自然保护区位于青藏高原腹地的青海省南部，处于31°39′N～36°16′N，89°24′E～102°23′E。它是我国面积最大的湿地类型国家级自然保护区。2000年7月22日，江泽民为该保护区题写了区名。三江源国家级自然保护区以高原湿地生态系统、高寒草甸及野生动植物等为主要保护对象，跨青海省玉树、果洛、海南、黄南4个藏族自治州和海西藏族蒙古族自治州的17个县(市)，该地区是长江、黄河和澜沧江三大河流的发源地，海拔3335～6564m，总面积15.23万km²。三江源是野生动植物的乐园，有兽类76种，鸟类147种，两栖类48种，其中国家一级保护动物有藏羚羊、藏野驴、藏牦牛、白唇鹿、黑颈鹤、雪豹等14种；国家二级保护动物有37种。

(5)拉鲁湿地国家级自然保护区(西藏)。总面积6.2km²，平均海拔3645m，是典型的青藏高原湿地，属于芦苇泥炭沼泽。它是世界海拔最高、面积最大的城市天然湿地，被誉为拉萨的“大氧吧”，也是中国唯一的城市内陆天然湿地。1999年5月，拉鲁湿地被批准为区级自然保护区，2000年拉鲁湿地管理站成立，2005年8月被列为国家级自然保护区。

由于拉鲁湿地独特的高原气候特点，该区域内动物种类以水生水栖为主。脊椎动物种类也分布其间，但多为迁徙种类，如黑颈鹤、赤麻鸭等。鸟类有西藏毛腿沙鸡、褐背地鸦、斑头雁、棕头鸥、银鸥、胡兀鹫等，现在夏季水域中鹞的数量较多，白瓷鹤、戴胜、百灵、雪雀数量较丰。冬季赤麻鸭是水禽的优势种，也有少数黑颈鹤。哺乳类分布在沼泽草甸上，过去记录有藏狐、鼠兔、野兔等，但随着环境的变化，除了留下的鼠洞和鼠兔外，其他哺乳动物已不见踪影。高原蛙依然是最普通的两栖动物，湿地中人为放入的家鱼有础鱼、泥鳅等，很大程度上已经取代了野生鱼类。

(6)珠穆朗玛峰国家级自然保护区(西藏)。位于西藏自治区的定日、聂拉木、吉隆和定结四县交界，面积 3.381 万 km^2，1988 年经西藏自治区人民政府批准建立，1994 年晋升为国家级，保护区具有丰富的水能、光能和风能资源，以及由独特的生物地理特征、奇特的民族文化和自然景观、历史遗迹构成的重要的旅游资源。珠穆朗玛峰自然保护区主要保护对象为高山、高原生态系统。珠峰保护区的科学价值无法估量，是研究高原生态地理、板块运动和高原隆重起及环境科学、社会科学等学科的宝贵的研究基地。

区内国家一类保护动物有长尾叶猴、熊猴、喜马拉雅塔尔羊、金钱豹、野驴、雪豹、红胸角雉；国家二类保护动物有小熊猫、黑熊、藏雪鸡、岩羊等；国家重点保护植物有长蕊木兰、西藏延龄草、天麻、锡金海棠、参三七、长叶云杉、长叶松等。其中引人注目的是属中亚地区特有种的雪豹，已被列为珠峰自然保护区标志动物。

(7)雅鲁藏布大峡谷国家级自然保护区(西藏)。2000 年 4 月，中国国务院批准将墨脱国家级自然保护区扩界和更名为雅鲁藏布大峡谷国家级自然保护区，总面积 9620km^2。西藏自治区雅鲁藏布江下游的雅鲁藏布大峡谷是地球上最深的峡谷。雅鲁藏布大峡谷北起米林县的大渡卡村(海拔 2880m)，南到墨脱县巴昔卡村(海拔 115m)，雅鲁藏布大峡谷长 504.9 公里，平均深度 5000m，最深处达 6009m，是世界第一大峡谷。大峡谷核心无人区河段的峡谷河床上有罕见的 4 处大瀑布群，其中一些主体瀑布落差在 30～50m 之间。整个峡谷地区冰川、绝壁、陡坡、泥石流和巨浪滔天的大河交错在一起，环境十分恶劣。许多地区至今仍无人涉足，堪称“地球上最后的秘境”。

雅鲁藏布大峡谷现有资源中有维管束植物 3768 种，苔藓植物 512 种，大型真菌 686 种，哺乳动物 63 种，鸟类 232 种，爬行动物 25 种，两栖动物 19 种，昆虫 1500 种。雅鲁藏布大峡谷地区蕴藏着极其丰富的生物资源，有许多古老物种，珍稀物种和新分化的物种。因此，该地区是我国重要的生物物种资源基因库，也是生物学家研究在高原特殊环境下生物如何分化的不可多得的实验场所。

(8)若尔盖湿地国家级自然保护区(四川)。位于四川省阿坝藏族自治洲若尔盖县境内，地理坐标为 102°29′E～102°59′E，33°25′N～24°80′N，总面积 166.706km^2。四川若尔盖湿地自然保护区于 1994 年经若尔盖县政府批准建立，1997 年晋升为省级自然保护区，主要保护对象为高寒沼泽湿地生态系统和黑颈鹤等珍稀动物。若尔盖县位于我国青藏高原东北部四川省阿坝州北部，地处黄河、长江上游，其湿地涵养了大量水分，为两大母亲河提供了充足的水源，特别是黄河 30%的水来自若尔盖湿地。

四川若尔盖湿地自然保护区地处青藏高原东缘，位于若尔盖沼泽的腹心地带，是青藏高原高寒湿地生态系统的典型代表。区内为平坦状高原，最高海拔 3697 米，最低海拔 3422 米，气候寒冷湿润，泥炭沼泽得以广泛发育，沼泽植被发育良好，生境极其复杂，生态系统结构完整，生物多样性丰富，是我国生物多样性关键地区之一也是世界高山带物种最丰富的地区之一。据初步调查，区内植物(包括菌类)有 207 种，其中星叶草、冬虫夏草为国家重点保护植物；脊椎动物有218种，其中国家重点保护野生动物有黑颈鹤、胡兀鹫、秃鹫、大天鹅等30多种，并为黑颈鹤的集中繁殖区之一，种群数量达480只左右。本区还是重要的水源涵养区，黑河和白河两条黄河上游的支流纵贯全区，便该区生态系统脆弱，一旦破坏后很难恢复，区域内自然保护区的建立，对于保护高寒湿地生态系统和黑颈鹤等珍稀动物，研究自然环境变迁，古老生物物种保存、繁衍、分化具有重要的国际意义。

(9)尕海—则岔国家级自然保护区(甘肃)。位于青藏高原东北边缘的甘肃省碌曲县境内，地理坐标为33°58′12″N～34°32′16″N，102°05′00″E～102°47′39″E，属森林生态类型自然保护区。保护区总面积为2474.31km^2。保护区是1998年8月18日国务院批准建立的，由尕海候鸟自然保护区和则岔自然保护区合并后晋升的国家级自然保护区。

本区地处青藏高原的东部边缘向陇南山地和黄土高原的过渡地带，保护区由尕海和则岔两个部分组成。尕海与若尔盖湿地相邻，为典型的高寒沼泽湿地，并为黑颈鹤的重要繁殖地之一；则岔境内则以森林和高寒草甸生系统为主，其岩溶地貌及石林景观在我国北方极为罕见。本区湿地、森林和高寒草甸生态系统基本保持了原始状态，区内野生动植物资源丰富，区系组成复杂，特有种分布集中。区内种子植物523种，其中桃儿七、星叶草、冬虫夏草等被列为国家重点保护野生植物；脊椎动物有199种，其中国家重点保护野生动物有雪豹、黑颈鹤、金雕、黑鹤、胡兀鹫等36种，本区还是黄河上游支流洮河的主要发源地和水源涵养地，尕海—则岔自然保护区的建立，对于生物多样性保护和研究以及涵养水源，促进少数民族地区社会经济持续发展均具有十分重要的意义。保护区丰富的动植物资源，特别是尕海湿地丰富的野生动植物资源对研究高原生态系统的变迁和演替，保护和拯救濒危物种，保护野生动植物种质的遗传多样性和栖息地，开展生态学、区系学研究具有独特的价值。

(10)青海湖国家级自然保护区(青海)。位于青藏高原东北部，祁连山系南麓。介于99°36′E～100°46′E，36°32′N～37°25′N。保护区始建于1975年，1976年建立管理站，1984年晋升为管理处，1992年被列入国际重要湿地名录。1997年12月经国务院批准，晋升为国家级自然保护区。其范围包括东自环青海湖东路，南自109国道、西自环湖西路，北自青藏铁路以内的整个青海湖水体、湖中岛屿及湖周沼泽滩涂湿地、草原，总面积为4952km^2。青海湖自然保护区是以保护青海湖湿地以及鸟类资源及其栖息地为宗旨，集资源保护、科学研究、生态旅游于一体的自然保护区。

青海湖是维系青藏高原东北部生态安全的重要水体，是阻挡西部荒漠化向东蔓延的天然屏障，是青藏高原生物多样性最丰富的宝库，是水禽的集中栖息地和繁殖育雏场所，也是极度濒危动物普氏原羚的唯一栖息地。因此这里成为研究鸟类迁徙规律、高原动物食物链、生态环境和生物多样性的宝库，成为高原生物重要基因库。

(11)白马雪山国家级自然保护区(云南)。位于云南省西北部德钦县境内。地处横断山脉中段、云岭北段主峰白马雪山和人支雪山的金沙江坡面，1983年建立，1986年批准为国家级自然保护区，总面积为1900km^2，2000年经国务院办公厅批准调整扩大，扩大后的保护区跨迪庆藏族自治州的德钦、维西两县九个乡(镇)。总面积为2816.4km，整个保护区海拔超过5000米的主峰有20座；最高峰白马雪山达5430m。保护区主峰白马雪山终年积雪，犹如一匹奔驰的白马，因而得名“白马雪山”。

保护区内有国家重点保护珍稀植物 24 种，其中，一级保护植物 4 种，二级保护植物 9 种，三级保护植物 11 种。有省级重点保护植物 6 种，其中，二级保护植物 2 种，三级保护植物 4 种。保护区内除有与大熊猫共称为“国宝”的滇金丝猴外，还有国家一级重点保护野生动物：雪豹、金钱豹、云豹、林麝、高山麝、黑鹳、金雕、胡兀鹫等共 15 种；国家二级保护野生动物：猕猴、穿山甲、黑熊、棕熊、小熊猫、大灵猫、金猫、斑羚、高山秃鹫、淡腹雪鸡、血雉、红腹角雉、藏马鸡、白腹锦鸡等 36 种。

(12)隆宝国家级自然保护区(青海)。位于青海省玉树藏族自治州玉树县隆宝镇境内，地理坐标为 33°08′N～33°14′N，96°25′E～96°37′E，海拔高度 4100～4200m，东西长 25km，南北宽约 4km，面积 100km²，距玉树州州府结古镇约 75km。1984 年经省政府批准建立，1986 年晋升为国家级，主要保护对象为珍禽黑颈鹤及其栖息生境。

本区地处青藏高原，海拔高度达 4200m，是一个以隆宝湖为中心的高山草甸沼泽区。这里气候高寒湿润，湖区水域辽阔，光照充分，资源资源比较丰富，为黑颈鹤等珍禽提供了良好的生存环境和充足的食物。据调查，区内有鸟类 30 多种，其中黑颈鹤、玉带海雕、鸢、秃鹫等为国家重点保护野生动物，同时保护区也是世界濒危鸟类黑颈鹤的主要繁殖地之一，具有重要的保护价值。

参 考 文 献

冯祚建 . 1992. 中国青藏高原研究会第一届学术讨论会文选//中国青藏高原研究会主编 . 青藏高原的哺乳动物资源的现状 . 北京：科学出版社 .

李渤生，等 . 1994. 绿满东亚 . 北京：中国环境科学出版社 .

李文华，周新民 . 1998. 青藏高原生态系统及优化利用模式 . 广州：广东科技出版社 .

李文华 . 1985. 西藏森林 . 北京：科学出版社 .

洛桑，灵智多杰 . 1996. 青藏高原环境与发展概论 . 北京：中国藏学出版社 .

沈镭，宋新宇 . 1996. 论青藏高原人口、资源，环境与经济可持续发展 . 北京：测绘出版社 .

施雅芬，李吉均 . 1997. 青藏高原晚新生代隆起与演化 . 广州，广东科技出版社 .

苏大学，黄金嗣 . 1996. 青藏高原高寒草甸和高寒草原区，中国草地资源 . 北京，中国科学技术出版社 .

孙鸿烈，等 . 1996. 青藏高原形成演化 . 上海：上海科学技术出版社 .

孙鸿烈，郑度 . 1998. 青藏高原的形成演化与发展 . 广州：广东科技出版社 .

孙鸡烈 . 1996. 世界屋脊之谜 . 长沙：湖南科学技术出版社 .

吴玉虎 . 2003. 青海植物名录 . 西宁：青海人民出版社 .

吴征镒 . 1987. 西藏植物志第五卷 . 北京：科学出版社 .

武素功，冯祚建 . 1992. 中国青藏高原研究会第一届学术讨论会论文选//中国青藏高原研究会主编 . 青藏高原生物资源的特点及其开发与保护 . 北京：科学出版社 .

薛达元，蒋明康 . 1994. 中国自然保护区建设与管理 . 北京：中国环境科学出版社 .

张经炜，王金亭，陈伟烈，等 . 1988. 西藏植被 . 北京：科学出版社 .

张荣祖，郑度，杨勤业 . 1952. 西藏自然地理 . 北京：科学出版社 .

张新时 . 1992. 青藏高原的生态地理边缘效应：中国青藏高原研究会第一届学术讨论会论文选 . 北京：科学出版社 .

张新时 . 1992. 中国青藏高原研究会第一届学术讨论会文选//中国青藏高原研究会主编 . 青藏高原的生态地理边缘效应 . 北京：科学出版社 .

张新时 . 1994. 中国山地垂直带的基本生态地理类型，植被生态学研究 . 北京：科学出版社 .

张忠孝 . 2004. 青海地理 . 西宁：青海人民出版社 .

郑度，姚檀栋．2004. 青藏高原隆开与环境效应．北京：科学出版社．
郑度．1996. 青藏高原自然地域系统研究中国科学(D辑)，(4).
中国科学院西北高原生物研究所．1989. 青梅经济动物志．西宁：青海人民出版社．
中国科学院西北高原生物研究所．1999. 青海植物志(1.2.23.4卷). 西宁：青海人民出版社．
周立，王祖望．1991. 高寒草甸生态系统．北京：科学出版社．
周兴民，王质杉，杜庆．1987. 青海植被．青海：青海人民出版社．
周兴民．2001. 中国嵩草草甸．北京：科学出版社．

第十章　生物地理野外调查与标本制作

第一节　野外调查的主要内容

一、野外调查的目的

(1)验证和巩固课堂讲授的理论知识，并运用这些理论知识去解决生物地理方面的实际问题。

(2)使学生能够初步掌握有关生物地理学的野外调查方法和动植物标本的制作。

(3)培养学生整理分析资料的能力，并将调查结果制成图表或模型，写出调查报告。

(4)能够准确地识别当地常见的动植物种类，从而为认识自然环境奠定基础。

二、野外调查的内容

(1)生物栖息环境调查，分析调查地区的地理位置，区内的气候、水文、地质、地貌、土壤与生物等基本特征，生物的水平变化与垂直变化，人类活动对生物的影响等。

(2)生物群落结构分析，分析调查地区生物群落的结构特征，不同生境的种类组成和数量状况(优势类群)，指出不同生境中的动植物群体的不同结构。

(3)室内生物综合制图，绘制出调查区的植被分布图和动物分布图，为调查区生物资源的保护与合理利用提供基础资料。

三、野外调查前的准备

(1)搜集资料，搜集调查地区现有的自然地理学(地质、地貌、气象、水文、土壤和生物方面)的相关资料及调查区的植被图、动物分布图，从而对调查区有大致了解。

(2)熟悉标本，在理论上系统地认识调查区动植物全部名录，尽可能用已有的动植物标本去认识和掌握调查区现有的动物和植物。

(3)准备仪器设备与必要的工具，GPS、罗盘、望远镜、照相机、记录本、标本夹、样方框、枝剪、测绳、尺子、小铁锹、采集筒(或塑料袋)、电工刀、放大镜、号牌、标签、小纸袋、方格纸、捕鼠夹、装鼠袋、标本瓶、吸虫管、筛子、取土器、采集包、调查表格、工具箱和必要的野外服装等。

第二节　野外调查的基本方法

生物地理学是生物学与地理学之间的交叉学科，其调查方法既有生物学的方法又有地理学的方法，因此，生物地理学的调查方法有很多。但基本的野外调查方法大致可归纳为两类：大范围踏查法和典型区调查法。大范围踏查法主要是对调查区的一种概查，是一种走马观花的调查形式，其优点是调查速度较快，可以是不同的经向或不同的纬向，且随意性较大(可以是跨不同的生物区)；其缺点是调查的内容比较粗，主要是一些宏观的和面上的内容。而典型区调查主要是对调查区的一种详查，是一种对特定区域或特定种类的详细调查，是在大范围踏查的基础上划出不同的生境后对每一生境进行详细调查和统计，其优点是调查内容比较细，主要是一些局部的和点上的内容；其缺点是调查速度慢，时间较长，只能是某一区域和某种类型的调查。两种基本方法在生物地理学的野外调查中经常结合使用。而生物又包括许多类群，不同的类群需要有不同的调查方法，不仅植物与动物调查方法不同，就是动物中的不同类群，也有不同的调查方法，通常根据生物的不同种类，将生物地理学的野外调查分为植物地理野外调查和动物地理野外调查两大类。

一、植物地理野外调查

植物是自然地理环境的重要组成要素之一，是地理环境的产物和表征，从生物地理学的发展来看，目前植物地理学的野外调查方法和理论很多，其差异性也很大，但其常规的基本方法大致有两种：植物识别和植被调查。

1. 植物识别

1)植物根、茎、叶的形态识别

(1)植物根的形态类型。根通常是植物向下伸长的部分，用于支持植物体和从土壤中吸取水分和养料的器官，可分为主根和侧根。不论主根或侧根，都有一定的发生位置，均来源于胚根，叫定根，也有些植物可以从茎、叶上产生根，这种不是由根部发生的根，均称为不定根。一株植物根的总体叫做根系，按其形态可分为两类：有明显的主根，与地面垂直生长的称直根系；没有明显的主根，根多数细长如须，称为须根系。此外，还有一些变态根如支柱根、块根等。

(2)植物茎的形态类型。茎是植物下与根相连，上承叶、花和果实的部分。植物的茎按质地分为木本植物和草本植物；按其生长与地面的关系可分为地上茎和地下茎；按其生长形态可分为直立茎、斜升茎、平卧茎、匍匐茎、攀援茎、缠绕茎等(图 10-1)。

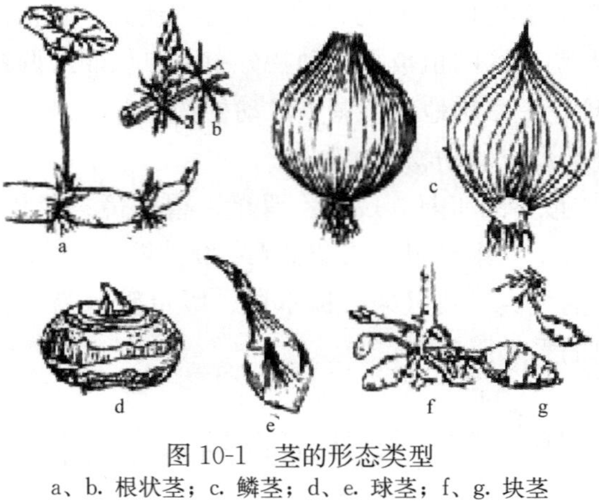

图 10-1　茎的形态类型

a、b. 根状茎；c. 鳞茎；d、e. 球茎；f、g. 块茎

(3)植物叶的形态类型。叶是植物制造营养物质和蒸腾水分的器官。一片叶是由叶片、叶柄和托叶组成，具备三部分组成的称为完全叶(图 10-2)，不具备三部分的叶称为不完全叶。通常叶片是叶的扁平部分，叶柄是叶着生于茎或枝上的连接部分，托叶是叶柄两侧的附属物。

图 10-2　完全叶

叶序指叶在茎上的排列次序。叶序可分为互生、对生、轮生、簇生和基生(图 10-3)。

图 10-3　叶序

叶型：一个叶柄上生一个叶片的，叫单叶；在一个总叶柄上生有两个或许多小叶的，叫复叶(图 10-4)。

图 10-4　复叶

叶片的形态有卵形、椭圆形、长椭圆形、圆形、倒卵形、披针形、倒披针形、线形等(图 10-5)。

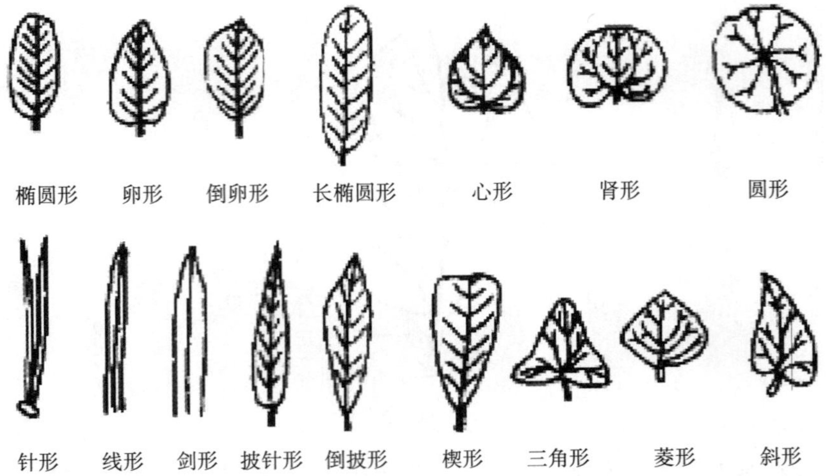

图 10-5　叶片

叶尖的形态有钝尖、渐尖、锐尖、刺尖、尾尖、微凹、尖凹、倒心形(图 10-6)。叶基的形态有楔形、圆形、心形、箭形、戟形、楔形、耳形(图 10-6)。

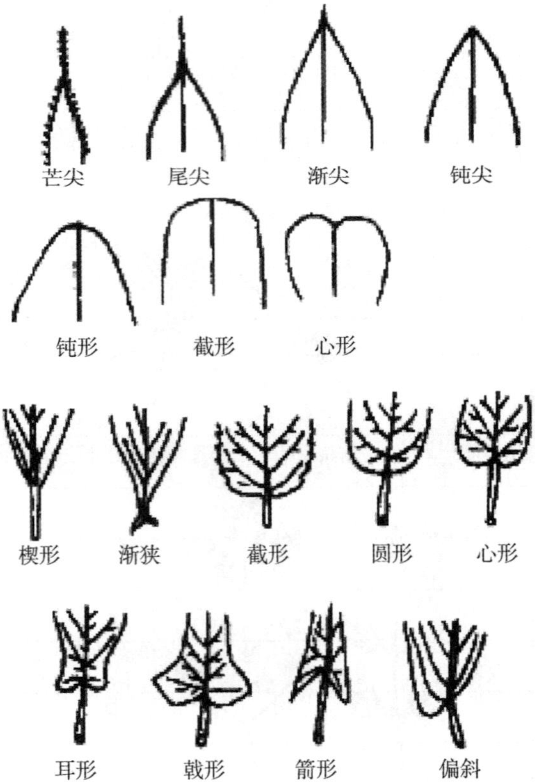

图 10-6　叶尖与叶基的类型

叶缘的形态有全缘、波状、牙齿状、钝齿状、锯齿状、深裂状、全裂状(图 10-7)。

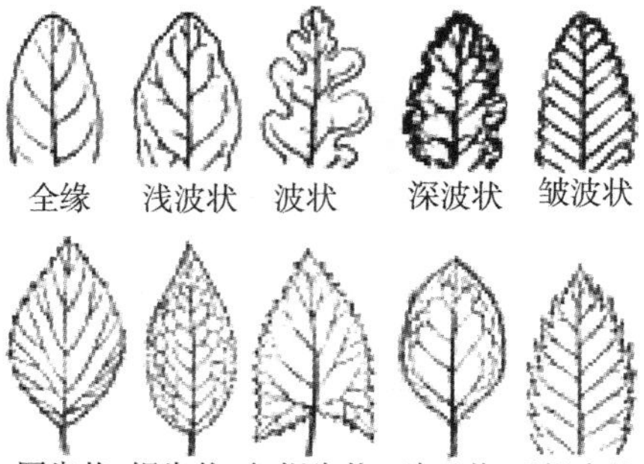

图 10-7　叶缘

叶脉的形态有羽状网脉、掌状网脉、平行脉、横出平行脉、射出平行脉、弧形脉、叉状脉、单一主脉(图 10-8)

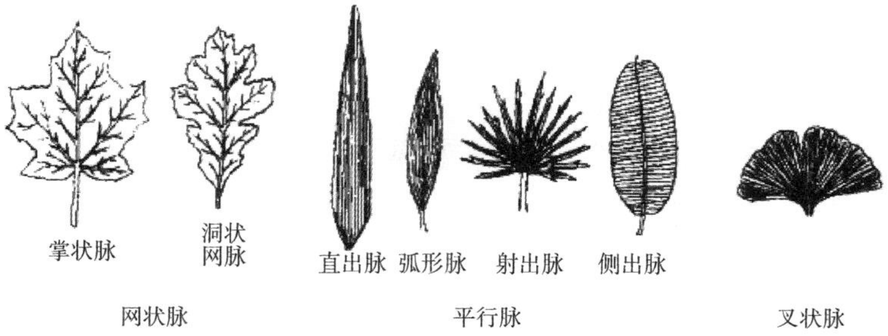

图 10-8　叶脉的类型

2)植物花、果实的识别

(1)花的结构与形态类型如图 10-9 所示。

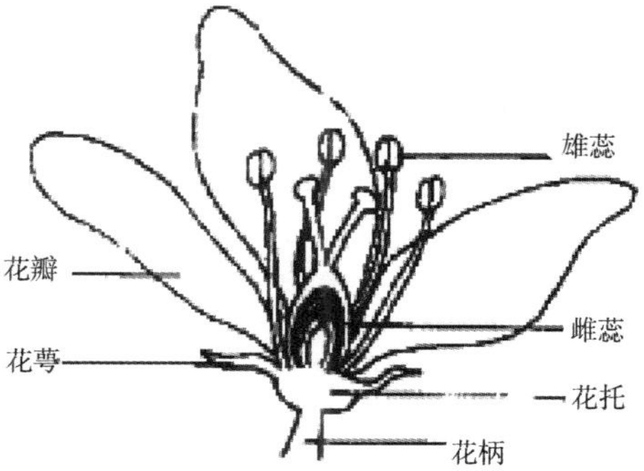

图 10-9　花的结构图

花被是花萼和花冠的总称，一般花萼与花冠分化清楚且二者俱存的叫两被花，花萼、花冠任缺其一的为单被花，花萼与花冠都没有的为无被花。

花萼通常是绿色，是花的最外一轮或最下一轮，由若干萼片组成。有些植物的萼片彼此完全分离，称离萼，有些植物的萼片多少连合，称为合萼。

花冠位于花萼的里面，由若干花瓣组成，有各种颜色，花瓣完全分离的称为离瓣花，合生的称为合瓣花。花冠多种多样，常见的有十字形、唇形、蝶形、舌状、钟状、筒状、轮状等(图 10-10)。

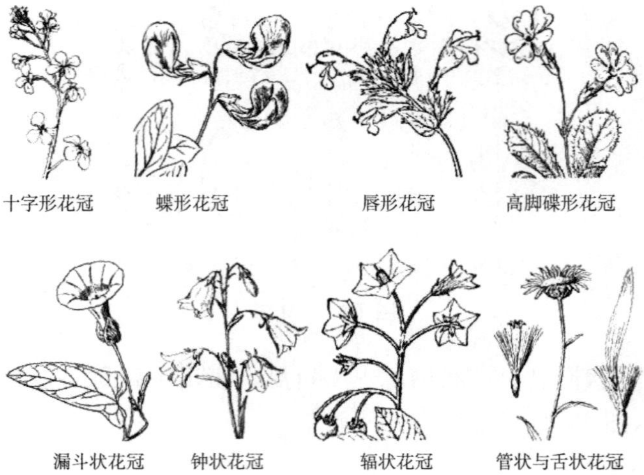

图 10-10 几种类型花冠

雄蕊包括花药和花丝，生于花冠内侧，是花的重要器官。雌蕊位于花的中央，由子房、花柱、柱头三部分组成。子房是雌蕊主要部分。

花托是花梗顶端的膨大部分，也是花被和雄蕊、雌蕊群着生的地方。

花序是花在茎上的排列方式，花序类型包括总状花序类和聚伞类花序类(图 10-11)。

图 10-11 花序的模式图

(2)果实的构造和类型。果实是由植物开花受精后的子房发育而成的。由子房膨大而成的果实叫真果。除子房壁外，与花的其他部分(如花托等)而形成的果实叫假果。常见的果实类型有三类，即单果、聚合果和聚花果。单果又包括肉质果(浆果、核果、柑果、梨果、瓠果)和干果(蓇葖果、角果、荚果、蒴果、瘦果、颖果、翅果、坚果、分果)二种型态。

3)花图式及花公式

花程式是指用简单的符号来表示花的各部分特征，即花各部分的组成、数目、子房的位置和构成；花图式是指用图解的方式表示花的横剖面简图，借以说明各部分数目、排列位置、离合情况、排列情况和胎座类型，也就是花的各部分在垂直花轴的平面上的投影，如蚕豆的花图式(图 10-12)。

图 10-12　蚕豆的花图式

字母表示花各部分的代号，一般是每一轮花部用拉丁名词的第一个字母来表示。通常用 K 代表花萼(*kalyx*)，C 代表花冠(*corolla*)，A 代表雄蕊群(*androecium*)，G 代表雌蕊群(*gynoecium*)，P 代表花被(*perianthium*)。

用阿拉伯数字“0，1，2，3，…，10”以及“∞”或“x”来表示各轮数目，“∞”表示多数，不定数；“x”则表示少数，不定数；通常写在花部各轮每一字母的右下角或右上角，表示其实际数目。如果缺少某一轮，可记下“0”；如果数目极多，可用“∞”表示；如果某一部分的各单位互相联合，可在数字外加上“()”；如果某一部分不止一轮，而有二轮或三轮，可在各轮的数字间加上“+”号。

整齐花或辐射对称花用“＊”表示；不整齐花或两侧对称花用“↑”来表示。“♂”表示雄花，“♀”表示雌花，如果表示花的某一部分互相连合，则在其数字外加上“()”，仅基部连合可在数字下方加上“↘”号，如上部连合，可在数字之外加双引号。如果花部的某些部分贴生则用双引号表示；如果是子房上位，可在G字下加上一划，子房下位，则在G字上加一划，周位子房，则在G字上下各加一划。在G字右下角写上一个数字，可以表示心皮的数目，数字后再加上一个数字，可代表子房的室数，二数字间可用“:”号相连。例如，大豆花的花程式：♀$K_{(5)}C_5A_{(9)+1}\underline{G}_{1:1:\infty}$，表示蚕豆花是不整齐花，两侧对称；花萼 5 片，萼片合生；花冠由 5 片花瓣组成，旗瓣、翼瓣离生龙骨瓣 2 片合生；雄蕊群有雄蕊 10 枚，其中 9 枚合生，内轮的一枚分离；子房一心皮一室，上位。

2. 植物类群的识别

生物地理学的植物类群野外调查主要是对孢子植物、裸子植物和被子植物的调查，尤其偏重于高等植物。

1)孢子植物识别

藻类，具有叶绿素，能进行光合作用，分布于世界各地，为低等植物。它没有真正的根、茎、叶的器官分化，但具有细胞核和叶绿素，能进行光合作用制造有机物。

真菌，植物体只有少数原始种类是单细胞的，大多数种类的营养体都发展为分枝或不分的丝状体。每一根丝叫菌丝，组成一个植物体所有的菌丝叫做菌丝体。真菌均为异养植物，营寄生或腐生生活。

苔藓植物，是高等植物中脱离水生进入陆地生活的原始类型。其植物都很矮小，通常为叶状或有类似茎叶分化。假根由单个细胞或一列细胞所组成。类似茎、叶的部分，多由薄壁细胞所组成，无维管束构造。苔纲植物多为左右对称的叶状体，有背腹型的构造，叶状体为1~2层细胞所构成，中肋一般不明显；藓纲植物体通常直立，多有类似茎、叶的分化，中肋较为明显。

蕨类植物，叶大型，叶脉有多种类型。在叶的下面或边缘聚生着许多孢子囊或单独聚生成孢子囊穗。取蕨类羽叶观察叶脉和孢子囊群的分布情况，以及取蕨的原体观察，可见到幼小的新植物在母体上长大成形的情况。

2)裸子植物的识别

裸子植物的种子没有被果皮所包被，常见的裸子植物有苏铁科、银杏科、松科、杉科和柏科。

苏铁科，该科的苏铁又称铁树，为棕榈状常绿乔木，茎不分枝，茎顶丛生大羽状复叶。

银杏科，该科的银杏又称白果树或公孙树。落叶乔木，枝条有长短枝之分，长枝上的叶为互生，短枝上的叶为丛生，叶为扇形，顶端分裂，具有二叉状平行叶脉。

松科，该科的马尾松为常绿乔木，叶细长柔软，呈长针形，通常两个针叶组成一束，叶基具叶鞘，叶边缘有锯齿，果鳞背面扁平，鳞脐不突起，每个果鳞内含有两粒具翅的种子，它喜生于酸性土，是华南荒山主要造林树种之一。

杉科，该科的杉木为常绿乔本，叶为线状披针形，叶背具有两条白色气孔带，叶在茎上呈螺旋状排列，在侧枝上常扭转为二列状，叶缘有细锯齿，顶端尖锐。球果有短柄，略为卵圆形，果鳞革质，黄褐色，尖头卵形，各果鳞有种子2或3粒；种子扁平，长圆形。

柏科，该科的侧柏为常绿乔木。小枝扁平，分枝在一个平面上，鳞片状叶交互对生，紧贴在小枝上，具有腺点。球果卵圆球形，每个果鳞顶端有一反卷尖沟，每个果鳞含2粒种子，顶端一对果鳞含五种子，种子无翅，圆柏为常绿乔木。树冠呈尖塔形，具二形叶；针叶与鳞叶，针叶为三叶轮生，有两条气孔带；鳞叶交互对生。球果球形，紫黑色，具白粉。

3)被子植物的识别

被子植物的种子是被果皮所包围，又称为有花植物，可分为双子叶植物和单子叶植物。

(1)双子叶植物识别如下所述。

十字花科，一年生或多年生草本，叶互生或基生。花两性、整齐、总状花序、萼片、花瓣各4片，十字排列。雄蕊6，为四强雄蕊(4长2短)，雌蕊2心皮2室，角果。常见种类如菜心、芥兰、荠菜，其特点多有十字形花冠。

樟科，多为木本，单叶互生，全缘，革质，花小，花被4~6枚离生，雄蕊排成3~4轮，每轮3个，心皮3枚一室，核果和浆果。常见种类如樟树、楠木是重要的经济植物，

豆科，多为乔木、灌木、藤本、草本，单叶或复叶，花由辐射对称向两侧对称发展，萼片和花瓣多为5片，离生或连合成管，雄蕊通常由单心皮组成，子叶肉质，假果。一般下分三个亚科：含羞草亚科(含羞草、相思树)、苏木亚科(紫荆、黄槐)、蝶形花亚科(菜豆、刺桐)。

(2)单子叶植物识别如下所述。

百合科，单子叶植物中变化很大的一个大科，多年生草本，单叶互生，总状花序，多两性花，花被6片，萼片与花瓣很少有区别，雄蕊6，花药呈丁字形，一般为蒴果，有时为浆果。一般下分8个亚科：百合亚科(百合、贝母)、葱亚科(葱)、玉簪花亚科(芦荟)、天门冬亚科(天门冬)等。

禾本科，是一个大科，植物多为草本，少数木本，茎圆柱形有明显分节，节间中空。叶两列互生。穗状花序，其花小，雄蕊3～6个，雌蕊3个，雌蕊有两个羽状柱头。花柱很短，子房由2个心皮合成一室，颖果，一般下分为竹亚科(毛竹、箭竹)和禾亚科(小麦、针茅)。

4)植物检索表的使用

植物检索表是识别植物不可缺少的工具。只要植物形态完整，就可利用检索表顺利查出各种植物的名称及其在植物分类学上的地位。检索表的编制是根据拉马克二歧分类原则，把原来一群植物相对的特征分成相应的两个分支，再把两个分支中相对的性状又分成相对应的两个分支，依次下去，直到编制的科、属或种检索表的终点为止。通常有分科、分属、分种三级检索表。

植物检索首先将需要检索的植物，根据其形态特征做一详细的记录和观察。其次，用植物检索表，按上述记录进行检索，得出某植物属于某科，再在该科内查出某属，再从该属内查出该植物为某种。

二、植被调查

植被调查是调查不同类型或不同地区的植物群落，找出群落本身特征及其与生态环境的关系，然后加以综合分析抽样调查是最基本的方法，一般有两种方法：有样地调查和无样地调查。

1. 样方选取

原理是选择有代表性的一定数量的小面积地段(即样地)进行详细调查并做群落学的记载和描述，以此推断掌握植被或生物群落的整体情况。

1)样地的选择

在大面积的群落里，不可能把所有的植物都详细地进行调查，只有选择一定面积具有代表性的地段和群落进行调查，如何选取具有代表性样地的方法很多，一般样地的取样方法又包括以下几种：代表型样地法、随机取样法、分层随机取样法和系统随机取样法。

2)样地的形状

传统的样地形状是方形，称为样方调查。也有使用圆形的，称样圆调查，或使用带状或条状的，称为样带调查。目前样地调查大多数采用长方形或方形，故一般称为样方调查。样方的平行线应和等高线平行，否则高差过大，造成生境的差异，从而影响调查的结果。

3)样方的数目

样方数目多少，取决于群落结构的复杂程度研究精确度。如果群落结构复杂且变化较大，植物分布不规则时，样方数目要多，如果群落内部植物分布均匀，结构较简单，少数样方就可以表现出群落特征。学生野外实习可分组平行进行，一般每类群落以3～5个样地为宜，以便于统计比较。

4)样地面积的大小

样地面积大小直接影响群落调查的质量，通常是先找出最小面积，其方法是从很小的面积开始统计植物种类数目，然后逐次向外围扩大，同时登记新发现的植物种类，直到基本不再增加新种为止。求得群落最小面积以后，最适样地面积应略大于此值。样地最小面积的经验值如表 10-1 所示

表 10-1　样地的最小面积

生活型	最小面积/m^2
苔藓	0.01～0.1
低草	1～2
高草	4
矮灌木	4
高灌木	16
树木	100～400

5)样地植物群落的描述

数据整理是将野外调查所得的原始资料条理化，并演算出一些反映群落特征的数量指标，其中最基本的统计指标计算如下。

(1)多度，指某种植物在群落中的个体数目，多度=(某一种植物的个体总数/同一生活型全部植物个体总数)×100%，因计算工作量大，有时常采用目测估计(表 10-2)。

表 10-2　几种常用的多度等级

布朗－布朗喀(Braun－Blanquet)		德鲁提(Drude)		克列门茨(Clements)	
5	非常多	Soc.	极多	D	优势
4	多	Cop3.	很多	A	丰盛
3	较多	Cop2.	多		
2	较少	Cop1.	尚多	F	常见
		Sp.	少	O	偶见
1	少	Sol.	稀少	R	稀少
+	很少	Un.	个别	Vr	极少

(2)频度，指群落中某种植物在小区内的出现率。

$$\text{频度}=(\text{某种植物出现的样地数}/\text{所调查的样地总数})\times 100\%$$

$$\text{相对频度}=(\text{一个种的频度}/\text{所有种的频度和})\times 100\%$$

(3)显著度(优势度)，指某个种全部植株树干胸高(1.3m 处)断面面积总和除以样地面积。

$$\text{显著度}=(\text{某个种所有个体胸高断面积之和}/\text{样地面积})\times 100\%$$

$$\text{相对显著度}=(\text{该种所有个体胸高断面积之和}/\text{所有种个体胸高断面积总和})\times 100\%$$

(4)盖度，可分为投影盖度和基部盖度。盖度的大小不决定于植株的数目，而是植株生物学特性。投影盖度是植物地上器官垂直投影所覆盖地表的面积，可用百分数表示。

盖度常用的方法是目测法。基部盖度是指植物基部所占的面积。

(5)重要值，是一个综合指标，它较全面地反映种群在群落中的地位和作用。

$$\text{重要值} = \text{相对多度} + \text{相对显著度} + \text{相对频度}$$

2. 有样地调查法

在生物地理调查中不是对整个区域进行详细调查，而是经常选取一定的样地，通过对少数样地的调查，以点带面从而反映整个环境的生物地理特征。一般有两种基本方法：典型样地记录法和标准样地记录法。

1)典型样地记录法

是法瑞学派常用的调查方法(也称法瑞学派样地记录法)，这个方法的特点是在对一个地区植被进行全面勘察的基础上，选择典型的群落地段(也称群落片段)，在其中设置若干个大小足以能反映群落种类组成结构的样地。记录其中的种类、数量、生长、分布等，常用典型样地记录表记录(表 10-3)。

表 10-3　典型样地记录法的样地记录

群落名称：		高度/m	覆盖度/%
地点：　海拔高度：　坡向：　坡度：	T		
地貌类型：　表层岩石：　土壤类型：	T_1		
生境条件：	T_2		
	T_3		
	S		
	S_1		
	S_2		
	H		
	G		

多盖	聚生	植物名称	附注	多盖	聚生	植物名称	附注

(1)样地编号。野外样地号指调查地点的样地按顺序编号，总编号指某单位或某个人调查样地的累计号，这都是为了资料的整理、存档和核查。

(2)样地面积。估计调查样地的面积，一般不应大于最小面积。

(3)日期。记下调查的年、月、日，群落在不同时期，会有不同的外貌和组成，有了具体日期，便于查对，这些资料也可作为将来研究群落动态的依据。

(4)植物群落名称。这是野外调查时对所调查的群落地段或群落个体初步确定的名称，需室内整理分析后才能肯定或予以修正。

(5)地理位置。注明省、县、林区、山名以及村庄名等。记载要具体清楚，以便再次调查使用。有条件的最好以全球卫星定位系统定位。

(6)地貌类型。注明山地、丘陵、平原、坡地、山脊、河谷等以及样地内小地形的变化，同时还要记录已录样地所在地的海拔高度、坡向和坡度。

(7)表层岩石。注明地表岩石以及岩石风化情况，如有可能最好注明地质时代。

(8)土壤类型。记载土壤名称及主要的理化性。

(9)生境条件。记载群落地段四周的环境情况以及其他的植被类型等，尽可能正确估计周围地区的环境条件以及人类活动对于该植物群落可能产生的影响。

(10)群落结构。主要是指群落的垂直分层，特别是指同化作用部分所处的高度。分层记录其高度和盖度，当需分亚层时，分别记录亚层高度和盖度。最好作一幅群落垂直剖面示意图，直观地表达群落分层结构。同种植物在不同层次应按层次分别记录。种群数量特征包括多盖度和聚生度，如果需要还应记载生活强度和物候期等。

2)标准样地记录法

是许多美洲大陆生态学家常用的方法(也称小样方法)，其特点是首先用主观的方法选择群落地段，然后在其中随机设置许多小样方，对它们进行调查，由于随机设置的小样方的数量相当多，能较精确的去估计这个群落地段，从而掌握该群落的数量特征。它与典型样地记录法有所不同，常用标准样地记录表和分层调查记录表记录。

第一步：植物群落样地记录总表。选择样地后，首先要对这个样地作一般性的描述，填写一张植物群落记录总表，其中包括：样地编号、日期、植物群落名称、地理位置、地貌类型、表层岩石和地质情况、土壤状况、生境条件等，都与典型样地记录法的样地记录基本相同。

有时需对土壤性状、小气候状况以及周围环境和外在影响等作较详细的记录(表 10-4)。

表 10-4　标准样地记录表（总表）

野外样地号：________总编号：__________样地面积：________日期：________调查人：______

植物群落名称：______________________________

地理位置：______________________________

地貌类型：__________　海拔高度：__________　坡向：__________　坡度：__________

表层岩石和地质情况：______________________________

土壤状况：______________________________

小气候状况：______________________________

周围环境：______________________________

外围影响(包括人类，动物以及自然灾害等)：______________________________

群落结构及群落的一般描述：______________________________

层次	T	T_1	T_2	T_3	S	S_1	S_2	H	G
高度/m									
盖度/%									

(1)土壤状况。记载土壤名称、排水情况、侵蚀情况、地下水位、枯枝落叶层(覆盖百分率、厚度、颜色、分解程度、组成成分等)，如需进行土壤剖面性态的记载，可参考土壤调查手册。

(2)小气候状况。群落内温度、湿度、光照、风速等，如有条件，也应加以测定并和群落外相应记录进行对比。

(3)周围环境。记载群落地段四周的环境情况以及其他的植被类型等，尽可能正确估计周围地区对于谈地段的生境条件及植物群落可能发生的影响。

(4)外在影响包括了解是否经过疏伐、整枝、樵采、烧炭、狩猎、放牧、开矿等人类影响，注意野生动物的活动状况，特别是虫害的存在及影响程度，以及火灾、风灾、冻害、雪压等自然灾害。

(5)群落结构及对群落的一般性描述。群落结构主要是指群落的垂直分层，特别是指同化作用部分所处的高度。分层记录其高度和盖度，当需分亚层时，分别记录亚层高度和盖度。最好作群落垂直剖面示意图，直观地表达群落分层结构，为了资料整理和核对的方便，需画出样地设置示意图。此外，还应大致估计该群落地段的面积、群落结构状况，同时也可对群落生长情况、耐用情况等作概括性的描述。

第二步：植物群落分层调查记录表。填完总表后即可进行分层调查和记录(表 10-5)。对于林木层要求记下每一株树的种名，并进行每木调查。首先需记录样地编号、样地面积、调查日期、调查人、以及群落的垂直分层状况等。在大样方中可设置 4～8 个 10m×10m 的小样方，在其中测量每一株树(高度＞1.5m 或胸高直径＞2.5cm)的下述几个数值，以便通过种在群落中的数量特征，了解种在群落中的作用。

表 10-5　林木层每木调查表

野外样地号：________总编号：________样地面积：________日期：________调查人：________

层高度：T_1________　T_2________　层盖度：T_1________　T_2________

编号	植物名称	高度/m	枝下高/m	胸径/cm	材积/m^3	冠幅/m^2	生活强度	物候期	起源	附注

(1)高度。可用目测或测高器来测量，对大乔木测量的准确度为 1m，小乔木则为 0.5m，有时还要记录枝下高(指自地面到树干上第一个活枝着生处的高度)，它对于采伐利用是很重要的因子，同时也可以从枝下高来推断树木的耐阴性。

(2)枝下高。指主干上的主要分枝距地面的高度。

(3)胸径。测量胸高处的直径。其测量和计算方法前已述及，有时尚需测量基径，一般多测量距地面 30cm 处的直径。测量方法和计算同胸径。在群落学调查中一般只要测量胸径或基径两者之一即可。

(4)冠幅。测定树冠的直径，通常取两个垂直方向的数字。

根据上述调查经过整理计算即可得出每个树种的相对多度、相对显著的和相对频度以及它们的重要值。全部种的重要值之和除以 3，为了使这个数值更易于比较，常对它进行标准化，即将各个种的重要值分别除以 3 得出平均重要值，即重要值的百分数。

对于灌木层和草本地被层的调查，可在调查林木层的大样方内，机械地设置若干个更小的样方，对每个种的多度和盖度进行点数或估测。一般灌木层样方的面积为 2m×2m，草本地被层样方面积为 lm×lm。

灌木层和草本地被层的记录项目，除了样地编号、样地面积、调查日期、调查人、以及垂直分层状况外(对每个小样方还应分层记录层高度和层盖度)，需记录以下内容(表10-6)。

(1)植物名称。登记样方内所有植物名称，尽量不要遗漏，样方外的也要登记(可在种名外加一括号以示区别)。

(2)高度。记录该种植物的最低高度、一般高度(即大多数高度)和最高高度。对于灌木和更新苗木要测量每株的高度。

(3)数量。对于灌木和更新苗木，通过对每株高度的测量最后可以得出总株数。对于草本植物可按种统计株数或丛数，一般调查时可以忽略不计。

(4)盖度。以百分数计的盖度，或按十级制或五级制多度盖度综合级估测。

(5)起源。指植株为实生，或是萌生。

表 10-6　群落分层记录表

野外样地号：______ 总编号：______ 样地面积：______ 日期：______ 调查人：______

样地面积：______

层次名称：______ 高度：______ S_1______ S_2______ 盖度：______ S_1______ S_2

H______ C______ H______ C______

编号	植物名称	高度			数量	多盖度	聚生度	生活强度	物候期	起源	附注
		最低	一般	最高							

其他关于聚生度、生活强度、物候期的记录与典型样地记录法相同。

对于藤本及其他层间(也称层外)植物的记载，基本同灌木层和草本层，可在样方内和林木层、灌木层调查的同时进行，并须记录各种藤本、附生植物攀援或附生在何种树木上。

在对群落进行分层调查时，为了便于野外登记和将来室内查对，要注明各个小样方号，对于不认识的植物也要采集标本并立即编号，以便带回室内进行鉴定。

有了若干个小样方内各个种的多盖度综合级数据就可以算出相对盖度和相对频度。

$$相对盖度\ C(\%) = (某一种的盖度 / 全部种的盖度之和) \times 100\%$$

$$相对频度\ F(\%) = (某一种出现的次数 / 全部种出现的总次数) \times 100\%$$

两者之和也可代表种在样地内的优势程度，除以 2，即可作为“重要值”的百分数。

3)无样地调查(距离测定法)

50 年代以来，在植物群落的研究中提出了许多距离取样法以代替固定面积样方法，这种方法是在被研究的群落地段上随机地选择若干点，测定点与植株之间的距离，推算出种在群落中的数量特征。由于无需设置固定面积的样地，这类方法又称无样地调查。尽管有样地调查界限清楚，数量准确，但往往要花费很长时间框定边界。无样地调查法又称为距离测定法，测点的确定应当是随机的，可在群落地段内设置两个相垂直的坐标线 x、y 上面各取一组随机数字，构成一系列随机点的坐标值，依次进行调查，或者在任意测线上随机决定若干测点。它不需要根据所研究的植被类型不同而调整样方大小，所需的工具、人力都比较少，也比较灵活和使速，因此近年来许多研究者都乐于使用。

距离测定法所依据的原理是：植株在群落中的数量既可以用单位面积内的株数(即密度)来表示，也可以用植株所占面积的大小，也就是平均面积来表示，它等于密度的倒数。既然用平均面积可以说明植物的数量，这就有可能利用植物间的距离作为测定多度的指标。因为有了植株间的距离，就可以对平均面积的密度作出正确的估计。目前所设计的一切距离方法都是根据这个简单的关系，不同的只是在于如何选择要测定的距离，以便正确地反映实际的间隔。

目前使用的距离测定法主要有四种方法：最近个体法、最近毗邻法、随机配对法、中点四分法(图 10-13)。其中以中点四分法应用最广。

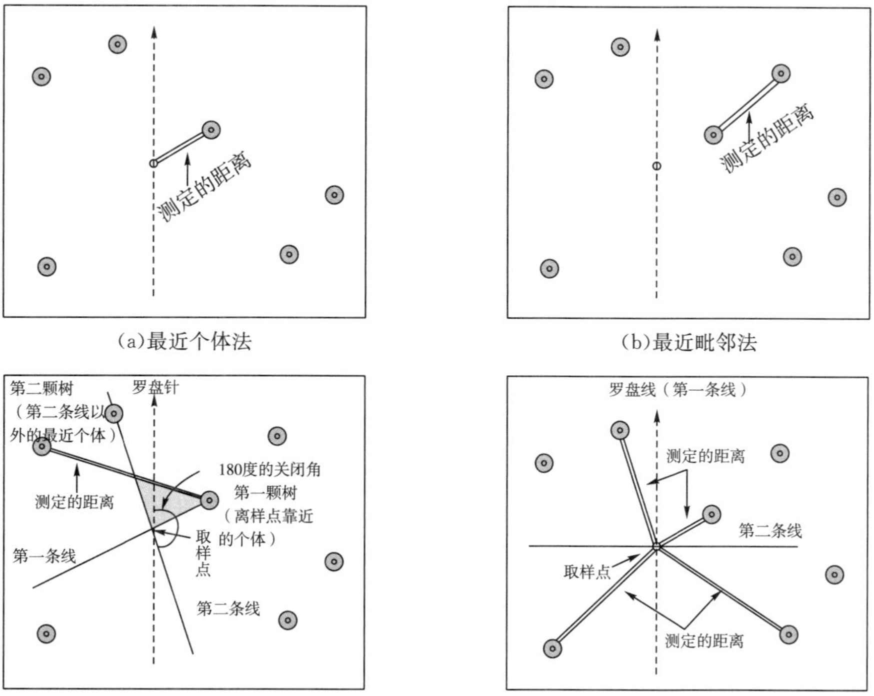

(a)最近个体法　(b)最近毗邻法　(c)随机配对法　(d)中点四分法

图 10-13　四种距离测定法

中点四分法是把每个取样点作为象限中心，通过此点作一条与样线垂直的引线，即可分为四个象限。在每一象限内找一株与取样点距离最近的个体作为取样对象(图 10-14)，分别量取它们与中心点的距离，并按四分法调查记录(表 10-7)。

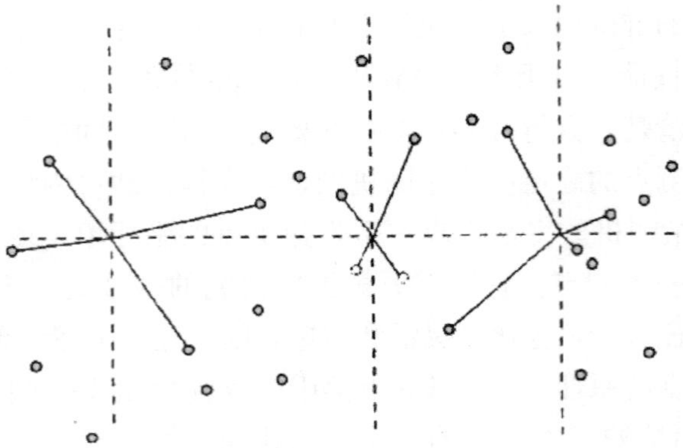

图 10-14　随机点四分法

表 10-7　随机点四分法调查记录表

调查地点：						
群落类型：						
调查者：						
随机点号：	象限	树种或编号	点到树的距离/m	胸径/cm	冠幅/m	生长状况（或高度）
1. ① ② ③ ④						
2. ① ② ③ ④						

最后计算出：

某个种相对密度=(一个种的个体数/所有种的总个体数)×100%

某个种相对优势度=(一个中的优势度/所有种的总优势度)×100%

某个种相对频度=(一个种的频度值/所有种的总频度值)×100%

某个种重要值=相对密度+相对优势度+相对频度

三、动物地理的野外调查和方法

动物包括许多种类群，不同类群的动物野外调查方法也截然不同。因此动物地理的调查方法有很多种，目前常用的方法大致有三类，即鸟类调查、哺乳类调查和土壤动物调查。

1. 鸟类的野外调查方法

鸟类是人类生活中最常见的一大类群，它与人们的生活息息相关，是动物界中飞翔生活的一个类群，具有很强的迁徙能力。鸟类又以婉转动人的鸣叫而引人注意，因此鸟类的野外调查有其自己的特点。主要方法有常见鸟类的野外识别、生物学统计和标本采集制作。

1)常见鸟类的野外识别

在野外快速而准确的鉴别鸟类，是鸟类野外调查的基础，也是一个难点。因此最好的方法是根据形态、羽色、活动姿态和鸣叫等，准确识别鸟类的种类(图 10-15)。

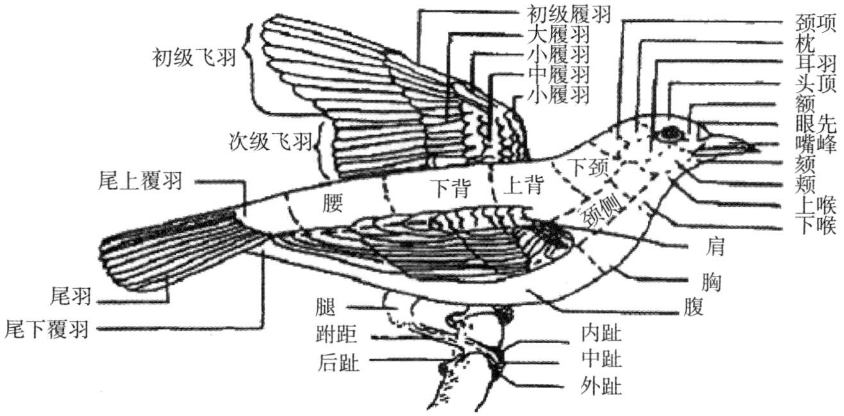

图 10-15　鸟体的外部形态

(1)依据鸟类的形态特征识别。每一种鸟类的体形大小、尾形、喙形、羽毛的颜色等外部形态特征都不同，在鸟类的识别中常常首先依据鸟类的这些外部形态特征对不同的鸟类进行识别(表 10-8)。

表 10-8　依据形态特征识别鸟类

体形大小	大小如麻雀	鹟亚科的大部分、文鸟，燕雀、山雀和金翅
	大小如八哥	鸫类、啄木鸟、画眉
	大小如喜鹊	灰喜鹊、山斑鸠、乌鸦
	大小如鸽	斑鸠、隼、杜鹃
	大小如鸡	环颈雉、棒鸡、黑琴鸡、白鹇
尾形	长尾	喜鹊、鹡鸰、寿带、白鹇、长尾山雀、长尾雉
	尾分叉	燕子、雨燕、燕鸥，鹰、卷尾
	短尾	鹛虎、鹌鹑、苦恶鸟、八色鸫
喙形	长喙	翠鸟、啄木鸟、鹳、鹭、鹤
	喙向下弯曲	太阳鸟、锈脸钩嘴鹛、朱鹳，杓鹬、戴胜
	喙宽短三角形	夜鹰、雨燕、燕子、鹟
羽色	黑色	乌鸦、黑啄木鸟、鸬鹚、噪鹛
	黑白两色	家燕、喜鹊、丹顶鹤、大山雀、白鹇、八哥、燕尾
	灰色	杜鹃、灰卷尾、鹡鸰
	灰白两色	灰山椒鸟、银鸥、白头鹤、白额燕鸥、白胸苦恶鸟
	蓝色为主	三宝鸟、翠鸟、红嘴蓝鹊、蓝鸫、八色鸫、蓝马鸡
	绿色为主	绿啄木鸟、柳莺、红嘴相思鸟、绣跟、绊胸鹦鹉
	黄色为主	黄鹂、金翅、黄腹山雀、黄雀、黄胸鹀、白冠长尾雉
	红色或锈色为主	棕背伯劳、黄腰太阳鸟、栗色黄鹂、红隼、朱背啄木鸟、红腹锦鸡
	褐色或棕色为主	画眉、伯劳、斑鸠、红尾鸦、树莺、雀及鸭、隼、鹬、雉鸡等
	麻雀色	鹳、鸡、鹪鹩，鹏类

(2)依据鸟类生态习性识别。各种鸟类的飞行姿态、停落姿态、栖息层位以及栖息环

境等生态习性都有所不同，在鸟类的识别中也常常利用鸟类的这些生态习性的特征对不同的鸟类进行识别(表 10-9)。

表 10-9　依据飞翔、停落时的姿态和栖息环境识别鸟类

飞行姿态	波浪式	鹡鸰、鹤、燕雀、啄木鸟
	空中兜田返回	扇尾莺、三宝鸟、鹟
	鱼贯式	灰喜鹊、松鸦、红嘴蓝鹊
	滑翔	鹰、鹞、雕
	悬停	蜂鸟、翠鸟
	垂直起落	百灵、云雀
	列队飞行	雁、天鹅及鹤等
栖落姿态	尾上下摆动	伯劳、水鸲、鹡鸰
	尾左右摆动	山鹡鸰
	攀援树干	旋木雀、啄木鸟
	落于水面	雁鸭类、鸥类
	水边行走	鹤、鹳、鹬
栖息层位	草丛间	环颈雉、红胸田鸡、蝗莺
	灌木中	灰头鹀、巨嘴柳莺、蓝歌鸲、短翅树莺、棕头鸦雀
	乔木上	山雀、啄木鸟、黄鹂、杜鹃等
栖息环境	居民点及附近	麻雀、文鸟、家燕、金腰燕
	农田	乌鸦、喜鹊、斑鸠
	林缘灌丛	芦莺、树莺、画眉、鹀类
	落叶阔叶林	黑枕黄鹂、大杜鹃、灰椋鸟、山斑鸠、白眉鹟
	针阔混交林	四声杜鹃、灰喜鹊，三宝鸟
	针叶林	松鸦、星鸦、交嘴雀、旋木雀、榛鸡
	水区	雁鸭类，鹤、鹭、鹳、鸥、鸦、鹬

(3)依据鸟类鸣声的识别。在鸟类的野外观察中一般多借助于望远镜，但由于鸟类总是在飞行，其形态观察比较困难，熟悉鸟类的鸣叫就显得十分重要。繁殖期的鸟类，特别是雄鸟以唱鸣为主，它们几十分钟甚至几小时长期鸣叫，并各具独特韵律，这对隐匿于密林中或远距离鸟类的识别尤为重要。根据鸣叫识别鸟类，再辅以前述的形态和生态习性的特征是鸟类野外调查最常用的方法(表 10-10)。

表 10-10　依据鸟类鸣声的识别

婉转多变	雀形目鸟类：云雀、百灵、画眉、红嘴相思鸟、乌鸦、鹊鸲、八哥、黄鹂
两声一度	大杜鹃、褐柳莺、黑卷尾、锈脸钩嘴鹛、黄腹山雀、白胸苦恶鸟
三声一度	小灰山椒鸟、大山雀、棕颈钩嘴鹛、小鸦鹃、鹰鹃、灰胸竹鸡
四声一度	四声杜鹃、栗头蜂虎、蓝翅八色鸫、风头鹀

续表

五六声一度	小杜鹃、绿鹦嘴鹎、赤胸鸫
八九声一度	棕噪鹛、冠纹柳莺
吹哨声	红翅风头鹃(二声一度长哨声)；山树莺(先一声后二声高亢哨声)
尖细颤抖声	绣眼、翠鸟、小燕尾、黑背燕尾、紫啸鸫
粗厉单调声	野鸡、绿啄木鸟、三宝鸟、大嘴乌鸦、黑脸噪鹛、伯劳

一个区域内鸟类种类有限，一般通过以上方法的灵活运用，相互验证，基本能够准确的识别各种鸟类。如有不能识别的鸟类，可进行捕获，并按形态分类特征，逐条识别或制成标本，请有关专家鉴定(表 10-11)。

表 10-11　鸟类鉴别表

类群名称	属、科	备　注

2)鸟类的数量统计

了解一个地区或一个生境内鸟类的组成和数量状况，有助于分析鸟类的区系特征及变动状况，因此进行鸟类的数量统计尤为重要，主要包括绝对数量和相对数量统计二种方法。

(1)绝对数量统计，是一种样方统计法，这种方法一般在鸟类繁殖期进行。首先在森林中划定一定面积(通常为 50m×50m)，然后逐一搜索和记录样方内的所有鸟巢，每个鸟巢算一对鸟，这样就可以推算出整个调查区的鸟类数量，样方统计法一般按生境进行，也可不同生境进行对比。样方的选择一般具有代表性，样方面积要根据调查区域大小决定。这种数量统计一般较为准确，在生态学研究中更为重要。但耗费的时间和劳动力太多，所以往往运用相对数量统计法。

(2)相对数量统计，是一种路线统计法，也是鸟类野外调查中最常用的方法。以每小时遇见率(或每公里遇见个数)来反映一个调查区或一个生境中鸟类的相对数量，最适用于不同生境(或地区)鸟类数量的对比研究。选择统计路线的原则是尽量均匀地分布于调查区内，并能穿过所有的生境。统计的时间要在鸟类繁殖初期进行，选择鸟类活动的最强时刻进行，并认真填写鸟类统计野外记录(表 10-12)。

表 10-12　鸟类统计野外记录格式

时间：	鸟的种类	生境 时段	生境 时段	……	……
地点：	鸟类Ⅰ：	数量	数量	数量	数量
天气：	鸟类Ⅱ：	数量	数量	数量	数量
路线：	……	……	……	……	……
时段：	……	……	……	……	……

续表

时间：	鸟的种类	生境时段	生境时段	……	……
生物类群类型：	……	……	……	……	……
统计开始时段：	……	……	……	……	……
时段类型Ⅰ：	……	……	……	……	……
时段类型Ⅱ：	……	……	……	……	……
……	……	……	……	……	……
……	……	……	……	……	……
……	……	……	……	……	……
……	……	……	……	……	……
时段结束统计完成					

（左页）　　　　（右页）

在记录的左侧记下统计路线，各生境的简要特征和统计的时间，在右页中将统计时遇到的鸟类数量按不同生境分别记入表中。如同时遇到 2 只以上同种鸟类，可以以阿拉伯数字填入，遇到单只鸟类，则用“正”字的方法记数。

(3)统计整理。鸟类的统计结束后，便可进行鸟类统计整理。通过鸟类种数统计表(表 10-13)，左侧纵行是按数量大小排列鸟类；上行为各生境统计时间；右纵行等级栏中，每小时遇见率 10 只以上为优势种(+++)，1～10 只为常见种(++)，少于 1 只为稀有种(+)。

表 10-13　鸟类种类统计表

生境 / 时间 / 种类	生境Ⅰ	生境Ⅱ	……	……	……	……	等级
	……	……	……	……	……	……	
种类 1	……	……	……	……	……	……	+++
种类 2	……	……	……	……	……	……	……
……	……	……	……	……	……	……	……
……	……	……	……	……	……	……	……
……	……	……	……	……	……	……	……
……	……	……	……	……	……	……	……
……	……	……	……	……	……	……	……
合计							

此表格便是鸟类地理野外调查的最重要成果。它不仅反映了调查区内鸟类的分布特征，同时也是鸟类资源和区系研究的基础性资料。

3)鸟类标本的采集

鸟类标本的采集与制作，是野外调查的一项重要工作。但采集与制作必须有目的，不能追求数量，更不能凭兴趣乱捕乱猎。对国家保护的鸟类要严禁捕杀，否则不但达不到野外调查的目的，反而造成了对鸟类资源的破坏。采集鸟类应安排在野外调查的后期，以免影响对鸟类种类、数量、生活习性和活动规律的观察。对一些稀有种类，要充分认识，准确统计，认真观察。在做完数量统计之后，再进行捕采。采集鸟类标本要遵守国家及地方政府的法律与规定。如有特殊需要，在征得相关部门的许可后可以有限制地用猎枪采集一些鸟类标本。

(1)采集地点的考察。采集鸟类标本首先要对采集地的生境状况进行调查，由于鸟的生态习性不同，各种生境中分布着不同类型的鸟群，不同的鸟类需要使用不同的采集方法，通常按生境将鸟类分为六种类群(唐子英等，1985)：森木鸟类、草原荒漠鸟类、水栖鸟类、湿地鸟类、农田或居民鸟类及夜行性鸟类。

(2)采集工具。鸟类标本采集工具包括网、铗和猎枪等。目前猎枪是政府禁止使用的猎具，鸟类的采集主要是用网、铗等工具。

①张网，长方形，网眼的大小、网线的粗细都因捕获对象而不同。一般捕捉小型鸟类的网眼直径多为1.8cm，网的长度为3～5m不等，宽(高)度为1.5m。在网的上下两边及中部贯以较长的绳索，用来张挂(图10-16)。只需将网张开系在两根有相应距离的竹竿(或树干)上即可。布网多在林地边缘或林间空地，可人为地朝着布网方向哄赶鸟群。或者在网下撒一些诱饵来引诱鸟群，当隐蔽的采集者发现鸟群进入网区时，迅速拉动绳索，使网倒下。

②挂网，挂网又名粘网(图10-17)，长2～5m，宽0.8～1.5m，网眼较小，具有用来张挂的边框。挂网常被用来采集山区的小型鸟类，使用时，只需将网张挂在树上，或安插在草丛中，该网能缠住进入的鸟。如果使用媒鸟，捕捉效果更佳。记住，要定期检查网具，以避免被捕鸟不被猛禽、猛兽或蚂蚁等伤害而损坏需要的活体标本。挂网适合用来捕捉黄鹂、画眉、蓝翡翠等多种山区林地鸟类。

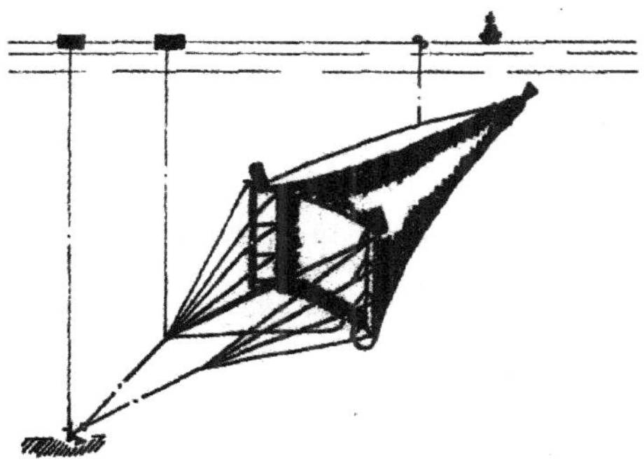

图10-16　张网(唐子英，1985)

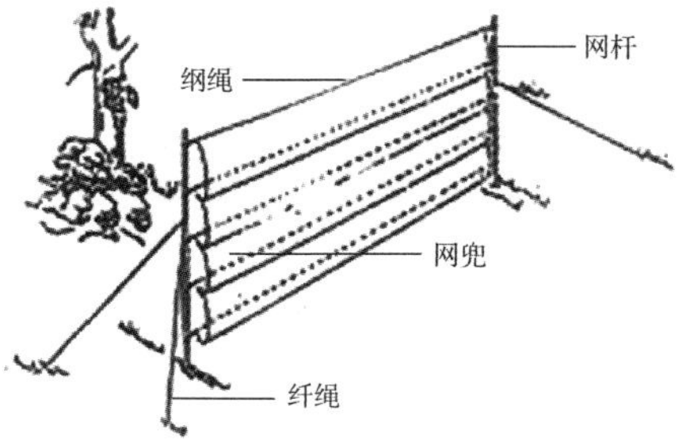

图10-17　挂网(唐子英，1985)

③锥形网，锥形网多用来捕捉鹑类、雉类等走禽。它包括一个锥形长筒和两扇翼。筒是由多个直径递减的金属或柳条做成的环撑起来的。筒口直径500～100cm，筒长20～50m，翼高略大于筒的直径，展开长20～50m。锥形网的布设地点要求网前是开阔的空地，网后是灌丛。布设方法是将筒展开、拉直(也可弯曲)，用绳固定在钉在土里的木桩上，然后撒将两翼展开。布好网之后，开始哄赶鸟，使它们朝着布网的方向移动。为了增加捕捉成功率，你也可以投放诱饵或使用媒鸟。

④铗具，钢丝铗的结构简单，根据自己的需要可以制作各种型号的钢丝铗，钢丝铗的布放相当灵活，可以布放在斜叉的树干上，也可以布放在屋顶或地面上。

⑤套子，套子是最经济的采集鸟类的工具，用竹竿制作一个三角形、方形、圆形或者就是一根棍子，每间隔一段距离在上面固定一个用尼龙线或细金属丝制作的活扣套子。用套子采集标本要使用诱饵，并要选择合适的地形面放。

⑥其他采集方法，主要包括射猎和毒杀，射猎是用猎枪采集鸟类，而毒杀是在诱饵中掺入毒杀药剂，然后撒在鸟类经常取食的地方捕捉鸟类。这两种方法由于危害和毒害较大一般不常用。

(3)鸟类标本的采集记录。最后为标本建立一张卡片或标签，写上标本的信息以及标本采集的情况。标本自身信息通常包括性别、体长、体重和性腺发育情况等，标本采集记录表一般包括采集者、采集时间、采集地点和生境特征等内容(表 10-14)。

表 10-14　采集记录表

序号：	采集日期：	采集地：	
海拔：	湿度：	经纬度：	
气温：	植被类型：		
生活习性及特征：			
学名：	中文名：	英文名：	采集人：

2. 哺乳类调查方法

哺乳类又称为兽类也是动物界最高级类群，其生态类型多样，适应范围广泛。哺乳动物中毛皮兽有较高的经济价值，它们与鸟类相比有较稳定的活动区域，但随着人类的活动，许多大型兽类现在已很难见到，而小型兽类(特别是啮齿类数量不断增加)，已成为多种生境常见种和优势种。所以进行陆栖兽类生物地理的野外调查，应结合鼠害，以小型兽类为对象。

1)哺乳动物的种类识别

哺乳动物的种类识别方法较多，但野外的识别大致可分为三种：

(1)直接识别，哺乳动物的毛色和身体大小的差异一般能将哺乳类特别是大、中型哺乳类动物识别到属或科，加上一些特殊形态的特征，便可准确地鉴定到属或种。

(2)捕捉识别，这是最有效、最准确的识别方法(对小型兽类的识别最为重要)。其常用的方法是用铗子诱捕，铗子一般有踩铗和板铗两种。踩铗多捕大、中型兽类，多设于野兽踩出的小路上；板铗以捕小型兽类为主。猎物捕捉后便可依分类特征进行鉴别。一般兽类的识别主要依据头骨和牙齿。

(3)其他识别，根据巢穴、洞穴的位置与形状、足迹、残留的粪便、毛发，以及啃咬东西留下的痕迹等等，作为识别动物种类的依据。

2)哺乳动物的数量统计

(1)小型兽类数量统计方法有三种：①铗日法，是目前应用最广的一种方法，也是森林地区最实用的一种方法，这种方法需要在调查地区选择一定的地点，沿直线或弧线每隔 10m 左右下一排铗子(每排铗子最好是 50 盘)，然后计算出单位面积的捕捉量；②样地法，是在固定的面积内安放铗子进行统计，这种方法对于草原和田地中体形较大啮齿类动物比较合适，但这种方法不能提供较准确的数据；③谷垛统计法，这种方法适于田间堆放谷物的地区统计鼠类，而且在晚秋初冬摄为合适，一般先划定一定的面积，将该范围内的谷物堆搬开，捕尽下面栖息的鼠类，由此数量便可算出单位面积鼠的数量。

(2)大型兽类数量统计方法，大型兽类活动范围广，单位面积个体数量少，除了在开阔地区对集群兽类进行航空摄影外，直接统计比较困难。最常用的调查方法就是利用动物产品的收购记录来估计动物的数量。对一个地区动物毛皮收购站的调查可以了解到该地区(一般以行政区为界)毛皮兽的种类与数量状况。多年的记录则可以反映兽类的数量变动状况。对各月的记载能看出兽类出现的次数，这些资料对保护与利用毛皮兽资源甚为重要。利用这些资料经分析整理可以绘制成在一定时期的兽类数量分布图。

3. 土壤动物地理野外调查方法

土壤动物是一种特殊的生物类群，它是土壤形成和生态系统物质转化的重要的生物物种。土壤动物涉及的门类很广泛，调查研究土壤动物，对于了解生物群落的种类组成、数量状况以及生态地理规律有着举足轻重的作用。特别是近年来在生物地理学的小尺度研究方面表现尤为突出，可以说土壤动物的地理调查方法日趋成熟，大致可分为两种调查方法。

1)大型土壤动物的调查

所谓大型土壤动物，是指用肉眼能够见到的一类土壤动物，如蚯蚓、蜈蚣、马陆、步行虫、昆虫幼虫、蜘蛛等。

(1)采集工具。大型土壤动物的采集不需要特殊的设备，一般需要铁锹、切土刀、枝剪、钢卷尺、样方框(用筷子和细绳制成边长 50cm 的样方框)、塑料袋、方瓷盘、镊子、吸虫管、筛子、酒精瓶(内盛 80%酒精)、土壤环境调查表、笔记本和铅笔等。

(2)地点的选定。根据目的不同，如果是在森林里，首先注意乔木和林下植物，选择比较平坦的典型地段，并且避开斜坡、洼地、小丘等，也不要选在岩石、倒木、树根或蚁巢附近。选好后注意不要在样地上走动。

(3)样地设置。土样采集在同样的地点一般要设 50×50cm 或 25×25cm 的正方形样地 2～3 个，用切土刀切断四边的落叶层，然后用小铁锹挖取样地内的土壤装到塑料袋内。通常挖 20cm 深，应把枯枝落叶层和土壤层分开分别装入袋内保存。如遇有大石头埋藏或粗根横穿，应换个地力再挖，野外记录如果选好了地点，就要先记载在那里的植被，尽量记出乔木层、灌木层、草本层(林下植物)的种类和多度，然后再记载调查时的天气、开始的时间等。如果现场鉴定不出植物名，可以把植物的枝叶和花带回去查检索表。

(4)动物的拾取。可在林内明亮的空地或林子附近的道路上拾取动物。首先把镊子、吸虫管和酒精瓶准备好，从塑料袋中取出一部分土或落叶放入筛中，在方瓷盘上筛。然后仔细检查落到盘子上的细土和落叶碎片，用镊子或吸虫管从中采集肉眼能看到的动物，装入酒精瓶中。检查完了把土扔掉，再把筛子上剩下的粗土和落叶倒在盘中，拣出其中的动物，如此反复筛捡，直到把塑料袋中的土壤材料筛完为止。这样做通常需要一个小时以上，要注意以同样的精度贯穿始终。

(5)室内分析。把野外采回来的浸泡在酒精瓶中的动物，倒在培养皿里，大的用眼观察，稍小的放在实体显微镜下检查，并记录各个种的个体数量。然后换算成 $1m^2$ 的个体数。如果称重量计算生物量时，也要换算成 g/m^2。

2)中、小型土壤动物的调查

所谓中、小形土壤动物，是指肉眼不能够见到的一类较小型土壤动物。一般使用 Tullgren 分离器(干漏斗)来提取，如螨类、跳虫、镰足虫、拟蝎、长小虫、综合类、少足类、蓟马、小蜘蛛、半翅类和蚁类等都可以采到。也可以提取到小形蜈蚣和马陆、小形昆虫幼虫、端足类、等足类以及少部分线虫和线蚓。而对于线蚓、线虫、桡足类、涡虫等，通常则是用 Baecmann 分离器(湿漏斗)来分离提取。

(1)野外采样。一般用 Tullgren 分离器的采样，可以用方形小铁罐或土壤容重器(环刀)来取土，按每 5cm 深进行，也可按土壤发生层采样。采样的数目，有的每层取 1 个；有的第一层取 5 个，第二层取 3 个，第三层取一个；也有的各层皆取 4 个。无论取多少，必须各个样地都一致，以便统计数量时，能有统一的标准。

(2)种类识别。对于采到动物的分类鉴定，如果有好的检索表和图鉴，可以鉴定到科或种。但大多数土壤动物的鉴定是比较困难的，其中不少是幼体，鉴定更困难。现在经常使用的土壤动物检索表，一般能鉴定到目、科、属、种。但有时候在特定区域有时一些种类难以区分，必要时可请专家协助鉴定。

(3)室内分析。根据土壤生物地理的各项生态指数进行相关分析，从而了解区域内土壤动物的种类组成和个体数。

第三节　植物标本的制作方法

一、植物浸制标本制作

1. 植物整体和局部浸制标本

适于浸制标本的植物材料有大多数藻类，较大型的菌类，少数苔藓植物，小型蕨类，小型种子植物以及种子植物的花、果实等，其制作过程可为三步。

(1)整理，选择较新鲜的材料洗净，适当剪掉一些分枝、叶子，剪掉变色变质部分，然后晾干。

(2)浸泡，选择合适的标本瓶刷净晾干，倒入相应的较高浓度的标本浸泡液，如 5～10%福尔马林。投入材料，但材料体积一般不超过浸泡液容量的 1/3～2/3。过一段时间发现有混浊出现，再换浓度较低(如 5%福尔马林)的浸泡液长期保存。

(3)保存，浸泡处理完后，盖好标本瓶盖，瓶口用石蜡或凡士林封严，最后贴上标签，写上科名、学名、俗名、采集地点、采集日期及采集人等。

2. 植物原色浸制标本

植物的叶、花、果实，甚至某些块根、块茎具有各种不同的颜色，如果制成一般的浸制标本，时间一长则变成黄褐色。所以欲保持原色，须制成原色浸制标本。

1)植物绿色原色标本

方法一：醋酸铜、醋酸液处理浸制法。

配方：醋酸铜的醋酸饱和液 20ml、蒸馏水 80ml。

将以上溶液按比例混合，放入材料，加热。开始时标本渐渐变为黄绿色，继续加热，标本呈现绿色，至原有的色泽重现时，即停止加热，并将标本取出用清水漂洗，洗后将标本放在5%福尔马林液中保存。浸制绿叶标本时，加热时间的长短，依叶的厚薄软硬等而有所不同，普通叶约为10～30min。这种方法手续较繁，但制出的标本颜色鲜明，并可长期保存不坏。所以菌类植物的幼苗、一般蔬菜叶子及茎叶标本，都可用此法保存。

方法二：硫酸铜液处理浸制法(具体做法有二)。

(1)取3%硫酸铜水溶液若干毫升，放在酒精灯上徐徐加热至80℃时，将绿色植物标本浸入，标本慢慢变为褐色，继续加热，后又恢复绿色，至标本的颜色和原来的色泽相仿时，取出用清水漂洗，然后浸入5%福尔马林中保存，标本的绿色经久不褪。此法浸制蕨类植物和种子植物的茎叶均适宜。

(2)配方：硫酸铜饱和水溶液750ml、福尔马林50ml、水250ml。

将标本放入此液中8～14d，取出用水揉洗，然后浸入4%～5%福尔马林中保存。此法手续较为简单，而且许多不能加热或表面附有蜡质不易浸制及着色的标本，例如四叶萍，菠菜、绿色的苹果及梨等，采用此法较好。

方法三：硫酸铜、亚硫酸液浸制法。

先将标本在5%硫酸铜水溶液中浸6～24h，取出用清水漂洗数小时，然后保存于1.5%亚硫酸液中。

亚硫酸液亦可用浓硫酸20ml加1000ml水稀释，然后加入亚硫酸钠16g配成。此法保存绿色的叶子、棉铃及葡萄等效果均很好。

方法四：氯化铜、甘油浸渍液浸制法。

配方：氰化铜100g、甘油25ml、福尔马林50ml、冰醋酸25ml、50%酒精800ml。

较薄而嫩的绿色标本，浸入上述溶液中，数日后便可获得所需的绿色，然后放入保存液中保存。

2)植物的红色原色标本

方法一：硼酸、福尔马林、酒精液浸制法。

配方：硼酸粉末45g、福尔马林30ml、70%～90%酒精200ml、水2000L。

配制时，取硼酸粉末溶于水中，不停搅拌，全部溶解后，加入酒精和福尔马林。若混浊不清，可静置待其澄清后使用。将果实洗净后用注射器注入少量浸泡液，然后浸泡在这种溶液中。此液能保存红色的苹果、番茄及枣等标本。若将福尔马林量减少，对保存粉红色的标本更有效。

方法二：硼酸、福尔马林液处理浸制法。

配方：硼酸3g、福尔马林4ml、水400ml。

浸制前先将标本放在硼酸、福尔马林浸泡液内固定，固定时间，因果皮颜色的深浅面不同，原则上红色变成深褐色后再取出。一般杏和桃固定1～3d。果实取出后，立即放入保存液中保存。保存液的配方为：亚硫酸15～20ml、硼酸少许(约0.2%左右)，水1000ml。保存液的浓度，视标本的色泽深浅而定。若将保存液的浓度配得过高，则果皮红色易于消失。此法浸制红色的桃和杏效果很好。

3)植物的黑色、紫色原色标本

方法一：砷汞、甘油混制法。

配方：砷汞 1g、甘油少许、蒸馏水 1000ml。

配制时先将砷汞放入蒸馏水中溶解，再加甘油少许。此法可用来浸制紫色的标本，如暗紫色的葡萄等。

方法二：福尔马林、酒精浸制法。

配方：福尔马林 45ml、乙酸 280ml、蒸馏水 2000ml。

混合后静置使其沉淀，吸取上层使用(下层沉淀过滤后亦可使用)。此液适用于浸制深褐色的梨、黑紫色的葡萄等果实。

方法三：食盐、福尔马林液浸制法。

配方：饱和食盐水溶液 100ml、福尔马林 50ml、蒸馏水 270ml。

混合后过滤即可使用。此液浸制紫红、黑色和紫色的葡萄等标本，可保持鲜明色彩三年以上。

4)植物的黄色原色标本

有些植物的花或果呈黄色，是由于其中含有类胡萝卜素和叶黄素。前者使植物呈现橙黄色，后者使植物显黄色。它们都不溶于水，性质稳定，所以黄色保鲜标本较易制作。

方法一：亚硫酸 100ml、95%酒精 100ml、水 800ml。

配制时先将亚硫酸溶解于水中，然后加入酒精，待其澄清后使用。此法适于浸制黄绿色的杏、葡萄、梨和黄色的番茄等标本。若浸制淡绿色的果实，可在每 1000ml 浸泡液中加入 2～3g 硫酸铜使浸泡液呈淡蓝色后使用。

方法二：亚硫酸水溶液浸制法。

配方：亚硫酸 40ml、水 960ml。

此法适宜浸制绿色或黄绿色的葡萄、桃、杏和黄色的番茄、杏、柿等。浸制柑桔类标本亦可应用。浸制黄色的梨，将浓度稍提高，则效果较佳。浸制淡绿色的果实时，可在每 1000ml 浸制液中加入 2～3g 硫硫酸铜。

5)植物的白色或淡绿色保存标本

方法一：氯化锌 33g、95%酒精 125ml、水 1000ml。

配制时先把氯化锌溶解在水中，再加入酒精，静置后取上清液使用。此法适于白色花朵和淡绿色果实。

方法二：氯化锌、福尔马林、甘油混制法。

配方：氯化锌 200g、福尔马林 100ml、甘油 100ml、水 400ml。

溶解后静置沉淀。取上清液使用。此法也适用于白色花朵和淡绿色果实。

6)藻菌植物原色标本

(1)绿藻植物原色标本制作法。先配制福尔马林－乙醇保存液。配方：福尔马林 10ml、95%乙醇 30ml、水 60ml。将一部分保存液加硫酸铜至饱和，然后把藻类放入其中。数日后，绿藻呈现原色，取出标本浸入无硫酸铜的福尔马林、酒精保存液中保存。

(2)真菌原色标本制作法。

①真菌色素不溶于水者，如木耳、鸟巢菌等可取新鲜标本保存于下列溶液中。配方一：硫酸锌 25g、福尔马林 10ml、水 1000ml。配方二：醋酸汞 10g、冰醋酸 5ml、

水 1000ml。

②真菌色素溶于水者，如鬼笔、竹笋等可将新鲜标本保存于下列溶液中。配方：醋酸汞 1g、中性醋酸铅 10g、冰醋酸 10ml、95%酒精 1000ml。

标本放入保存液后，应随即将盖盖好，并用石蜡(可掺入少量松香以增加粘性)密口，并在瓶的外壁贴上标签。然后将封好的标本瓶置于室温较低、无强光照射的陈列柜中保存。

二、植物干制标本制作

大多数植物材料都可制成干制标本来保存。干制标本的优点是易于制作，不受容器、试剂的限制；便于保存，占据空间较少；易于运输，可以叠放。

1. 一般腊叶标本制作

植物腊叶标本主要适用于种子植物和蕨类植物，也适用于部分苔藓、地衣、菌类、藻类植物。其制作的基本步骤是：采集、整理、压制、换纸、消毒、上台纸。

(1)整理。采回的标本首先应进行整理，较大的材料要根据台纸的大小，把过多过长的枝叶剪掉，过长的草本植物可折成“V”或“N”字形，再大时可截取根、茎中部(带叶)、茎上部(带叶、花和果)三段压制，但三部分均应系上相同的采集号码牌，大型叶(单子叶)应由叶脉一侧约剪去一半(留叶尖和叶基)，大型羽状复叶可将叶轴一侧小叶剪去，但先端的小叶不能剪。每种标本都要有少数叶片背面朝上，以便对叶片作两面观察。叶子不能重叠，多者可剪掉，但要留叶柄，以观察叶子着生情况。肉质多汁叶、根、块茎、鳞茎等先用沸水烫死，再切成薄片压入夹中，否则不易压制。花应展开，以便看到内部结构。大的果实要切成薄片再压。

(2)压制。整理好的标本逐份夹入标本夹中。具体方法如下：打开标本夹，有绳的一扇平放着做底，上面放 5 张吸水草纸，然后放入第一份标本，再盖上两三层草纸，以后每放一标本就盖两三层草纸，这样反复到最后一位，再盖 5 张草纸，然后将另一扇夹板放在上面，尽量压紧标本绑牢夹板。

(3)换纸。换纸关系到标本质量的好坏，换纸越勤，标本干得越快，原色就保存得越好，标本压入的头两三天，每天换纸 2～3 次，以后可每一两天换一次纸，每次换下来的潮湿纸，要及时晒干或烘干，以供继续使用。第一次换纸时，要用摄子整理每一朵花，每一片叶，凡是有折叠的部分都要展开。换纸过程中脱落的叶、花、果以及蕨类植物的孢子、鳞毛等都应仔细装入纸袋，编上统一号码，单独存放。

(4)消毒。干制后的标本常有害虫和虫卵，必须进行消毒，以防止虫蛀。消毒的方法有两种：一种是将标本放在置有剧毒药物的密封铁箱内进行熏杀消毒，时间约 3 天；另一种是用升汞酒精液消毒。具体做法是：在方瓷盘内倒入 1%左右的升汞溶液(用 95%酒精配制)，在另一方盘内放入要消毒的腊叶标本，用刷子粘一点升汞酒精溶液涂在标本上(两面都要涂)，然后将标本再夹入标本夹内，干后便可上台纸了。

(5)上台纸。承托腊叶标本的白板纸，称作台纸。将腊叶标本按自然状态摆在台纸上，注意在台纸右下角和左上角留出一些空间，以备贴标本名签和野外记录的复写单。然后固定标本，固定方法有 3 种：①订线适于枝条粗硬的标本，用针引线，从粗的茎或粗的叶柄基部两侧穿过作套勒紧，再将线两端于台纸背面打结，然后用小块纸片粘贴线结压平；②纸条固定用小刀在茎或粗大的叶柄两侧的台纸上左右各切一纵口，再把细白纸条从该纵口穿入，同时用手在台纸背面捏住纸条两端轻轻拉紧，然后用胶水粘在台纸的背面；③纸条贴压适于枝条纤细的标本。把细纸条压在茎或粗大的叶柄上，两端涂抹浆糊，分别粘在台纸上；固定完毕还要贴上名签和记录的复写单(表 10-15)。

如有脱落下来的花、果、种子、叶、孢子、鳞片等应将收集到纸袋贴在同一标本台纸的右上角，袋上要注明同一标本的采集号，为了防止标本磨损，最后还需在台纸上面贴上盖纸(一般为半透明的油光纸)，这样一份腊叶标本就制成了。

表 10-15　植物标本签

编号：	中文名：	科名：
拉丁名：		
产地：		
采集人：	采集日期：	年　月　日
鉴定人：		

2. 原色腊叶标本制作

普通腊叶标本制作方法压制的腊叶标本，它的颜色几乎全是一种枯黄色或黄褐色，花朵同样也失去美丽的色泽。此外，若在压制的过程中不及时换纸或遇到下雨、潮湿的天气，标本可能发生霉烂，发出腐臭的气味。要想保持植物的原色，只有使标本快干，尽快地使细胞失去水份，抑制酶的活性，使植物的呼吸作用停止，这样细胞中的叶绿素 a、叶绿素 b、叶黄素、胡萝卜素等色素不致被破坏。具体做法如下所述。

(1)在普通标本夹的底板上先垫上两叠草纸，在草纸上均匀地撒上一层脱水的硅胶粉末，粉末上放一些草纸，草纸上放一份标本(注意：勿使硅胶粉末直接与植物标本接触)。在标本上再放一迭草纸，然后再放一层脱水的硅胶粉末，粉末上面放一叠草纸，再放一份标本，如此层层放置，每副标本夹可放十份标本，不宜过多。最后，用绳子把标本夹相好，平放在烘箱中，烘箱的温度一般在 40～50℃为宜。

(2)两小时后，把标本夹从烘箱中取出，此时标本夹中的脱水硅胶已经充分吸收了植物标本中的水份，变成了白色，同时草纸也吸收了一部分水份，因此，需要更换硅胶粉末和草纸。如果标本含水比较多或比较潮湿，烘烤时就要缩短换纸换胶的时间。换纸后再放进烘箱中。2～3h 取出，再更换草纸和硅胶，如此连续 4～5 次，使标本充分干燥，就可以进行消毒和上台纸。(注：每次换下的硅胶和纸，集中到一起烘干、脱水后可反复使用)。

(3)消毒，制作原色腊叶标本同样要进行消毒。常用的消毒剂是硫化碳(CS_2)和四氯化碳(CCl_4。)的混合剂(比例为 3∶2)，靠其自行挥发将虫卵杀死。将箱柜密闭 48h 即可。上台纸，方法同普通腊叶标本。

第四节　动物标本的制作方法

一、动物液浸标本制作

动物整体液浸标本是一种保持外形的标本，因此该类标本制作的关键是取材完整、整形自然、选择合适的固定和保存液。本节主要介绍常用的几种动物液浸标本的制作方法。

1. *腔肠动物*

(1)水螅类。小型水螅类(如淡水水螅)可将其放入盛有少量水的表面皿内，待虫体充分伸展且触手伸出时，用吸管吸取加热的10%福尔马林液(加少许冰醋酸)，从其固着的基部由后向前急速喷射使之固定。然后用50%乙醇处理2～4h，取出标本后将其连同水草用胶粘剂贴在一玻璃片上，保存于70%乙醇中。体型较大的水螅类(如薮枝螅等)可先用硫酸镁麻醉，方法是：将动物放入盛有海水的容器内，待虫体充分伸展成生活状态后，在海水中放入包有硫酸镁的纱布袋，麻醉虫体至触手不再收缩时，用50%酒精杀死固定4～6h，最后保存于70%酒精中。

(2)海葵类。将海葵口盘端朝上放入盛有海水的容器内，待其充分伸展后用薄荷脑或硫酸镁麻醉，再用5%福尔马林液固定1～2d，体型较大种类还需从口道沟注射高浓度的福尔马林液至胃腔，最后保存于5%福尔马林液中。

(3)水母类。制作方法基本上同海葵类。

2. *扁形动物*

涡虫。将动物放入盛有少量水的培养皿内，待虫体充分伸展后，用薄荷脑逐渐麻醉。再用7%福尔马林液杀死固定5～10min，然后在虫体上盖一层滤纸，压2片载玻片。lh后取出虫体，保存于5%福尔马林液中。

3. *环节动物*

(1)蚯蚓。制作前2～3d让其停食，以排尽消化道内含物。将蚯蚓用水冲洗后，放入盛有清水的容器内，慢慢滴入95%乙醇使其浓度逐渐达到10%左右。待蚯蚓完全麻醉后置于玻璃片上整形并绑缚，然后移入50%乙醇中杀死，并固定1～2d，最后保存于10%福尔马林液中。

(2)水蛭。将水蛭置于盛有清水的容器内，逐渐加入碳酸钠粉末使溶液浓度达到30%左右。待水蛭完全麻醉后置于玻璃片上整形并绑缚，然后移入5%福尔马林液中杀死，固定1d，最后保存于加入少量甘油的5%福尔马林液中。

(3)海生环节动物。各种海生环节动物液浸标本制作方法大体一致，在盛有海水的容器内放入动物，待虫体恢复其生活状态后，用薄荷脑麻醉。麻醉后的虫体整形后用7%福尔马林液杀死，并固定1d，最后保存于5%福尔马林液中。

4. *软体动物*

软体动物中的瓣鳃类和腹足类大多体外具贝壳。贝壳较薄的软体动物宜用乙醇固定并保存，而贝壳较厚的软体动物可任选乙醇或福尔马林液固定、保存。

(1)腹足类。小型种类可置于盛满凉开水的有盖容器内，密闭1～2d使其窒息而死，此时可见其头部与足部伸出壳口。大型种类可用清水漫漫加热至40～50℃闷死。闷死后的腹足类用10%福尔马林液或70%乙醇固定1d。若是体型很大的种类，其足部尚需注射适量固定液，最后保存于5%福尔马林液或已加入少量甘油的70%乙醇中。

(2)瓣鳃类。有壳瓣鳃类可用40～50℃温水麻醉，待贝壳张开后，在壳间插入一小木棒以撑开贝壳，然后用10%福尔马林液或70%乙醇杀死，并固定2～3d，最后保存于5%福尔马林液或已加入少量甘油的70%乙醇中。

(3)头足类。头足类动物用10%福尔马林液或70%乙醇杀死，并固定5～7d，保存于90%乙醇和5%福尔马林液(7∶3)的混合液中，并加少量甘油。

5. *节肢动物*

(1)虾、蟹类。这两类动物可用5%～10%乙醇麻醉，整形后用70%乙醇或10%福尔马林液杀死，并固定5～7d，保存于加入有少量甘油的70%乙醇或10%福尔马林液中。寄居蟹的液浸标本制作基本同上法，不同之处是需将蟹体前端部分稍稍引出螺壳口，或将柔软的蟹体全部引出螺壳，缚于玻璃片上，与螺壳共同浸渍于保存液中。

(2)蛛形类。用70%乙醇杀死，并固定2～3d。整形后，保存于70%乙醇中。

(3)多足类。制作方法同蛛形类，但有些种类(如花蚰蜒)由于其足易脱落，故宜用90%乙醇迅速处死。

(4)昆虫类。昆虫幼虫在制作标本前需停食数日，待其排尽肠道内容物后，放入盛有90℃热水的有盖容器中处理2～10min(视虫体大小及表皮性质而定)，其目的是利用热水和蒸气使致死后的虫体伸直，以保持其外形。然后取出虫体，用50%～70%乙醇固定1～2d，最后保存于70%乙醇或5%～10%福尔马林液中。昆虫卵的液浸标本制作和保存方法同幼虫。

6. *棘皮动物*

棘皮动物中大多数种类固定前需麻醉，其中海燕、海星、海胆类棘皮动物可用海水配制成的40%硫酸镁溶液使之麻醉，然后用30%福尔马林液固定。为使固定充分，可从海胆的围口膜处向体内注射适量的30%福尔马林液，海燕、海星则可在腹面步带沟处朝水管系统内注入适量的30%福尔马林液，直至管足充满液体竖起为止，最后保存于10%福尔马林液中。海参类棘皮动物可用冰片麻醉，然后移入50%冰醋酸中处理1min，经70%乙醇固定5～7d。最后保存于加入少量甘油的70%乙醇中。阳遂足类棘皮动物可直接用70%乙醇杀死，整形后移入到5%福尔马林中固定2～3d，然后，保存于10%福尔马林液中。

7. *脊椎动物*

脊椎动物中适用于浸制标本的种类主要有鱼类、两栖类及爬行类。它们的制作方法与前面的方法基本相似，主要差异在于整姿。整姿时，一方面要根据它们各自的生态特点，另一方面也要考虑到容器的限制，尽量减少标本所占据的空间。

二、动物剥制标本制作

动物剥制标本是一种利用动物皮张制成的动物标本，适用于大部分脊椎动物，尤其是鸟类和哺乳类。

1. 常用防腐剂和化学物品

1)常用防腐剂

防腐剂具有防止动物皮毛腐烂和受虫害侵袭的作用。其配方有多种，其中含砷防腐剂由于其防腐效果好，标本保存时间长，在剥制标本制作中得到广泛应用。鉴于砷是剧毒物质，一般在购买、配制、使用和保管上通常会受到一定的限制。除含砷防腐剂外，特介绍几种有较好防腐功能的无砷防腐剂，供制作者酌情选择。

(1)三氧化二砷防腐膏。配方：三氧化二砷 50g、普通肥皂 40g、樟脑 10g、水 100ml、甘油少许。取肥皂切成薄片，然后注入水，水浴加热，使之融化，加入三氧化二砷及研磨成粉末状的樟脑搅拌溶解后加入甘油，冷却后呈糊状。使用时若觉太稠，可加适量温水调稀。主要用于鸟类剥制标本的制作。

(2)无砷防腐膏。配方：冰片 11g、95%乙醇 20ml、苯酚 1ml、聚乙烯醇 4g、新洁尔灭 3g、水 70ml。将聚乙烯醇用 20ml 水发透，水浴加热，使之透明。取冰片溶于 95%乙醇中，加入苯酚、新洁尔灭和 50ml 热水，最后，缓缓加入聚乙烯醇液，搅拌均匀后即成透明稀糊状。适用于各种脊椎动物剥制标本的制作。

(3)三氧化二砷防腐粉。配方：三氧化二砷 20g、明矾(硫酸铝钾)70g、樟脑 10g。将明矾、樟脑研磨成粉末后与三氧化二砷混匀。适用于鱼类、两栖类、爬行类类和哺乳类剥制标本的制作。

(4)无砷防腐粉。配方：硼酸 50g、明矾 30g、樟脑 20g。将明矾、樟脑研磨成粉末后与三氧化二钾混匀。适用于鱼类、两栖类、爬行类和哺乳类剥制标本的制作，尤其适用于哺乳动物皮毛的临时防腐处理。

2)其他常用化学物品：酚醛清漆、松香水、乙醚、白胶(聚醋酸乙烯)、各色油漆及颜料和石膏粉。

2. 常用材料和器具

(1)铅丝，用于制作动物标本支架，使标本保持生活时的形态。常用铅丝规格如表 10-16 所示。

表 10-16　脊椎动物剥制标本支架铅丝规格参考表

铅丝号数	铅丝直径/mm	适用动物种类
24	0.56	太阳鸟、黄腰柳莺、红头长尾山雀、长尾缝叶莺
22	0.71	蝾螈、麻雀、白脸山雀、小蝙蝠、小仓鼠
20	0.89	蛇、雨燕、云雀、小翠鸟、蝙蝠、鼹鼠
18	1.24	杜鹃、画唇、绿啄木鸟、豚鼠、松鼠、黄鼠
16	1.65	龟、家鸽，乌鸦、鸳鸯、花脸鸭、刺猬
14	2.11	绿头鸭、环颈雉、家兔、豪猪
12	2.76	雁、白鹭、狗、狸
10	3.40	大鲵、天鹅、孔雀、狐、獾
8	4.19	白鹳、黄羊、狼

(2)义眼，通常用黑色玻璃和无色透明玻璃烧制而成。黑色部分为瞳孔，无色部分为

虹膜，后者可根据被剥制动物虹膜本身的颜色用油漆着色，安装时将与义眼黑色部分相连的铅丝脚嵌入标本眼眶内即成。另一种义眼为一粒椒(又称黑珠义眼)，是一种小的圆形黑色玻璃，同样具有铅丝脚，不需上色，嵌入标本眼眶内，可代替眼球。义眼的规格及适用对象参见表 10-17。

表 10-17　脊椎动物剥制标本义眼规格参考表

义眼直径/mm	适用动物种类
2～3(一粒椒)	家燕、白脸山雀、蝙蝠
4～5(一粒椒)	金丝雀、太平鸟、刺猬、家鼠
6	八哥、黄鹂、五趾跳鼠
7	花啄木鸟、蜡嘴雀、松鼠
8	家鸽、绿啄木鸟、黄鼠、豪猪
9	杜鹃、小灵猫
10	野鸭、雉、水獭、大灵猫
11	鸳鸯、燕隼
12	鸢、苍鹰、懒猴
13	大熊猫
14	白琵鹭、猕猴
15	鹗、金丝猴
16	白枕鹭、家兔
17	金雕、狸
18	雕、孤、獾

(3)充填物，如棉花、竹丝、棕丝、锯末、油灰(泥)等。

(4)解剖器械，如解剖刀、剪刀、镊子、骨剪、解剖盘等。

(5)其他器具，如钢丝钳、钢(木)锯、电钻(或手摇钻)、天平、针、线、毛笔、漆刷、标本台板等。

3. 动物剥制前的处理

1)选材要求

脊椎动物剥制标本在选材上要求做到：动物体要新鲜，宜选用活体或死后不久的动物。否则由于皮肤腐烂而难以制成理想的外形标本。体形要完整，包括动物体的皮肤应完整无损，四肢及其他外部结构(如喙、耳等)要齐全。鱼类及爬行类要求体表鳞片完整。鱼类鳍条无残缺断裂；鸟类和哺乳类要求体表无大面积脱羽、脱毛现象。

2)活体处死方法

鱼类、两栖类、蛇类可用乙醚麻醉致死；毒蛇在麻醉处死之后，用镊于在口腔近上颌骨外折断毒牙，冲洗毒牙及口腔，毒牙保存备用。鸟类处死方法有多种，常用手紧捏其胸部两侧，压迫胸腔使之无法呼吸而窒息，或将解剖剪从口腔伸入，剪断其食管两侧颈动脉由口腔放血而处死。后一种方法尤其适合初学者。哺乳类如家兔除用乙醚麻醉处死外，还可采用耳缘静脉注射空气法处死。

3)测量和记录

剥制前需对动物各部位长度作测量，并记录动物的性别、体形、体重、姿势、体色(包括虹膜、脚、线等部位颜色，鱼类体色容易变化，需作详细记录)、采地、采期等，以此作为教学、分类、科研的参考，同时也为标本填充、整形以及上色提供依据，使剥制后的标本尽可能符合其生活时的形态，避免失真。

4. 动物剥制标本制作的基本步骤和要求

在动物剥制标本制作中，虽然脊椎动物种类繁多，其外部形态、大小、皮肤的厚薄等差异很大，制作者的手法又有差异，但是一些基本步骤和方法是大同小异的。

1)剥皮

剥皮是剥制标本制作中最关键的一步，因为皮毛的完整性直接影响到标本的外观和保存价值。剥皮中以下问题值得注意。

(1)在剥取动物皮毛前，应先了解被剥制动物的体形、皮肤、骨骼结构以及表皮衍生物着生的特点，做到心中有数，剥制时才能得心应手。

(2)根据动物形态的特点以及标本造型的需要，采用不同的剖口线，其中胸部剖口的“胸剥法”最常用。剖口时，入刀要浅，在不影响皮肤剥离的情况下，力求减少和缩小剖口。目前，在一些小型脊椎动物标本剥制中已采用了无切口剥皮的新方法，这是一种值得继续探索的剥皮新技术。

(3)在鸟类和哺乳类动物剥制中应避免动物体的排泄(遗)物、血液等玷污皮毛。剥制前可通过轻轻挤压动物的腹部，使尿液、粪便排空，同时在口腔及肛门(或泄殖腔孔)内塞入棉球。剥皮中遇出血，可用棉花或纱布止住，并在皮肤内侧与肌肉间撒上具吸湿作用的石膏粉，以尽量减少血液和脂肪等玷污皮毛表面。

(4)动物的皮肤大多通过疏松结缔组织与其下方的肌肉组织相连。剥皮中，一般采用手指或借助解剖刀的刀柄分离皮肤与肌肉；对一些皮肤较薄处或皮肤与骨骼几乎直接相接处，应用手指甲或解剖刀紧贴骨表面慢慢地分离皮肤，以避免动物皮毛受损。

(5)剥制标本取用的虽然是动物的皮毛，但皮肤内仍允许留有少量的骨。鱼类除需保留头骨外，尚需保留肩带骨及各鳍鳍骨。陆生种类一般除保留头骨、四肢掌骨、指(趾)骨外，还需保留某些肢骨，以协同支架起支撑标本外形的作用。因此，剥皮中对应保留和应去除的骨要十分清楚，贸然行事，制成的标本就难以达到造型之要求。

(6)对初学者而言，动物头部两个部位的剥离需谨慎细致，一是耳道，二是眼窝。剥至耳道时，应用解剖刀紧贴耳道基部或头骨，然后判断耳道。剥至眼窝时，要求沿着眼睑边缘细心地刻割。这两个部位皮肤是否完整，直接影响到标本外形的美观。

(7)在剥至动物尾部时，应注意保持肛门或泄殖腔孔的完整性，此处皮肤的切割应靠近孔的内侧，使孔口仍处于闭合状态，以避免填充物外露。

(8)为使制成的标本达到长期保存之目的，需对剥取下来的动物皮毛作进一步处理：①皮肤内表面残留肌肉、脂肪的清理；②骨表面残留肌肉的清理；③脑髓的清理，用剪刀扩大枕骨大孔，然后用镊子夹取棉球伸入脑腔内，掏尽脑髓。

2)防腐

动物皮毛能够长期保存，主要是防腐剂的作用。要使标本达到长期之目的，一是要选择防腐剂；二是皮肤内表面涂好防腐剂。涂防腐剂时要求做到：①及时，剥取下来的皮毛应及时涂上防腐剂，尤其是夏季，耽搁时间一久，就有腐坏、脱毛、脱鳞片的可能；②防腐，皮肤内表面、保留骨的表面以及脑颅腔内均应涂上防腐剂。

3)制作支架

制作支架目的是为了支撑动物的皮肤，其作用类似于骨骼。制架材料通常选用铅丝，不同动物由于体型不同，支撑的重量不同，所用的规格也不同，应根据(表 10-15)所列参考标准选用合适的铅丝。支架的大小，应以录制前动物实体测量的结果为参考标准。

4)充填

充填的方法通常有两种。

(1)假作法，根据动物实体测量的大小，先在铅丝支架上用填充物扎成形似动物实体的假体，然后再将此假体安装入动物皮张内，最后根据需要适当补充填充物。此法的优点是，充填基本上能做到一步到位。

(2)充填法，即先将铅丝支架安装于皮张内，然后根据动物实体的大小，按部位逐步将填充物填塞到皮张内，直到形似实体。此法优点是，由于填充物是逐步到位，可以随时调整充填程度，便于整形。制作者可根据制作对象以及自身的制作技能水准，来选择上述充填方法。不管是采用何种充填方法，充填的程度均应以接近动物实体为度，要求制成的标本饱满而不失真。由于填充物本身的弹性程度不一，因此对于富有弹性的填充物充填量可适当大些，然后通过皮张缝合收紧以及整形使充填度接近实体；对于一些弹性程度较小的填充物，充填量必须接近实体。

5)缝合

创口缝合时，要尽量利用皮张体表衍生物来隐蔽缝线。如鱼类创口缝合时，针口可由鳞片间穿入；鸟类和哺乳类则将创口处的剥毛或毛发拨向两侧、缝合后使缝线隐藏于羽毛或毛发中间而不留痕迹。

6)整形

在动物剥制标本制作过程中，整形工作是很重要的，制成的标本是否生动、逼真，与整形有着密切的关系。整形工作包括以下几点。

(1)清理，用毛刷刷去体表可能残留的填充物等，若沾有血迹，可用纱布蘸水洗去血清，再用滑石粉吸去表面水分。

(2)整姿，先检查标本整体充填是否均匀、对称，若有凸起、凹陷或不合适之处。可用手指略加揿、捏加以矫正，然后依据动物活体时的姿态，按照制作者的需要整姿造型。

(3)镶装义眼，镶装义眼前根据被剥制动物虹膜部分的色彩，用同样颜色的油画颜料在玻璃眼球黑色部分外圈涂色，晾干备用。镶装义眼时，用解剖针拨开眼睑，将义眼的铅丝脚插入事先已填塞油灰或棉花的眼眶内，使之固定，然后用解剖针挑拨眼睑，使其遮住义眼的边缘，即成。

(4)固定，制成的标本大多固定在木质台板或树枝等物体上。

(5)上色，一些体表裸露的动物剥制标本以及鸟类和哺乳类的裸毛区域，根据需要可上色。上色应依据剥制对动物体色的记录或参照有关的彩色图谱，上色后的标本一般要放 1d~2d，最后用毛笔在体表上色部位涂上薄薄一层清漆。

5. 脊椎动物剥制标本制作实例

1)鸟类剥制标本制作(以家鸽为例)

(1)剥皮(胸剥法)，具体步骤如下所述。

①剥胸皮和剪颈部，将鸟体仰卧于桌上，向两侧分开胸部中央羽毛，露出龙骨突。用解剖刀从颈的基部沿龙骨突中央由前向后剖开皮肤(以见肌肉为度)，分离皮肤至两侧腋部，然后使颈部从创口露出，在近胸处剪断颈部，继续剥离躯体皮肤，使颈背和两肩露出，用剪刀在颈的基部剪断气管与食管。

②剥背皮和剪两翅，剥离肩背及颈部附近的皮肤，剪断两侧肱骨基部，使两翅与躯体分离。

③剥腹皮和剪两腿，继续向体背腰部方向剥离，由于腰背皮肤薄且羽毛的羽轴大多着生于腰背处的荐骨上，所以不能用力强拉，必须细心地用解剖刀紧贴腰骨上慢慢地分离。随着体背皮肤的剥离，同时将腹面皮肤潮湿，并进行剥离，待腿部肌肉露出后，将皮肤剥至胫部与跗跖之间的关节处，切除腔部肌肉使胫骨露出，剪断股骨与股骨间的关节，使两腿与躯体分离。

④切泄殖腔和剪尾椎，当腹面皮肤剥至尾部泄殖腔孔时，沿孔边缘切断，并向后剥至尾基。待尾椎露出时去净尾脂腺。保留 2～3 块尾椎骨，其余尾椎骨剪去。此时应注意不能剪断尾羽基部，以免尾羽脱落。至此，整个躯体便与鸟皮相脱离。

⑤剥翼皮，拉出肱骨，逐渐剥离皮肤。由于翼部飞羽轴很牢固地着生在尺骨上，因此当剥至尺骨时，可用拇指指甲紧贴轴根将翼部皮肤刮下，向前剥至尺骨与桡骨关节处后，将桡骨、胧骨剪断并清除尺骨上的肌肉，仅留下尺骨。若欲将标本制成展翼姿态，则必须保留肱骨和桡骨。

⑥翻头部和去脑髓，拉出颈部将鸟皮翻转过去，露出颅骨后，向头部剥去，剥至耳孔时用解剖刀紧靠耳道基部将其剖断，向前剥至眼眶时，用解剖刀小心切开眼睑边缘的薄膜，用镊子取出眼球。剔除上下颌及其附近的肌肉之后，取出脑髓。

(2)涂防腐剂。仔细剔除皮肤及保留骨表面残留的肌肉碎屑和脂肪，皮肤内表面各处均匀地涂上防腐膏。在脖骨上缠绕竹丝或棉花，(形状近似原先的小腿肌肉)。两侧眼眶内填入油灰或结实的棉花团，然后将皮毛复原。复原时，依次翻转脏部、尾、腹和腰部，接着是双翼，最后是头部。

(3)装架、充填及缝合。将鸟体仰卧伸直，截取三段铅丝，一段铅丝为翼展长，另二段铅丝长度为鸟喙端到趾端长的 1.3 倍(其中一段稍长 5cm)，绞舍成支架。充填时，先在鸟体的背面用用镊子夹长条状填充物顺次在尾部、腰背及两侧填一层，然后逐渐向尾部、两腿外侧及尾部腹面中央进行充填。待尾部充填成与原体相似时，充填胸腹部的两侧及中央。充填后，检查鸟体各部外形是否均匀，进行适当调整补充后，用外线将剖口由前向后缝合。

(4)头颈部整姿。一手接住颈的基部，另一手握住头及颈的上部慢慢向下推，使颈的基部呈粗短状。鸟头略向下弯并稍转向一侧，将伸出喙尖端的铅丝剪断，铅丝断端整入上喙内。翼部整姿：弯曲翼内铅丝，使两翼贴在躯体两例呈收翅叠状，剪击翼部铁丝外露多余部分。两腿整姿：弯曲腿内铅丝，使胫跗关节微曲，两腿位干躯体中心偏后处，脚底穿出的铅丝固定在台板上。最后用镊子理顺羽毛，嵌入义眼，标本无羽的，裸露处用油画颜料上色。上述整姿是取鸟静立时的姿态，根据需要也可将标本整姿成展翅、啄食、飞翔、行走、上仰等各种姿态。

2)蛇类剥制标本制作

(1)剥皮。将蛇体侧卧，沿腹中线将腹部皮肤剖开约 10～15cm，从切口两侧向背部剥离皮肤，使与切口同长的这段躯体肌肉与皮肤分离，将此分离的躯体截断，让两个断口由皮肤的剖口处露出。蛇体前端逐渐翻转剥离至头部鼻端为止，在枕骨大孔处截断颈椎及肌肉，后端皮肤逐渐翻转剥离至尾端，此时蛇皮的内面已完全翻转在外，并与躯体脱离。用刀刮净蛇皮内表面残留的肌肉，洗去血污，在蛇皮内面、头骨、体腔和眼眶内涂以防腐膏，眼眶内填塞油灰。待防腐膏稍干后，将蛇皮翻回原状。

(2)装架和填充。取粗细适当的铅丝一段，长度与蛇体等长(若欲将蛇体固定在标本台板上，可在相当于蛇体剖口处的铅丝上再绞合两段较细的铅丝，作标本脚用)。把铅丝支架由腹中线创口处塞入蛇体，一端插入尾端，另一端经脑颅腔插入头骨中，使之固定。用已掺入防腐粉的锯木屑，由剖口处先向尾部填充，填充时可借用细长竹子作为填充器，边填充边用竹条充实，然后转向头部方向填充，填充至恢复蛇体原体形。填充完毕后，蛇体创口处填入薄层棉絮，以免木屑漏出。缝合时选用与胶皮体色相似的丝线，针口由鳞下穿入，自后向前缝合剖口。

(3)整形。嵌入义眼，若是毒蛇标本，此时可粘上原先取下保存的毒牙，检查标本表面填充是否均匀，若有凹凸不平处，用手揿、捏予以纠正，然后在蛇体表面涂上一层稀薄清漆，待标本表面晾干后将其整形成生态时的姿势。

3)哺乳类剥制标本制作(以家兔为例)

(1)剥皮。将动物体仰卧，润湿腹面中线被毛，沿中线分开被毛后由胸部至肛门前剖开皮肤(但如割破体壁肌肉，否则内脏溢出不利剥皮)。剥皮时，沿创口两侧向背部方剥离，剥至后肢时沿骨盆与股骨交接处截断股关节，将与躯体后端分离的毛皮向背部翻转，继续向头部分离。剥至肩部时沿肩胛骨与防骨交接处截断肩关节，然后经颈部剥至头部，至耳部时用刀紧贴头骨割断耳道。剥至头部两侧出现暗黑色薄膜即眼球时，用刀沿眼睑边缘细心割开，继续向前剥至鼻端。此时可在颈椎与枕骨大孔处截断。使躯体与头骨分离，清除头骨表面肌肉、舌、脑髓及眼球。兔的两耳较大，需填充支撑物。方法是：从头皮内侧用解剖刀插入耳壳两层皮肤间，将耳壳刻成两层，然后翻转耳壳内表面涂上防腐剂，插入事先已剪成略小于耳壳的马粪纸或塑料片，嵌在耳壳两层皮肤间，将耳壳还原。头部清理完毕后，将前肢毛皮剥离到指骨，后肢剥离到处骨。剔净肢骨上的肌肉，保留肢骨。最后，将尾椎断口处皮肤稍稍剥离后，用钢丝钳夹住尾骨使之从尾部毛皮内拉出。

(2)翻转毛皮。在其内表面、头骨、四肢骨表面顿腔内和眼眶内均匀地涂上防腐膏，用油灰填塞眼眶，然后将毛皮翻转复原，准备装架填充。

(3)装架和充填。取三段铅丝，一段为躯干铅丝，其长度为由尾部至头部再折回至肛门前的长度，另外两段为四肢铅丝，其长度较之前肢至后肢爪端的最大长度为 10cm 左右。将这三段铅丝中间用细铅丝捆扎在一起。躯干端铅丝和尾端铅丝上缠绕棉花或竹丝，分别做成躯干芯和尾芯，使之形似实体。装架时，将前肢铅丝沿前肢骨旁插入经掌部穿出，用线将前肢铅丝与前肢骨缚牢，再以填充物扎上前肢芯；后肢铅丝沿后肢骨旁插入，经肺部穿出，用线将后肢铅丝和后肢骨缚牢，用填充物扎上后肢芯；尾芯装入尾部；躯干芯顶端铅丝经枕骨大孔插入到头骨依腔内，颈部填充长条状填充物，使之恢复原先的饱满状态。假体装架完毕后，检查躯体及四肢填充是否适度，如发现不够充实，即用充填物填入不实之处，务必使标本外形结实、饱满，酷似其生态体形，最后，用与腹部毛色近似的丝线沿剖口缝合。

(4)整形。将义眼嵌入眼眶，然后根据动物的生活实态和躯体特征进行整形，一般以蹲着姿势将四肢固定在台板上。

三、动物干制标本制作

1. 昆虫标本制作

1)成虫标本针插法

针插法是固定成虫最简单实用的方法，制作时用昆虫针将昆虫刺于整个台上。昆虫针插入昆虫体内时应与虫体纵轴相垂直，虫体背面通常留针 0.8cm 高。插针的部位因昆虫种类而异。几个常见昆虫的一般插针位置是：直翅目从前脚背板后部、背中线偏有处插入；鳞翅目、膜翅目、双翅目从中胸背板中间稍偏右插入，位置略在中胸足附近；同翅目、蜻蜓目从中胸正中部插入；半翅目从中胸三角形小盾片稍偏右处插入；鞘翅目从右翅近基部略近中线处插入。

针插完毕后需对昆虫标本进行整姿，整姿过程中尤其要注意触角、足和翅(包括鳞翅目作翅状)的姿态纠正，分别用大头针固定。整姿后的标本放入烘箱内烘干，温度控制在35～38℃，若无烘箱亦可置于通风处使其自然干燥，但应避免阳光直晒，以免虫体失去色彩。待标本充分干燥后，即可移入标本盒内保存。

2)成虫标本展翅法

鳞翅目、双翅目、蜻蜓目、膜翅目、脉翅目、直翅目等种类可采用此法制作，以便观察它们的翅脉构造及身体两侧特征。方法是：先根据上述针插位置将昆虫用昆虫针插好，按虫体宽度大小调节展翅板的沟槽。将昆虫的头胸腹嵌入展翅板的沟糟内，翅呈水平状展于极面上，尔后将纸条压住翅，并用大头针固定，展翅时，通常先展在侧前后翅，再展右侧前后翅。其要求是：鳞翅目、直翅目、蜻蜓目等前翅后缘比较直的种类一般以两个前翅后缘左右成一直线为准；双翅目和膜翅目昆虫以前翅的项角与头左右成一直线为准；脉翅目昆虫的前翅启缘呈圆形，则以后翅的前缘左右成一直线为准。

展翅完毕后需调整虫姿，即摆正昆虫的头部，使触角是倒“八”字形。如果由体腹部下垂，可在腹面整以软纸团支撑(有些种类腹部粗大，可事先剖腹去掉内脏，塞入脱脂棉填充，后述)。调姿后的昆虫连同展翅板置于无阳光直射的通风处干燥，待充分干燥后，拔去大头针，去掉纸条，移入标本盒内保存。

3)成虫标本剖腹干制法

此法适于一些腹部较大的种类，如螳螂、蝗虫、蛾类等。这些种类的成虫若是采用其他干制方法，标本干燥后虫体会缩瘪，且极易发霉变质，采用剖腹干制法则可避免这些现象。方法是：沿虫体腹部中线纵向剪开体壁，取出内脏后用脱脂棉擦拭干净体腔内壁，然后将与腹部相似的脱脂棉球蘸上樟脑塞入体腔，以恢复原来的虫态。用镊子将切口两侧皮肤拉回原位展平(干燥后即会自然吻合)，然后把昆虫放在整姿台或泡沫塑料上，按规定部位插入昆虫针，纠正并固定触角、足，干燥后移入标本盒内保存。

4)小型成虫标本制作法

(1)二重针刺法。将普通卡片纸裁剪成两边高为lcm，底边长0.4cm的三角形小卡片，底边端插入昆虫针；00号短外针尖朝上插入三角形小卡片近尖端，小型昆虫则被固定在短针尖上、最后将昆虫针穿入标签卡片纸，插固于标本盒内。

(2)胶粘法。此法适用于不宜针刺的小型昆虫，如蚜虫、蚊子等。方法是：将上述的三角形小卡片插在昆虫针上，卡片尖端滴一小滴透明胶液，虫体置于胶液上，整形后，插固于标本盘内。

5)昆虫生活史标本制作法

卵、幼虫、蛹可放在盛有保存液的指形管(或玻璃管)内，管口塞上软木塞并用石蜡封闭，幼虫和蛹也可用干制法制成标本。装盒时，盒内铺上棉花，将已制成的标本按卵、幼虫、蛹、成虫(雌、雄各一)次序平放在棉花上，著标本属害虫，则盒内还应附有被其危害的寄主标本。标签放在盒内适当位置，盒内一角放置樟脑。

2. 小型脊椎动物整体干制标本制作

小型脊椎动物用防腐液注射或浸渍，经干燥后制成的标本同样具有防腐、防霉等作用，从而能达到长期保存之目的。由于此技术简便易行，下面举两例不同类型的整体干制方法，以供制作其他小型脊椎动物整体干制标本时参考。

1)蜥蜴整体干制标本制作

蜥蜴用乙醚麻醉后。用镊子经口腔伸入体腔内，尽可能掏尽内脏，用水冲洗干净后，晾干。然后将其缚于玻璃片上，浸入稀碘液中作防腐处理。12～24h后取出动物，将浸有20％福尔马林液的棉球从口腔填入到体腔内，填充至恢复原先体态。整形后置于通风处阴干，最后保存于标本盒内。

2)蝙蝠整体干制标本制作

蝙蝠用乙醚麻醉后，展开两翼，用线穿过翼膜及躯体背部皮肤缚于玻璃片上，头部两耳及后肢适当摆正姿势后也用线缚于玻璃片上，口腔内插入一小木棒使其是张开状态。在蝙蝠体内注入适量20％福尔马林液后，将其浸于10％福尔马林液中。2d后取出，浸泡于明矾—硝酸钾饱和水溶液中，目的是防止体表脱毛。处理2d后，取出置于通风处充分晾干。拔去口腔内木棒，使口保持张开状态以显露牙齿，两翼双面涂刷薄层清漆，使之呈半透明以显示其纤细的指骨在翼内的排列状态。

参 考 文 献

S. D. Wratteneta1. 1986. 生态学野外及实验室实验手册 . 北京：科学出版社 .

武吉华，刘濂 . 1982. 植物地理实习指导 . 北京：高等教育出版社 .

陈鹏 . 1988. 生物地理学 . 长春：东北师范大学出版社 .

杨士弘 . 2002. 自然地理学实验与实习 . 北京：科学出版社 .

张风岭，王翠婷 . 1993. 生物技术 . 长春：东北师范大学出版社 .

肖方 . 1999. 野生动植物标本制作 . 北京：科学出版社 .

宋永昌.2001. 植被生态学.上海：华东师范大学出版社.
蒋志刚.2002. 自然保护野外研究技术.北京：中国林业出版社.
布莱克·伍德.2000. 野外旅行.北京：中国戏剧出版社.
盛和林，王岐山.1986. 脊推动物学野外实习指导.北京：中同林业出版社.
盛和林，徐宏发.1989. 哺乳动物野外研究方法.北京：中国林业科学出版社.
赵志模，等.1999. 群落生态学原理与方法.重庆：科学技术文献出版社重庆分社.
周国发，徐汝梅.1998. 生物地理统计学.北京：科学出版社.
郑师章，吴千红，等.1994. 普通生态学——原理、方法和应用.上海：复旦大学出版社.